水电厂岗位模块培训教材

水轮机调速器检修

东北电网有限公司　编

中国电力出版社
CHINA ELECTRIC POWER PRESS

内 容 提 要

《水电厂岗位模块培训教材　水轮机调速器检修》是按照《国家电网公司生产技能人员职业能力培训规范》的要求，结合一线生产实际需求，采取模块化模式而编写的。

全书分三个分册共十三个科目四十七个模块，分别适用于从事水轮机调速器机械检修工作的Ⅰ、Ⅱ、Ⅲ级人员培训学习，每一级的培训教材均由水轮机调速器机械检修专业的基础知识、专业知识、相关知识、基本技能、专业技能、相关技能和综合知识七个部分组成。

本书可作为水电厂生产技能人员职业能力的培训用书，也可供相关职业院校教学参考使用。

图书在版编目(CIP)数据

水轮机调速器检修/东北电网有限公司编. —北京：中国电力出版社，2012.10

水电厂岗位模块培训教材

ISBN 978-7-5123-3587-5

Ⅰ.①水…　Ⅱ.①东…　Ⅲ.①水轮机-调速器-检修-技术培训-教材　Ⅳ.①TK730.8

中国版本图书馆 CIP 数据核字(2012)第 237455 号

中国电力出版社出版、发行
(北京市东城区北京站西街 19 号　100005　http://www.cepp.sgcc.com.cn)
航远印刷有限公司印刷
各地新华书店经售
*
2013 年 4 月第一版　　2013 年 4 月北京第一次印刷
710 毫米×980 毫米　16 开本　23.5 印张　435 千字
印数 0001—3000 册　　定价 **65.00** 元

编 委 会

编 写 人 员

主　　编　李宝英　李跃春

副主编　韩　臣　雷　岩　李　华　刘多斌　王秀清
张成宏

参编人员　冯庆志　陆海军　李正洪　薛捍权　郭淑艳
尹胜军　李　宁

主　　审　杨　克

参审人员　孟晓曦

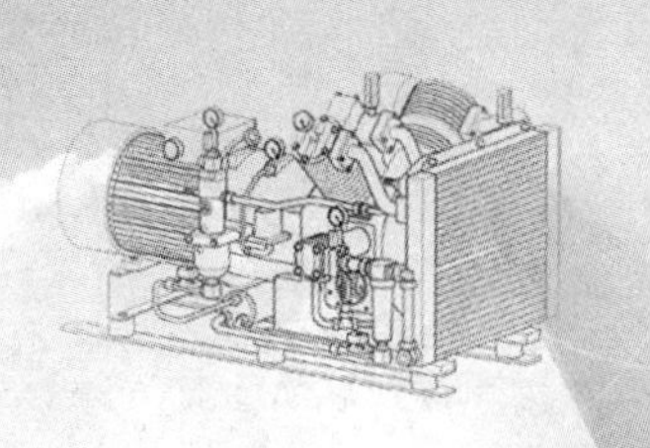

前 言

随着电力企业的快速发展，大量的新设备投入到生产现场，新技术、新工艺也不断地产生，使得企业对高技能人才的需求越来越高。为此，企业已将大力开展员工培训作为人力资源开发的一项重要任务。

岗位培训教材建设是企业培训开发体系中一项重要的工作，是促进培训工作科学发展，全面提升员工队伍的综合素质，不断提高生产技能人员培训系统性和针对性的最有效的手段。

本教材坚持以提升能力为核心，强调知识够用、技能必备，力求贴近一线生产和员工培训的实际需要，贯彻“求知重能”的原则，在保证知识连贯性的基础上，充分结合《国家电网公司生产技能人员职业能力培训规范》，注重标准化作业、危险点预控分析，突出安全理念、规范工艺，强调优化作业流程，着眼于技能操作，运用生产现场的实际案例，力求内容浓缩、精炼，突出教材的针对性、典型性、实用性，体现了科学性、先进性与超前性。

编者在编写过程中多次深入企业调研，征求企业的意见，收集了大量的现场资料，并多次组织有关专家对编写内容进行了充分的讨论，用了近两年的时间，完成了书稿的编写及审定。

本书为《水电厂岗位模块培训教材　水轮机调速器检修》，全书分三个分册，分别适用于从事水轮机调速器机械检修工作的Ⅰ、Ⅱ、Ⅲ级人员培训学习，每一级的培训教材均由水轮机调速器机械检修专业的基础知识、专业知识、相关知识、基本技能、专业技能、相关技能和综合知识七个部分组成。

限于编者的经验和水平以及东北电网的局限性，书中难免存在错误和不妥之处，恳请广大读者和同行批评指正。

编 者

2010 年 10 月

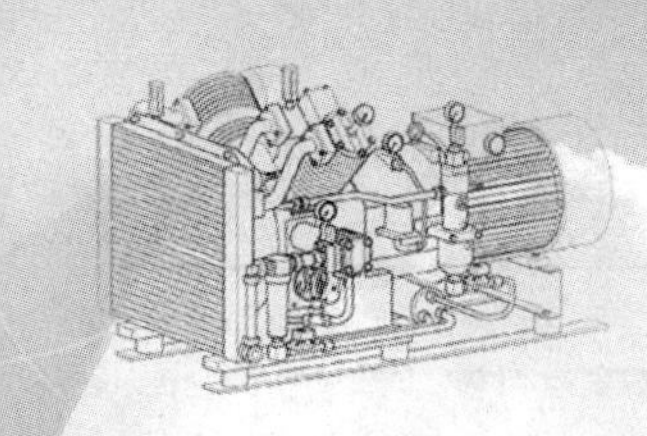

目　录

Ⅱ　分　册

Ⅲ　分　册

I 分册

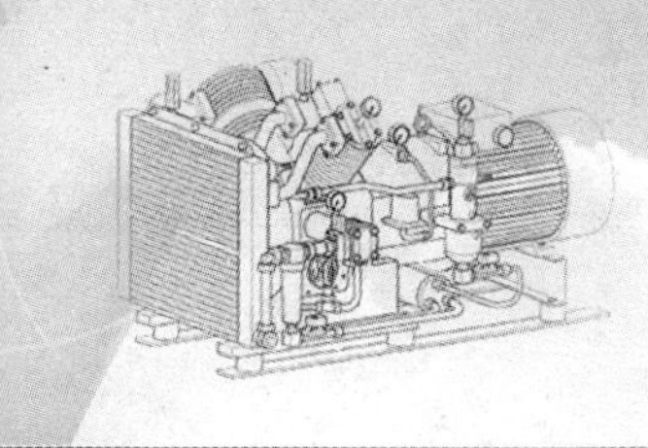

科目一

设 备 改 造

<table>
<tr><td>科目名称</td><td colspan="2">设备改造</td><td>类别</td><td>专业技能</td></tr>
<tr><td>培训方式</td><td>实践性/脱产培训</td><td>培训学时</td><td colspan="2">实践性 60 学时/脱产培训 20 学时</td></tr>
<tr><td>培训目标</td><td colspan="4">了解设备更换改造的工作流程，掌握设备的型号、参数及性能</td></tr>
<tr><td>培训内容</td><td colspan="4">模块一　水轮机调速器的改造
一、水轮机调速器的分类、型号
二、水轮机调速器的组成及工作原理
三、水轮机调速器更换改造工作流程
模块二　油压装置的改造
一、油压装置的类别、型号
二、油压装置的组成及工作原理
三、典型油压装置介绍
模块三　压缩空气系统的改造
一、压缩空气系统组成
二、空气压缩机的类别、型号
三、空气压缩机的参数及工作原理
四、空气压缩机更换改造工作流程
模块四　接力器的改造
一、接力器的类别、型号
二、接力器的参数、组成、结构特点及工作原理
三、接力器更换改造工作流程
模块五　漏油装置的改造
一、漏油装置的参数、型号、组成、工作原理及特性
二、漏油装置更换改造工作流程
模块六　过速限制装置的改造
一、过速限制装置概述
二、过速限制装置的组成及工作原理</td></tr>
<tr><td>场地，主要设施、设备和工器具，材料</td><td colspan="4">水轮机调速器、油压装置、空气压缩机、接力器、漏油装置、机组过速限制装置、套筒扳手、常用扳手、螺丝刀、内六角扳手、手锤、铜棒、水平仪、游标卡尺、千分尺、清洗材料、螺栓等</td></tr>
<tr><td>安全事项、防护措施</td><td colspan="4">工作前交代安全注意事项，加强监护，正确佩戴安全帽，穿工作服，检查安全防护措施，执行电力安全工作规程及有关规定</td></tr>
<tr><td>考核方式</td><td colspan="4">笔试：45min
操作：60min
完成工作后，针对评分标准进行考核</td></tr>
</table>

模块一　水轮机调速器的改造

在水电厂设备改造过程中，经常会遇到水轮机调速器的更新改造工作。水轮机调速器的更新改造，有的是伴随着主机的设备改造进行的，如更换水轮机转轮、主机增容改造等，因新机组出力的增大，使得水轮机导水机构操作力矩增加，原调速器已不能适应主机设备的要求，只能被动地更换；有的则是因为调速器本身运行时间较长、太过陈旧，加之缺陷较多，已经达不到系统的要求，也应适时更换。

一、水轮机调速器的分类、型号

1. 分类

（1）按被控制对象的多少来分，可分为单一调节调速器和双重调节调速器。一般单一调节调速器用于反击式机组中各类型的定桨式机组，被控制对象只有导叶，依靠调节导叶的开度大小来控制经过水轮机叶片的水流量。双重调节调速器用于各类反击式转桨机组类型，被控制对象为导叶和桨叶，依靠调节导叶的开度及桨叶的角度来控制水流对水轮机的出力。一般来说，转桨式机组存在导叶与桨叶的协联控制。

此外，冲击式机组被控制对象比较多，归其为另一类 n 喷 n 折或者 n 喷 1 折型调速器，专门用于冲击式机组。根据冲击式机组的喷针数量及折向器的数量不同，调速器的控制对象也不同。

（2）水轮机调速器从整体上讲是一种机电一体化产品，机械执行部分采用液压控制，根据电液转换方式不同，可分为数字式（SLT）、步进式（BWT）、比例数字式（PSWT）调速器。数字式调速器利用电磁阀用数字脉冲控制阀的开关，达到控制接力器开关的效果。而步进式调速器利用电流驱动步进电动机正反转，产生竖直方向位移，协同引导阀、主配压阀控制接力器的开关。

（3）根据使用的油压大小可分为常规油压调速器和高油压调速器。常规油压有 2.5、4.0、6.3MPa，高油压一般为 16MPa。

（4）根据所控制机组容量的大小可分为大型调速器、中型调速器和小型调速器。一般来说，小型调速器都采用数字式，国内常见的产品型号有 SLT-300、SLT-600、SLT-1000。中型调速器按客户要求以及实际情况有多种形式，如数字式、步进式及比例式或者各种形式的结合，常见的型号有 X-1800、X-3000、X-5000、X-7500。大型调速器的常见型号有 X-80、X-100、X-150、X-200、X-250。

（5）根据控制部分的可编程控制器 PLC 模块来区分有：①三菱 FX2N 系列模块，一般用于中小型数字式调速器；②Siemens 系列模块；③Omron 系列模块，一般用于中型步进式调整器或者小型冲击式调速器。另外，有些大型调速器，使用贝加来公司的PCC或者施耐德公司的Modicon系列或者Quantum系列模块。

2. 型号及编制方法

(1) 调速器产品型号的构成及其内容的规定。水轮机调速器型号的编制由产品类型、规格代号、额定油压及制造厂代号四部分组成。各部分用横线分开，并按图1-1所示顺序排列。

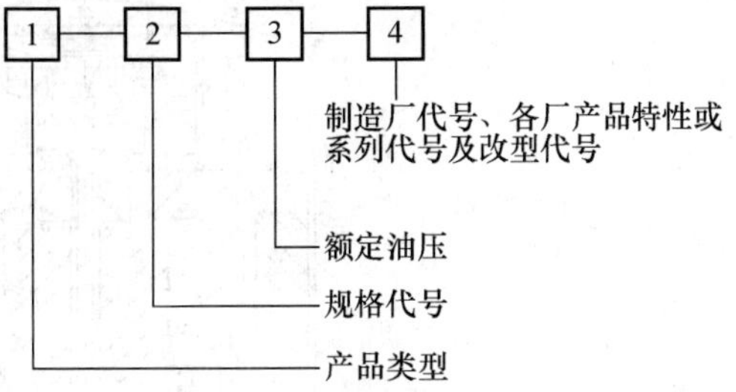

1—2—3—4

4：制造厂代号、各厂产品特性或系列代号及改型代号

3：额定油压

2：规格代号

1：产品类型

图1-1　水轮机调速器产品型号的构成

型号的第一部分表示调速器的基本特征和类型。

型号的第二部分为数字，表示主要技术参数，如主配压阀直径、许用输油量或接力器容量、配套的机组功率等。

型号的第三部分表示额定油压，对于采用分离式结构的电气液压调速器的电气柜及2.5MPa的额定油压，这部分可省略。

型号的第四部分为制造厂代号和表征该产品特性或系列代号及改型代号，由各厂自行规定。如产品按统一设计图样生产，制造厂代号可省略，产品特性或系列代号及改型代号由产品技术归口单位规定。

(2) 型号示例。

1) YT-6000-2.5或YT-6000：带压力油罐的机械液压调速器，统一设计产品，接力器容量为6000N·m，额定油压为2.5MPa。

2) YDT-18000-4.0-SK05A：带压力油罐的模拟式电气液压调速器，接力器容量为18 000N·m，额定油压为4.0MPa，为天津市水电控制设备厂05系列第一次改型产品。

3) WST-100/50-4.0-HDJA：不带压力油罐的微机型双重调节电气液压调速器，主配压阀直径为100mm、许用输油量为50L/s、额定油压为4.0MPa，为哈尔滨电机厂A型产品。

二、水轮机调速器的组成及工作原理

1. KZT-150型调速器机械液压随动系统

(1) 型号KZT-150的含义是块式直连型单一调节调速器，主配压阀直径为150mm。

(2) KZT-150型调速器机械液压随动系统主要由HDY-S型环喷式电液转换器(见图1-2)、复中装置、定位手操机构、紧急停机及托起装置、引导阀、主配压

阀、双重油过滤器、液压集成块等组成。

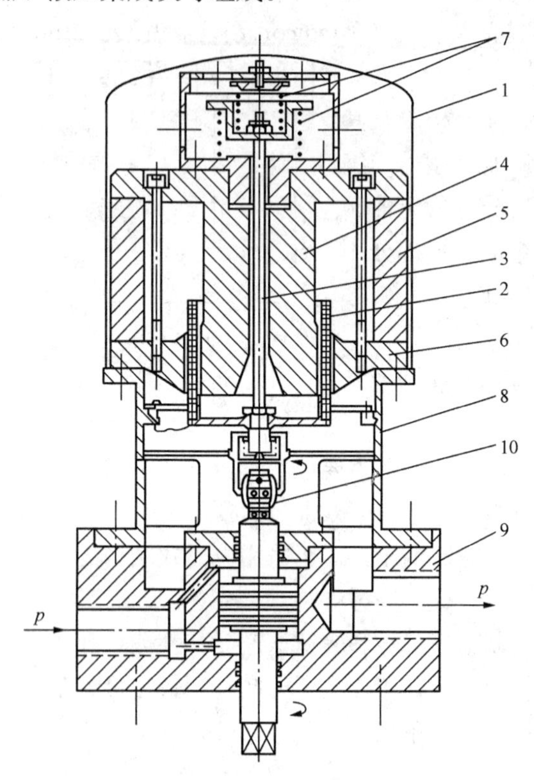

图 1-2　HDY-S 型环喷式电液转换器

1—外罩；2—线圈；3—中心杆；4—铁芯；5—永久磁钢；6—级靴；
7—组合弹簧；8—连接座；9—阀座；10—前置级

（3）工作原理。

1）HDY-S 型环喷式电液转换器的工作原理。HDY-S 型环喷式电液转换器由动圈式力矩马达和环喷式液压放大器两部分组成，线圈与中心杆刚性连接，中心杆通过滚动球铰与控制套连接。当线圈通入工作电流时，线圈连同中心杆及控制套一起产生位移，其位移的方向和大小取决于输入电流的方向、大小和组合弹簧的刚度。控制套的位移控制锯齿形阀塞的上环和下环的压力，上环和下环分别与等压活塞的下腔和上腔连通。当控制套不动时，上环和下环压力相等，喷油量也相等，因而等压活塞稳定在一平衡位置上。当控制套上移时，引起上环喷油间隙减小，下环喷油间隙增大，等压活塞下腔油压增大而上腔油压减小，因此，等压活塞随之上移到新的平衡位置，即上、下环压力相等的位置。同理，控制套下移，等压活塞也下移至新的平衡位置。HDY-S 型环喷式电液转换器起到了把微小的输入电流转换成具有较强操作力的位移输出的作用，其操作力可大于100×9.8N；HDY-S型环喷式电液转换器的最大特点就是自动防卡阻能力比较强。首先，它的前置级是按液压防卡、自动调中原理设计的，即活塞的锥形段可减小液压卡紧力，而滚动球铰又可使控制套自如地与阀塞同心；其次，阀塞上环和下环的4个喷油孔都自轴径的切线方向引出，只要通入压力油，这种切线方向的射线流就会使控制套不停地旋转，从而增加了防卡能力；再次，上环和下环的开口较大，而且阀塞在此的开口为锥形，因而当上环的开口被堵时，活塞的上腔油压就会高于下腔油压，使活塞瞬间上移，上环开口增大，污物迅速被冲走，然后当上、下腔压力相等时，活塞又自动回到原来位置。同理，当下环开口被堵时，也起到自动清污的作用。

HDY-S型环喷式电液转换器的响应频率约为7Hz，实际上3Hz就能满足水轮机调节系统的要求，其缺点是零位泄漏量较大（3～5L/min），而且其前置级的加工精度要求高，调整也比较困难。

2）随动系统的工作原理。电液调节过程中，电气调节器的调节信号与主接力器位置反馈信号经综合比较并放大。此信号使电液转换器产生与其成比例的位移输出。由于电液转换器与引导阀通过平衡杆直接相连，因此，此位移使引导阀产生相应位移，在压差作用下，辅助接力器产生相应的位移，主配压阀产生位移，并向主接力器配油，导叶开度产生变化，直到主接力器位置信号与电气调节器的调节信号相等为止。

3）调速器自动运行。KZT-150型调速器机械液压系统如图1-3所示，为导叶在50%开度，开度限制在100%工况下稳定运行。当电气调节器有开导叶信号，此信号与导叶（主接力器）反馈信号比较，若产生开信号（增负荷），则此信号输入电液转换器上部控制线圈，该电流和磁场互相作用产生电磁力，使线圈连同中心杆产生向上的位移。此时，和中心杆一体的旋转套也向上移动，移动后引起电液转换器环喷前置级的上环喷油间隙减小，电液转换器活塞下腔油压升高；同时前置级的下环喷油间隙增大，电液转换器活塞上腔油压降低，于是等压活塞在压差作用下上移。

自动状态下，引导阀针杆随动于电液转换器，进而引导阀针杆产生向上的位移，使辅助接力器上阀盘经引导阀接通排油，辅助接力器在下阀盘常压作用下，使主配压阀整体向上移动，打开主配压阀中间阀盘并向主接力器开侧配油，主接力器向开侧移动；同时，电气调节信号与主接力器位置反馈信号一直进行比较，直到导叶（主接）开度与电气调节信号所要求的一致，所有操作停止，各活塞均回复到中间位置，机组稳定于一个新的平衡状态（导叶开度增大，负荷增大）。

4）调速器手动运行。将机械开度限制压到实际开度，将自动切换阀（转阀）

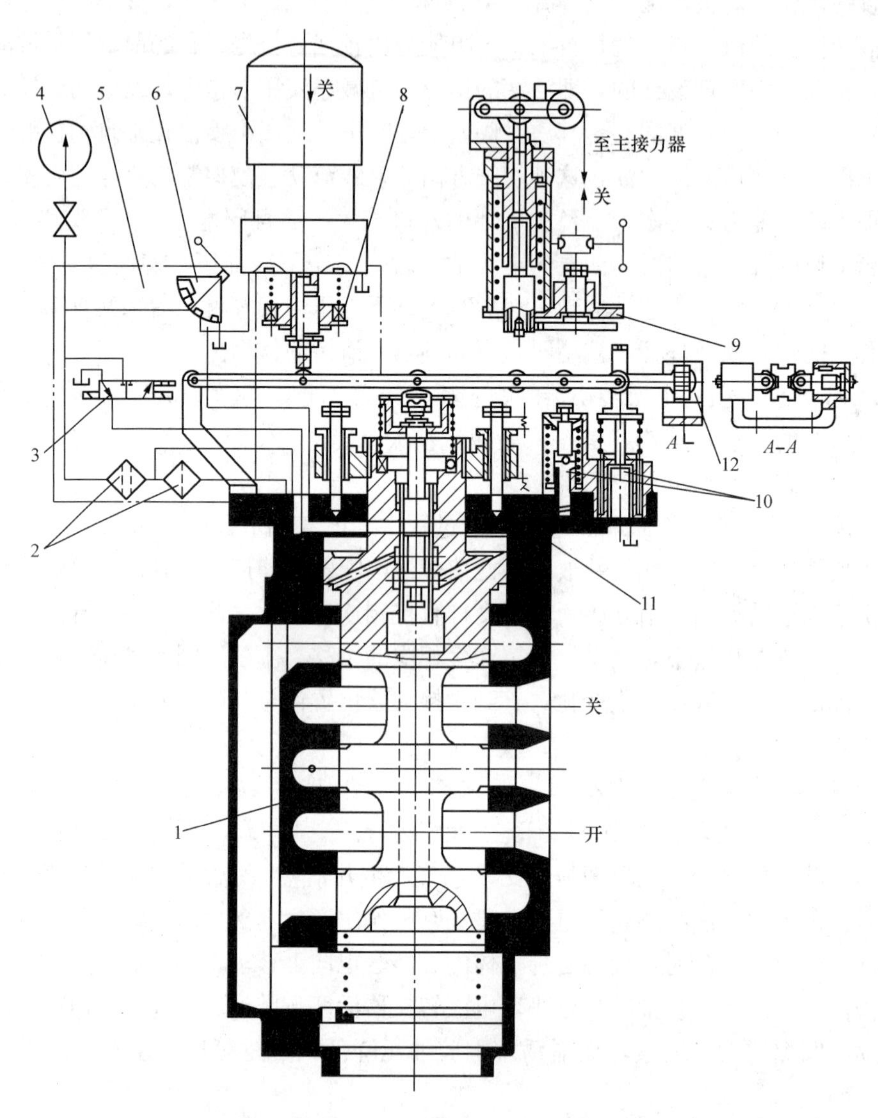

图 1-3　KZT-150 型调速器机械液压系统

1—主配压阀；2—双重油过滤器；3—紧急停机电磁阀；4—压力表；5—液压集成块；6—手自动切换阀；7—环喷式电液转换器；8—手动复中装置；9—机械开度限制及手操机构；10—紧急停机及托起装置；11—开关机时间调整螺栓；12—定位器

切至“手动”位置，此时一路油去托起装置，将托起活塞顶起，使平衡杆随动于机械手操，同时将电液转换器油压切除，电液转换器失去作用。此时为纯手动运行，当需要关导叶时，将手轮摇向关侧，手操中心柱下压平衡杆，引导阀向下动作，主配压阀向下动作，主接力器向关侧移动，同时机械复原软性回复手操中心柱，对应停止于手操与主接力器相对应位置。

5）机械开度限制原理。调速器于自动运行工况，机械开度限制可以作为调速器的一级保护。例如：机械开度限制处于80%开度位置，机组自动运行，当导叶开至80%时，此时主接力器通过机械反馈及手操机构传动机构，已将手操中心柱停于80%开度，即中心柱已压住平衡杆，此时平衡。若此时仍然有开机信号（增负荷），则电液转换器向上位移而平衡杆受限制不能向上移动，即引导阀和主配压阀不能上移，不能开（增）大导叶开度，限制于80%开度。但是此时能够进行关导叶和紧急停机操作。

6）紧急停机操作。水轮发电机组自动化回路，发出紧急停机信号，手动、自动工况均能实现紧急停机操作。紧急停机触点闭合，紧急停机电磁阀通电，其阀芯被推向另一侧，压力油经电磁阀至紧急停机装置的活塞，在油压作用下使其顶部挂盖压住平衡杆迅速下降以实现紧急停机（也可在机旁手压电磁阀按钮以实现紧急停机）。紧急停机电磁阀动作全关导叶后，需将手操机械开度限制压到零，以防止误开机。

7）自动开、停机操作。机组处于开主阀备用状态，此时电液转换器有关机信号，且机械开度限制在80%位置。若此时调速器接受开机信号，平衡表偏向开侧，导叶迅速开启到空载以上开度，待机组转速上升到70%～80%额定转速后，导叶压回到空载开度，完成自动开机过程，机组稳定运行于空载工况待并网。机组自动稳定运行，调速器接受关机令后，电液转换器产生向下的位移，使导叶迅速关闭，同时机组自动完成相应的自动停机操作而处于备用状态，此时平衡表有偏向关侧信号，预防误开机。

8）手动开、停机操作。机组大修后第一次启动机组采用手动开机方式，水轮发电机组具备开机条件，调速器机械开度限制在零位，调速器在手动状态，手操机构指示与导叶开度一致，将手操机构开到启动开度，然后升到空载开度，稳定机组转速。手动停机操作，只需将手操机构压到零关闭导叶即完成停机操作。

(4) KZT-150型调速器机械液压随动系统主要参数，见表1-1。

2. 步进式水轮机调速器

步进式水轮机调速器适用于大中型混流式、轴流式、贯流式水轮发电机组的自动调节与控制。该系列调速器的额定工作油压为2.5、4.0、6.3MPa，主配压阀直径为80、100、150、200、250mm。它能使水轮发电机组在各种工况下稳定运行，可实现机组的自动或手动开、停机，并网运行，调节机组负荷，事故紧急停机等。

表 1-1　　KZT-150 型调速器机械液压系统主要参数

	项目	参数
电液转换器	形　式	HDY-S 型环喷式电液转换器
	最大工作行程（mm）	±6
	活塞最大负载能力（N）	>1000
	工作电流（mA）	200（并联），50（串联）
	振动电流（mA）	20～30
	最大不灵敏度（%）	<0.5
	油压漂移（%）	<1%
	耗油量（L/min）	>3
辅助接力器及主配压阀	形　式	单阀盘王字形
	主配压阀工作行程（mm）	±12
	主配压阀活塞直径（mm）	150
	主配压阀双向最大行程（mm）	28
	主配压阀单边搭叠量（mm）	0.40
	引导阀单边搭叠量（mm）	0.15
	引导阀针杆直径（mm）	20
	辅助接力器直径（mm）	190

步进式水轮机调速器具备自动、电手动和机械手动三种操作方式。该调速器具有速度与加速度检测、转速控制、开度控制、功率控制、电力系统频率自动跟踪、快速同步、导叶电气开度限制、参数自适应、在线自诊断、容错及故障处理、故障滤波等功能；能现地和远方进行机组的手/自动开停机和紧急停机；能以数字量通信和开关量触点两种形式接收水电厂监控系统的控制信号，并向水电厂监控系统实时传递调速系统有关信息，如图 1-4 所示。

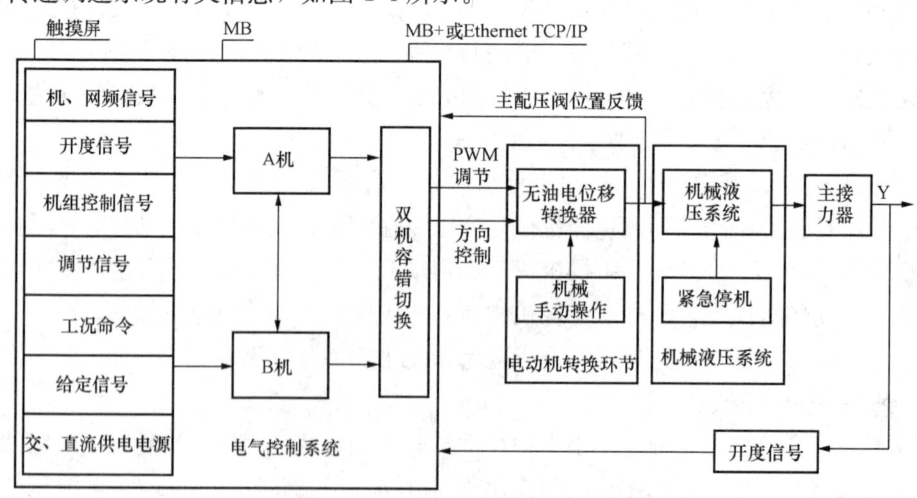

图 1-4　无油步进式调速器系统方框图

（1）主要技术参数。

额定输入电压　AC 220V±10%、DC 220V±10%或 110V±10%

调节规律 补偿 PID

测频方式 残压测频或残压

暂态转差系数 b_t=3%～300%（调整分辨率 1%）

永态转差系数 b_p=0～10%（调整分辨率 1%）

积分时间系数 T_d=2～30s（调整分辨率 1s）

加速度时间常数 T_n=0～5s（调整分辨率 0.1s）

频率给定范围 f_G=42.5～57.5Hz（调整分辨率 0.01Hz）

频率死区范围 f_E=0～±1.5Hz 或 0～±3.0Hz（调整分辨率 0.01Hz）

功率死区范围 P_E=0～5%（调整分辨率 0.1%）

功率给定范围 P_G=0～120%（调整分辨率 0.1%）

（2）主要调节性能指标。

测频分辨率 残压≤0.000 83Hz，齿盘≤0.01Hz

静特性转速死区 i_x<0.02%，最大非线性度 ε<0.2%

空载频率摆动值 ≤±0.15%（即≤±0.075Hz）

甩 25%负荷 接力器不动时间≤0.2s

甩 100%负荷，过渡过程超过 3%额定转速的波峰数 N<2，调节时间 T<40s

（3）输入输出信号范围。

导叶反馈 Y_a=0～100%（0～10V、4～20mA）

桨叶反馈 P_a=0～100%（0～10V、4～20mA）

开度给定 Y_g=0～100%

功率给定 P_g=0%～120%

功率反馈 P_a=0～100%（0～10V、4～20mA、0～4000 数字量）

频率输入 残压 0.2～110V，齿盘脉冲方波大于 12V

占空比 PWM 范围 5～200ms

最大 PWM 脉冲电流 3A

输入开关量信号 无源触点

输出开关量信号 容量为 AC 220V/5A 或者 DC 24V/5A，独立无源触点

（4）系统组成。

1）电气控制系统。步进式水轮机调速系统的电气部分采用高性能可编程控制器 PLC，可根据用户要求配置单机或冗余双机电气控制系统，如果是双机结构，则两套系统从输入至输出以及电源配置完全相同，相互完全独立。双机间采用智能全容错冗余热备方式，在运行过程中，未参与控制的备用通道退出而不影响调速系统的正常工作，且退出的通道能进行停电检修。

2）机械液压系统。机械部分主要包括电转机构、机械手动操作机构、引导阀、主配压阀、紧急停机电磁阀等，是无明管无杠杆、静态无油耗、切换无扰动、直连结构型的机械液压随动系统，如图 1-5 所示。

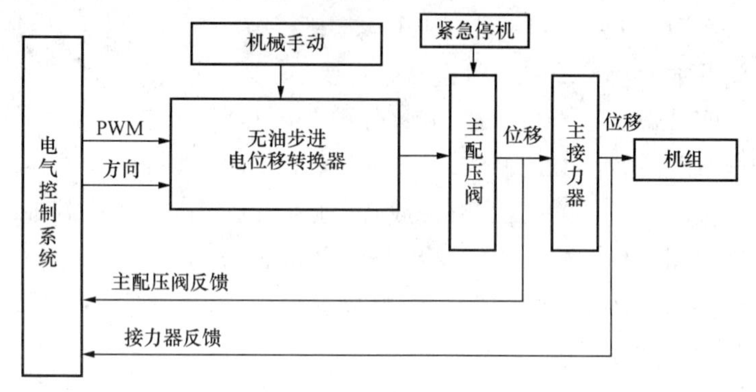

图 1-5　无油步进式调速器系统方框图

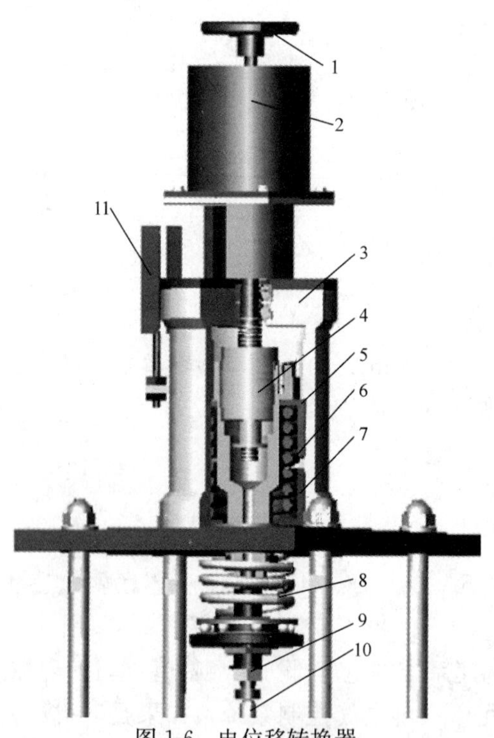

图 1-6　电位移转换器

1—机械手动操作手柄；2—步进式电动机；3—筒体；4—滚珠丝杆副；5—弹簧上套；6—复中弹簧；7—弹簧下套；8—平衡弹簧；9—机械零点调节螺母；10—引导阀；11—位置传感器

3）电位移转换器。电位移转换器，如图 1-6 所示，是水电厂调速器中连接电气部分和机械液压部分的关键元件，将电动机的转矩和转角转换成为具有一定操作力的位移输出，并具有断电自动复中回零的功能。它的作用是将调节器电气部分输出的综合电气信号转换成具有一定操作力和位移量的机械位移信号，从而驱动末级液压放大系统，完成对水轮发电机组进行调节的任务。

该装置包括筒体，与筒体连接的电动机，电动机轴通过连接装置与滚珠丝杆副穿入筒体中，滚珠丝杆通过丝杆螺母与连接套连接。连接套穿过两彼此分开的具有一段行程的弹簧套，复中弹簧设在弹簧套中，筒体设有两弹簧套的限位装置。电位移转换过程由纯机械传动完成，滚珠丝杆运动灵活、可靠、摩擦阻力小，并且能可逆运行；传动部分无液压件，无油耗；采用弹簧力直接作用在高精度大导程的滚珠丝杆上，当电源消失后，能迅速使连接套回到中位，使与之相连的引导阀自动准确回复到中间位置，保持接力器在原开度位置不变。复中机构仅为一根弹簧，结构简单，动作可靠，调节维护方便。

3. WBST-150-2.5 型水轮机调速器

（1）型号解读。WBST-150-2.5 含义是双微机步进式双重调节调速器，主配压阀直径为 150mm，额定油压为 2.5MPa。

（2）机械液压随动系统主要部件双重调节调速器由导、轮叶的无油自复中步进式电位移转换装置，导、轮叶液压随动系统，调速器油滤过器、应急阀，导、轮叶主接力器的位移传感器等部件组成。

1）无油自复中步进式电位移转换装置由导、轮叶的可编程控制器、步进式电动机、滚珠丝杆、复中弹簧、中位传感器等组成。

2）液压随动系统如图 1-7 所示，由导叶引导阀、导叶主配压阀、导叶主接力器和轮叶引导阀、轮叶主配压阀、轮叶主接力器等组成。

图 1-7　液压随动系统
1—导叶步进式电动机；2—轮叶步进式电动机；3—驱动器；4—紧急停机电磁阀；5—油过滤器；6—调速器底座

（3）工作原理。

1）无油自复中步进式电位移转换装置的工作原理。

a）自动控制。可编程控制器通过 PID 运算后，向无油自复中步进式电位移转换装置给定一个位移量，该位移量与中位传感器反馈的位移比较放大后，转换成步进式电动机的正反转脉冲，向步进式电动机发出正转（或反转）指令，步进式电动机逆时针（顺时针）转动，带动滚珠丝杆向下（向上）移动而使主接力器开腔（关腔）配油，接力器开启（关闭），当可编程控制器通过 PID 运算后给定位移量为零时，步进式电动机带动滚珠丝杆回到中间位置，完成一次调节。

b）电手动控制。电手动控制原理和自动控制原理一样，可编程控制器通过 PID 运算后，向无油自复中步进式电位移转换装置给定一个位移量，该位移量与中位传感器反馈的位移比较放大后，转换成步进式电动机的正反转脉冲，向步进式电动机发出

正转（或反转）指令，步进式电动机逆时针（顺时针）转动，带动滚珠丝杆向下（向上）移动而使主接力器开腔（关腔）配油，接力器开启（关闭），当导叶开度达到人工设定的值时，步进式电动机带动滚珠丝杆回到中间位置，完成一次调节。

c）断电复中。在自动控制或电手动控制过程中，当滚动丝杆偏离中间位置时，步进式电动机突然断电，失去控制力矩，这时利用滚动丝杆自锁功能，在复中弹簧的复中力作用下，自复中步进式电位移转换装置快速回到中间位置，同时带动引导阀回到中间位置，保证机组稳定在当时开度运行。

d）手动控制。步进式电动机断电，失去控制力矩，自复中步进式电位移转换装置在复中弹簧的作用下处于中间位置。此时可逆时针（顺时针）转动自复中步进式电位移转换装置上的手轮一定角度，带动滚动丝杆向下（向上）移动，从而控制主接力器开启（关闭）。当主接力器运动到指定位置时，手动停止操作，装置自动回到中间位置，主接力器停止运动，完成手动操作过程。

2）主配压阀的工作原理。调速器的导、轮叶引导阀直接与自复中步进式电位移装置连接，当自复中步进式电位移转换装置上下移动时，带动引导阀上下移动，控制辅助接力器进油和排油，使主配压阀活塞上下移动，控制主接力器开关；当自复中步进式电位移转换装置回复到中间位置时，引导阀回到中间位置，从而使主配压阀活塞回复到中间位置，停止向主接力器配油，接力器停止运动。

3）紧急停机电磁阀的工作原理。具备电动控制和手动控制两种方式。电动控制时，接受自动回路的命令，只需脉冲控制信号就能使应急阀动作；控制信号消失后，液压自保持。

4）刮片式油过滤器工作原理。调速器正常运行时，无需更换或清扫滤芯，发现压差过大时，只需旋转几圈油过滤器上的把手。待小修时，卸下油过滤器底部堵头，清出杂质即可。

（4）机械液压随动系统主要参数。WBST-150-2.5 型调速器机械液压随动系统主要参数见表 1-2。

表 1-2　　WBST-150-2.5 型调速器机械液压随动系统主要参数

名称		参数
调速系统额定工作油压（MPa）		2.5
双重调节调速器的导、轮叶主配压阀直径（mm）		150
导、轮叶的协联为电气协联，轮叶启动角度（°）		2.5
电液转换部分为无油自复中步进式电位移转换装置	行程（mm）	±10
	输出推力（kg）	160
	弹簧复中力（kg）	60

续表

名　称	参　数
导、轮叶主配压阀活塞工作行程（mm）	±25
导、轮叶主配压阀遮程（mm）	±0.3
导、轮叶引导阀遮程（mm）	±0.15
导叶接力器传感器量程（mm）	0～1500
轮叶接力器传感器量程（mm）	0～1000
静态油耗（L/min）	1.2
环境温度（℃）	－20～60

三、水轮机调速器更换改造工作流程

水轮机调速器更换改造工作流程如图1-8所示。

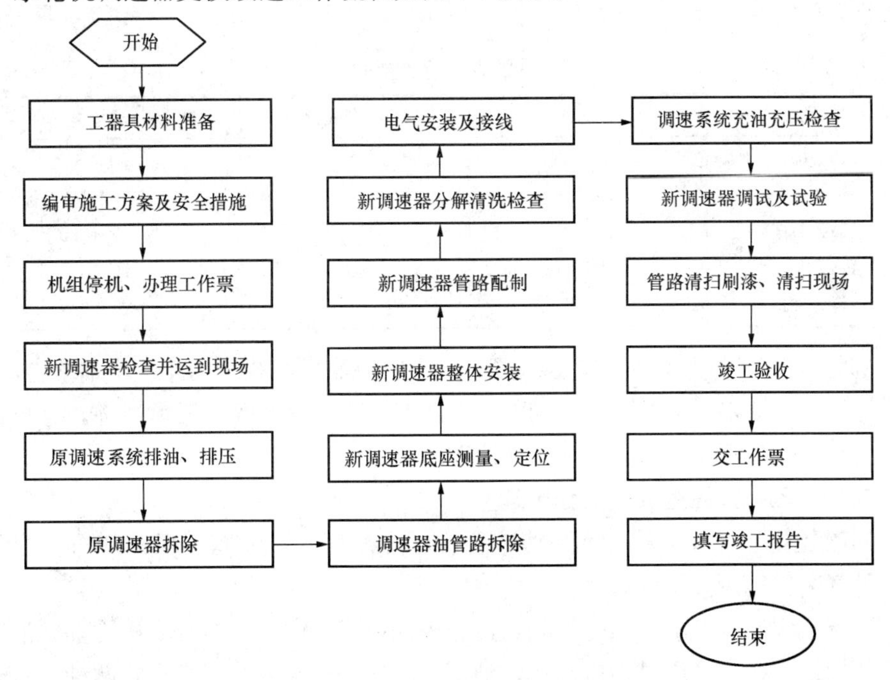

图1-8　水轮机调速器更换改造工作流程

模块二　油压装置的改造

一、油压装置的类别、型号

油压装置是供给调速器操作所需压力油的设备，也可为蝴蝶阀、球阀等液压操

作系统提供压力油。作为能源设备，油压装置必须储备足够的能量，确保在任何情况下调速器的工作容量大于水轮机需要的调速功。油压装置所提供的压力油不仅数量、压力应满足工作需要，而且油质也应符合技术要求。

油压装置按布置方式不同可分为组合式和分离式两大类。前者压力油罐安装在回油箱上，结构紧凑但维修较难，适用于中、小型水电厂。后者压力油罐与回油箱彼此独立，可分别布置在不同地方，多用于大、中型水电厂。

我国的油压装置已经标准化，其规格型号见表1-3。油压装置的型号由三部分代号组成：第一部分为类型代号，用汉语拼音的首字母表达，YZ为分离式，HYZ为组合式。第二部分以分数形式表达压力油罐的容积和个数，分子的数字为压力油罐总容积（m^3），字母为产品改进标记，无字母为基本型；分母的数字为压力油罐个数，无分母则表示只有一个压力油罐。第三部分用数字表达额定油压（kg/cm^3），无数字则额定油压为2.5MPa。

表1-3　　油压装置标准规格

组合式	分离式	组合式	分离式
HYZ-0.3	YZ-1.0		YZ-8
HYZ-0.6	YZ-1.6		YZ-10
HYZ-1.0	YZ-2.5	HYZ-4	YZ-12.5
HYZ-1.6	YZ-4		YZ-16/2
HYZ-2.5	YZ-6		YZ-20/2

例如，HYZ-4为组合式油压装置，一个压力油罐，容积为$4m^3$，基本型产品，额定油压为2.5MPa；YZ-20A/2-40为分离式油压装置，两个压力油罐，总容积为$20m^3$，改进型产品，额定油压为4.0MPa。

二、油压装置的组成及工作原理

油压装置主要由油泵及其驱动装置、压力油罐、回油箱、保护装置、控制装置、补气装置等元件组成。

通流式调速器上不设压力油罐，而是用油泵直接向调速器提供压力油。油泵的驱动装置目前普遍采用异步电动机。油泵的布置方式，有立式和卧式两种。立式布置紧凑、占据平面尺寸小，回油方便。所以，在中、小型调速器及合成式油压装置中大多采用立式结构。油泵的种类很多，目前多采用螺杆泵。

1. 油泵

油泵的种类很多。目前，油压装置上一般只采用齿轮泵和螺杆泵。齿轮泵结构简单、造价低，多用在小型设备上或漏油装置上。螺杆泵精度高、性能好，使用范围越来越广。

（1）齿轮泵。齿轮泵的优点是结构简单，价格便宜，故障较少；缺点是寿命比螺杆泵短，磨损后噪声大，输油量会明显下降。另外，齿轮泵吸出高程也低于螺杆泵，通常小于2.8m。

齿轮泵由于齿轮间的啮合间隙、齿顶间隙和齿侧间隙的存在，漏油是不可避免的。齿轮泵的各种间隙，对其效率影响很大。间隙大则效率低，但间隙过小，又容易发热甚至将泵卡死。因此，组装或检修齿轮泵时，要特别注意各间隙是否适当。表1-4给出了齿轮泵齿顶间隙的推荐值。

表1-4　齿轮泵齿顶间隙的推荐值

齿轮直径（mm）	25	50	100	200
齿顶间隙（×0.01mm）	2.0～2.5	3.0～3.5	5.0～6.0	9.0～10.0

（2）螺杆泵。螺杆泵结构，如图1-9、图1-10所示。在螺杆泵的衬套中，一根主动螺杆和两个从动螺杆相互啮合。主动螺杆由电动机带动。主动螺杆转动时，使吸入室（低压腔）内的油随螺杆旋转进入主动螺杆和从动螺杆的啮合空间。主动螺杆的凸齿与从动螺杆的凹齿相啮合，在保证螺杆一定的工作长度后，其啮合空间形成一完整的密封腔。进入密封腔的液体，如同“液体螺母”，它不会旋转，只能均匀地沿螺杆做轴向移动，最后从排出腔（高压侧）输出。更具体些，还可把它划分为三部分：

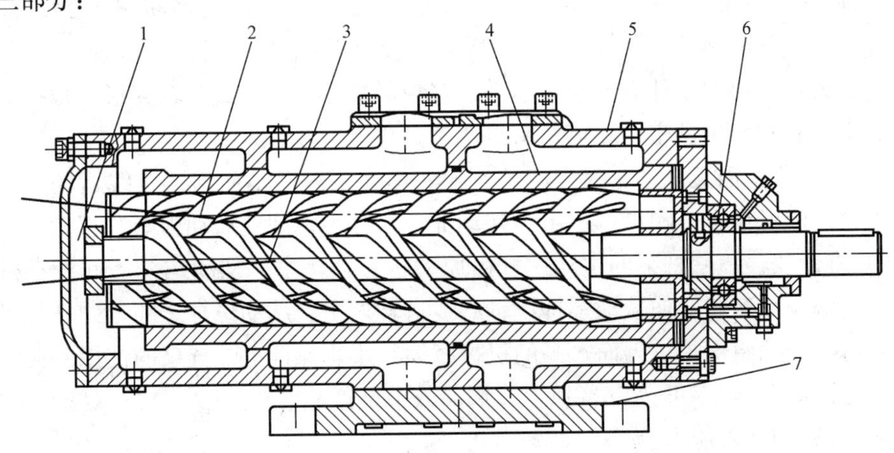

图1-9　低压平衡三螺杆泵结构

1—推力盖；2—副螺杆；3—主螺杆；4、5—泵体；6—轴承；7—底座

第一部分，定子，即油泵的壳体和衬套，其两端部内腔与低压侧和高压侧衔接在一起，主、从动螺杆便在其中间反向旋转。

第二部分，转子，即主动螺杆，电动机的旋转运动通过它传递给泵，形成压

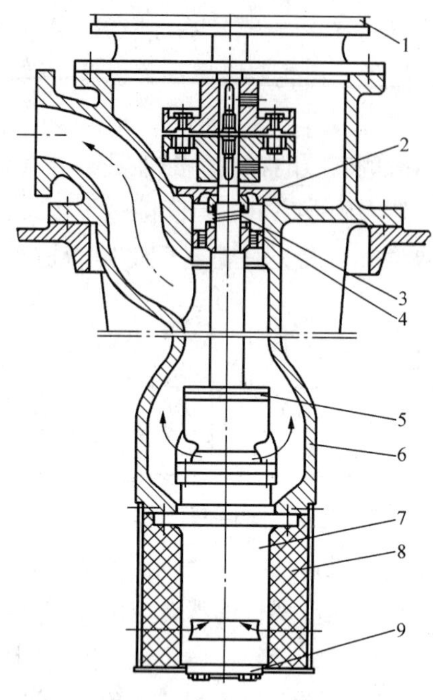

图 1-10　立式三螺杆油泵结构

1—电动机；2—压盖；3—弹簧；4—压板；5—联轴器；6—泵壳；7—螺旋油泵；8—滤油网；9—推力瓦盖

力能。

第三部分，闭合器，即两个从动螺杆，主要功能是与主动螺杆、衬套一起，形成两个完整的螺旋密封空间，阻止压力油从高压侧倒流回低压侧。

上述三部分之间的密封性，即间隙的大小，对效率影响很大。间隙过大，效率低；间隙过小，又容易将泵卡死。因此，在设计、制造和组装螺杆泵过程中，对其间隙的控制是极为重要的。

螺杆泵在结构、性能方面具有以下特点：

1）结构简单。泵本身主要由泵体和三根螺杆组成，具有多种结构形式，一般在小流量（0.2～6.3m^3/h）、2.5MPa 以下，泵的泵体和衬套合为一体（统称泵体），可采用立式或卧式安装，进油口方向可以相隔 90°任意安装，轴封为端面机械密封，部分产品可设计为骨架油封；中等流量以上的泵，衬套为一单独的零件固定于泵体内，安装形式分立、卧式，轴封形式根据输送介质的不同有端面机械密封和填料密封两种。

2）油压平稳而无脉动，噪声小。所输液体在泵内做轴向匀速直线运动，故液力脉动小、流量稳定、噪声低；由于转动部分惯性小，因此启动力矩和振动小。

3）寿命长。三螺杆泵的主动螺杆由原动机驱动，主、从动螺杆之间没有机械接触，所输压力液体驱使从动螺杆绕轴心线自转，主、从动螺杆之间，螺杆与衬套之间皆有一层油膜保护，因而，泵的机械摩擦很小，保证了螺杆泵的使用寿命。

4）效率高。效率可达 75%以上，属高效节能产品。

5）具有高吸入能力。

6）与水电控制设备配套的专用泵，可采用立式或卧式安装；油泵有单、双出口；采用螺杆轴向力的低压或高压平衡方式。

根据油压装置的容量和设计规定，一般装设 2～4 台油泵。其中，1 台为工作泵，其余 1～3 台为备用泵。工作泵依据压力油罐的油压控制信号运行，若配置 3～4台油泵，1 台工作泵可以作为增压泵连续运行。油泵输送的压力油经组合阀和

电液控制阀（手动截止阀）进入压力油罐。

2. 压力油罐和压力空气罐

当调速器油压装置的储能容器总容积小于或等于 16m³ 时，一般只采用一个压力油罐，压力油罐内含有油和空气两种介质，在额定工作油压时，油容积与空气容积的比值为 1/3～1/2；当调速器油压装置的储能容器总容积大于或等于 20m³ 时，一般采用压力油罐与压力空气罐一起组成的压力储能容器，在额定工作油压时，压力油罐中也有一部分空气。

当采用压力油罐与压力空气罐一起组成的压力储能容器时，压力油罐与压力空气罐上部用管道连通，串联使用，两罐之间设有检修阀门。在最大工作油压时，压力油罐内的油与空气的容积比为 1/2。压力油罐底部装有带阀门的排油管，压力空气罐底部装有阀门用于排污。

压力油罐与压力空气罐在调速系统中的作用相当于储能器，将系统的工作压力稳定在一定范围，吸收油泵启动、停止时所产生的压力脉动，在系统出现故障、油泵不能启动的情况下，保证系统具有足够的工作容量（压力和油量）关闭导叶、实现停机，从而保证机组安全。

为了满足压力油罐内压力、油位（即油气比例）等控制的要求，压力油罐上安装了相应的压力开关、油位开关；为了满足现代计算机控制的要求，压力油罐还装设了压力变送器、压差变送器或液位变送器、自动补气装置等，它们与油压装置控制屏组成油压装置控制系统，以保证油压装置的正常运行。

（1）压力油罐上的主要部件（或压力油罐上与压力油有关的）。

1）液位计。用于指示压力油罐内的油位。液位计与压力油罐间设置有球阀，用此隔离。液位计上配有排油阀，便于液位的校核。液位计带有液位开关。

2）压力表。用于观察压力油罐内的压力。

3）压力开关。用于工作泵、备用泵启动、停止，以及控制压力过高、事故低油压及组合阀内旁通电磁阀等。

4）液压传感器。一般标准二线制，输出 4～20mA 标准信号，供电电压为 DC 24V。

5）压力变送器。一般标准二线制，输出 4～20mA 标准信号，供电电压为 DC 24V。

（2）压力空气罐上的主要部件（或压力油罐上与压力空气有关的部件）。

1）压力表。用于观察压力油罐内的压力。

2）空气安全阀。安全阀的开启压力不能超过容器设计压力，但安全阀的密封试验压力应大于压力空气罐的最高工作压力。安全阀与压力空气罐之间一般不宜装设阀门，安全阀应垂直安装，并应装设在压力容器液面以上气相空间部分或设在与压力容器气相空间相连的管道上。

3）自动补气装置。它是集补气、排气、空气过滤、安全保护为一体的自动补气装置。

（3）压力油罐在使用中经常出现的问题。

1）制造厂对压力油罐的焊接工艺、钢板及焊条的选用、探伤检查、水压试验等工序的要求，都是很严格的。到电厂后，切不可轻率地加长或缩短压力油罐罐体。必要时，一定要制定出合理的工艺方案，并委托给能够胜任压力容器制造的单位进行。

2）为了提高压力油罐的密封性，除了进、排气管路和油位指示器上部连接处不能埋入油中外，其他所有的油管，如油泵的进油管、油源引出管、放油管、压力继电器及压力表的引出管等，应一律埋入油中并应尽可能地靠近下端部，以减少压缩空气的渗透量；但也不能过低，以防底部杂物等进入调节系统。

3）安装前，一定要仔细检查罐体内部的清洁状况。当漆皮脱落、锈蚀严重时，应根据电厂的条件，进行适当处理（人工或喷砂除锈）。清除干净后，再涂防锈底漆和耐油漆各一道。等漆干透后，再进行组装。

4）水压试验。水压试验是设备出厂前必不可少的一道工序。设备运到电厂后，为了检查其组装质量及密封性，对一些大型的油压装置，应当再次进行水压试验。

试验压力为1.25倍额定工作压力，试验时间为30min。对于中、小型油压装置，可以只进行气密性试验（压力为2.5MP以下），而不做水压试验。

压力试验注意事项：

a）为了安全起见，充水后一定要把压力油罐顶部的空气排掉（利用罐顶放气螺塞或放气管进行），再逐步升压。

b）试验压力不得超过规定值。

c）试验完毕，立即将水放净，使压力油罐干燥，以防生锈。

3. 回油箱

回油箱是油压装置的安装基础，又是整个调节系统用油的储存装置。回油箱分净油区和污油区两部分，彼此用滤油网隔开。通常污油区小于净油区。油泵应置于净油区内。回油箱的容积要能够保证容下压力油罐、接力器等的全部回油。回油箱正常工作时的存油量，应能满足油泵工作5～10min所需吸油量。

回油箱的安装高程，应能保证调节系统的全部回油，都能以自流的方式回到箱内，如图1-11所示。

漏油箱的漏油，未经处理合格前，不得打入回油箱内。

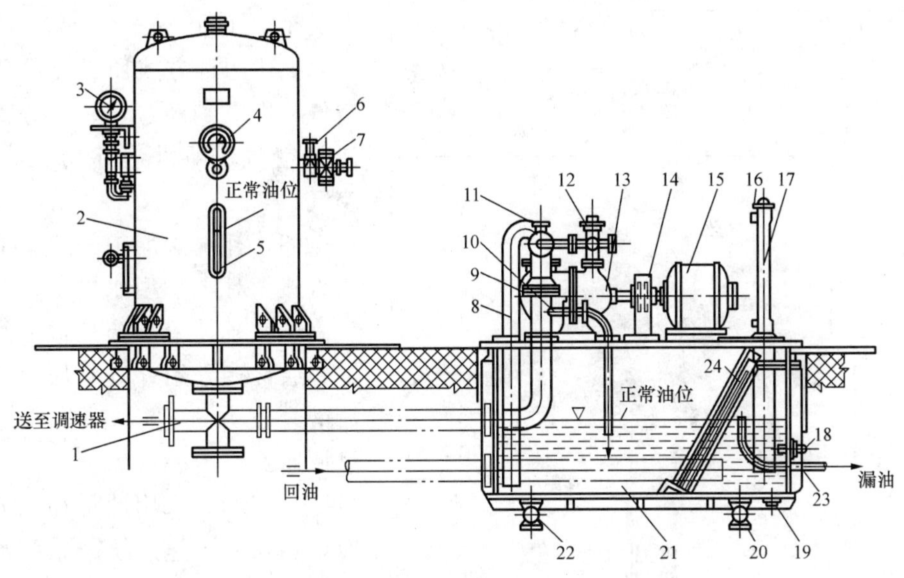

图 1-11 分离式油压装置安装图

1、10—三通管；2—压力油罐；3—压力信号器；4—压力表；5—油面计；6—球阀；7—空气阀；8—吸油管；9—截止阀；11—止回阀；12—放油阀；13—油泵；14—保护罩；15—电动机；16—限位开关；17—油位指示器；18—温度计；19—螺堵；20、22—阀门；21—回油箱；23—漏油管；24—过滤器

由于厂房温度偏高，油泵启动频繁，当调节系统中的油温高于 50℃时，可在回油箱内加装冷却装置。

4. 补气装置

油压装置首次工作，在建立油压和油位时，除了通过油泵向压力油罐供油外，还需要补给压缩空气。另外，尽管在结构设计上，采取了许多措施，但依然无法完全避免漏气和渗气现象。因此，必须通过补气装置定期地向压力油罐补充压缩空气。

由于油压装置的容量和自动化程度的差异，补气装置的补气方式和工作原理也有所不同，现分别介绍如下。

(1) 自动补气。大、中型水电厂都有高压空气压缩机或高压储气罐。当压力油罐中的压缩空气由于消耗而减少时，由自动检测装置（液位继电器）测出后，立即发出一电信号至电磁空气阀并使之动作，令压缩空气向压力油罐内补气，直至到达规定的位置时，检测装置再发一信号至电磁空气阀，使之关闭，停止补气。

图 1-12 所示为 B302 型自动补气装置。

(2) 手动补气。手动补气是目前普遍采用的方案。根据压力油罐中油位的高低，由值班人员手动操作空气阀，使之开启，向压力油罐内供气至规定油位，再手

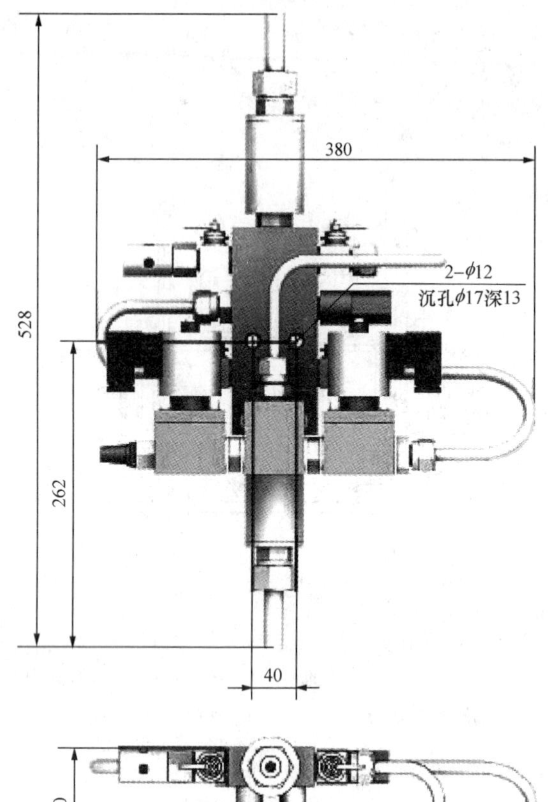

图 1-12　B302 型自动补气装置

动关闭空气阀。

上述两种方式所补充的压缩空气，均应是经过气、水分离的压缩空气，即没有水分的干燥空气。

（3）补气阀加中间油罐的补气方式。对于小型水电厂，若加设高压空气补给系统是很不经济的，通常多采用补气阀加中间油罐的补气方式进行补气，以 YT 型调速器油压装置为例进行介绍（见图 1-13）。采用此种补气方式时，要利用调速系统的总用油量为一定值的条件，即压力油罐中的压力油多（压缩空气少）时，则回油箱中的油面一定会相应地减少，其油面一定会低于某一高度。此时，即可进行补气；反之，则应停止补气。为了清楚起见，现分四步对补气装置的工作过程加以说明。

第一步，如图 1-14（a）所示，当压力油罐中的油压上升到工作油压的上限时，压力继电器将油泵停掉，压力油中断，补气阀的活塞在下面弹簧的作用下上升，此时中间油罐上面的单向阀自动封闭，于是，中间油罐与压力油罐彼此隔绝；由于补气阀活塞的上抬，通过 1、2 号管子，使中间油罐的上部与大气沟通（1 号管子下端露在空气中），中间油罐里的透平油在自重作用下，通过活塞下部开口，全部排至回油箱并随即置换成一罐空气。

第二步，当压力油罐中的油压下降到工作油压下限时，压力继电器动作，油泵启动，压力油进入中间油罐，活塞被压至图 1-14（b）所示位置。此时，1、2 号管子被活塞上部隔开，封闭了中间油罐里空气的出路，于是，一罐空气在压力油的推动下全部进入压力油罐。这样，就补进一罐 1 个大气压的空气。

第三步，当压力油罐中油位正常时，回油箱中的油位也是正常的。1 号管子的

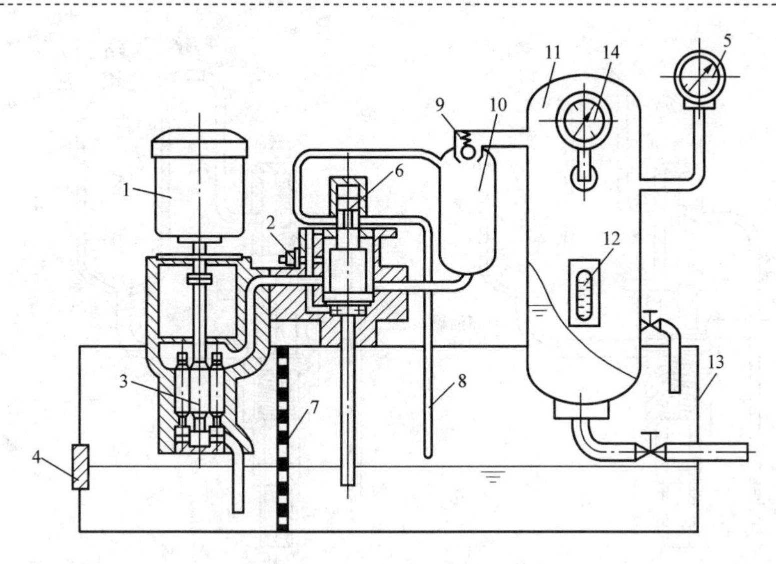

图 1-13　YT 型调速器油压装置

1—油泵电动机；2—安全阀；3—螺杆油泵；4—油位计；5—压力信号器；6—补气阀；7—滤网；8—吸气管；9—止回阀；10—中间油罐；11—压力油罐；12—油位计；13—回油箱；14—电触点压力表

下端一定会埋在油中，如图 1-14（c）所示。假定油泵停止工作，补气阀的活塞处于上部位置。由于 1 号管子未能与大气沟通，尽管活塞已将 1、2 号管子连通了，但大气仍不能进入中间油罐的上部空间，故此时中间油罐里的透平油在大气压力的作用下保持在罐内。

第四步，当油泵再次启动时，活塞又被压下，如图 1-14（d）所示，1、2 号管子再次被活塞隔开。中间油罐里的油和油泵刚抽上来的压力油，一起顶开单向阀进入压力油罐。此时空气无法补进。

5. 安全阀、止回阀及旁通阀

（1）安全阀。安全阀大部分都装在油泵上，个别的压力油罐上有时也装有安全阀。当油泵和压力油罐中的油压高于某一数值后，安全阀能够自动开启，将压力油排到回油箱中，以保护油泵和压力油罐。

当油压大约高出工作油压的 2%时，安全阀开始排油；当油压达工作油压的 10%时，安全阀全部开启，油压停止升高；当油压低于工作油压的 6%时，安全阀完全关闭。安全阀在整个工作过程中，不应有明显的振动和噪声。

安全阀的工作原理很简单，几乎都是利用弹簧—活塞相平衡的原理来设计和制造的。安全阀有直接作用式和差动阻尼式两种形式。

1）直接作用式安全阀。压力油全部直接作用在活塞上并由活塞上面的弹簧来

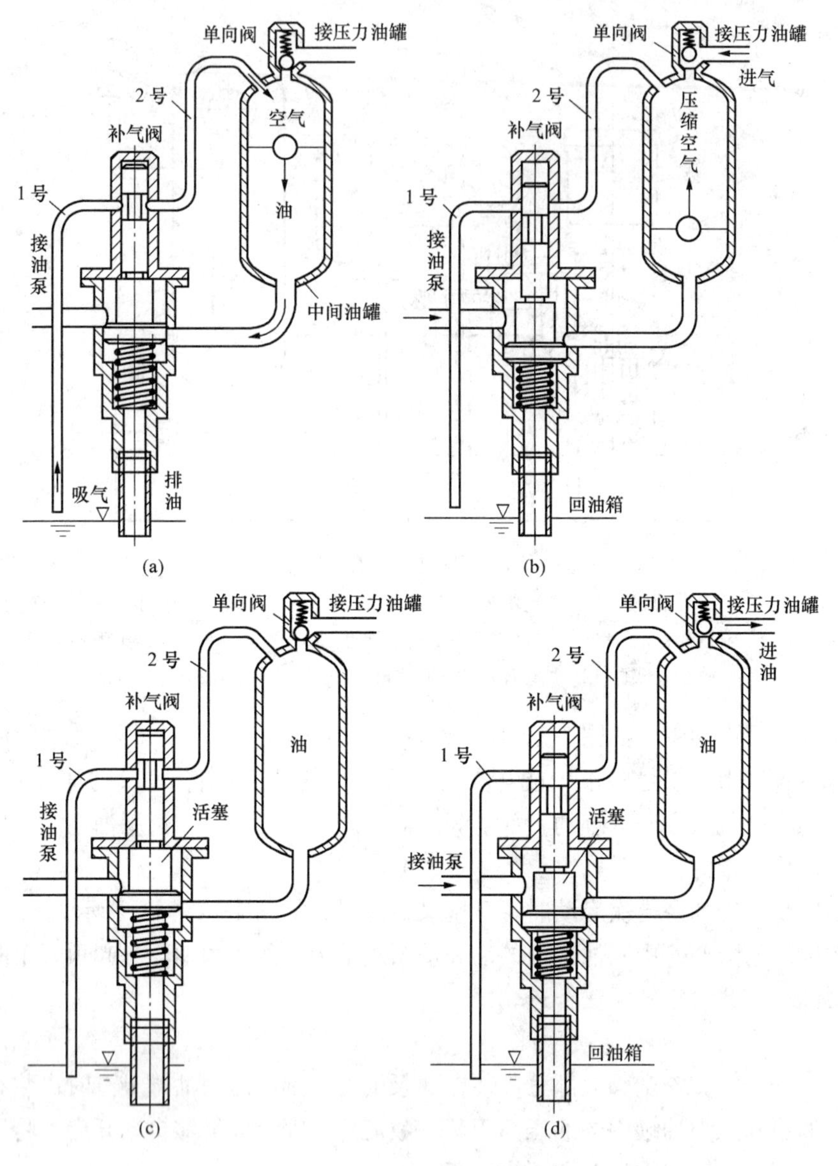

图 1-14　补气装置工作原理

进行平衡，为直接作用式安全阀。当油压达到整定值时，活塞上升，下部孔口开始排油。随着压力的上升，弹簧进一步受压，孔口进一步扩大，直至油泵打上来的油全部由排油孔放掉为止时，油压才停止上升，并稳定下来，如图 1-15 所示。

2）差动阻尼式安全阀。HYZ 型油压装置上使用的安全阀，属于差动阻尼式结构，如图 1-16 所示。由于活塞是差动的，受压面积（圆环状）很小，因此，差动

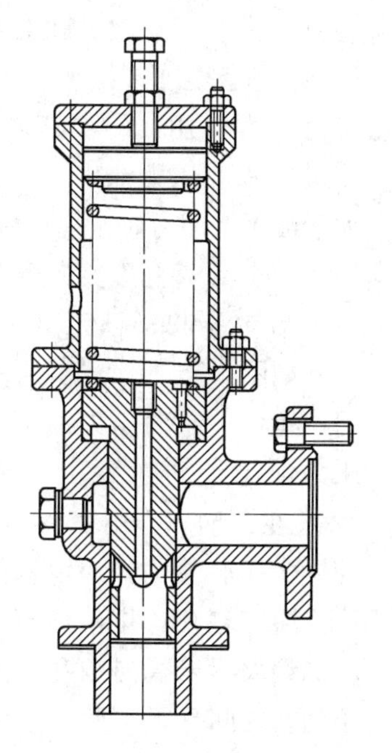

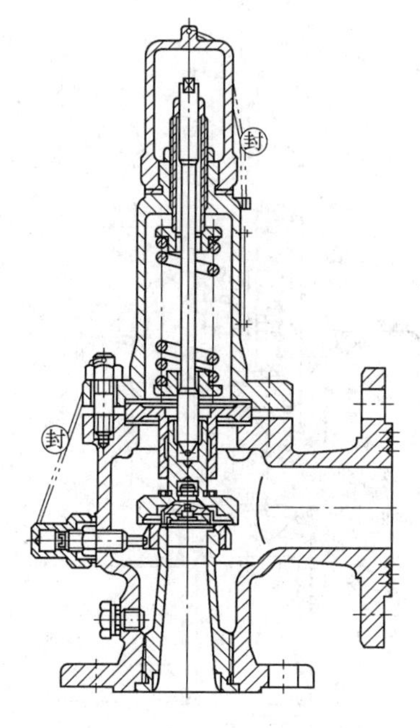

图 1-15　直接作用式安全阀

图 1-16　差动阻尼式安全阀

活塞上所承受的总油压及平衡此力的弹簧刚度和尺寸等都很小。又由于差动式活塞的直径相对很大，因此其排油能力强，压差小。活塞上部的阻尼装置保证了动作时的平稳性。

（2）止回阀。止回阀的作用是防止压力油罐内的压力油在油泵停止时倒流。

如图 1-17 所示，当压力油罐内油压达到工作油压上限时，油泵停转，停止向压力油罐供油。此时，止回阀活塞在弹簧和压力油罐内油压的作用下紧压在阀座止口上，隔断了压力油罐到油泵的通路，阻止了压力油倒流。

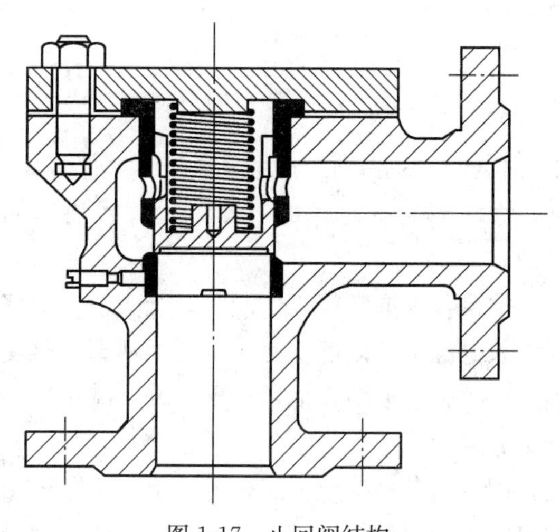

图 1-17　止回阀结构

（3）旁通阀。旁通阀（又称放空阀或卸荷阀）的结构如图 1-18 所示，其右侧法兰与油泵的压力室相连，底部法兰用管接至回油箱。在阀体中装有差动式大活塞，大活

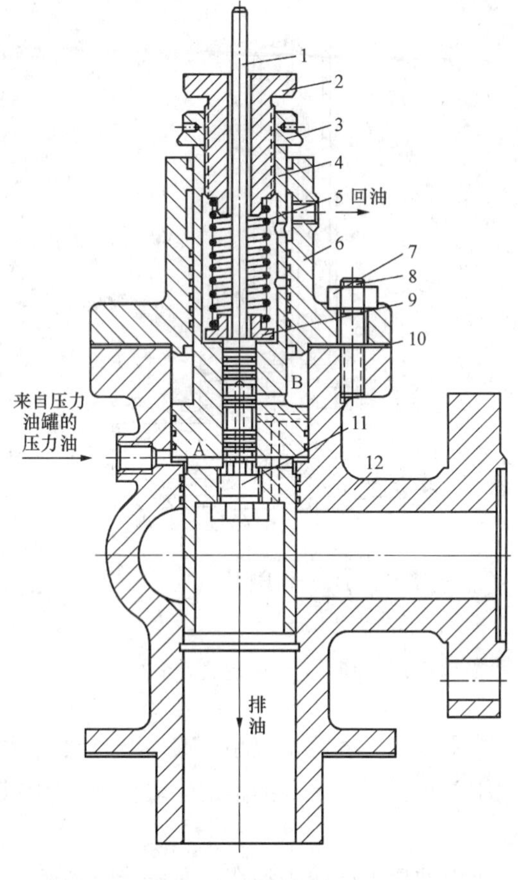

图 1-18　旁通阀结构

1—小活塞；2—调节螺钉；3—锁紧螺母；4—大活塞；5—弹簧；6—上盖；7—螺母；8—螺栓；9—弹簧垫；10—垫片；11—螺堵；12—阀体

塞内又装小活塞。来自压力油罐的压力油进入空腔 A，则小活塞主要受两个力作用：①弹簧向下作用；②来自 A 腔压力油作用。当弹簧力大于油压作用力时，则小活塞下移；反之，小活塞上移。弹簧力的大小可用调节螺钉来调整。

如图 1-18 所示，旁通阀处于关闭位置，油泵向压力油罐送油，当压力油罐油压达到正常压力上限（整定值）时，作用在小活塞底部的油压大于弹簧力，小活塞上移，去 B 腔油路堵死，排油路打开，B 腔的油经大活塞横向油孔→大活塞和小活塞之间环形空腔→大活塞横纵油孔（图中虚线所示）排至回油箱，大活塞在 A 腔的压力油作用下向上移动，打开油泵至回油箱的通路，将油泵抽上来的油全部排至回油箱，使油泵空载运行，罐内压力不再增加。

当压力油罐的油压降至正常压力下限时，作用在小活塞上的弹簧力大于其底部油压作用力，小活塞中心孔进入 B 腔，由于大活塞凸缘上部（B 部）受压面积大于下部受压面积，因此，大活塞被压向底部，关闭通往回油箱的通路，油泵带负荷运行向压力油罐送油。

油泵若采取断续工作制时，当大活塞上移后，通过锁紧螺母碰撞位置开关，断开油泵电源，油泵停止运转。当大活塞下落使旁通阀还没有关闭时，位置开关接通油泵电源，使油泵在低负荷下启动，减小启动电流。

旁通阀工作上、下限的差值 Δp 为 0.15～0.2MPa，由大、小活塞的油槽及遮程，即结构条件确定。工作油压上、下限的工作位置，可通过调节螺钉，在相当宽的范围内加以调整，调整后，一定要锁紧螺母，以防整定值自行变动。

6. 组合阀

目前，最新的液压集成块式组合阀已经将安全阀、止回阀、卸荷/旁通阀组合为一体，其工作原理如图 1-19 所示。

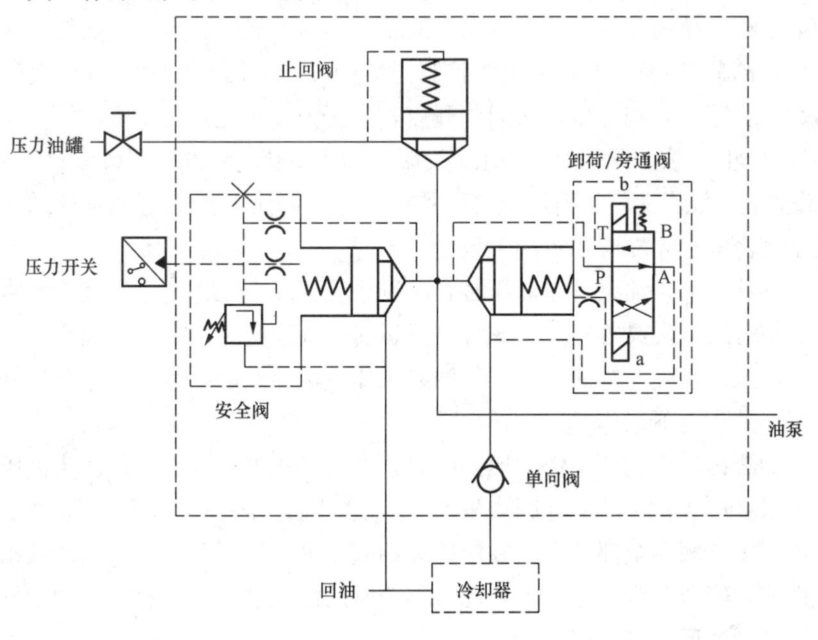

图 1-19　组合阀工作原理

（1）卸荷/旁通阀。油压装置的螺杆泵在运行时是经常启动和停止的，由于电动机所带动的大功率螺杆泵具有大负荷、大惯量的特性，因此电动机和油泵启动到稳定工作状态需要一定的时间。如果启动时让大功率螺杆泵与压力油罐接通、直接带上负荷，则对螺杆泵、液压系统和厂内用电系统有瞬间大的负荷冲击，这将影响到螺杆泵的运行性能、寿命及厂内电网的稳定。采用低油压启动的方法可以使螺杆泵启动时处于卸荷状态，在卸荷/旁通阀的控制下，螺杆泵在一定时间内逐渐带上负荷，并在电动机转速达到一定值后，螺杆泵才输出工作压力正常、额定流量的压力油。

当油泵启动时，动作组合阀内卸荷/旁通阀 a 端电磁阀控制插装阀开启，油泵接近空载工况时启动；油泵启动 2～6s 后，卸荷/旁通阀 b 端电磁阀控制插装阀关闭，使已经到达额定转速的油泵向压力油罐送油。

如一台油泵连续运行，当压力油罐内油压到达工作油压上限时，组合阀内卸荷/旁通阀 a 端电磁阀插装阀开启，连续运行的油泵输送的压力油经冷却器排入回油箱排油。当压力油罐内油压接近工作油压下限时，组合阀内卸荷/旁通阀 b 端电

磁阀动作，插装阀关闭，油泵向压力油罐输油。

当油压低于工作油压下限的6%～8%时，启动备用油泵。

（2）止回阀。在压力油通往压力油罐前设有一止回阀，受压力油罐压力的作用，油泵停机后单向阀处于关闭状态；油泵启动后，经低压启动阀的卸荷作用，一定时间后，卸荷/旁通阀b端电磁阀控制插装阀关闭，油泵压力上升到大于压力油罐的压力，克服止回阀背压，止回阀开启，向压力油罐充油。

（3）安全阀。安全阀是为保证压力油罐内油压不超过允许值和系统的各环节安全运行而设置的泄放装置，它可防止螺杆泵与压力油罐内油压过载，并保护其安全。

安全阀由安全先导阀和主阀组成。

在正常状态下，油泵是在油压装置控制系统操纵下工作的，当发生故障（如电触点压力信号装置失灵等）时，螺杆泵仍运转，油压继续升高，当油压大于整定弹簧力时，油泵的供油与排油相通，使油泵工作在卸荷状态，压力油罐及螺杆泵都能保持在额定的压力下工作。

压力油罐内油压到达工作油压上限时，主、备用油泵停止工作。当油压高于工作油压上限2%以上时，组合阀内安全阀开始排油；当油压高于工作油压上限的10%以前，安全阀应全部开启，并使压力油罐中油压不再升高；当油压低于工作油压下限以前，安全阀应完全关闭，此时安全阀的泄油量不大于油泵输油量的1%。

三、典型油压装置介绍

1. HYZ-6.0型油压装置

图1-20所示为HYZ-6.0型油压装置系统，它的压力油罐和回油箱合为一体，最大工作油压为2.5MPa，容积为6.0m^3。该装置的工作介质为压缩空气和46号汽轮机油。油泵出口阀组采用插装式结构，即安全阀、单向阀、低压启动阀组合在一起形成一个统一的阀组。该阀组特点是液阻小，通油能力大，动作灵敏，密封性能好，工作可靠，没有噪声。

（1）工作原理。油压装置和其用油设备构成一个封闭的循环油路。当电动机带动螺杆泵旋转时，回油箱内的油液经滤油网过滤后，由吸油管吸入，经螺杆泵到达油泵高压腔。在电动机启动的瞬间，由于组合阀中低压启动阀的作用，压力油经主阀被排至回油箱，油泵电动机在低负荷下运行。当电动机转速升至额定转速后，压力逐渐建立，低压启动阀关闭，主阀控制腔的压力随之建立，将主阀关闭。当压力升至额定值后，压力油推开组合阀中的单向阀经截止阀进入压力油罐内。需用压力油时，压力油罐内的压力油经截止阀送至工作系统的各用油部件，工作后的回油排入回油箱，这样就构成了一个循环的油路系统。

为了保证油压装置工作的可靠性，系统装有两台螺杆泵，一台为工作泵，另一

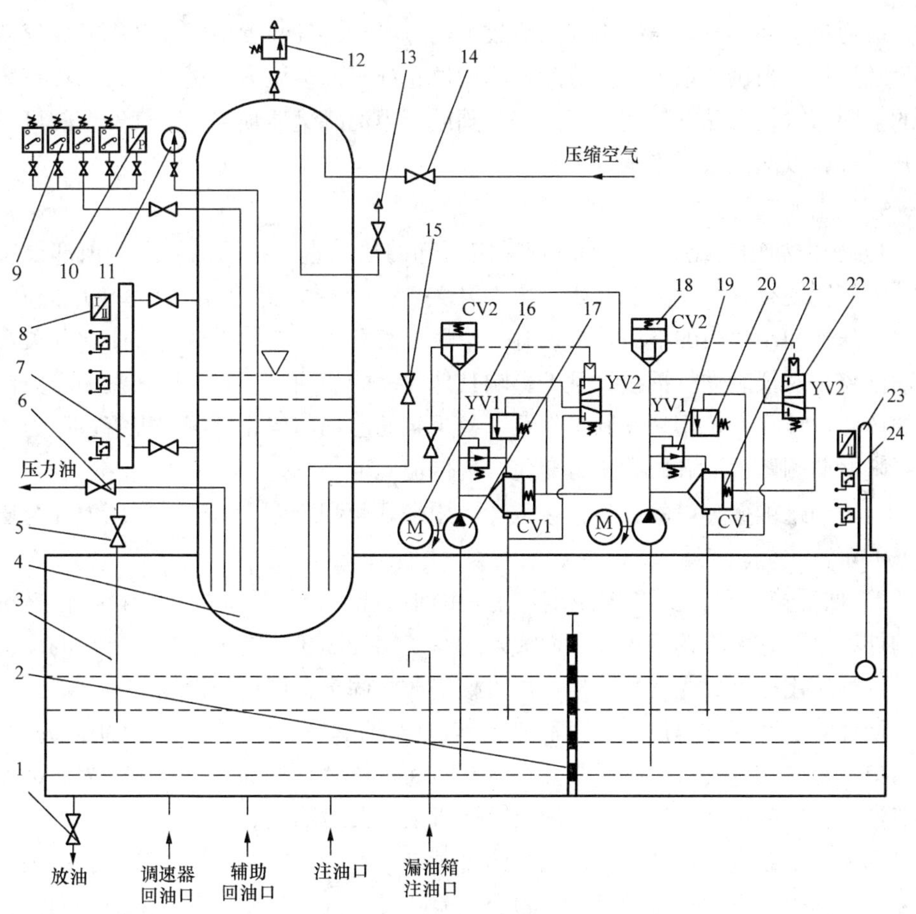

图 1-20　HYZ-6.0 型油压装置系统

1—放油截止阀；2—滤油网；3—回油箱；4—压力油罐；5、6—截止阀；7—磁翻转液位计；8—液位变送器；9—压力开关；10—压力变送器；11—压力表；12—空气安全阀；13—放气截止阀；14—供气截止阀；15—进油截止阀；16—电动机；17—螺杆泵；18—单向阀；19—低压启动阀；20—安全先导阀；21—主阀；22—卸荷先导阀；23—油位信号器；24—液位开关

台为备用泵，两者应当定期互相切换，两台泵也可以同时工作。工作泵可采取间歇运行或连续运行两种方式。

在正常情况下，压力油罐内装有65%的压缩空气、35%的液压油，油气比可以从压力油罐上的磁翻转液位计直接观察，当空气减少，油位升高，破坏了正常的油气比时，磁翻转液位计的高油位触点闭合，发出油位过高信号，通过自动补气控制系统使自动补气装置动作，进行自动补气。补气系统的压缩空气，经自动补气装置、截止阀进入压力油罐，直至油位恢复正常。当自动补气阀出现故障不能补气

时，可通过手动补气。压缩空气的泄放可通过自动补气装置中的放气阀或放气截止阀手动进行。当供气系统发生故障，不能停止补气而使压力油罐内压力超过系统允许的上限值时，自动补气装置中的安全阀或压力油罐罐体顶部的空气安全阀可自动打开排气，以保证系统安全。

（2）主要结构。

1）压力油罐装配。压力油罐依靠它下部的法兰直立在回油箱上，顶部设有吊环，上侧壁装有一个压力表、四个压力开关、一个压力变送器。在每个压力开关、压力变送器和压力表的下面，都装有一个压力表开关。在检修时，关闭此开关，可切断油路，对仪表进行拆换，且不影响其他仪表的使用。压力表用来观测压力油罐内的压力，压力开关用来控制工作泵、备用泵的启动与停止及事故报警，压力变送器可随时监测压力油罐内的压力变化，并传输到上位机。

压力油罐侧壁装设的磁翻转液位计，用来观测和监控压力油罐内压力油与压缩空气的正常比例。

2）回油箱装配。长方形的回油箱是用油系统工作后回油的汇集处，也是清洁油的储存箱，它由不锈钢板焊接而成，对系统用油的质量提供了更加可靠的保证。

回油箱用槽钢焊成钢性框架，可直接安放和固定在厂房的楼板上。

回油箱的底部开有调速器回油口、辅助回油口、机组漏油口、回油箱进油口、排油口及补气阀进气口、排气口。这些孔口通过法兰与外部管路相接。为保证油质的清洁，排回的油需经滤油网过滤后才能进入油泵吸油区。

回油箱上装有液位计、螺杆泵、组合阀。液位计用来对回油箱液位进行观测和监控，当油位过高或过低时可发出报警信号；其上的液位变送器用来测量回油箱液位并随油位变化输出 4～20mA 的模拟量，可实现对回油箱中的油位进行测量。

回油箱的底部略呈倾斜状，并装有放油截止阀，以便在清理回油箱时能将所存的油放出。

3）螺杆油泵。该油压装置采用的是立式螺杆油泵，它具有结构简单、平面安装面积小、安装检修方便、漏油流不出泵体之外等优点，同时还具有效率高、流量均匀、工作平稳、寿命长、能瞬时高压启动等优点。

4）组合阀。该组合阀是由两个插装单元及 3 个先导控制阀构成，包括单向阀、安全阀、卸荷阀和低压启动阀的功能。整个阀组的主阀是在先导阀的控制下动作，因此排油时无振动和噪声。

组合阀设 3 个油口，进油口和油泵出口相接，出油口与压力油罐进口相接，回油口与回油箱相接。

a）低压启动先导阀和单向阀。如图 1-20 所示，该阀组中的低压启动先导阀可

以使螺杆泵在启动时处于卸荷状态，直到电动机达到额定转速后，螺杆泵才输出额定的工作压力与流量。油泵启动时，由于进油口压力的作用，单向阀处于关闭状态，低压启动先导阀在弹簧力的作用下处于开启状态，主阀的控制腔没有油压，只有弹簧力的作用，因此处于开启状态，油经过主阀流入回油箱。随着进油口压力的上升，低压启动先导阀克服弹簧力而关闭，压力油通过 YV2 进入主阀的控制腔，使主阀关闭，进油口压力达到额定压力后，克服单向阀的背压，向压力油罐供油。

b）安全先导阀。安全先导阀是为保证压力油罐内油压不超过允许值设置的，防止螺杆泵与压力油罐过载，以保护其安全。

当压力油罐上压力开关或压力变送器等发生故障，致使油压达到允许的上限值时，螺杆泵仍在运转，油压继续升高，当压力作用于安全先导阀的推力大于弹簧力时，则安全先导阀动作，使主阀控制腔的油排掉，在进油口压力的作用下将主阀推开，使油泵工作在自循环状态下，压力油罐及螺杆泵都能保证在规定的压力下工作。

c）卸荷先导阀。卸荷先导阀是为螺杆泵做连续运行而设置的。

螺杆泵连续工作时，压力油罐内的压力随输入输出流量的变化而变化，当输入流量大于输出流量时，压力随之升高，在压力高于工作压力上限时，卸荷先导阀动作，将主阀的控制油排掉，主阀被推开卸荷，使螺杆泵工作在自循环状态。随着系统的消耗，压力油罐内油压逐渐降低，当低于工作油压下限时，卸荷先导阀在弹簧力的作用下关闭，主阀控制腔随之建压而关闭，螺杆泵恢复向压力油罐供油。

当螺杆泵断续运行时，卸荷先导阀也可作为安全阀的前级保护装置。

5）空气安全阀。空气安全阀的设置是压力油罐保护的最后一级。当压力油罐的油压升高，其所有保护不能正常工作时，空气安全阀打开排气，使压力油罐的压力保持在允许的范围内。

2. YT 型调速器油压装置

YT 型调速器油压装置如图 1-13 所示，它由压力油罐、集油箱、中间油罐、螺杆油泵、补气阀、止回阀和其他附件组成，其工作介质一般采用 30 号透平油。

YT 型调速器油压装置的螺杆油泵由额定容量为 3kW 的异步电动机带动，油泵的作用是进行能量转换，输送液体。

YT-1000 型调速器油压装置的压力油罐总容积为 135L，其中储油容积占总容积的 30%～40%，其余空间装存压缩空气，利用压缩空气能储存和释放能量的特点，可以大大减小用油过程中因供求不平衡所引起的压力波动。

回油箱是收集调速器的回流油和漏油的储油容器。回油箱内被滤网分隔为回油区和清油区，为油泵提供清洁油源。压力油罐和中间油箱直接装在回油箱上。

补气阀与中间油罐是 YT 型调速器油压装置的独特结构，它们和油泵联合工作

可以自动完成向压力油罐充气和供油，并自动维持着压力油罐的正常油压和油位，为小型水电厂取消高压空气系统创造了条件。

压力油罐上的电触点压力表能自动控制油泵的开启和停止，以保持压力油罐的油压在工作允许范围内；当压力油罐发生事故低油压时，压力油罐上的压力信号器用于发信号和事故停机。

模块三　压缩空气系统的改造

一、压缩空气系统组成

1. 压缩空气的用途

由于压缩空气具有弹性，是储存压能的良好介质，因此，用它来储备能量作为操作能源是非常合适的。同时，压缩空气使用方便、易于储存和输送，所以它在水电厂中得到了广泛应用。在机组的安装、检修与运行过程中，都要使用压缩空气。

压缩空气在水电厂的用途见表1-5。

表1-5　　压缩空气在水电厂的用途

项目	作　用	用气压力（MPa）	对空气质量的要求
压力油罐充气	向压力油罐内充入2/3容积的压缩空气，利用压缩空气膨胀和压力变化小的特点，驱动油罐内其余1/3容积的压力油去控制机组	2.5～6	清洁、干燥
空气开关	空气开关的触头断开时，利用压缩空气向触头喷射以灭弧	约2	清洁、干燥
密封止水	当进水阀或主轴部位需密封时，向外围橡胶围带充压缩空气，以封水止漏	0.8	一般
机组停机制动	停机时，利用压缩空气推动制动闸瓦与发电机转子轮环摩擦，使机组停机	0.8	一般
调相运行	反击式水轮发电机组做调相运行时，向转轮室充入压缩空气压低水位，使转轮脱出水面，不在水中旋转，以减少电能消耗	0.8	一般
风动工具	供各种风铲、风钻、风砂轮等在安装检修作业时使用	0.8	一般
设备吹扫	施工及运行中清扫设备及管路等	0.8	一般
破冰防冻	北方冰冻地区，电厂取水口处利用压缩空气使深层温水上翻，防止水面结冰	0.8	一般

以上用气项目要根据电厂机组形式、容量大小、运行方式、地理条件和所选用电气开关的型式而定。由于各用气项目对压缩空气的压力和空气质量要求不一，为了运行安全、方便管理起见，通常将第3～8类归为一类，设两台以上的空气压缩机和相应的储气罐、油水分离器及各种测量控制元件，通过管路、阀门连成一个以自动控制运行的压缩空气系统，习惯上称作低压压缩空气系统。

压力油罐充气使用的压缩空气质量较高，为不使压缩空气中的水分渗入油中腐蚀调速系统自动化元件，通常都需要对压缩空气进行干燥处理。高压压缩空气系统除因干燥空气增加了一些附件外，其组成与低压压缩空气系统相似，也是自动控制运行的。

干燥空气的方法有多种，经运行证明比较可靠的是热力法，即采用压力较高的空气压缩机将压缩空气的压力升至正常工作压力以上一定范围，使压缩空气的相对湿度增高，以便利用油水分离器将其中的水分凝结并排出，然后再送入储气筒中。当储气筒的压缩空气经减压阀降压至工作压力送用气设备时，空气体积膨胀，相对湿度降低，从而得到干燥的压缩空气。

有的电厂不设低压空气压缩机，而是由高压压缩空气系统经减压阀减压到制动、清扫所需压力，一样可以满足工作要求。在一些小型电厂，油压装置压力油罐上设有中间补气罐，可进行自动补气，因此，并不需要设立高压压缩空气系统，只需一套低压压缩空气系统就可以了，还可以减少投资。总之，压缩空气系统的设置根据实际需要灵活配置，以满足现场实际需要为准。

2. 压缩空气系统的任务和组成

压缩空气系统的任务，就是及时地供给用气设备所需要的气量，同时满足用气设备对压缩空气的气压、清洁和干燥的要求。为此，必须正确地选择压缩空气设备，设计合理的压缩空气系统，并实行自动控制。

压缩空气系统由四部分组成：

(1) 空气压缩装置。它包括空气压缩机、电动机、储气罐及油水分离器等。

(2) 供气管网。它由干管、支管和管件组成。管网将气源和用气设备联系起来，输送和分配压缩空气。

(3) 测量和控制元件。它包括各种类型的自动化元件，如温度信号器、压力信号器、电磁空气阀等；其主要作用是保证压缩空气系统的正常运行。

(4) 用气设备。如压力油罐、制动闸、风动工具等。

3. 压缩空气系统实例

图1-21所示为某水电厂厂内压缩空气系统。压力油罐充气、机组制动和调相压水用气均设有单独供气干管，风动工具及其他吹扫用气由调相干管引出。为了保证制动气源可靠，除制动储气罐进气管上装设止回阀外，还从调相干管引气作备用。

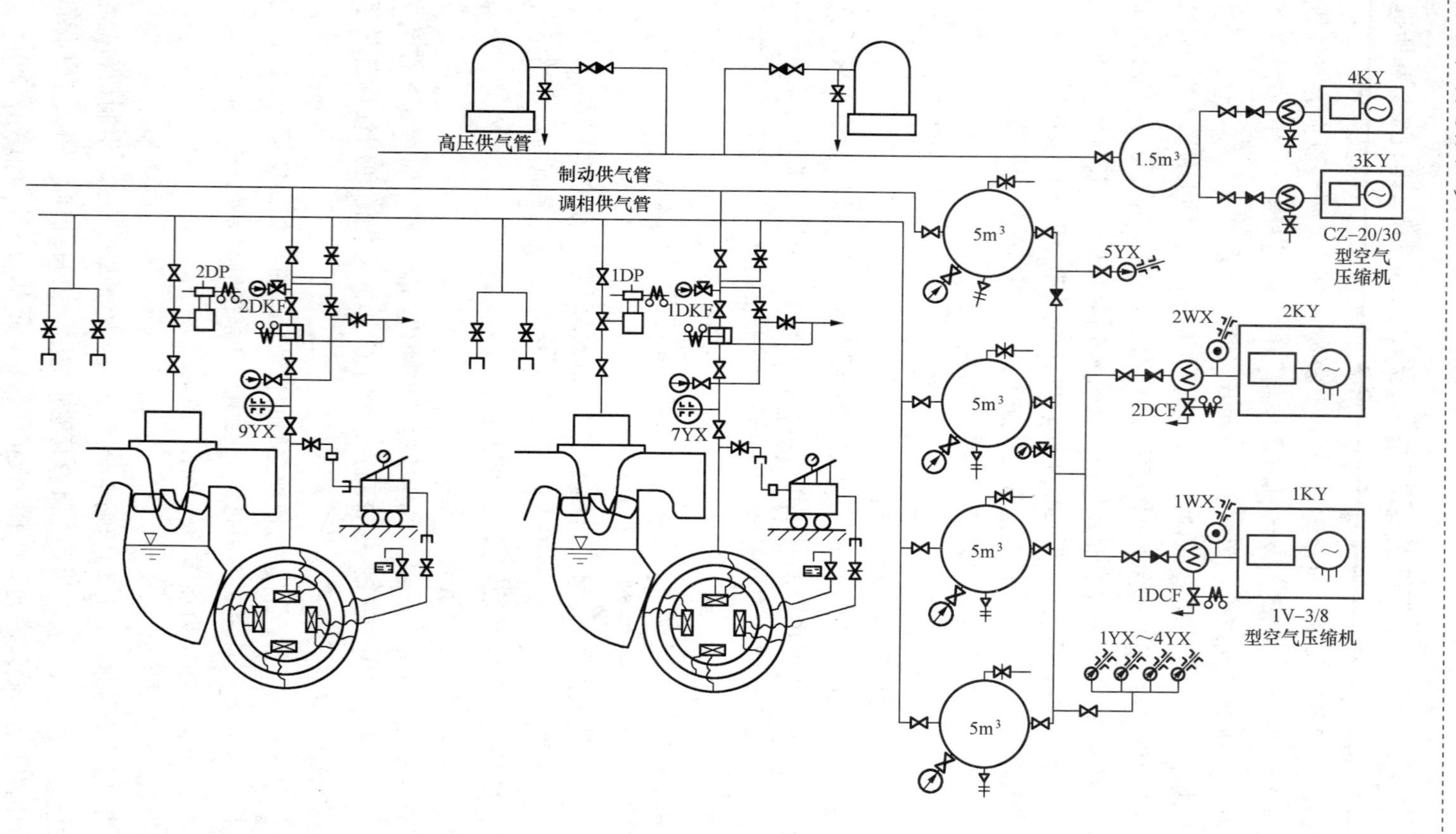

图 1-21 某水电厂厂内压缩空气系统

低压压缩空气系统全部实行自动化：压力信号器1YX～4YX用来控制工作和备用空气压缩机1KY和2KY的启动和停止，以及储气罐压力过高或过低时发出信号；温度信号器1WX、2WX用来监视空气压缩机的排气温度，当温度过高时，发出信号并作用于停机；电磁阀1DCF、2DCF用来使空气压缩机无负荷启动和停机时排污；电磁空气阀1DKF和2DKF用来控制机组制动给气；电磁配压阀1DP和2DP控制调相压水给气。高压压缩空气系统设有两台高压空气压缩机3KY、4KY，正常运行时，一台工作，一台备用；在油压装置安装或检修后充气，两台空气压缩机可同时工作。空气压缩机的启动和停止由压力信号器自动控制。

二、空气压缩机的类别、型号

空气压缩机是一种压缩气体、提高气体压力或输送气体的机械，其种类很多，分类方法各异，结构和工作特点各有不同。目前，电厂所使用的空气压缩机都属于容积式空气压缩机，有往复空气压缩机和回转空气压缩机两大类。往复空气压缩机主要为轴驱动的活塞空气压缩机，而回转空气压缩机多为单转子或双转子螺杆空气压缩机。

1. 活塞空气压缩机

活塞式空气压缩机主要由机体、曲轴、连杆、活塞组、阀门、轴封、油泵、能量调节装置、油循环系统等部件组成。活塞空气压缩机是目前使用最普遍、应用最广的一类空气压缩机。

（1）分类。

1）按活塞的压缩动作可分为：①单作用空气压缩机，气体只在活塞的一侧进行压缩，又称单动空气压缩机；②双作用空气压缩机，气体在活塞的两侧均能进行压缩，又称复动或多动空气压缩机；③多缸单作用空气压缩机，利用活塞的一面进行压缩，而有多个气缸的空气压缩机；④多缸双作用空气压缩机，利用活塞的两面进行压缩，而有多个气缸的空气压缩机。

2）按空气压缩机的排气终了压力可分为：①低压空气压缩机，排气终了压力为0.3～1.0MPa；②中压空气压缩机，排气终了压力为1～10MPa；③高压空气压缩机，排气终了压力为10～100MPa；④超高压空气压缩机，排气终了压力在100MPa以上。

3）按排气量（进口状态）可分为：①微型空气压缩机，排气量小于1m^3/min；②小型空气压缩机，排气量为1～10m^3/min；③中型空气压缩机，排气量为10～60m^3/min；④大型空气压缩机，排气量大于60m^3/min。

4）按曲轴连杆的差异可分为无十字头和有十字头两种。其中，无十字头适用于低压、小型空气压缩机；有十字头则适用于大、中型及高压空气压缩机。

5）按结构形式可分为立式、卧式、角度式等。一般立式用于中、小型空气压缩机；卧式用于小型、高压空气压缩机；角度式用于中、小型空气压缩机。活塞空气压缩机通用结构代号的含义如下：立式—Z；卧式—P；角度式—L；星形—T、V、W、X。

其他还有如按冷却方式可分为风冷式、水冷式，按固定方式可分为固定式和移动式等多种分类方式。

（2）主要特点。

1）优点。①适用压力范围广，不论流量大小，均能达到所需压力；②热效率高，单位耗电量少；③适应性强，即排气范围较广，且不受压力高低影响，能适应较广阔的压力范围；④可维修性强；⑤对材料要求低，多用普通钢铁材料，加工较容易，造价也较低廉；⑥技术上较为成熟，生产使用上积累了丰富的经验；⑦装置系统比较简单。

2）缺点。①转速不高，机器大而重；②结构复杂，易损件多，维修量大；③排气不连续，造成气流脉动；④运转时有较大的振动。

2. 螺杆空气压缩机

（1）基本结构。螺杆空气压缩机的基本结构如图1-22所示，在“∞”形的气缸中，平行地配置着一对互相啮合的螺旋形转子。通常把节圆外具有凸齿的转子，称为阳转子或阳螺杆；把节圆内具有凹齿的转子，称为阴转子或阴螺杆。一般阳转子与原动机连接，由阳转子带动阴转子转动。因此，阳转子又称主动转子，阴转子又称从动转子。在空气压缩机机体的两端，分别开设一定形状和大小的孔口，一个供吸气用，称作吸气孔口；另一个供排气用，称作排气孔口。

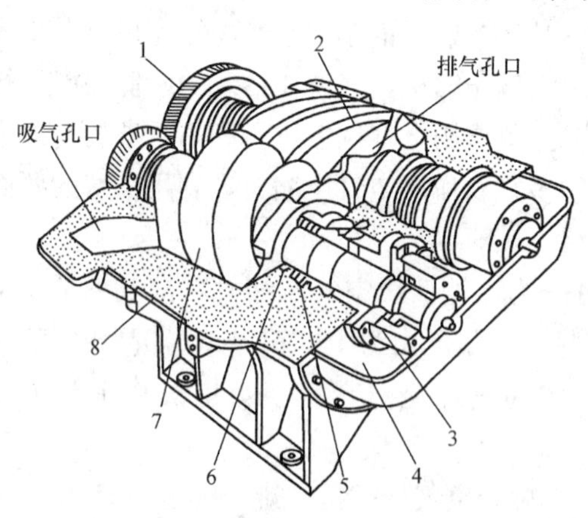

图1-22 螺杆空气压缩机的基本结构

1—同步齿轮；2—阴转子；3—推力轴承；4—轴承；5—挡油环；6—轴封；7—阳转子；8—气缸

（2）螺杆空气压缩机的分类。螺杆空气压缩机有多种分类方法：按运行方式可分为无油空气压缩机和喷油空气压缩机两类；按结构形式可分为移动式、固定式等。

（3）特点。

1）优点。①可靠性高。螺杆空气压缩机零部件少，没有易损件，因而它运转可靠，寿命长，大修间隔可达4万～8万h。②操作维护方便。螺杆空气压缩机自动化程度高，操作人员不必经过长时间的专业培训，可实现无人值守运转。③动力平衡好。螺杆空气压缩机没有不平衡惯性力，机器可平衡地高速工作，实现无基础运转，特别适合用作移动式压缩机，体积小，质量轻，占地面积少。④适应性强。螺杆空气压缩机具有强制输气的特点，容积流量几乎不受排气压力的影响，在宽广的范围内能保持较高的效率，在压缩机结构不作任何改变的情况下，适用于多种介质。⑤多项混输。螺杆空气压缩机的转子齿面间实际上留有间隙，因而能耐液体冲击，可压送含液气体、含粉尘气体、易聚合气体等。

2）缺点。①造价高。②不能用于高压场合。由于受到转子刚度和轴承寿命等方面的限制，螺杆空气压缩机只能适用于中、低压范围，排气压力一般不能超过3MPa。③不能用于微型场合。螺杆空气压缩机依靠间隙密封气体，目前一般只有容积流量大于0.2m^3/min时，才具有优越的性能。

三、空气压缩机的参数及工作原理

下面简要介绍几种空气压缩机的参数及工作原理。

1. 绍尔WP271L型高压空气压缩机

图1-23所示为绍尔WP271L型高压空气压缩机，采用风冷、单作用方式的三级绍尔高压空气压缩机的3个气缸呈W形排列，压缩机对从空气过滤器吸入的自由空气进行压缩，最终的出口压力最高可达4.0MPa。气缸的排列方式和趋于平衡的驱动系统即使在高速下也能确保空气压缩机的平稳运行。压缩空气的内部冷却在第1级和第2级由梳式冷却器实现，在第3级由一个再冷却管实现。冷却器完全处在轴流风扇的气流中，风扇直接由曲轴驱动。风扇的外罩引导气流直接吹向气缸阀

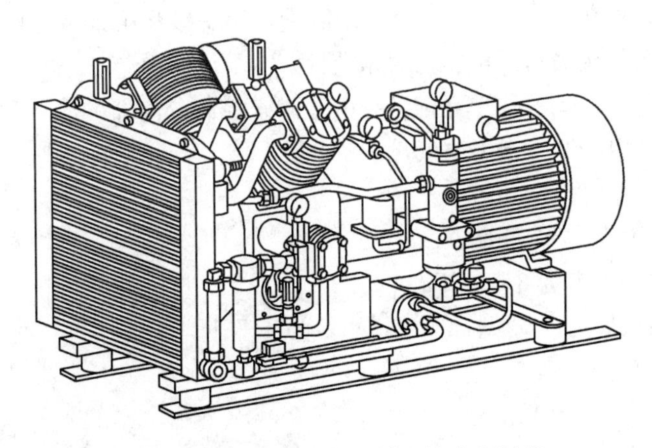

图1-23 绍尔WP271L型高压空气压缩机

和油池。压缩机安装一个油水分离器是为了排放在第2级、第3级压缩、再冷却过程中产生的水分。排水阀由一个独立的控制器操纵。压缩机由一个型号为B3/B5的电动机驱动，电动机与压缩机之间由一个弹性联轴器机械地连接起来，电动机与压缩机的曲轴箱通过法兰连接。

该压缩机设计特点及配备如下。

（1）驱动系统。曲轴由两个滚柱轴承支撑，连接杆轴承是可更换的滑动轴承。活塞销轴承是滚柱轴承，第1级活塞的材质是轻合金，第2、3级活塞的材质是灰铸铁。

（2）润滑。连接杆滑动轴承的润滑由一个整体的润滑泵来实现，润滑油由油泵从曲轴箱打出经过过滤器和一些小孔到达润滑点。曲轴箱轴承、活塞销轴承以及活塞都由喷溅的润滑油来润滑，齿轮泵由曲轴经过一个减速齿轮来驱动，由一套（超压限制阀）溢流阀来限制油压。

（3）阀。第1级配置了维修方便的同心阀，第2级和第3级配置了低摩擦的膜片阀。这些配置确保了重要部件的寿命长久。

（4）空气过滤器。空气过滤器是一个带阻尼管的纸式过滤器。

（5）内部冷却器。第1级和第2级的梳式冷却器是铝制的，第3级的冷却器是由腮状的钢管组成的，外表面镀锌。

（6）安全装置。按照规则要求，每一级高压室都配有安全阀，第1级安全阀装在梳式冷却器里。第2级安全阀装在第3级气缸的头部。第3级安全阀装在第3级分离器上。安全阀的放空压力标在阀上。为了控制冷却，一个温度控制器装在最终的分离器上，当温度达到80℃时，温度控制器给电动机控制系统一个信号而关掉空气压缩机。

（7）监控。油位可以由一个油位尺来测量，第1级和第2级的压力由油压继电器监控，第3级的压力可以由压力表来监控。

（8）自动化。自动操作单元配备有电磁阀来控制分离器的放空和排水。

2. 英格索兰15T2型活塞空气压缩机

（1）参数。

1）排气量为1.07m^3/min。

2）额定排气压力为3.52MPa。

3）润滑油型号为T30型合成油，用量为4.73L。

4）转速为900r/min。

5）轴功率为14.9kW。

6）润滑方式为飞溅。

7）级数为 3 级。

（2）组成。主要有活塞、气缸、吸气阀、排气阀、排污阀、曲轴、翅片式冷却器、电动机、皮带等。

（3）工作原理。当活塞向右移动时，气缸左腔容积增大，压力降低，形成真空，吸气阀克服弹簧阻力自行打开，空气在大气压力作用下进入气缸左腔，这个过程为吸气过程；当活塞返行时，气缸左腔压力增高，吸气阀自动关闭，吸入的空气在气缸内被活塞压缩，这个过程为压缩过程；当活塞继续向左移动，气缸内的气体压力增高到排气管中的压力时，排气阀自行打开，压缩空气被排出，这个过程为排气过程，至此完成了一个工作循环。

高压空气压缩机为多级压缩，过程是将 3 个气缸串联起来工作，使气体受到连续的压缩，每级压缩后都要使气体冷却到原来的温度，气体由前一级压缩后排出，经中间冷却器冷却，再进入下一级气缸进行压缩，最后达到终级压力。

3. 英格索兰 MM132 型螺杆空气压缩机

英格索兰 MM132 型空气压缩机是由电动机驱动，单级压缩的螺杆空气压缩机。

（1）组成。

1）进气过滤系统。

2）压缩机和电动机总成。

3）带有冷却器的加压冷却油系统。

4）分离系统。

5）气量控制系统。

6）电动机启动控制系统。

7）仪器仪表系统。

8）安全防护系统。

9）后冷却器。

10）水分离器和排放系统。

电动机、空气压缩机主机、分离筒体及管路各自装在独立的支架上。支架与整机底架间有橡胶绝缘防振垫。分离筒体冷却油出口和排气口上皆采用柔性软管，以隔离电动机、主机、筒体。系统装配如图 1-24 所示。

（2）冷却系统。

1）设计温度。该机的设计环境温度范围为 1.7～46℃。

2）油冷却器。油冷却器是装于空气压缩机内部的，是由油冷却芯、风扇及风扇电动机等组成的完整总成。冷却气流从罩壳的前端流入，通过垂直安装的冷却器芯后，由罩壳后面向上排出。

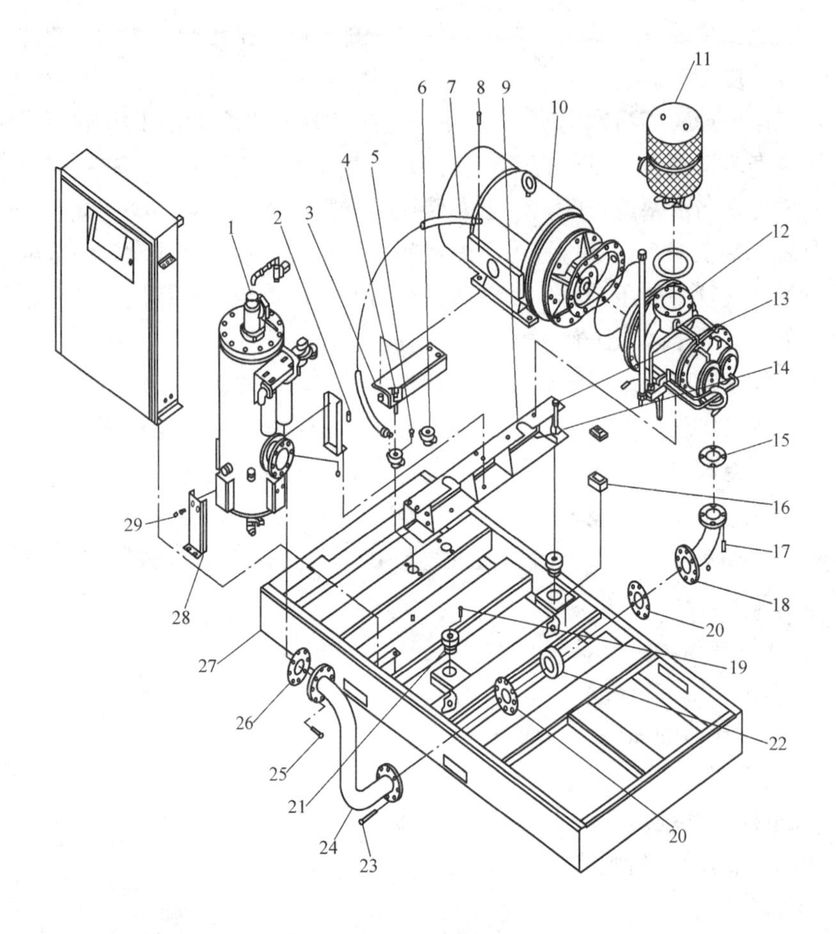

图 1-24　系统装配

1—分离器组件；2—螺栓；3—电动机支架；4—螺栓；5—螺栓；6—减振器；7—接地线；8—螺栓；9—主机支架；10—驱动组件；11—进气组件；12—主机组件；13—螺栓；14—螺栓；15—垫；16—分线盒；17—螺栓；18—主机排气管；19—螺栓；20—垫圈；21—减振器；22—止回阀；23—螺栓；24—排气管；25—螺栓；26—垫；27—底架；28—分离罐支架；29—螺栓

3）冷却风扇电动机。该风扇电动机为三相，每个都装有风扇电动机启动器、过载继电器作为保护措施，风扇电动机与空气压缩机主驱动电动机同时得电。风扇电动机启动器、过载继电器与主电动机过载继电器串联，如果风扇电动机线路发生过载，则风扇电动机与主电动机都会停机。

4）后冷却器。排气后冷却系统由热交换器（位于机器的冷却风入口）、冷凝水

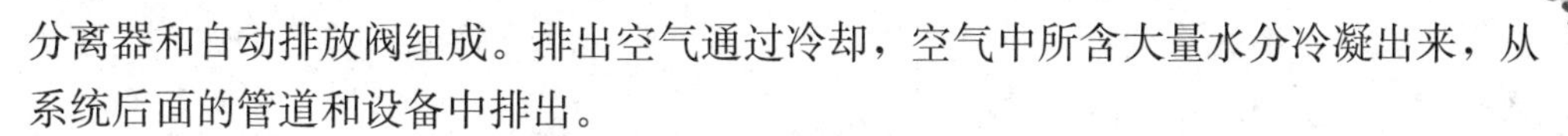

分离器和自动排放阀组成。排出空气通过冷却，空气中所含大量水分冷凝出来，从系统后面的管道和设备中排出。

5）冷却油系统。冷却油在压力迫使下，从分离器池流到油冷却器进口及温控阀的旁通口。温控阀控制提供适当的喷油温度所需要的冷却油量。当空气压缩机冷态启动时，部分冷却油旁通冷却器。当系统温度上升到温控阀的设定值以上时，冷却油会流向冷却器。当机组在高环境温度下运行时，全部冷却油都流经冷却器。

空气压缩机的最低喷油温度是受控的，以排除水蒸气在分离器筒体内冷凝的可能性。通过保持足够高的喷油温度，机组排出的油气混合物的温度便能保持在露点以上。温度受控的冷却油在恒定的压力下经油过滤器进入主机。

（3）压缩空气系统。压缩空气系统由进气空滤器、进气阀、转子、油气分离器、最小压力阀、后冷却器、水分离器和排水阀等组成。

螺杆空气压缩机的压缩作用是由一对螺旋转子（一阴一阳）啮合而产生的，两根转子分别装于两根平行轴上，装于高强度铸铁壳体内。进气口和出气口分别位于壳体的两端。阴转子的槽与阳转子啮合，被其驱动，排气端上采用圆锥滚柱轴承，以避免转子的轴向窜动。

油气混合物从压缩主机排出，进入分离系统，该系统在分离筒体内自成一体，将大部分冷却油都去除，而空气进入后冷却器。后冷却系统由热交换器、水分离器和排水阀组成，排出空气通过冷却，空气中自然所含的水汽中有许多会冷凝出来，并从压缩空气系统后面的管道和设备中排出。

当空气压缩机卸载运行时，进气阀关闭，放气阀打开，压缩空气通过放气软管返回进气口。

（4）油气分离系统。油气分离系统由内部结构经专门设计的筒体、两级聚集式分离芯及回油管路组成。

油气分离系统的工作原理是，来自压缩主机的冷却油和空气通过一个切向排气口进入筒体，该排气出口使油气混合物沿着筒体的内壁旋转，于是油便聚集起来滴落到筒体油池内。内部折流板使余下的冷却油滴和空气继续沿内壁流动。在折流板的作用下，油气流的流动方向不断改变，加上惯性作用，越来越多的油滴从空气中除去，并回到油池中。这时的气流已基本上是非常细小的薄雾，朝分离芯流去。分离芯由两个紧密填塞的纤维同心圆柱组成，每个圆柱都用钢丝网夹固。分离芯用法兰安装在筒体出口盖上。气流径向进入分离芯，薄雾聚合，形成小滴，聚集于外侧第1级上的油滴落入油池，而聚集于内侧第2级上的油滴聚集在分离芯出口的附近，通过安装在回油管路上的过滤网和节流孔接头，抽回到压缩主机进油口。这时

的气流已基本上无冷却油，从分离器流到后冷却器、水分离器，最后到达空气存储系统。

四、空气压缩机更换改造工作流程

空气压缩机更换改造工作流程如图 1-25 所示。

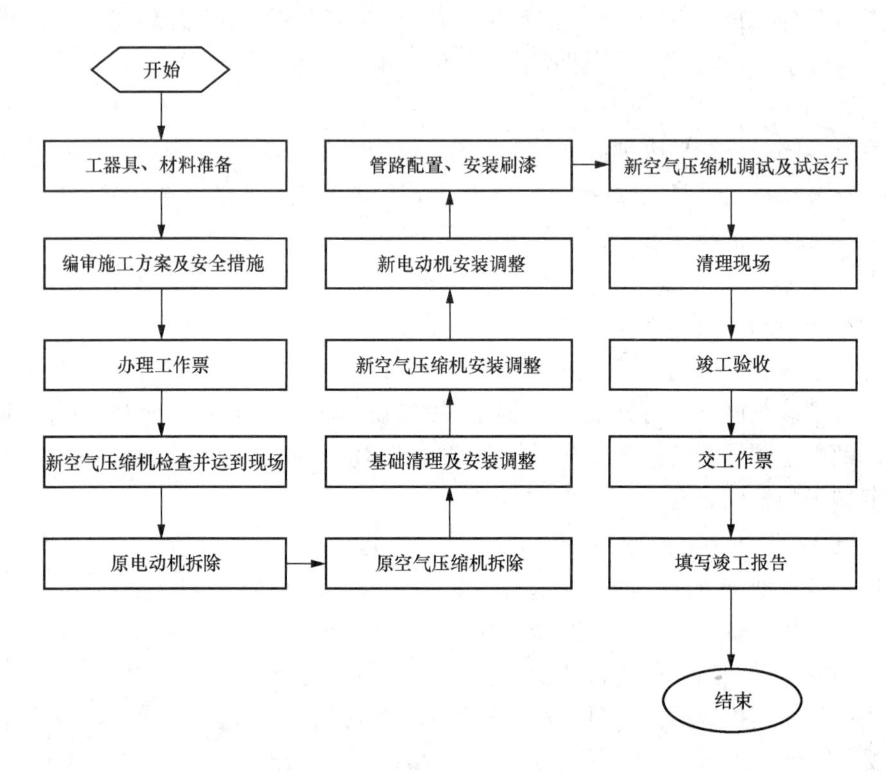

图 1-25　空气压缩机更换改造工作流程

模块四　接力器的改造

一、接力器的类别、型号

反击式水轮机的导叶接力器结构形式有很多，归纳起来可分为直缸及环形两大类。直缸接力器中有导管直缸式、摇摆式、双直缸式和小直缸式，在环形接力器中可分为缸动和活塞动两种。

二、接力器的参数、组成、结构特点及工作原理

1. 参数

接力器参数主要有接力器活塞直径、接力器的行程、接力器的数量及布置方

式、接力器的工作压力、接力器的管路直径等。

2. 组成

下面以导管直缸式接力器和摇摆式接力器为例进行介绍。

(1) 导管直缸式接力器的组成。导管直缸式接力器由接力器缸体、前后缸盖、活塞、活塞环、推拉杆、导管及开关侧连接管路组成，如图 1-26 所示。

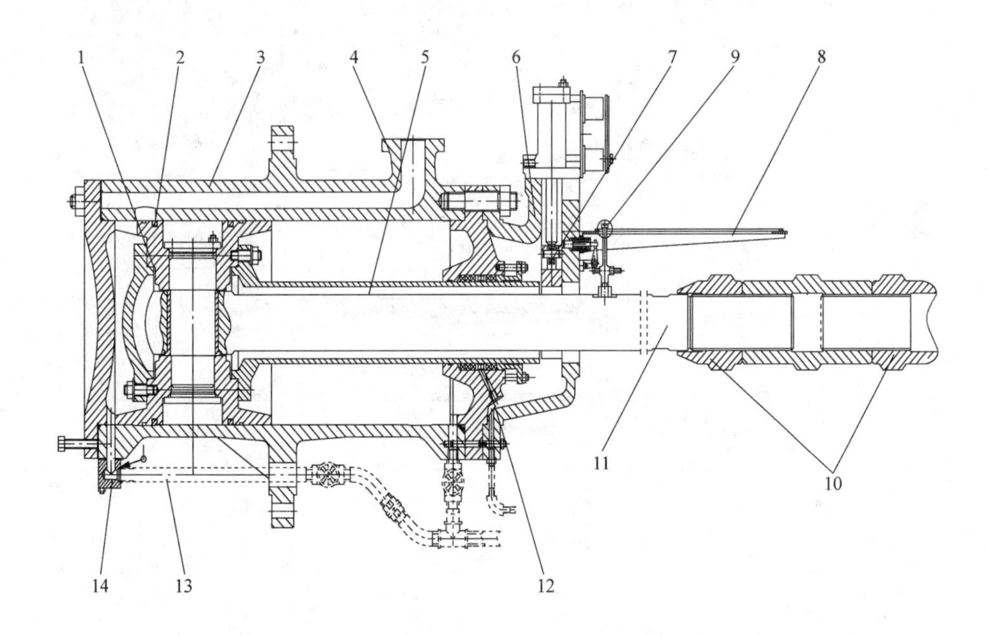

图 1-26　导管直缸式接力器结构

1—接力活塞；2—活塞环；3—接力器缸体；4—开关腔管路；5—接力器导管；6—锁锭缸；7—锁锭装置；8—接力器行程指标；9—指针；10—推拉杆锁母；11—接力器推拉杆；12—接力器端盖；13—排渗漏油管；14—后端盖；

(2) 摇摆式接力器的组成。摇摆式接力器由接力器缸体、前后缸盖、活塞、活塞环、推拉杆、分油器及关侧连接管（U 形管）、开侧连接管（Π 形管）组成，如图 1-27 所示。

3. 结构特点

(1) 导管直缸式接力器的结构特点。导管直缸式接力器可分为单导管和双导管两种，接力器工作时，活塞是直线运动的，控制环为圆弧运动，因此推拉杆在缸内有摆动，为使缸盖处易于油封，在推拉杆外装有导管，故称此接力器为导管直缸式接力器。

大中型水轮机通常采用两个接力器，一个设置接力器锁锭装置，另一个不设锁

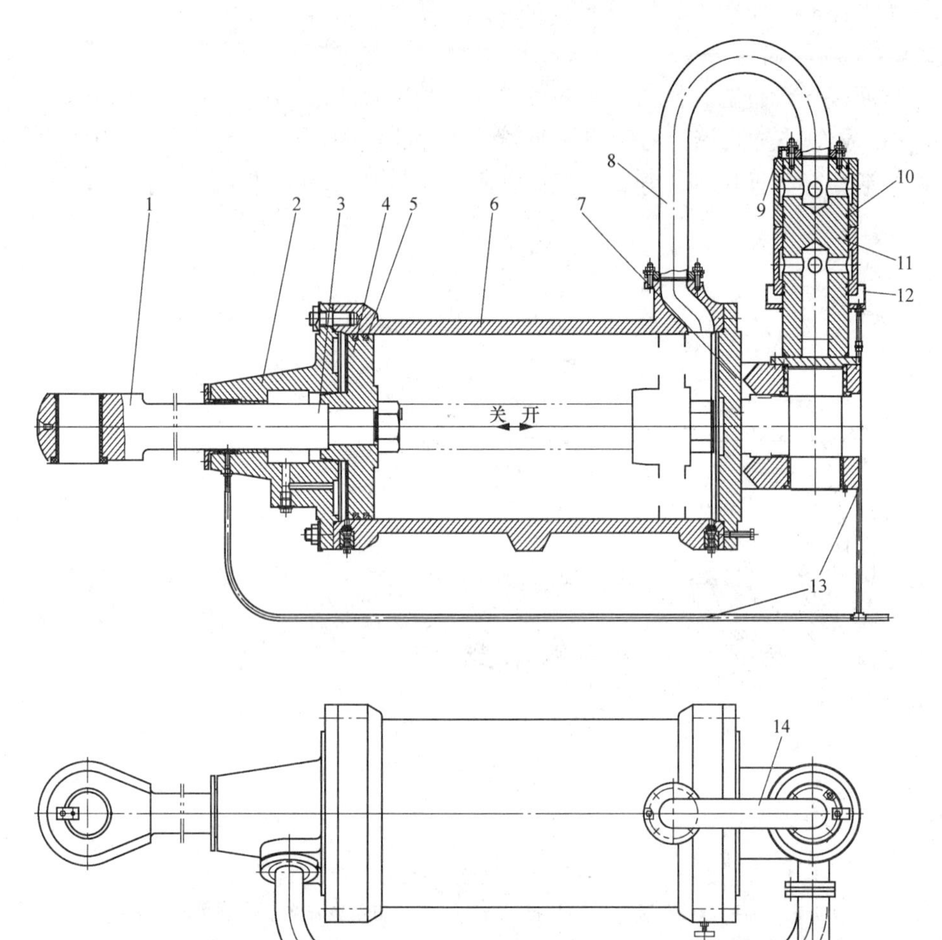

图 1-27　摇摆式接力器结构

1—接力器推拉杆；2—前端盖；3—凸台；4—活塞；5—活塞环；6—缸体；7—后端盖；8—接力器管路；9—连接板；10—密封圈；11—分油器；12—接油盒；13—排渗漏油管路；14—Ⅱ形管；15—U 形管

锭装置。接力器中间部分为缸体，在缸体内装有活塞和推拉杆，在活塞上固定着导管，对设置锁锭装置的接力器在前端盖前方装有锁锭缸，并带有锁锭装置。

活塞与缸体间留有间隙，为防止活塞两侧串油，在活塞上装有活塞环；为防止导管与缸盖处漏油，应装设盘根密封装置。当导叶关闭时，为避免活塞与缸体发生

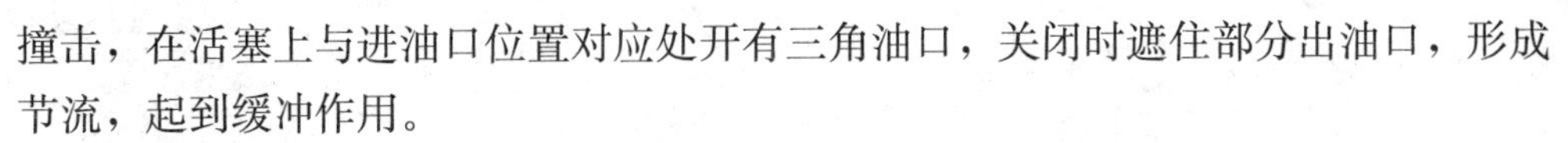

撞击，在活塞上与进油口位置对应处开有三角油口，关闭时遮住部分出油口，形成节流，起到缓冲作用。

活塞与推拉杆用圆柱销连接，推拉杆一般分为两段，中间用左右螺母连接，以便调整推拉杆长度，调整好后用螺母锁紧；另一段与控制环连接，在推拉杆上固定接力器行程指针，在指针上装有一螺栓，当导叶全关时，该螺栓顶住连锁装置连杆，使连锁阀退出，保证锁锭闸落下。

接力器锁锭装置的作用是当导叶全关时，把接力器活塞锁住在关闭位置，防止导叶被水冲开，同时保证关闭紧密，减少漏水。

（2）摇摆式接力器的结构特点。接力器的推拉杆不摆动，而是接力器缸带动整个接力器摆动，故称为摇摆式接力器。

活塞与缸体间留有间隙，为防止活塞两侧串油，在活塞上装有活塞环；推拉杆上带有凸台，以控制接力器行程。

摇摆式接力器的活塞缸是摆动的，因此在结构上特殊的地方是接力器后缸盖与固定支座用轴销过渡配合连接，动作时整个接力器以轴销为轴摆动，接力器给油问题比较复杂，采用U形管、Π形管分别与接力器缸体和轴销两端固定，在接力器缸体摆动时，U形管、Π形管和轴销一齐摆动同一角度。在轴销上开有油孔，分别与U形管和Π形管相通；在轴销上装有配油套，分为开关两腔，分别与压力油管相连并固定不动。为防止分油器漏油，在分油器轴与套之间装有三道O形密封圈。

摇摆式接力器的工作过程：当开腔给油时，压力油进入配油套（下腔），经轴销下方的油孔进入Π形管后，流入接力器开腔，使接力器打开；接力器关腔的油经U形管和轴销上方油孔及配油套关腔（上腔）进入油管而流回，在活塞移动的同时，接力器缸向某一方向摆动；当关腔给油时，动作过程与上述过程相反。

4. 工作原理

接力器由活塞将缸体分为两腔，即开腔和关腔。接力器的开侧腔排油，关侧腔给压力油时，接力器活塞带动控制环，使导叶向关闭方向转动；反之，接力器活塞带动控制环使导叶向开启方向转动。当开关腔油管不给压力油和排油时，则水轮机在某个开度下运行。接力器的给压力油与排油是由水轮机调速器来控制的。

三、接力器更换改造工作流程

接力器更换改造工作流程如图1-28所示。

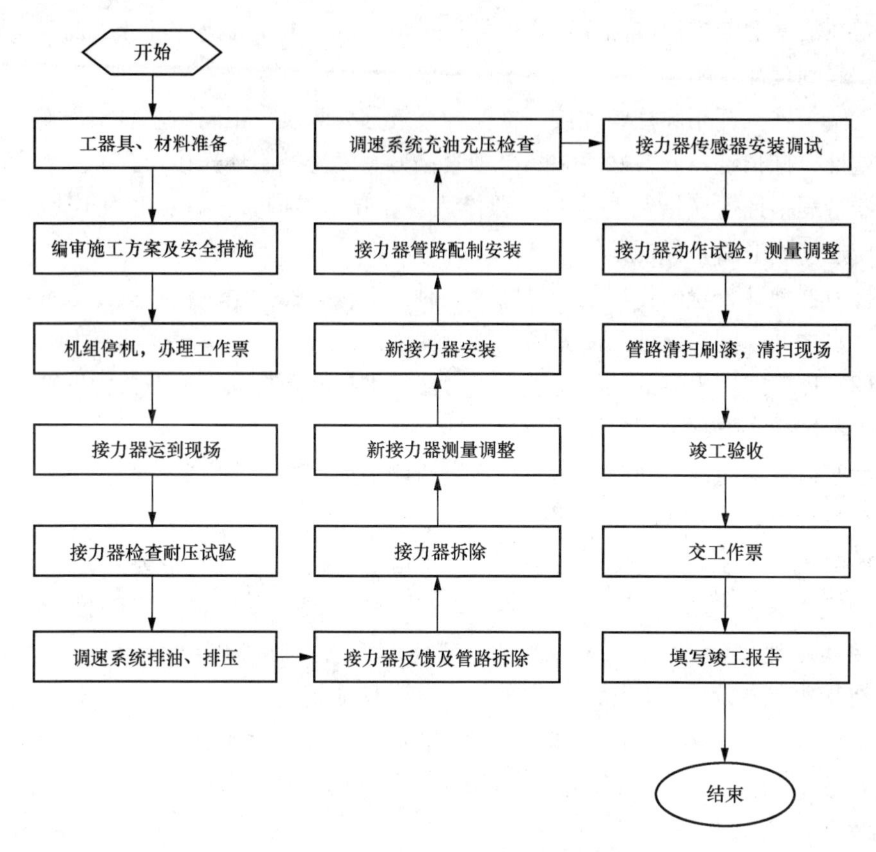

图 1-28　接力器更换改造工作流程

模块五　漏油装置的改造

一、漏油装置的参数、型号、组成、工作原理及特性

漏油装置是收集各种油压设备的排油及渗漏油，并将这部分回油用油泵送至集油槽的设备，以保证油压装置的油量不变。因为漏油装置收集的回油主要包括接力器检修排油，接力器锁锭排油，接力器渗、漏油，各种电磁配压阀、油源阀等液压操作设备的排油与渗、漏油等，所以，漏油装置一般安装在厂房的底层，大部分水电厂的漏油装置设置在水车室内或水轮机层间隔之间。

1. 主要工作参数

（1）吸油管与排油管直径。

（2）排油量。

（3）排出压力。

（4）吸入高度。

（5）容积效率。

（6）电动机功率。

（7）电动机型号。

（8）电动机转速。

（9）适用介质黏度。

（10）工作温度。

2. 型号

（1）漏油槽的型号。漏油槽的大小与机组的型号、接力器的容积等有着直接关系。漏油槽的型号就是漏油槽在短时间内能够承受设备漏油量的体积。

（2）漏油泵的型号。漏油泵的型号如图 1-29 所示。

3. 组成

漏油装置主要由漏油槽、漏油泵、电动机、液位计、手动继电器、自动继电器、排渗漏油总回油管、手动开关阀、回油滤过器、集油槽油管、安全阀等组成。

（1）漏油槽包括油箱、油箱盖、滤过网。

（2）漏油泵主要由泵体、齿轮、轴承座、安全阀、轴承及密封装置等构件组成。

4. 工作原理

如图 1-30 所示，漏油泵的泵体装有一对回转齿轮，其中一个是主动齿轮，另一个是从动齿轮，依靠两个齿轮的相互啮合，把泵体的整个工作腔分为两个独立部分：一侧称为吸入腔，一侧称为排出腔。齿轮泵在运转过程中，主动轮带动从动轮进行旋转，当齿轮从啮合状态到分开状态时，吸入腔内形成真空，压力油被吸入，吸入的压力油充满齿轮的各齿谷被带到排出腔，齿轮啮合时，压力油被挤出，形成高压压力油，经过漏油泵的出口排出泵外。

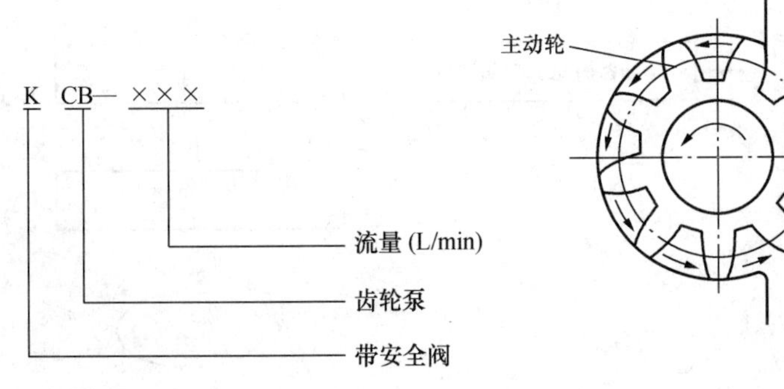

图 1-29 漏油泵的型号

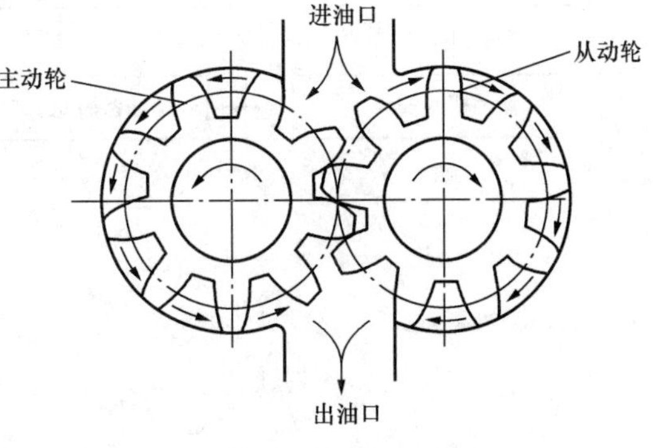

图 1-30 漏油泵工作原理

5. 特性

(1) 齿轮泵结构简单紧凑，维护与使用方便。

(2) 泵体具有良好的自吸性能，除第一次启动前，应加入压力油外，以后启动前，可不需再注入压力油。

(3) 齿轮泵的润滑是依靠输送的压力油自动达到的，日常动作中无须另外加入。

(4) 齿轮泵一般采用弹性联轴器传递动力，以弥补安装时出现的微小缺陷，漏油泵在工作中受到冲击时，能够起到良好的缓冲作用。

二、漏油装置更换改造工作流程

漏油装置更换改造工作流程如图 1-31 所示。

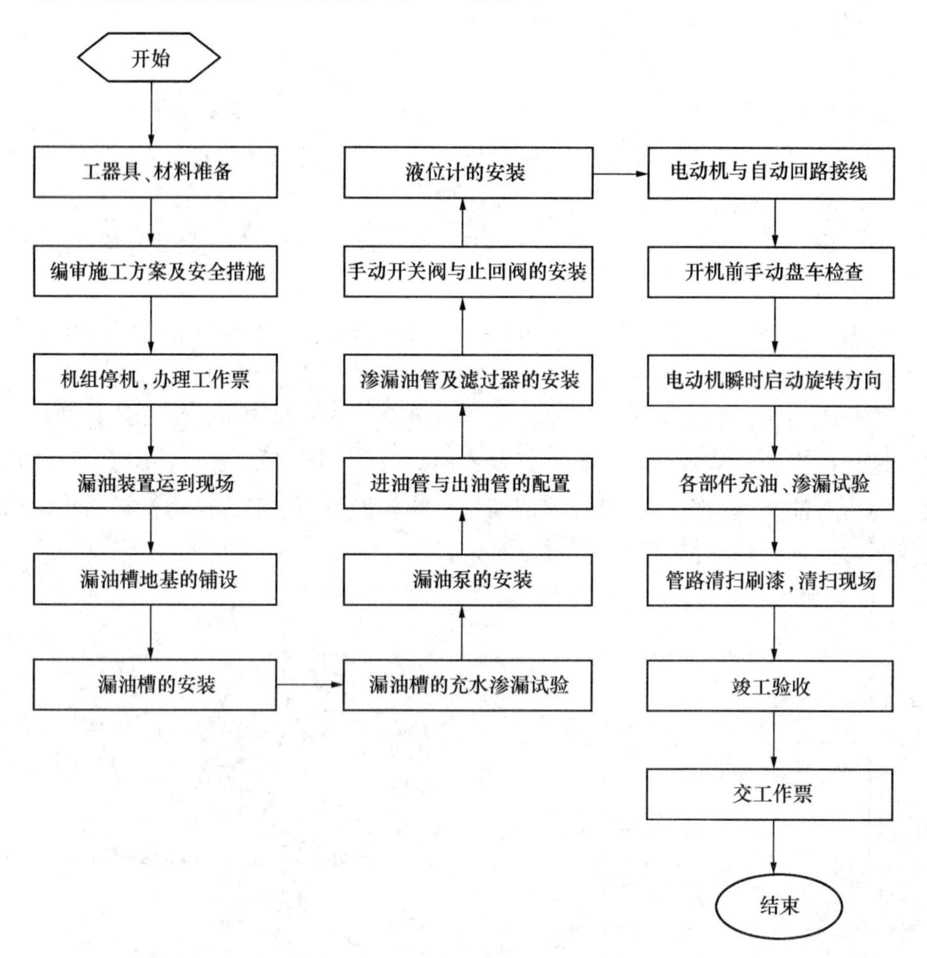

图 1-31 漏油装置更换改造工作流程

模块六 过速限制装置的改造

一、过速限制装置概述

过速限制装置是机组的保护装置，我国的大多数水电厂都装有过速限制装置。当机组发生飞逸时，又逢调速器故障不能及时关机，这时就应投入过速限制装置，使事故配压阀动作，去推动主接力器关闭导叶。过速限制装置动作后也是操作导叶的，所以，当导水机构发生故障时，过速限制装置无法关机。但是导水机构发生故障的可能性是比较小的，因而过速限制装置仍然得到了普遍应用。

过速限制装置在两种情况下投入：①当机组转速上升到额定转速的115%时，主配压阀又拒绝动作，应动作事故配压阀关机；②当机组转速上升到额定转速的150%以上时，不论主配压阀是否动作，都应立即投入事故配压阀关机。

有两条回路可以启动过速限制装置的电磁配压阀：一条是当转速达到150%的额定转速时，触点闭合，直接启动电磁配压阀；另一条是当转速达到115%的额定转速时，回路接通，但在这一条回路上串接着一个微型开关，这个微型开关以闭触点接入回路。开关装在辅助接力器的外面，如果关机时主配压阀正常动作，则主配压阀向上运动时撞动微型开关，使触点断开，这条回路不通，电磁配压阀不动作；如果主配压阀不能正常动作，开关就不能被撞动，回路就在115%额定转速的信号作用下接通，启动电磁配压阀。

二、过速限制装置的组成及工作原理

过速限制装置由电磁配压阀、油阀和事故配压阀组成，其中事故配压阀串接在调速器至主接力器的油管路上。

油阀的阀盘是一个差动活塞，活塞上腔的面积大于阀盘的止封面积，在过速限制装置不投入的情况下，通过电磁配压阀来的压力油作用在活塞的上腔，活塞被油压压住，油阀将通往事故配压阀的油路切断。当电磁配压阀动作时，油阀活塞的上腔通排油，油阀被阀盘下面的压力油顶开，压力油进入事故配压阀。

事故配压阀是一个三阀盘的差动活塞，最大阀盘的直径由机组用油量的多少决定，三个阀盘的直径逐次相差5mm。在事故配压阀未动作时，大阀盘与中阀盘之间的空腔形成接力器关侧的通路；中阀盘与小阀盘之间的空腔形成接力器开侧的通路。事故配压阀的活塞在油压的差动力作用下，始终靠在一头，所以在过速限制装置不投入时，接力器正常接受主配压阀的控制。最大阀盘的一端与油阀用油管相连，在这根油管上还接有一根小油管，通过电磁配压阀与排油接通。在电磁配压阀动作时，油阀的上腔通排油，小排油管的通路则被电磁配压阀截断。油阀被顶开后，压力油作用在最大阀盘上，将差动活塞推到另一头，大阀盘隔断了主配压阀关侧到接力器的通路，从油阀来的压力油直接进入主接力器的关腔去推动主接力器的活塞；中阀盘则封堵了事故配压阀上的主配压阀开侧来油的油口。中阀盘与小阀盘之间的空腔则使接力器的开腔与排油管连通，接力器在向关机方向运动时，开腔的油直接排回回油箱。

活塞的这种差动结构具有自锁功能。如果调速器的故障仍然存在，即使电磁配压阀已经复归，油阀重新封闭，油阀至事故配压阀之间的小油管也已通排油，但事故配压阀并不能复归。因为在这种情况下，主配压阀开启侧的油口已经被中阀盘封闭，压力油不能进入事故配压阀；由于调速器的故障，关侧没有压力油，事故配压阀的差动活塞没有接受油压，因而不能复归。只有当调速器的故障排除，并且主配压阀已经向关闭方向动作，使压力油进入事故配压阀的大、中阀盘之间的空腔时，事故配压阀的活塞才能在差动力的作用下复归。

事故配压阀的另一端装有一个调节螺钉，用来调整活塞的行程，即活塞动作后油口打开的大小，用来调整在事故配压阀动作情况下的导叶关闭时间。也有的采用在排油管上装设节流阀，用改变排油速度的办法来调节关闭时间。

还有其他形式的事故配压阀，但其工作原理是相同的，如有的事故配压阀不采用活塞结构，而是采用滑套结构，其作用原理与活塞式配压阀相同，不同的只是利用了滑套的空腔作为油的通路。

对于过速限制装置的检修，除了要遵守对活塞等零件的要求外，还需特别注意油阀的密封性。检修时应对油阀做 1.25 倍额定油压的耐压试验，保证严密不漏。如果在运行中油阀发生泄漏，且漏油量大于小油管的排油量，油阀与事故配压阀之间的油管中压力会上升。由于事故配压阀活塞的面积差比较小，大阀盘与中阀盘的直径仅相差 5mm，所形成的环形面积还不到大阀盘外侧面积的 1/20，因此这段管中的油压只要大于关侧油压的 1/20 就会将活塞推动，造成事故配压阀的误动作，引起误停机。如果活塞移动了一定的距离，又没有到头，通往接力器关腔的油口被大阀盘封住，调速器开侧的来油口被中阀盘封住，这是非常危险的，因为这时的导水机构处于失控状态。另外，由于事故配压阀的活塞加工不良或长期运行的磨损，会造成活塞的漏油，也会漏入这段管中，应引起注意。

此外，有的水电厂将事故配压阀安装得太低，事故配压阀至回油箱之间有一定的高度，事故配压阀动作后，若立刻将电磁配压阀复归，在这一段油柱的压力作用下，会将活塞向复归方向推去，如果调速器的故障未处理完，调速器仍向开侧配油，这时机组有可能重新启动，这也是比较危险的。应在规程中做出明确规定：过速限制装置动作后，必须先确认调速器的故障已经消除，并使主配压阀向关侧配油

后，才能复归电磁配压阀。在可能的条件下，应将事故配压阀的位置升高。

科 目 小 结

本科目面对调速系统设备更换工作中的基础工作，要求Ⅰ级技能人员了解设备的结构及动作原理，熟悉设备改造的工作流程，为设备更换的正确及顺利进行，奠定坚实的基础。本科目主要面向Ⅰ级现场维护人员，掌握水轮机调速器、油压装置、压缩空气系统、接力器、漏油装置、事故配压阀的参数、型号、组成及工作原理，熟悉更换改造工作流程并能配合Ⅱ级技能人员进行相关设备的更换改造工作。本科目可供水电厂相关专业人员参考。

作 业 练 习

1. 简述调速器更换工作流程。
2. 简述摇摆式接力器更换工作流程。
3. 简述 KZT-150 型调速器机械液压系统工作原理。
4. 简述油压装置型号的意义及常见组合阀工作原理。
5. 简述 HDY-S 型环喷式电液转换器工作原理。
6. 简述 KZT-150 型调速器机械液压系统设备参数。
7. 简述调速器型号的构成。
8. 简述步进式调速器的型号、工作参数。
9. 简述步进式调速器的工作原理。
10. 简述步进式调速器更换的工作流程。
11. 简述漏油装置的作用。
12. 简述漏油装置的组成。
13. 简述齿轮泵的工作原理。
14. 举例说明油压装置规格型号组成。
15. 简述油压装置压油泵更换改造工作流程。
16. 油压装置主要由哪几种主要元件构成？
17. 试述 YT 型调速器油压装置补气阀加中间油罐的补气方式工作原理。
18. 压缩空气在水电厂的用途有哪些？
19. 简述压缩空气系统的任务和组成。
20. 活塞式空气压缩机的主要组成部件有哪些？
21. 简述螺杆空气压缩机的基本结构。

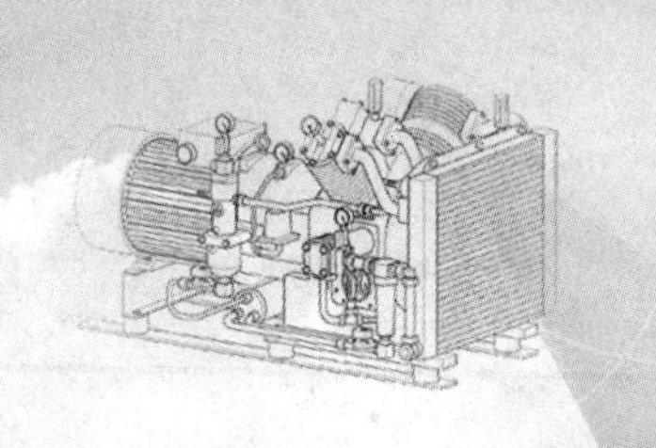

科目二

设备检修及常用工具使用

科目名称	设备检修		类别	专业技能
培训方式	实践性/脱产培训	培训学时	实践性24学时/脱产培训8学时	
培训目标	掌握设备管路的配置、安装、检验及零部件的清洗工作			
培训内容	模块一　设备检修 一、水轮机调速器机械液压系统检修 二、油压装置检修 三、压缩空气系统检修 四、接力器检修 五、漏油装置检修 六、管路、阀门的分解、清洗及安装 模块二　常用工具使用 一、常用工具 二、工具保养及使用注意事项			
场地，主要设施、设备和工器具，材料	水轮机调速器、油压装置、空气压缩机、接力器、漏油装置、机组过速限制装置、弯管器、带丝、轧管器、管钳、割规、垫冲、套筒扳手、常用扳手、常用起子、内六角扳手、手锤、铜棒、钢板尺、画规、水平仪、游标卡尺、千分尺、密封垫、清洗材料、螺栓等			
安全事项、防护措施	工作前交代安全注意事项，加强监护，正确佩戴安全帽，穿工作服，执行电力安全工作规程及有关规定			
考核方式	笔试：30min 操作：60min 完成工作后，针对评分标准进行考核			

模块一　设　备　检　修

一、水轮机调速器机械液压系统检修

1. 零部件清洗

（1）零部件的清洗工作应在工作台上进行，清洗时注意要轻拿轻放，以免伤及零部件表面。

（2）精密零部件如主配压阀、引导阀及衬套，用细油石清扫其表面的锈蚀，用酒精清洗活塞及其内部油孔和衬套，并用白布或绢布擦干。暂时不安装的精密零部件，表面应涂上油膜，妥善保存。

（3）检查弹簧有无锈蚀、变形。

（4）分解滤油器，倒掉污油，对于刮片式滤油器，应用汽油清扫净刮片上的油泥，对于滤芯式滤油器，要清扫净滤芯上的杂物，并用白布擦干净。

（5）拆下应急阀的线圈，阀体用汽油清扫，并用风吹干净，应畅通无阻。

（6）检查并确认位移转换装置转动灵活，丝杆表面光滑，滚珠无伤痕，润滑良好，保持各零部件表面清洁，弹簧受力后能自动回复。

（7）用汽油清洗油路板内部油孔，并用风吹干，密封应完好，无渗漏。

2. 检修工作流程

工作负责人填写工作票，工作票签发人签发后交至运行→工作许可人许可后调速器进入检修状态→调速器检修前试验→确认导叶不再有开关动作后，联系运行人员对调速器、油压装置做检修安全措施→分解调速器（做必要的分解记录）→各零部件的清洗、检查、处理（已损坏的零部件要更换新的）→回装（依照分解记录）→试验调整（低油压下机械液压系统初步调整、额定油压下机械液压系统动作调整、机电联调试验）→工作票交代→检修工作结束。

检修工作结束后，要在规定的时间内完成检修报告。

二、油压装置检修

（1）油泵检修。将油泵分解后，用汽油清洗油泵三螺杆、推力套、轴承、衬套及装配法兰面等，检查各部件有无伤痕、磨损、变形、严重锈蚀等，油孔是否畅通，否则应进行处理。测量各部间隙，应符合规程要求。

（2）阀组检修。阀组分解后，用汽油清理活塞、衬套、弹簧及油孔，检查弹簧有无重大变形、锈蚀、裂纹，检查各部件有无伤痕、重大磨损、严重锈蚀等，止回阀、安全阀、减压阀止口有无损伤，油孔是否畅通等，否则应进行处理。

（3）管路安装前做渗漏试验，12h无渗漏；管路按做好的标记进行安装，更换密封材料，密封应放正，螺栓对称把紧，法兰间隙应均匀，无漏油。

（4）对压油槽、集油槽进行清扫时，先用旧布将油泥清理干净，然后用和好的面粘净杂质。各油孔应清理干净。

三、压缩空气系统检修

对空气压缩机一般进行以下检修内容：

（1）空气压缩机全部解体清洗。

（2）镗磨气缸或更换气缸套，并做水压试验。未经修理过的气缸使用4～6年

后，需试压一次。

(3) 检查、更换连杆大小头瓦、主轴瓦，按技术要求刮研和调整间隙。

(4) 检查曲轴、十字头与滑道的磨损情况，进行修理或更换。

(5) 修理、更换活塞或活塞环；检查活塞杆长度及磨损情况，必要时应更换。

(6) 检查全部填料，无法修复时予以更换。

(7) 曲轴、连杆、连杆螺栓、活塞杆、十字头销（或活塞销），不论新旧都应做无损探伤检查。

(8) 校正各配合部件的中心与水平；检查、调整带轮或飞轮径向或轴向的跳动。

(9) 检查、修理气缸水套、各冷却器、油水分离器、缓冲器、储气罐、空气过滤器、管道、阀门等，无法修复者予以更换，直至整件更换，并进行水压与气密性试验。

(10) 检修油管、油杯、油泵、注油器、止回阀、油过滤器，更换已损坏的零部件和过滤网。

(11) 校验或更换全部仪表、安全阀。

(12) 检修负荷调节器和油压、油温、水流继电器（或停水断路器）等安全保护装置。

(13) 检修全部气阀及调节装置，更换损坏的零部件。

(14) 检查传动皮带的磨损情况，必要时全部更换。

(15) 检查机身、基础件的状态，并修复缺陷。

(16) 大修后的空气压缩机，在装配过程中，应测量下列项目：

1) 各级活塞的内外止点间隙。

2) 十字头与滑道的径向间隙和接触情况。

3) 连杆轴径与大头瓦的径向间隙和接触情况。

4) 十字头销与连杆小头瓦的径向间隙和接触情况。

5) 填料各处间隙。

6) 连杆螺栓的预紧度。

7) 活塞杆全行程的跳动。

对不符合技术要求的，应予以修理、调整。

(17) 试压和试运转后，对设备进行防腐涂漆。

(18) 吸收新工艺、新技术，以提高设备性能，达到安全、经济运行的目的。

四、接力器检修

(1) 接力器分解后用油石将接力器活塞上的研磨及锈蚀部位处理好。

(2) 用砂布和金相砂纸对接力器缸体内部进行处理，去除研磨部位和锈蚀。

（3）检查活塞胀圈接口、磨损是否符合要求，接力器活塞与缸体配合是否符合要求，并做好记录。

（4）用砂布和金相砂纸对接力器轴销进行打磨，应无锈蚀、伤痕。

（5）用酒精对接力器各部位进行清扫，并用白布擦干。

（6）用面团再对气缸及活塞进行清扫，去除毛屑和砂粒。

（7）按与分解相反顺序回装。

五、漏油装置检修

启动漏油泵将油打入集油槽，油排净后，抽出滤网，用汽油清扫，并用面团粘净漏油槽，如有脱漆，应将原有底漆清扫干净后，再涂漆或其他耐油漆。工作结束后，对漏油槽进行全面检查，确保无污物后，放进滤网。滤网如有损坏，应立即补焊或更换。

分解漏油泵时，检查主动齿轮与从动齿轮的磨损情况，如有磨损应处理，注意垫片的厚度与完整，使用毛刷蘸汽油进行清扫，然后用清洁的白布擦拭干净，组装后转动灵活。

六、管路、阀门的分解、清洗及安装

1. 管路的分解、清洗及安装

检查并确认管路的油排干净后，才可以分解油管路，同时要做好措施，防止管路中残留的透平油流到地面上。分解下来的油管路检查完后应清扫干净，两端管口封好，并按顺序摆放在检修场地待安装。

检修油管路应注意的事项如下：

（1）管路上标明介质流向的箭头应保存完好。

（2）管路连接法兰密封面应完好，可采用在法兰面上涂抹红丹粉的方法检查法兰面的平整度。法兰连接螺栓、螺母完好，所有连接螺栓应一致，不宜过长或过短。

（3）通过法兰连接的两根油管路如果在分解下螺栓后错口很大，管路重新安装后，要对管路加热进行消除应力处理。

（4）对于内壁有锈蚀的管路要进行除锈，锈蚀严重的要重新配制管路。

（5）管路安装前做渗漏试验，应12h无渗漏；压力油管路要做耐压试验，用1.25倍的额定压力耐压30min，检查管路特别是焊口部位应无渗漏。

（6）压力油管路需采用硬质密封垫，排油管路可采用柔软的密封垫，但必须是耐油材料的。

（7）对漆面破损的部位重新涂漆。涂漆应符合要求：压力油管、进油管、净油管先涂刷防锈底漆干好后，再涂刷红色调和漆或磁漆；回油管、排油管、污油管先

涂刷防锈底漆干好后，再涂刷黄色调和漆或磁漆。

2. 阀门的分解、清洗及安装

（1）分解阀门时应保证阀门标志牌、箭头等的完好。

（2）重新更换阀门的填料（油麻盘根或石墨盘根），填料的规格要合适。更换填料的量也要合适。

（3）阀门的操作手柄应完好。手柄上不应有操作阀门时伤及人手的突出部分。

（4）对于法兰连接的阀门，密封平面应完好，对于螺纹连接的阀门，螺纹应完整无损。

（5）阀门的密封部位应完好，对阀体内部清洗、吹扫干净。

（6）压力油管路阀门进行煤油试验时，至少保持4h，应无渗漏现象。

（7）止回阀回装时注意介质流向不得装反。

模块二　常用工具使用

一、常用工具

（一）常用手动工具

1. 螺钉旋具

如图2-1所示为螺钉旋具，主要用于装拆头部开槽的螺钉。螺钉旋具有一字旋具、十字旋具、快速旋具和弯头旋具等。

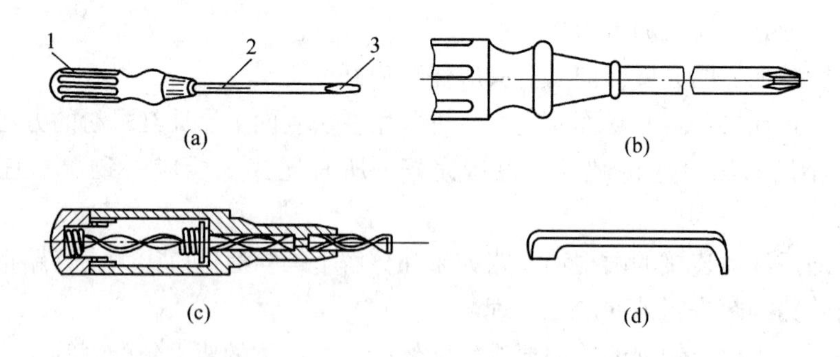

图2-1　螺钉旋具

(a) 一字旋具；(b) 十字旋具；(c) 快速旋具；(d) 弯头旋具

1—把柄；2—刀体；3—刀口

2. 扳手

扳手用来装拆六角形、正方形的螺钉及各种螺母。扳手有通用扳手（活扳手）、专用扳手和特种扳手等。

图 2-2 所示为活扳手及其应用，使用活扳手时，应让固定钳口承受主要的作用力，扳手长度不可随意加长，以免损坏扳手和螺钉。

图 2-3所示为专用扳手，专用扳手只能拆装一种规格的螺母或螺钉，根据其

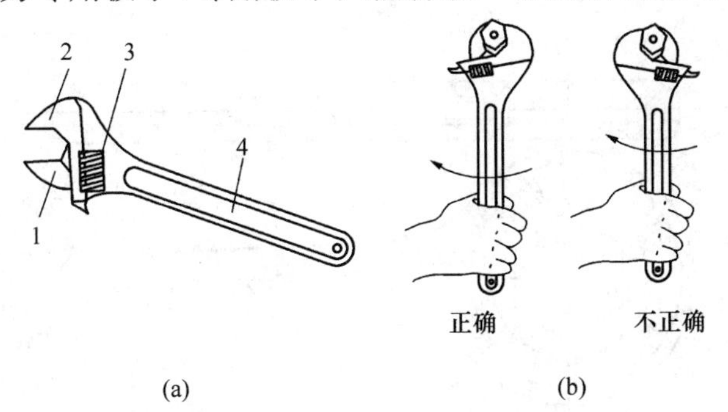

图 2-2　活扳手及其应用

（a）活扳手；（b）活扳手的使用

1—活动钳口；2—固定钳口；3—螺杆；4—扳手体

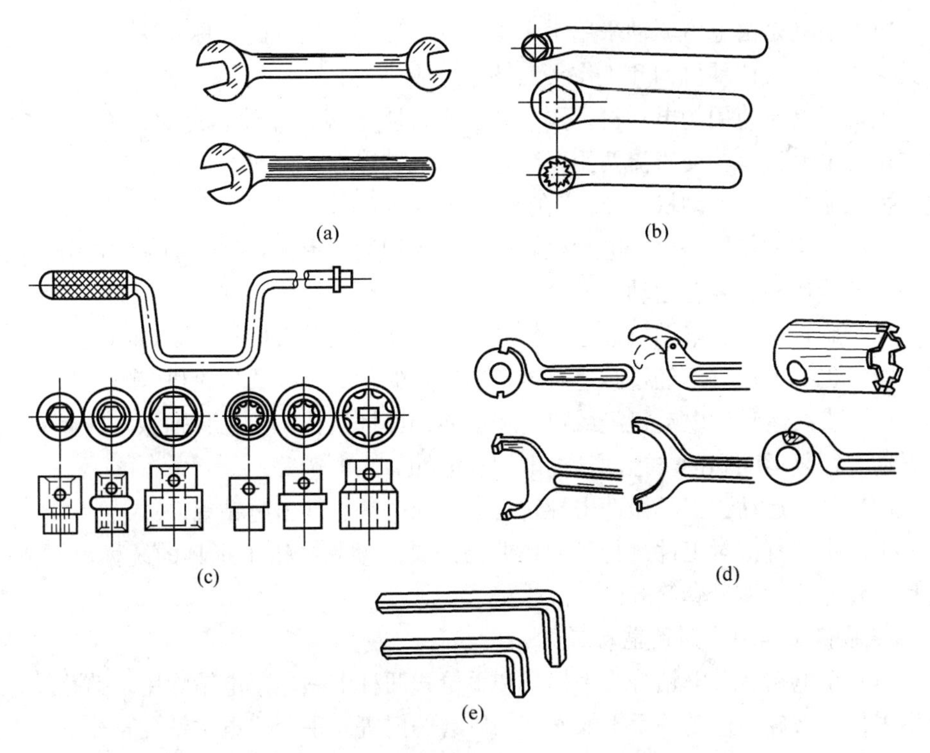

图 2-3　专用扳手

（a）呆扳手；（b）整体扳手；（c）成套套筒扳手；（d）钳形扳手；（e）内六角扳手

用途不同，可分为呆扳手、整体扳手、成套套筒扳手、钳形扳手和内六角扳手等。

特种扳手是根据某些特殊需要制造的，如图 2-4 所示的棘轮扳手，不仅使用方便，而且效率较高。

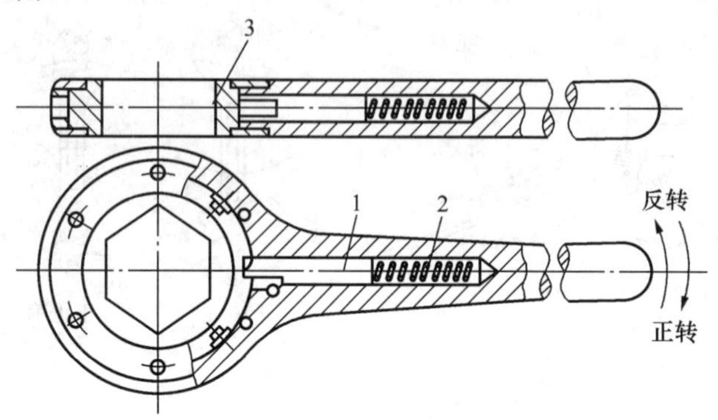

图 2-4　棘轮扳手

1—棘轮；2—弹簧；3—内六角套筒

（二）电动工具

电动工具是由电力驱动采用手来操纵的一种手工工具的统称。这类小型化电动工具由电动机、传动机构和工作头三部分组成。

电动工具所使用的电动机，要求体积小、质量轻、过载能力大、绝缘性能好。最常用的电动机有：交直流两用串激电动机，转速在 10 000r/min 以上；三相工频电动机（笼式异步电动机），转速在 3000r/min 以下。

传动机构的作用是改变电动机转速、扭矩和运动形式，其运动形式可分为旋转运动、直线运动、复合运动。

（1）旋转运动。电动机通过齿轮减速，带动工具轴做旋转运动，如电钻、电动扳手等。也有电动机不经过减速直接带动工具的，如手提式砂轮机等。

（2）直线运动。电动机经减速后带动曲柄连杆机构，使工具轴做直线运动，包括振动、往复运动和冲击运动，如电锯、电冲剪、电铲等。

（3）复合运动。工具做冲击旋转运动，如电锤、冲击电钻等。

工作头是直接对工件进行各种作业的刀具、磨具、钳工工具的统称，如钻头、锯片、砂轮片、螺母套筒等。

1. 检修工作中常用的电动工具

（1）手电钻。手电钻分为手提式和手枪式两种电钻。手电钻除用来钻孔外，还可用来代替做旋转运动的手工操作，如研磨阀门等。手枪式电钻钻孔直径一般不超过 6mm。图 2-5 所示为手电钻结构。

（2）角向砂轮机。角向砂轮机有多种规格，以适应不同场合的需要。它主要用

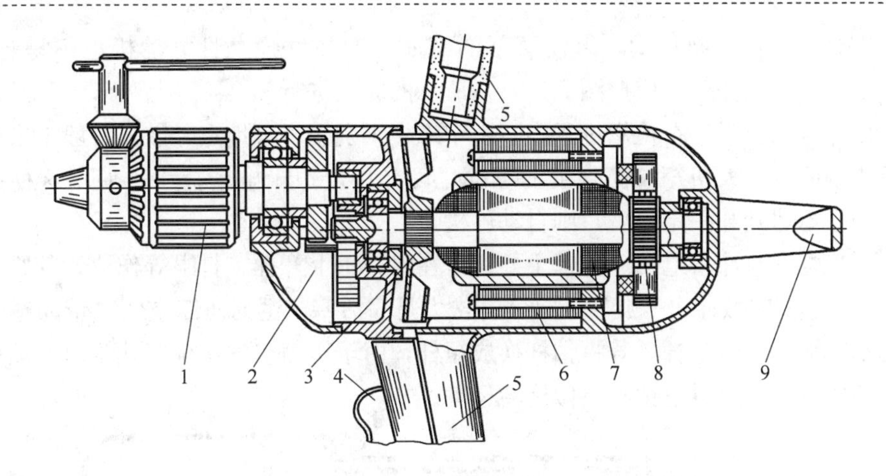

图 2-5　手电钻结构

1—钻夹头；2—减速机构；3—风扇；4—开关；5—手柄；6—定子；7—转子；8—整流子；9—顶把

于金属表面的磨削、去除飞边毛刺、清理焊缝及除锈、抛光等作业，也可以用来切割小直径的钢材。图 2-6 所示为角向砂轮机结构。

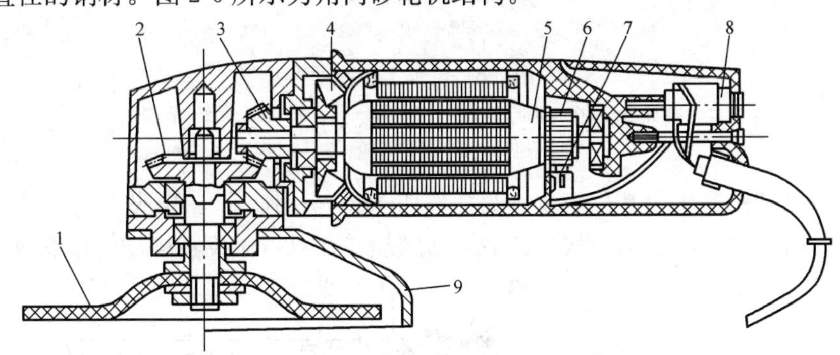

图 2-6　角向砂轮机结构

1—砂轮片；2—大伞齿轮；3—齿轮；4—风扇；5—转子；6—整流子；7—炭刷；8—开关；9—安全罩

使用时，砂轮机应倾斜 15°～30°。图 2-7 所示为角向砂轮机的使用方法，并按

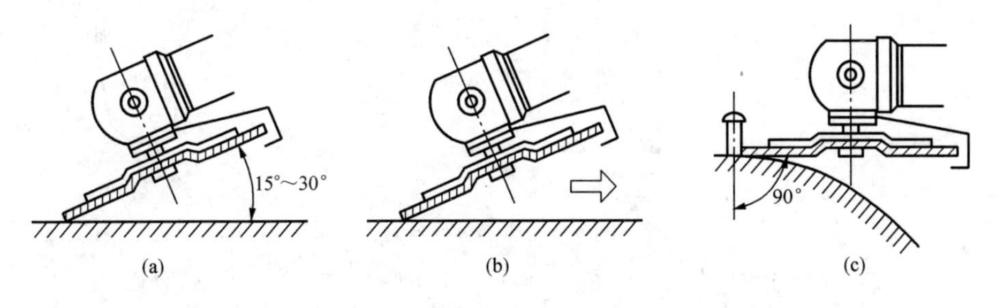

图 2-7　角向砂轮机的使用方法

图 2-7（b）所示方向移动，以使磨削的平面无明显磨痕，且电动机也不易超载。当用来切割小工件时，应按图 2-7（c）所示的方法进行。

（3）电动扳手。在检修过程中，由于螺栓类别繁多且地点分散，一般不采用电动扳手。但对于大扭矩、高强度的螺栓，可采用定扭矩电动扳手。使用这种扳手时，当扭矩达到某一定值后，则自动停机。

（4）电锤与冲击电钻。电锤主要用于在混凝土上开孔、打眼等作业，其原理如图 2-8 所示。它做冲击—旋转运动，冲击力是靠活塞产生的压缩空气，带动锤头往复运动，锤头冲击钻杆。若将钻杆换成短杆，由于压缩空气从排气孔排出，锤头处于不动作状态，此时电锤则仅做旋转运动。

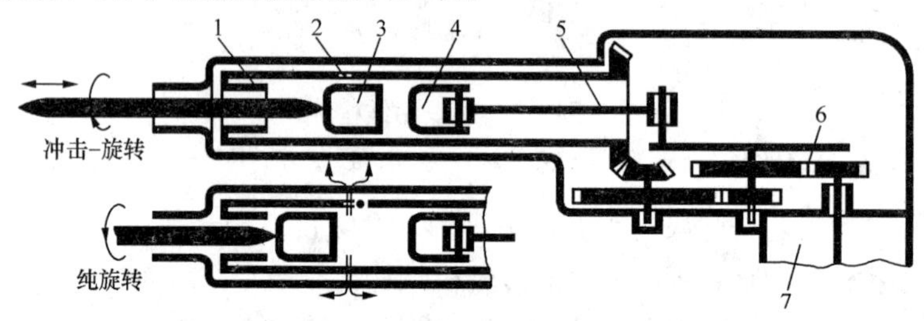

图 2-8　电锤工作原理

1—旋转空心轴（内部为气缸）；2—排气孔；3—锤头；4—活塞；5—曲柄机构；6—减速齿轮；7—电动机

冲击电钻主要用于开孔作业，其结构如图 2-9 所示。冲击电钻的冲击作用是靠机械式冲击，无缓冲机构，故冲击装置易磨损。在只需做旋转运动的作业时，就不

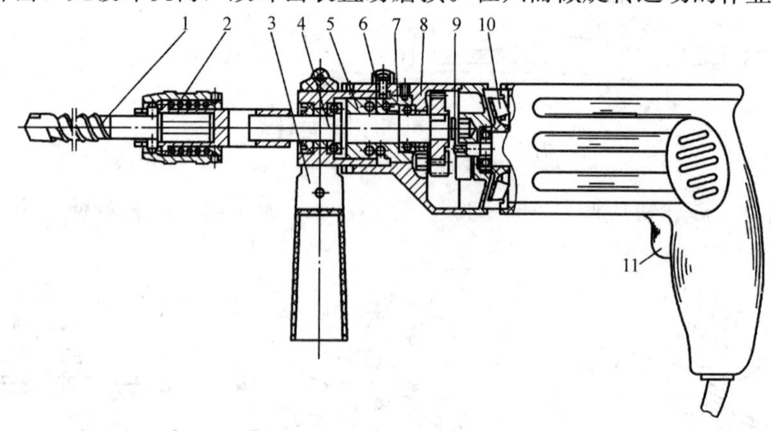

图 2-9　冲击电钻结构

1—硬质合金钻头；2—钻套；3—把手；4—钻轴；5—冲击块；6—调节环；7—固定冲击块；8—机壳；9—转动轴；10—风扇；11—开关

要使冲击装置投入工作状态。

2. 使用电动工具时应注意的事项

(1) 定期检测电动机绝缘性能（用绝缘电阻表测量），若绝缘不合格或已漏电的电动工具，则严禁使用。

(2) 使用前，检查电源电压是否与工具的使用电压相符，橡皮电缆、工具上的电气开关是否完好。

(3) 使用时待工具的转速到达额定转速，方可进行作业并施加压力。

(4) 使用电动工具是靠人力压着或握持着的，在工具吃力时要特别注意工具的反扭力或反冲力。使用较大功率的电动工具或进行高空作业时，必须要有可靠的防护措施。

(5) 在工作中发现电动工具转速降低时，应立即减小压力；若突然停转，则应及时切断电源，并查明原因。

(6) 移动电动工具时，应握持工具手柄并用手带动电缆，不允许拉橡皮电缆拖动工具。

(三) 风动工具

在水电厂检修工作中，使用电动工具、风动工具可以大大减轻劳动强度，提高工效。

风动工具的动力一般为0.6MPa。由于风动工具的动力部分无传动机构、活动件少，因此工作可靠、维护方便、使用安全。这对于情况复杂的检修场地是非常可取的。

现以风扳机为例，简述旋转类风动工具的工作原理。图2-10所示为SB型储能风扳机结构与动作原理。

压缩空气经进气阀进入机体后分两路：一路通过变向阀进入气缸驱动转子旋转，并带动飞锤旋转；另一路通过转子中心孔进入飞锤。当转子的转速达到一定时，飞锤中离心阀克服弹簧张力向外滑出，滑到一定位置后，气道①与气道②接通。压缩空气推动冲击销伸出飞锤，并冲动扳轴上的挡块带动扳轴转动，从而将螺母拧紧。在拧紧螺母过程中，随着阻力的增加，飞锤能量耗尽而使转子的转速降低，离心阀也因离心力减小被弹簧拉回原位，气道①与气道②被切断，此时冲击销下部的压缩空气将冲击销压回飞锤内。这样，飞锤不断重复上述动作，直至拧紧螺母。

扳轴头部有一凸缘，飞锤每转一周，定时销被凸缘顶起一次；被定时销锁住的离心阀，只有当定时销被顶起的瞬间方可滑出；凸缘与挡块间错开一定的角度，从而保证冲击销在伸出后再冲动挡块。

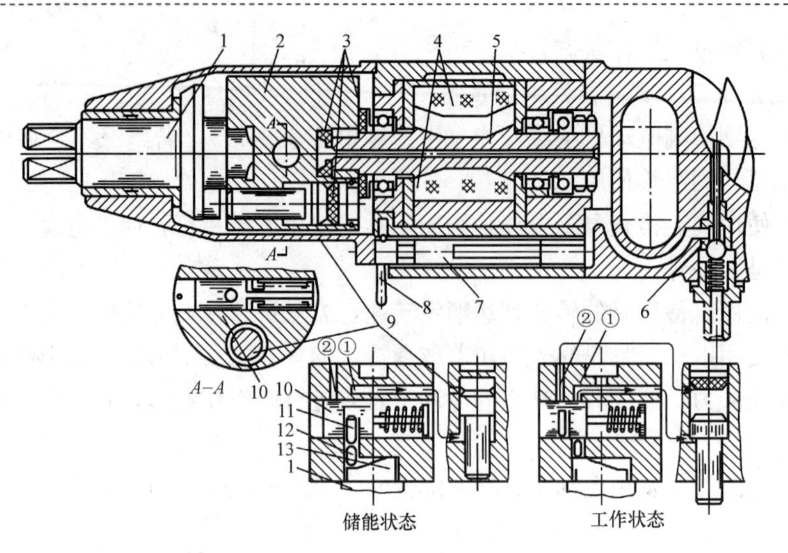

SB型储能风扳机主要技术性能

型号	螺栓直径 (mm)	最大扭矩 (N•m)	使用气压 (MPa)	整机质量 (kg)
SB5	50	5000	0.4～0.6	17
SB6	100	12 000	0.4～0.6	28

图 2-10　SB 型储能风扳机结构与动作原理

1—扳轴；2—飞锤；3—橡皮垫；4—滑片；5—转子；6—进气阀；7—倒顺阀芯；8—倒顺手柄；9—冲击销；10—离心阀；11—定时销；12—顶杆；13—扳轴凸缘

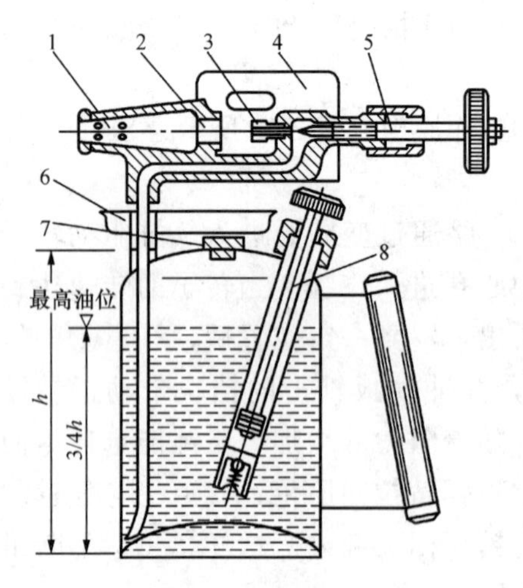

图 2-11　喷灯结构

1—喷焰管；2—混合管（空气与燃气）；3—喷嘴；4—挡风罩；5—调节阀；6—预热盘；7—加油螺母；8—气筒

（四）其他工具

1. 喷灯

喷灯是一种加热工具，其结构如图 2-11 所示。喷灯是将燃油汽化后与空气混合、喷出点燃的，产生高温火焰。

喷灯的使用方法：从加油孔把燃油注入油桶，油量只能加到油桶高度的 3/4，余下的油桶空间储存压缩空气。将一小团浸饱了燃油的棉纱放入预热盘中，然后点燃，加热汽化管。待预热盘中的油棉纱快燃尽时，用气筒打几下，将油桶中的燃油压入已灼热的汽化管，再拧开调节阀，燃油汽化气经喷嘴喷入喷焰管，与空气混合后燃烧，成为火焰。火焰必须由黄红色逐渐变成蓝色时，方可将气打足投入使用。

熄灭喷灯时，应先关闭调节阀，使火焰熄灭；待冷却数分钟后再旋松加油螺母，放出油桶内空气。喷灯常用的燃油是汽油或煤油，但注意这两种油不能混合使用。同时，用煤油的喷灯也不允许用汽油作燃油。使用时注意防火，加完油或放完气后，应将加油螺母拧紧。点喷灯时，喷火口的正前方要求宽敞，更不能对着人或易燃物。

2. 射钉枪

射钉枪是一种快速安装工具。该枪利用火药爆发时产生的高压气体推动活塞，由活塞顶杆将尾部有螺纹（或平头等其他形状）的钢钉射入钢板、混凝土或其他构件，以代替打眼、钻孔、预埋螺钉等复合作业。射钉枪具有不损坏构件、效率高、强度高的优点，其结构如图 2-12 所示。

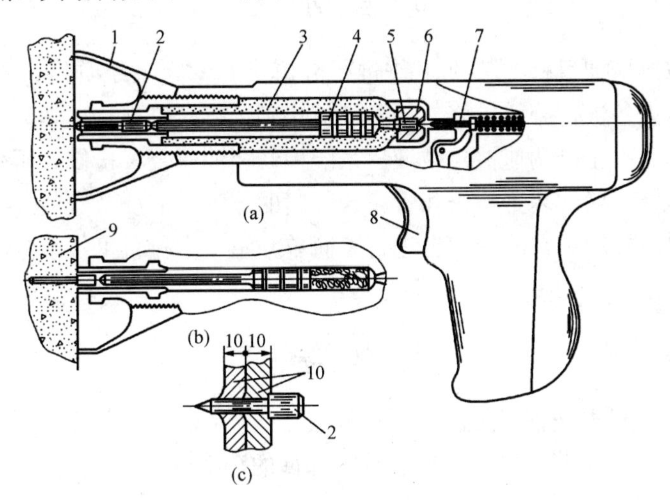

图 2-12　射钉枪结构

(a) 结构示意图；(b) 爆发后的状态；(c) 钢钉穿钢板后的状态

1—安全罩；2—钢钉（高强度钢）；3—枪镗；4—活塞；5—子弹；6—枪栓；7—撞针；8—枪机；9—混凝土；10—钢板

目前，国产的射钉枪有多种规格，常用的枪口直径为 8mm，钢钉直径为 4～8mm。子弹由制造厂供货，子弹的爆发能量级别用弹壳的颜色区分（红、黄、绿、白），这样便于施工时选择。钢钉从枪口直接装入，钉尖处可用非金属垫定心。

使用时，将枪口对准安装位置并压紧，要求枪中心线垂直于工作面，然后扣动枪机，即将钢钉射入。

还有一种无活塞的射钉枪，可将直径为 8～10mm 的钢钉射入两层 10mm 厚的钢板，其强度高于铆接，如图 2-12（b）所示。

二、工具保养及使用注意事项

(1) 任何工具均应按其性能及技术要求进行使用，不得超出工具的使用范围。

(2) 使用电动工具时，其电源必须符合电动机的用电要求（交直流、电压、频率等），并严禁超负荷使用。

(3) 工具应定期进行检查，及时更换已失效或磨损的附件。电动工具应定期测定电动机绝缘，并做记录；电源线、开关应保持完好。

(4) 凡需加油润滑的工具，应定期进行加油润滑和保养。

(5) 所有工具应存放在固定地点，存放处应干燥、清洁，盒装工具使用后应清点并擦干净再装入盒内。

科 目 小 结

本科目按照培训目标对实际工作进行分解，对调速系统管路、空气压缩机管路、接力器及设备进行分解检修，培养学员正确运行检修规程，学会检修工艺。本科目主要内容有水轮机调速器机械液压系统检修、油压装置检修、压缩空气系统检修、接力器检修、漏油装置检修和管路、阀门的分解、清洗及安装等一些简单的工作内容；同时对常用工具的使用也进行了简单介绍。本科目可供水电厂相关专业人员参考。

作 业 练 习

1. 简述水轮机调速器机械液压系统检修工作流程。
2. 简述水轮机调速器机械液压系统零部件的清洗过程。
3. 简述调速器油管路的分解检查过程。
4. 简述管路分解、清扫与安装的检修工艺。
5. 简述漏油装置零部件清洗检修工艺。
6. 简述使用电动工具时应注意的事项。
7. 简述工具保养及使用注意事项。
8. 简述喷灯的使用方法。

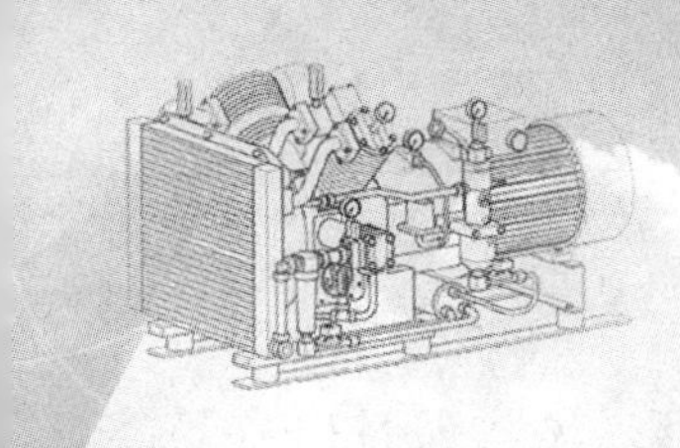

科目三

设备维护

科目名称	设备维护		类别	专业技能
培训方式	实践性/脱产培训	培训学时	实践性 24 学时/脱产培训 8 学时	
培训目标	掌握设备维护周期及规范要求			
培训内容	模块一　设备日常维护及要求 一、水轮机调速器的维护周期及规范要求 二、油压装置的日常维护 三、空气压缩机的日常维护 四、漏油装置的日常维护 五、机组过速限制装置的日常维护			
场地，主要设施、设备和工器具，材料	水轮机调速器、油压装置、空气压缩机、接力器、漏油装置、弯管器、带丝、轧管器、管钳、割规、垫冲、套筒扳手、常用扳手、螺丝刀、内六角扳手、手锤、铜棒、钢板尺、画规、水平仪、游标卡尺、千分尺、毛刷、密封垫、清洗材料、螺栓等			
安全事项、防护措施	工作前，交代安全注意事项，加强监护，正确佩戴安全帽，穿工作服，执行电力安全工作规程及有关规定			
考核方式	笔试：30min 操作：60min 完成工作后，针对评分标准进行考核			

模块一　设备日常维护及要求

一、水轮机调速器的维护周期及规范要求

1. 水轮机调速器的维护周期

水轮机调速器的维护保养一般每周进行一次，在汛期大发电期间可考虑增加维护保养次数。Ⅰ级检修人员应熟知调速器的维护保养周期及规范要求，并能进行正

常的维护保养。

2. 水轮机调速器的维护保养内容

(1) 检查并确认调速器柜的柜门、门锁、玻璃等有无损坏，灰尘应清扫干净。

(2) 检查调速器运行情况，调速器应调整稳定，无异常摆动、抽动。导、轮叶开度表上的开度指示与接力器实际开度相符。

(3) 机械系统检查：各机构动作正常，无漏油现象，各连接件正常，背母、销钉无松动。

(4) 电液转换部件检查：电液转换器喷油正常，有振荡电流；步进式电动机转动灵活，无发热现象。

(5) 调速器油压在正常工作油压范围内。

(6) 对调速器需要注油的部位定期注油。

(7) 调速器用油的油质应定期化验。

二、油压装置的日常维护

(1) 检查并确认压油槽的油压应在正常工作范围内。

(2) 检查并确认压油槽、集油槽的油面应在正常工作范围内。

(3) 检查并确认压油槽、集油槽的表计、阀门等应无渗漏。

(4) 检查并确认油压装置组合阀应无漏油现象、动作正常、无异常振动、背母无松动。

(5) 检查并确认压油泵应能正常启停，启动时无异常声响，压油泵供油时应无渗漏现象。

(6) 设备应保持清洁。

三、空气压缩机的日常维护

空气压缩机的日常维护保养是空气压缩机正常、高效、安全、可靠运行的保证，进行维护保养前，应仔细阅读制造厂提供的使用维护说明书和有关技术文件，并将具体规定和要求转化为维护保养制度。

1. 空气压缩机维护保养的通用要求

(1) 设备完整无损，处于良好状态，压力、温度、电流、电压均在正常范围内，不能偏离过大，通过合理的维护保证良好状态。

(2) 空气压缩机应无漏油、漏水、漏气现象。

(3) 保持仪表的完整齐全，指示准确，并按期校验。

(4) 管路、线路整齐、正规、清洁畅通、绝缘良好。

(5) 冷却水与润滑油应符合要求，不能混用不同的润滑油。

(6) 新空气压缩机和大修后的空气压缩机，首次运行200h后，应更换润滑油，清洗运动部件和油池或油箱，并清洗或更换油过滤器。若排出的润滑油经过滤化验，符合润滑油质量要求，可继续使用。

（7）油位应符合要求。

（8）安全装置（如安全阀、保险装置、自控或保护装置）灵敏可靠，接地装置应符合要求。

（9）设备与工作场地应整齐、清洁，无灰尘、油渍，标牌齐全，连接可靠。

（10）认真填写记录和维护保养日志。

2. 定期维护保养

定期维护保养通常分一级保养、二级保养和三级保养。

（1）一级保养。一级保养应每天或每次巡回检查时进行，保养内容如下：

1）检查润滑油位和油压。油量不足应加油，油压不合格应进行处理。

2）检查仪表指示是否正确，更换指示值不准或已损坏的仪表。

3）检查油过滤器和空气过滤器压差是否超限，对超限的过滤器予以清洗或更换。

4）检查喷油螺杆空气压缩机油分离器的前后压差。

5）检查空气压缩机有无异常声响和泄漏。

（2）二级保养。喷油螺杆空气压缩机一般要求每月进行如下保养：

1）取油样，观察油质是否变质。

2）检查排气温度开关是否失灵。

3）清洁机组外表面。

（3）三级保养。对喷油螺杆空气压缩机一般要求每3个月进行一次三级保养，内容如下：

1）清洁冷却器外表面、风扇叶片和机组周围的灰尘。

2）电动机前后轴承加润滑脂。

3）检查所有软管有无破裂和老化现象，根据情况决定是否更换软管。

4）检查电气元件，清洁电控箱内的灰尘。

5）每运转2500h后应换油，但一年内运行不足2500h，一年后也应换油。应使用制造厂推荐的空气压缩机油，不同油种不得互相混杂。

换油时，在油过滤器（或油分离器）底下放一合适的容器，旋下壳体上的油塞，放出润滑油。然后旋下油过滤器壳体。检查壳体内和滤芯上的外来细小颗粒。如果发现较多的金属小颗粒，则应分析这些颗粒的来源，判断空气压缩机内部有无非正常摩擦和磨损。有些颗粒已陷入滤芯内部，不能清洗干净的则应更换滤芯，再从头到尾检查过滤器的总体情况，清洗壳体。将新的滤芯或清洗干净的滤芯装到油

过滤器壳体内，如果发现O形密封圈或垫片已损坏，则应更换。放油时应注意，在电气系统与电源未切断之前及系统内压力全部释放前，不得放油，避免人身伤害。放油时间最好在停车之后几分钟进行，油温高时黏度低，放油比较彻底，微小颗粒悬浮物易随油一起排出。排油后，应彻底清洗分离器壳体，并擦拭干净；装上新的油过滤器和分离器芯子，向系统加入符合要求的润滑油，应使润滑油加到刚超过油分离器上油窥镜的可视孔，旋紧油塞。启动空气压缩机，运行2～3min，然后停机，检查油位，再加进足够多的油，让油面刚好超过油窥镜的可视孔。

6）一般空气压缩机多采用纸质空气滤清器，当滤清器阻力过大，通常空气压缩机仪表盘指示灯有所显示，此时应更换滤清器滤芯。机组运行一年后，应更换空气滤清器滤芯，更换时，必须停机。松开滤清器壳体顶盖上的螺母，拿掉顶盖，小心拆下旧滤芯，避免灰尘进入进气阀。清洗滤清器壳体，擦洗内、外表面，装上新滤芯，同时要检查滤芯的位置是否正确，最后装上顶盖。

7）当油分离器两端压差是启动之初3倍或最大压差大于0.1MPa时，应更换油滤芯。若分离器芯子两端压差数值为零，说明芯子有故障或气体已经短路，此时应立即更换芯子。更换芯子时应停机，关闭系统管路上的隔离阀，切断电气控制和电源开关，确保分离器中气体压力放空。拆下空气压缩机上的回油管，松开油分离器顶盖上的回油管接头，抽出回油管部件。拆下分离器顶盖上的管道及紧固顶盖的螺栓，吊去顶盖。小心将分离器芯子取出，清理顶盖和筒体上两个密封面。清理时，防止破碎垫片落进油分离器筒体内。清洗并吹干油分离器，检查油分离器内部确无杂物。放好新的垫片和芯子，要使芯子和筒体轴线一致。放上顶盖，拧紧螺栓。把回油管部件插进分离器芯子，应使油管刚好碰到油分离器芯子底部，拧紧管接头。装好顶盖上的管路，启动机组，检查有无泄漏。

（4）活塞空气压缩机的三级保养，一般在空气压缩机运行4000h后进行，具体内容如下：

1）换润滑油，清洗油过滤器，更换滤芯。

2）清洗空气滤清器，更换滤芯或滤网。

3）检查仪表控制系统，修复或更换失效或动作不可靠的元器件，校正仪表。

4）校正安全阀。

5）检查运动部件的磨损情况和紧固锁紧装置，磨损严重或间隙过大时应修理或更换。

6）检查吸、排气阀的密封情况和活塞环、导向环的磨损情况，更换已损坏的阀片和弹簧，更换磨损过大的活塞环和导向环。

7）清洗冷却器换热面的水垢，对风冷式冷却器可用压缩空气清扫。

8）对空气压缩机进行全面检查，包括管路、电路和各部分连接情况。

3. 维护保养的注意事项

（1）凡是保养、检查及修理后，都应详细做好分类记录，并注意对易损件和零、部件的图纸、资料进行测绘和经验积累工作。

（2）拆卸的零、部件要按原样装回，先拆的后装，后拆的先装，不得互换。为防止混淆，拆卸前可在醒目位置做上标记。

（3）拆卸和装配时，不得乱敲乱打。注意不要碰伤和滑伤工件，尤其是各摩擦表面。应采用或自制专用工具来拆装。

（4）清洗时，最好用柴油或煤油（一般不用汽油）。必须将油擦干和无负荷运转 10min 以上，才能投入正常运行。清洗气缸要用煤油，禁止用汽油，要等煤油全部挥发或擦干后才能进行装配。

（5）要防止杂物如木屑、棉纱、工具等存留在油池、气缸、管道或储气罐内。装配前，要做好机件的清洁、擦干和必要的润滑。

（6）定期保养后的空气压缩机，一定要经过空转、试车，待检验正常后才能投入正常使用。

四、漏油装置的日常维护

（1）检查并确认漏油槽的油面应在正常工作范围内。

（2）检查并确认漏油槽的表计、阀门、管路等应无渗漏。

（3）检查并确认漏油泵应能正常启停，无异常声响。

（4）设备应保持清洁。

五、机组过速限制装置的日常维护

（1）检查并确认电磁切换阀正常，各管接头无渗漏。

（2）检查并确认油阀应无渗漏。

（3）检查并确认事故配压阀正常，无渗漏现象。

科目小结

本科目对设备的检修维护周期及规范要求进行了明确规定，主要包括水轮机调速器的维护周期及规范要求、油压装置的日常维护、空气压缩机的日常维护、漏油装置的日常维护、机组过速限制装置的日常维护等内容。本科目可供水电厂相关专业人员参考。

作业练习

1. 简述水轮机调速器的维护周期。

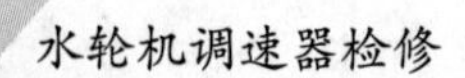

2. 简述水轮机调速器的维护要求。
3. 简述油压装置的日常维护要求。
4. 漏油装置定期维护的主要项目有哪些？
5. 空气压缩机维护保养的通用要求有哪些？
6. 空气压缩机一级保养的检查内容有哪些？

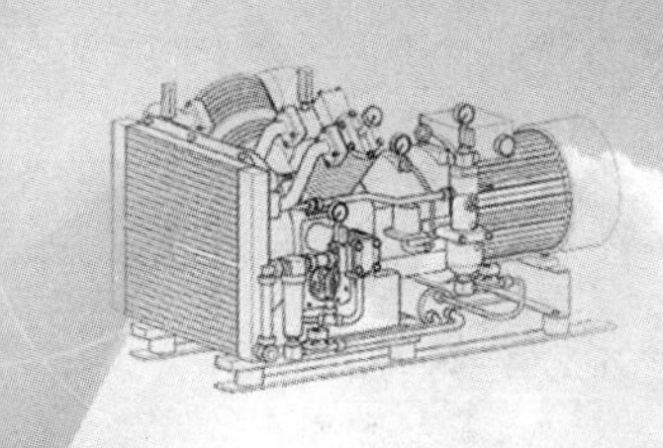

科目四

设 备 故 障 处 理

<table>
<tr><td>科目名称</td><td colspan="2">设备故障处理</td><td>类别</td><td>专业技能</td></tr>
<tr><td>培训方式</td><td>实践性/脱产培训</td><td>培训学时</td><td colspan="2">实践性 30 学时/脱产培训 10 学时</td></tr>
<tr><td>培训目标</td><td colspan="4">掌握设备故障、事故处理的防护措施及要求</td></tr>
<tr><td>培训内容</td><td colspan="4">模块一　设备故障、事故处理的防护措施及要求
一、设备故障、事故处理的防护措施
二、设备故障、事故处理的要求</td></tr>
<tr><td>场地，主要设施、设备和工器具，材料</td><td colspan="4">水轮机调速器、油压装置、空气压缩机、接力器、漏油装置、弯管器、带丝、轧管器、管钳、割规、垫冲、套筒扳手、常用扳手、螺丝刀、内六角扳手、手锤、铜棒、钢板尺、画规、水平仪、游标卡尺、千分尺、毛刷、密封垫、清洗材料、螺栓等</td></tr>
<tr><td>安全事项、防护措施</td><td colspan="4">工作前，交代安全注意事项，加强监护，戴安全帽，穿工作服，执行电力安全工作规程及有关规定</td></tr>
<tr><td>考核方式</td><td colspan="4">笔试：30min
操作：
完成工作后，针对评分标准进行考核</td></tr>
</table>

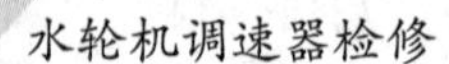

模块一　设备故障、事故处理的防护措施及要求

设备的故障主要来自长期运转后机件的自然磨损，零、部件制造时材料选用不当或加工精度差，大件安装或部件组装不符合技术要求，操作不当、维修欠妥等原因。

设备发生故障后，如不及时处理，将对设备的生产效率、安全、经济运行及使用寿命带来不同程度的影响。能否准确、迅速地判断故障部位和原因至关重要；如判断失误，不但延误采取相应措施的时间而酿成更大的事故，而且将延长检修时间，造成人力、物力的浪费。因此，要求有关人员必须熟悉设备的结构、性能，掌握正确的操作和维修方法，在平时勤检查、勤调整、加强维护保养，不断积累经验。一旦设备出现异常，才能及时、准确地判断故障部位和原因，迅速排除，确保设备的正常运行。

一、设备故障、事故处理的防护措施

1. 设备故障

设备故障就是指当运行中的设备出现异常现象，直接导致设备本身无法正常运行，或间接导致发电设备的安全、经济运行受到威胁，或对人身安全造成伤害。如果得不到及时、有效的处理，将引起设备的隐患进一步扩大，直至造成事故的发生。

2. WBST-150-2.5 型双重调节调速器机械液压系统故障、事故处理的防护措施

（1）双重调节调速器大修中对主配压阀、引导阀活塞及衬套进行检查、处理，应无伤痕、毛刺、高点、锈蚀，各棱角无损伤，用优质汽油清理后，再用酒精清理，用白布擦干，无杂质、污物；活塞组装时，表面涂上洁净的透平油，防止装配时损伤配合表面。

（2）检查并确认应急阀切换动作灵活，密封完好、无漏油。

（3）分解滤油器进行彻底清扫，无杂质、杂物，旋塞干净、无损伤。

（4）步进式电动机及转换装置检查，应转动灵活，无死区、异声，复中灵活。

（5）调速柜内清扫干净，防止排渗漏油时有杂质混入油中。

（6）调速系统使用的透平油经常化验，无杂质、水分。

（7）调速器大小修时，进行调速器导、轮叶操作机构零位检查，开关机时间测量达到规程要求。

3. 组合式油压装置故障、事故处理的防护措施

（1）检查并确认组合阀的止回阀严密，油泵停止后不反转。

（2）检查并确认安全阀开启压力为2.55MPa，全开启压力为2.85MPa（额定压力2.5MPa）。

（3）检查并确认减载时间为5～8s。

（4）检查并确认油泵输油量合格。

（5）检查油泵，转动平稳，无忽重忽轻现象。

（6）校验各压力表、传感器，应符合要求，油泵启停正确。

（7）油泵注满洁净透平油后启动，检查转向应为顺时针（从伸出轴端看）。

（8）检查并确认地脚螺栓紧固牢固，联轴器防护罩完整可靠。

（9）检查并确认油泵运转无异声，振动小于0.05mm。

（10）检查并确认集油槽滤过网清洁、完整。

（11）检查并确认集油槽和压油罐的油位计动作灵活，浮子无破损。

（12）检查并确认压油罐的人孔门密封面完好，无渗漏。

4. 空气压缩机故障处理的防护措施（定期检查）

（1）检查润滑油油位及低油位开关的动作。

（2）检查进气过滤器。

（3）检查自动排污阀。

（4）汽缸外部冷却翅片的清洁，后冷却器的内、外部清洁。

（5）检查安全阀。

（6）检查皮带松紧情况。

（7）润滑电动机轴承。

（8）整机检查所有的螺栓。

（9）检查整机是否有异常噪声和振动，以及是否有空气泄漏。

5. 接力器故障处理的防护措施

（1）检查接力器活塞及缸体上的研磨及锈蚀。

（2）检查接力器活塞与缸体的配合情况。

（3）检查活塞胀圈接口磨损是否符合要求，检查接力器活塞与其缸体的配合情况。

（4）检查接力器推拉杆及后座轴销与衬套的配合情况。

（5）检查接力器的密封及密封部位。

（6）安装摇摆式接力器的基础板时，用固定销定位，检查基础板的水平及垂直偏差，检查接力器安装的水平度及销轴连接情况。

（7）检查分油器的轴销与衬套配合及轴与套之间密封的情况。

（8）检查与分油器连接的管路与后座轴销转动的情况。

（9）用汽油对接力器各部件清扫干净。

6. 漏油装置故障处理的防护措施

（1）电动机检查处理，电动机找正，动作灵活，电动机振动小于0.05mm。

（2）漏油泵分解检查，螺杆与齿轮啮合良好，止口弹簧弹性良好、平直。安全阀动作值符合要求。

（3）漏油槽滤网完整，漆膜脱落后应进行涂漆。

二、设备故障、事故处理的要求

1. 调速器机械液压系统故障、事故处理的要求

（1）应有适当的工作场地，并有良好的工作照明；场地清洁，注意防火，准备消防器具；无关人员不得随便进入场地或随便搬动零部件；各部件分解、清洗、组合、调整有专人负责。

（2）处理前应对技术状况进行调查收集。

（3）查清运行缺陷记录所记缺陷，并对照设备实际情况做好详细记录。

（4）查阅上次检修总结报告，掌握上次大修中未完成和存在的缺陷。

（5）熟悉了解在本次检修中采纳的合理化检修工艺和设备革新方案。

（6）检修人员了解本次的检修项目、内容和要求达到的目的。

（7）检修质量必须达到规程规定的质量要求。

（8）彻底消除设备缺陷与事故隐患。

（9）清除设备渗漏现象。

（10）设备动作灵活，安全可靠，检修记录齐全。

2. 组合式油压装置故障、事故处理的要求

（1）部件拆卸前必须掌握其结构，当无设备图纸时，可先拆卸，了解其结构后，再进行组装。

（2）相互配合的零件，若无明显标志，在拆卸时应做好相对记号。

（3）对于相同部件的分解工作应在两个地方进行，防止混乱。对于出厂已经调整好的部件，在没有发生问题的情况下，可不进行拆卸。

（4）对于使用销钉固定的接合面，拆卸过程中，先拆螺栓，后拆销钉，安装过程相反。螺栓与销钉拆除后，应妥善保管，或拧回原处，防止丢失。

（5）部件在清扫时，应使用清洁的汽油和白布进行，必要时应使用绢布擦拭；精密的部件应使用白面清扫；对于部件节油边缘，应特别小心，防止发生碰撞；对于较小的油孔，应保证畅通。

（6）部件清扫后，应妥善保管，并及时安装；安装前，检查各部件是否存在毛刺等缺陷，并应及时处理。

(7) 检查各部件相互配合间隙是否符合有关规定，若误差过大，应立即进行更换或改进。

(8) 安装前，应在各部件上涂抹润滑油，组合后各部件应动作灵活。

(9) 各部件使用密封垫的厚度应与原厚度保持一致，以免影响活塞等动作部件的行程，密封垫的开口与尺寸大小应与部件一致。

(10) 部件安装时应按照原来记号进行，组合螺栓与连接螺栓应对称均匀地上紧。

(11) 清扫后的部件，若暂时不进行安装，对其孔口应临时封堵，防止尘土落入。

(12) 压油装置的所有附件及管路等均应进行耐压试验与渗漏试验，确保设备安全可靠。

3. 空气压缩机故障处理的要求

空气压缩机的常见故障，多表现在油路、气路、水路、温度、声音等方面。空气压缩机故障处理的要求如下：

(1) 空气压缩机故障处理分解前，熟悉图纸，了解机器结构，应盘车试验是否灵活和有异声，了解存在的故障。

(2) 拆装时，注意盘根垫的厚度，如垫有缺陷和失去弹性，应更换；分解与系统相连的部位，应随时封堵，防止杂物掉入。

(3) 分解时，应做记号，相同部件分别存放。

(4) 零件用汽油清洗干净，用白布（绢布）擦干，零件油沟畅通。

(5) 组装时，对各连接螺栓要用适当扳手对称上好，用力要适当，防止漏气和脱扣。

(6) 检修过程中不准用脚踩压力管道，打压时，压力排到正常压力，并做全面检查。

(7) 检修管路、阀门、储气罐时，一定排尽压力才能作业。

4. 接力器故障处理的要求

(1) 用油石将接力器活塞及缸体上的研磨及锈蚀部位处理好。

(2) 接力器活塞与缸体的配合良好。

(3) 检查活塞胀圈接口，磨损符合要求。

(4) 用砂布和金相砂纸对接力器推拉杆及后座轴销进行处理，销与套配合良好。

(5) 接力器的密封及密封部位完好无损，组装后不渗漏。

(6) 摇摆式接力器水平度不大于 0.10mm/m，轴销连接应灵活。

（7）分油器的轴销与衬套配合良好，转动灵活，轴内油孔畅通，轴与套之间密封良好，无渗漏。

（8）与分油器连接的管路与后座轴销一起摆动。

（9）用汽油对接力器各部件清扫干净，接力器推拉杆及后座轴与销之间润滑良好。

5. 漏油装置故障处理的要求

（1）漏油装置发生故障时，工作人员应快速、及时赶到工作现场。

（2）工作组组长细致地检查现场安全措施是否到位。

（3）提前准备好有关工具与材料。

（4）工作时，要认真、细致，积极主动，不相互闲聊。

（5）参加检修的人员应当熟知漏油装置的工作原理和工作状态，明确检修内容和检修目的。

（6）设备零部件存放应用木方或其他物件垫好，以免损坏零部件的加工面及地面。

（7）同一类型的零件应放在一起，同一零部件上的螺栓、螺母、销钉、弹簧垫及平垫等，应放在同一布袋或木箱内，并贴好标签。

（8）对有特定配合关系要求的部件，如销钉、连接键、齿轮、限位螺栓等，在拆卸前应找到原记号。若原记号不清楚或不合理，应重做记号，并做好记录。

（9）设备分解后，应及时检查零部件完整与否，如有缺陷，应进行复修或更换备品备件。

（10）拆开的机体，如油槽、轴颈等应用白布盖好或绑好。管路或基础拆除后留的孔洞，应用木塞堵住，重要部位应加封上锁。

（11）检修部件应清扫干净，现场清洁。

（12）工作结束后，随时记录工作笔记，要求认真、记录整洁清楚、内容齐全。

科目小结

本科目介绍了调速器常见故障处理的安全防护措施，对设备事故处理防范措施及要求明确进行分析。本科目主要面向Ⅰ级现场维护人员，能配合Ⅱ级技能人员进行调速器故障处理，主要内容有设备故障、事故处理的防范措施，设备故障、事故处理的要求等。

作业练习

1. 简述调速器机械液压系统故障、事故处理的要求。

2. 简述组合式油压装置故障、事故处理的要求。

3. 简述空气压缩机故障处理的要求。

4. 简述接力器故障处理的要求。

5. 简述漏油装置故障处理的要求。

II 分册

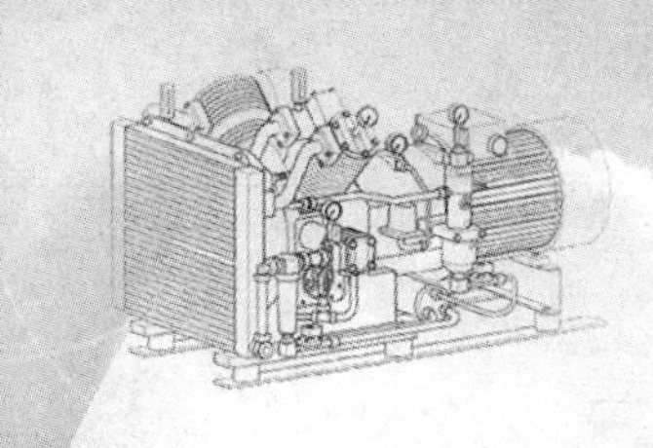

科目五

设 备 改 造

<table>
<tr><td>科目名称</td><td colspan="2">设备改造</td><td>类别</td><td>专业技能</td></tr>
<tr><td>培训方式</td><td>实践性/脱产培训</td><td>培训学时</td><td colspan="2">实践性 100 学时/脱产培训 30 学时</td></tr>
<tr><td>培训目标</td><td colspan="4">掌握设备更换的工艺及验收标准</td></tr>
<tr><td>培训内容</td><td colspan="4">模块一　水轮机调速器的改造
一、安装规范
二、拆除旧调速器
三、建立新调速器基础并安装到位
四、调试
五、验收
模块二　油压装置的改造
一、安装规范
二、拆除旧油压装置
三、建立新油压装置基础并安装到位
四、调试
五、验收
模块三　压缩空气系统的改造
一、安装规范
二、拆除旧空气压缩机
三、建立新空气压缩机基础并安装到位
四、调试
五、验收
模块四　接力器的改造
一、安装规范
二、拆除旧接力器
三、建立新接力器基础并安装到位
四、调试
五、验收
模块五　漏油装置的改造
一、安装规范
二、拆除旧漏油装置
三、建立新漏油装置基础并安装到位
四、调试
五、验收
模块六　过速限制装置的改造
一、安装规范
二、拆除旧过速限制装置
三、建立新过速限制装置基础并安装到位
四、调试
五、验收
模块七　管道配置及检验
一、管道检修
二、弯管工艺
三、铜管的弯制与连接工艺</td></tr>
<tr><td>场地，主要设施、设备和工器具、材料</td><td colspan="4">水轮机调速器、油压装置、空气压缩机、接力器、漏油装置、套筒扳手、常用扳手、常用起子、内六角扳手、手锤、铜棒、水平仪、游标卡尺、千分尺、清洗材料、螺栓等</td></tr>
<tr><td>安全事项、防护措施</td><td colspan="4">工作前交代安全注意事项，加强监护，正确佩戴安全帽，穿工作服，执行电力安全工作规程及有关规定</td></tr>
<tr><td>考核方式</td><td colspan="4">笔试：30min
操作：120min
完成工作后，针对评分标准进行考核</td></tr>
</table>

模块一　水轮机调速器的改造

一、安装规范

在水电厂设备的改造过程中，经常会遇到水轮机调速器的更换工作，水轮机调速器的更换，有的伴随主机设备的改造进行，如更换水轮机转轮、主机增容改造等，因新机组出力的增大，使得水轮机导水机构操作力矩增加，原调速器已不能适应主机设备的要求，只能被动地更换；有的则因为调速器本身运行时间较长、太过陈旧，加之缺陷较多，已经达不到系统的要求，也应适时更换。

1. 水轮机调速器形式及工作容量的选择

水轮机调速器是水电厂综合自动化的重要基础设备，其技术水平和可靠性直接关系到水电厂的安全发电和电能质量。所以当机组容量较大，在系统中承担调频任务，更换调速器时，应选择调节品质好、自动化程度高的调速器；当机组容量小，在系统中地位不重要，长时间承担基荷时，可以从实际出发，选择自动化程度相对较低的调速器。

对于增容改造的机组，特别是导叶接力器容积发生改变的机组，要重新计算选择调速器的工作容量。大型调速器工作容量的选择主要是选择合适的主配压阀直径。调速器的更新改造应根据现场实际需要合理选择。选择结构先进、使用可靠的调速器能大大减轻今后运行与维护的工作量。

2. 更换调速器的注意事项

（1）各项性能指标及可靠性较好，能满足生产和工艺要求。

（2）结构合理，零件标准化、通用化，工艺先进，使用、维修方便。

（3）安全保护装置、调节装置、专用工具齐全、可靠。

3. 调速器系统的安装与调试要求

（1）调速器柜、回复机构的安装偏差，应符合表5-1的要求。

表5-1　　调速器柜、回复机构的安装允许偏差

序号	项目		允许偏差	说明
1	中心	mm	5	测量设备上标记与机组 X、Y 基准线距离
2	高程		±5	
3	调速器柜水平	mm/m	0.15	机械液压调速器测飞摆电动机底座（上搁板）； 电位移液压调速器测电液转换器底座（上搁板）
4	回复机构支座水平		1.0	

(2) 凡需进行分解的调速器，其各部件清洗、组装、调整后的要求。

1）飞摆电动机和离心飞摆连接应同心，转动应灵活。菱形离心飞摆弹簧底座相对于钢带上端支座的摆度、径向和轴向均不应大于0.04mm。

2）缓冲器活塞上下动作时，回复到中间位置最后1mm所需时间，应符合设计要求；上下两回复时间之差，一般不大于整定时间值的10%。测量调速器的缓冲托板位于中间及两端三个位置时的回复时间。缓冲器支撑螺钉与托板间应无间隙。缓冲器从动活塞动作应平稳，其回复到中间位置的偏差不应大于0.02mm。

3）水轮机调速柜内各指示器及杠杆，应按图纸尺寸进行调整，各机构位置误差一般不大于1mm。

4）当永态转差系数（残留不均衡度）指示为零时，回复机构动作全行程及转差机构的行程应为零，其最大偏差不应大于0.05mm。校核该行程应与指示器的指示值一致。

5）导叶和桨叶接力器处于中间位置时（相当于50%开度），回复机构各拐臂和连杆的位置，应符合设计要求，其垂直或水平偏差不应大于1mm/m。

(3) 调速器机械部分调整试验。

1）调速系统第一次充油应缓慢进行，充油压力一般不超过额定油压的50%；接力器全行程动作数次，应无异常现象。油压装置各部油位，应符合设计要求。

2）手动操作导叶接力器开度限制机构，指示器上红针与黑针指示应重合，其偏差不应大于2.0%。调速柜内指示器的指示值应与导叶接力器和桨叶接力器的行程一致，其偏差前者不应大于活塞全行程的1%，后者不应大于0.5%。

3）导叶、桨叶的紧急关闭时间及桨叶的开启时间与设计值的偏差，不应超过设计值的±5%；但最终应满足调节保证计算的要求。导叶的开启时间一般比关闭时间短20%～30%。关闭与开启时间一般取开度75%～25%之间所需时间的2倍。

4）事故配压阀关闭导叶的时间与设计值的偏差，不应超过设计值的±5%；但最终应满足调节保证计算的要求。

5）从开、关两个方向测绘导叶接力器行程与导叶开度的关系曲线。每点应测4～8个导叶开度，取其平均值；在导叶全开时，应测量全部导叶的开度值，其偏差一般不超过设计值的±2%。

6）从开、关两个方向测绘在不同水头协联关系下的导叶接力器与桨叶接力器行程关系曲线，应符合设计要求，其随动系统的不准确度应小于全行程的1%。

7）检查回复机构死行程，其值一般不大于接力器全行程的0.2%。

8）在额定油压及无振荡电流的情况下，检查电液转换器差动活塞应处于全行程的中间位置，其行程应符合设计要求；活塞上下动作后，回复到中间位置的偏差，一般不大于0.02mm。

9）电液转换器在实际负荷下，检查其受油压变化的影响。在正常使用油压变化范围内，不应引起接力器位移。

10）在蜗壳无水时，测量导叶和桨叶操作机构的最低操作油压，一般不大于额定油压的16%。

二、拆除旧调速器

水轮机调速器一般整体拆除，在进行必要的停机、停电、排压、排油等安全措施后，即可将其拆除。水轮机调速器整体拆除工作流程如下：

（1）对集油槽进行排油。

（2）将旧调速器及管路内的压力油全部排掉。

（3）拆除电气回路接线。

（4）拆除调速器主供油管及回油管、接力器开闭侧油管以及渗漏油管路。双重调节调速器还应拆除桨叶接力器开闭侧管路。拆除时，注意检查管路内有无存油，及时排净，避免污染地面。

（5）拆除机械反馈杆件等其他所有附件。

（6）拆除旧调速器基础固定螺栓。

（7）整体吊出调速器，报废或交有关部门保管。

三、建立新调速器基础并安装到位

1. 调速器基础的安装

（1）安装基础架。一般调速器的基础部件都是埋设在楼板的混凝土内。按预留的孔将基础架安装就位，基础架的高程和水平应符合安装要求，高程偏差不超过−5～0mm，中心和分布位置偏差不大于10mm，水平偏差不大于1mm/m。调整用的楔子板应成对使用，高程、水平调整合格后埋设的千斤顶、基础螺栓、拉紧器、楔子板、基础板等均应点焊牢固，然后浇筑混凝土。基础牢固后，复测基础的高程和水平。对于老电厂更换调速器，就不需要重新安装基础架，利用原来的基础架装过渡压板，同样必须校正水平和点焊牢固。

（2）安装底板。出厂时，主配压阀和操作机构等与底板是组装好的，一般在现场不必重新解体。因而，可根据安装图将组装好的底板和主配压阀一起吊装至基础架上固定，吊装时应注意方位和校底板水平。

2. 管路的配制

（1）先将弯管组件分别按安装图装好，再配制调速器与油压装置及接力器的连接管道。

（2）管道安装前应先对管道内部用清水或蒸汽清扫干净，一般压力油连接管路均使用法兰连接，管道的安装一般应先进行预装，预装时检查法兰的连接、管路的水平、垂直及弯曲度等是否符合要求。预装完毕后，可先将管路拆下，正式焊接法兰。新焊接的管路内部必须清扫干净。然后再进行法兰的平面检查及耐压试验等工作。法兰连接需要采用韧性较好的垫料，同时也要有平整的法兰接触面，以免渗漏。

3. 注意事项

（1）所有零部件的装配，都必须符合有关图纸的技术要求。装配前，所有零部件都必须清洗干净。特别是液压集成的阀盖和主配压阀及其他有内部管道的零部件，都要用压缩空气吹净暗管内杂质并用汽油反复冲洗干净。

（2）各处O形密封垫均不得碰伤或漏装。

（3）主配压阀的阀体和底板连接。先将密封垫装置阀体和底板之间，然后将阀体和底板用螺栓连接牢固，再连接阀体侧面的法兰和管道等。

4. 机械液压系统的拆装和清洗

（1）拆卸和清洗柜内全部零件，用汽油清洗后并用压缩空气吹净，用清洁布包好待装。按主配压阀和操作机构的总装配图，从上至下进行解体、清洗。

（2）对主配压阀阀体、活塞、引导阀衬套、引导阀活塞和复中活塞、复中缸体等精密零件千万要仔细，切勿碰伤。特别是主配压阀和引导阀活塞的控制口锐边千万不要碰伤。

（3）部件拆卸前必须了解它的结构，当无图纸时，可先拆卸而待结构全部了解后，再进行组装。

（4）对于相互配合的零件，若无明显标志，在拆卸前应做好相对记号。

（5）对于相同部件的拆卸工作，应分两处进行，以免搞混。

（6）对于有销钉的组合面，在拆卸前应先松开螺栓，后拔销钉，在装配时应先打销钉后紧螺栓。拆卸下来的螺栓与销钉，当部件拆卸后应拧回原来位置，以免丢失。

（7）机件的清洗应用干净的汽油和少毛的棉布进行。对较小的油孔应保证畅通。

（8）机件清扫完毕，应用白布擦拭后妥善保管，最好立即组合。组合前，检查零件有无毛刺，如有应使用油石与砂布研磨消除。

（9）组合前零件内部应涂润滑油，组合后各活动部分动作灵活而平稳。

（10）各处采用的垫的厚度，最好与原来一样，以免影响活塞的行程。

（11）组合时，应按原记号进行，组合螺栓及法兰螺栓应对称均匀地拧紧。

四、调试

1. 调速器机械部分检查与调整

(1) 机械部分分解检查，将所有零件的锈蚀部位处理好，清扫干净后重新组装，组装后各部件应动作灵活。

(2) 新配制的油管路应清扫干净，管路连接后应无渗漏点。

(3) 压力油罐油压、油面正常。油压装置工作正常。

(4) 调速器充油。将压力油罐的油压降至0.5倍额定油压以下，缓慢向调速器充油，检查调速器的各密封点在低油压下应无渗漏现象。利用手操机构手动操作调速器，使接力器由全关到全开往返动作数次，排除管路系统中的空气，同时观察接力器的动作情况，应无卡滞。

2. 充水前调整项目

(1) 调速器零位调整。

(2) 最低油压试验。手动调整压力油罐的压力，使压力油罐的压力逐渐下降，同时利用机械手操机构，手动操作调速器，使接力器反复开关，得出能使接力器正常开、关的最低油压。

(3) 导叶开度与接力器行程关系曲线的测定。

(4) 接力器直线关闭时间测定。

(5) 调速器静特性试验。

1) 调速器静特性曲线应近似为直线。

2) 主接力器的转速死区应不超过0.04%。

3) 校核永态转差系数b_p值：$|\Delta b_p| \leqslant 0.25\%$。

3. 充水后试验

(1) 手动空载转速摆动测量。机组手动开机至空载额定工况运行，测量机组转速，观察3min，记录机组转速摆动的相对值；将励磁投入，机组在手动空载有励磁工况下，观察3min机组转速摆动的情况。转速摆动的相对值应小于0.15%。

(2) 自动空载转速摆动测量。调速器参数整定为空载运行参数，自动开机至空载额定转速，开机过程采用录波器录制开机过程（转速、行程）。当机组转速达到额定时，测量机组转速3min，记录机组转速摆动相对值，不应超过额定转速的0.15%。

(3) 空载扰动试验。机组在空载无励磁的工况下运行，选择不同的调节参数，分别用频给键给定扰动信号，由48～52Hz、52～48Hz，观察并记录机组转速和接力器行程的过渡过程。根据过渡过程确定最佳的空载运行参数。调节时间应小于$12T_w$；最大超调量小于扰动量的30%；调节次数不超过2次。

(4) 甩负荷试验。$E=0$、$F_g=50$Hz、$L_d=100\%$，调速器参数为修前调速器

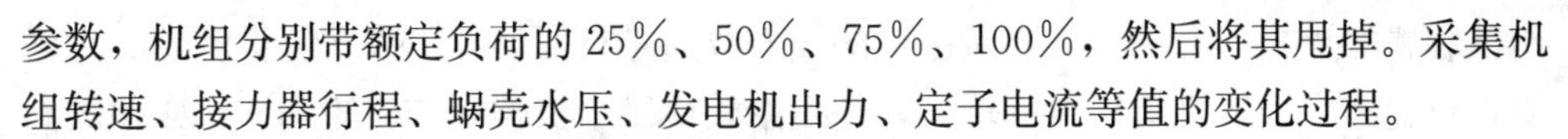

参数，机组分别带额定负荷的25%、50%、75%、100%，然后将其甩掉。采集机组转速、接力器行程、蜗壳水压、发电机出力、定子电流等值的变化过程。

1）甩100%负荷时，机组转速上升率≤50%。

2）甩100%负荷时，水压上升率≤50%。

3）甩25%额定负荷时，接力器不动时间不大于0.2s。

4）甩100%额定负荷后，在转速变化过程中，超过稳态转速3%额定转速值以上的波峰不超过两次。

5）甩100%额定负荷后，从接力器第一次向开启方向移动起，到机组转速摆动值不超过±0.5%为止所经历的时间，应不超过40s。

（5）带负荷72h运行试验。调速器及机组所有试验全部完成，拆卸全部试验设备，机组恢复正常运行状态，带负荷72h运行，期间对设备进行定期检查，应无异常。

五、验收

（1）产品应按照规定程序批准的图纸和文件制造。大、中型电液调节装置在交货前，应按有关标准以及订货合同的要求，由用户组织专门力量进行验收。验收的程序、技术要求及负责单位，应在产品定货合同中加以明确。

（2）标志、包装、运输和保管应符合GB/T 13384—2008《机电产品包装通用技术条件》的规定。

（3）设备运到使用现场后，应在规定的时间内，在厂方代表在场或认可的情况下，进行现场开箱检查。检查应包括以下内容：

1）产品应完好无损，品种和数量均符合合同要求。

2）按合同规定，随产品供给用户的易损坏件及备品备件齐全，并具有互换性。

3）随产品一起供给用户的技术文件包括产品原理、安装、维护及调整说明书，产品原理图、安装图及总装配图，产品出厂检查试验报告、合格证明书装箱单。

（4）电液调节装置经现场安装、调整、试验完毕，并连续运行72h合格后，应对其进行投产前的交接验收，具体内容包括：

1）各项性能指标均符合要求。

2）设备本体完好无损，备品、备件、技术资料及竣工图纸、文件齐全（包括现场试验记录和试验报告）。

模块二 油压装置的改造

一、安装规范

在水电厂设备改造过程中，经常会进行油压装置全部或部分的更换改造工作，油压装置的更换，有的是伴随着主机的设备改造进行的，如更换水轮机转轮、主机增容改造等，因新机组出力的增大，使得水轮机导水机构操作力矩增加，必须提高油压装置的压力等级，而原压力油罐设计压力不能满足要求，只能进行更换。有的则是因为油压装置本身运行时间较长、部分设备太过陈旧，加之缺陷较多，已经达不到系统的要求，也应适时进行改造。对油压装置整体更换的情况很少见，但部分设备如压油泵、阀组、自动化元件、充排风组件的更新改造，由于新工艺、新材料的应用，在各个电厂经常进行。

对油压装置的安装与调试有下列要求：

(1) 回油箱、漏油箱应进行注水渗漏试验，保持 12h，无渗漏现象。压力油罐做严密性耐压试验。安全阀、止回阀、截止阀应做煤油渗漏试验，或按工作压力用实际使用介质进行严密性试验，不应有渗漏现象。

(2) 回油箱、压力油罐的安装，其允许偏差应符合表 5-2 的要求。

表 5-2　　回油箱、压力油罐的安装允许偏差

序号	项　目		允许偏差	说　明
1	中心	mm	5	测量设备上标记机组 X、Y 基准线的距离
2	高程		±5	
3	水平	mm/m	1	测量回油箱四角高度偏差
4	压力油罐垂直		2	

(3) 油泵、电动机弹性联轴节安装找正，其偏心和倾斜值不应大于 0.08mm。在油泵轴向电动机侧轴向窜动量为零的情况下，两联轴器间应有 1～3mm 的轴向间隙。全部柱销装入后两联轴器应能稍许相对转动。

(4) 调速系统所用油的牌号应符合设计规定，使用油温不得高于 50℃。

(5) 油泵电动机试运转，应符合下列要求：

1) 电动机的检查试验，应符合 GB 50150—2006《电气装置安装工程　电气设备交接试验标准》的有关要求。

2) 油泵一般空载运行 1h，并分别在 25%、50%、75%、100%的额定压力下各运行 15min，应无异常现象。

3) 运行时，油泵外壳振动不应大于 0.05mm；轴承处外壳温度不应大于 60℃。

4) 在额定压力下，测量并记录油泵输油量（取 3 次平均值），不应小于设计值。

(6) 油压装置各部件的调整，应符合下列要求：

1) 安全阀、工作泵压力信号器和备用泵压力信号器的调整，应符合表 5-3 的

要求，压力信号器的动作偏差不得超过整定值的±2%。

2）安全阀动作时，应无剧烈振动和噪声。

3）油压降低到事故低油压时，紧急停机的压力信号器应立即动作，整定值应符合设计要求，其动作偏差不得超过整定值的±2%。

4）连续运转的油泵，其溢流阀的动作压力应符合设计要求。

5）压力油罐的自动补气装置及回油箱的油位发信装置，应动作准确可靠。

6）压油泵及漏油泵的启动和停止动作，应正确可靠，不应有反转现象。

表 5-3　　安全阀、压力信号器的整定值　　MPa

项目	安全阀			工作油泵		备用油泵	
额定油压	额定值						
	开始排油压力	全部开放压力不大于	全部关闭压力不低于	启动压力	复归压力	启动压力	复归压力
2.50	0.05～0.10	0.40	−0.25	−0.30～−0.20	额定值	−0.45～−0.35	额定值
4.00	0.08～0.16	0.60	−0.40	−0.45～−0.30	额定值	−0.70～−0.50	额定值

(7）压力油罐在工作压力下，油位处于正常位置时，关闭各连通阀门，保持8h，油压下降值不应大于0.15MPa（1.5kgf/cm^2），并记录油位下降值。

(8）压力油罐的制造、焊接和检查必须符合《压力容器监察规程》等有关规定。

二、拆除旧油压装置

1. 油压装置整体更换

(1）所需安全措施。

1）机组停机。

2）断开压油泵控制及动力电源。

3）压力油罐排压至零。

4）彻底排净压力油罐及回油箱内的透平油。

(2）油压装置拆除。

1）与电气人员配合拆除各种表计，如有再利用价值，交有关部门保管。

2）拆除油泵电动机接线，拆除电动机、油泵的基础螺栓，拆除油泵连接管路，整体吊出电动机及油泵，报废或交有关部门保管。

3）拆除回油箱、压力油罐所有与外界连接的油、水、风管路、阀门。管路、阀门拆除时要注意随时检查管路、阀门是否有未排净的存油，做好防护措施，防止污染地面。较重管路拆除应有起重人员配合，注意防止人员伤害。

4）拆除压力油罐基础螺栓，整体吊出压力油罐。

5）拆除回油箱。大多数情况下，回油箱被浇筑在混凝土内，需进行适当的开挖，必要时可破坏性拆除。

2. 压油泵及阀组更换

（1）所需安全措施。

1）机组停机。

2）断开压油泵控制及动力电源。

3）压力油罐排压至零。

4）彻底排净回油箱内透平油（如为单项工程，且油泵出口阀不更换，压力油罐可不排油）。

（2）压油泵及阀组拆除。

1）拆除油泵电动机接线，拆除电动机、油泵基础螺栓，拆除油泵连接管路，整体吊出电动机及油泵，报废或交有关部门保管。

2）拆除阀组，报废或交有关部门保管。

3）拆除其余残余附件，将拆除后的各基础部位打磨平整。

3. 其他附件的改造

（1）所需安全措施。根据工作需要采取相应的停机、停电、停泵措施。

（2）设备拆除。拆除要更换的设备，封堵或处理各孔洞。

三、建立新油压装置基础并安装到位

1. 油压装置安装

（1）基础处理。首先根据回油箱的安装尺寸及各管路布置方位，确定基础的开挖范围。安装位置的确定应绝对保证基础楼板能够承受充油运行后油压装置的总重。不确定时应经过水工专业人员来确认，必要时加固处理。开挖范围确定后，由水工人员进行开挖。用槽钢制作基础架，吊入基础坑中调整方位、水平，调整好后与基础充分固定。对基础浇筑的混凝土进行养生。

（2）回油箱吊装、固定。混凝土具备安装强度后，即可吊入回油箱。回油箱调整水平合格（具体要求见表5-2）后，与基础架焊接固定，进行二次灌浆。

（3）压力油罐吊装、固定。将压力油罐吊入安装位置，调整水平，紧固基础螺栓。注意做好压力油罐基础法兰密封，防止运行后出现渗油现象。

（4）油泵、阀组及其他管路附件安装。由于油压装置进行整体更换，油泵、阀组安装位置在回油箱出厂时就已确定，甚至已经安装就位，只需对其进行检查、清扫就可以了。管路、阀门的配制、安装应遵循简洁、美观、合理的原则，特别注意配制好的管路、阀门在安装前要进行彻底清扫。需安装的管路主要有：油泵、阀组相关管路，调速器供油、回油管路，回油箱充油、排油管路，压力油罐充风、排风管路，漏油装置管路，压力油罐排油管路，压力油罐表计附件管路等。

2. 压油泵及阀组安装

压油泵及阀组的更换，在一些水电厂经常进行。由于新压油泵及阀组与原压油泵及阀组可能存在较大差异，因此需重新制作基础板及配制管路。以下为卧式油泵及阀组安装步骤。

（1）油泵安装。

1）在回油箱表面确定油泵的安装位置并进行测绘，用角磨机处理回油箱表面基础位置，应无伤痕、高点等。

2）焊接油泵新的基础板，用水平仪进行测量，水平度不大于0.10mm/m。

3）安装油泵找正并用螺栓将油泵固定。

4）将电动机与基础板用螺栓连接在一起。

5）根据油泵主轴中心位置测绘电动机的安装位置，将基础板与电动机定位；测量油泵与电动机的同心度，应不大于0.05mm；否则，用加铜皮方式调整轴心低的一侧高度，并进行测量。

6）按照油泵位置进行管路配制，管口插入法兰倒槽内进行焊接，然后将管路与油泵加密封垫后用螺栓连接牢固。

7）手动转动电动机与油泵联轴器，应转动灵活，无忽重忽轻现象。

（2）组合阀安装。

1）根据油泵和管路的方位对组合阀位置进行测绘。

2）将组合阀底座支架进行焊接固定，用水平仪测量，水平度不大于0.10mm/m。

3）将组合阀放到支架上，按照管路方位摆正，测量其水平度满足要求后，进行点焊固定。

4）管路配制，管口插入法兰倒槽内进行焊接，然后将管路与油泵加密封垫后用螺栓连接牢固。

3. 其他附件的改造

油压装置其他附件的改造，多为一些小的附件的改动，如油面计、压力开关、充排风部件，可根据具体改造要求灵活施工，只要保证施工工艺正确就可以了。

四、调试

1. 压力油罐耐压试验

压力油罐安装完毕后，必须按规定进行耐压试验，试验压力为1.25倍额定压力。试验压力下，保持30min，试验介质温度不得低于5℃。检查焊缝有无泄漏，压力表读数有无明显下降。如一切正常，再排压至额定值，用500g手锤在焊缝两侧25mm范围内轻轻敲击，应无渗透现象。

2. 油压装置密封性试验及总漏油量测定

压力油罐的油压和油位均保持在正常工作范围内，关闭所有对外连通阀门，升压0.5h后开始记录8h内的油压变化、油位下降值及8h前后的室温。

3. 油泵试运转及输油量检查

(1) 油泵运转试验。启运前，向泵内注入油，打开进、出口压力调节阀门，安全阀或阀组均应处于关闭状态。空载运行1h，分别在25%、50%、75%额定油压下各运行10min，再升至额定油压下运行1h，应无异常现象。

(2) 油泵输油量检查。压油泵输油量的测定，是在额定油压及室温情况下，启动油泵向定量容器中送油（或采用流量计），记下压力点实测输油量 Q_i 或计量容积 V_i 及计量时间 t_i，按式（5-1）算出 Q_i 值，即

$$Q_i = \frac{V_i}{t_i} \tag{5-1}$$

式中 Q_i——压力点油泵实测输油量，L/s；

V_i——压力点实测计量容积，L；

t_i——压力点实测计量时间，s。

重复测定三次，结果取平均值。

4. 零压点给定转速油泵输油量测定

试验时，进出口压力调节阀门全开（进口压力指示不大于0.03MPa、出口压力指示不大于0.05MPa，则视为进、出口压力示值为零），按压力点油泵输油量测定方法测定零压点实测油泵输油量 Q_0。

5. 安全阀调整试验

启动油泵向压力油罐中送油，根据压力油罐上压力表测定安全阀开启、关闭和全关压力。重复测定三次，结果取平均值。

6. 卸荷阀试验

调整卸荷阀中节流塞的节流孔径大小，改变减荷时间，要求油泵电动机达到额定转速时，减荷排油孔刚好被堵住，如从观察孔看到油流截止，则整定正确。

7. 油压装置各油压、油位信号整定值校验

人为控制油泵启动或压力油罐排油、排气，改变油位及油压，记录压力信号器和油位信号器动作值，其动作值与整定值的偏差不得大于规定值。

8. 油压装置自动运行模拟试验

模拟自动运行，用人为排油、排气方式控制油压及油位变化，使压力信号器和

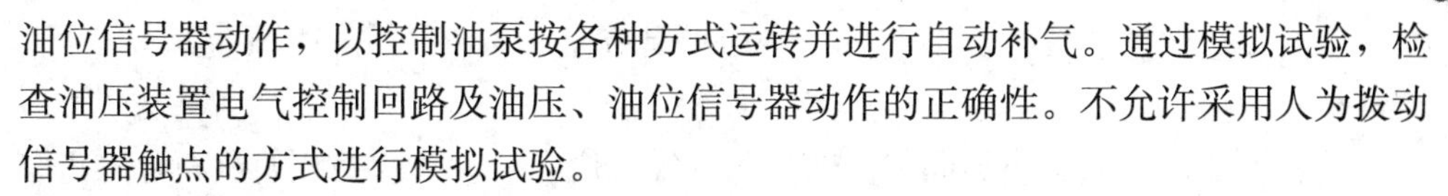

油位信号器动作，以控制油泵按各种方式运转并进行自动补气。通过模拟试验，检查油压装置电气控制回路及油压、油位信号器动作的正确性。不允许采用人为拨动信号器触点的方式进行模拟试验。

五、验收

（1）用户组织专门技术人员按照订货的技术要求进行验收。

（2）在厂方代表在场的情况下进行现场开箱检查，包括油泵、组合阀本体完好无损，数量和形式符合合同要求；检查随机供给的密封件及备品备件齐全，并有互换性。随新产品供给的技术文件包括油泵、组合阀原理、安装、维护及调整说明书、原理图、安装图及总装配图；油泵、组合阀出厂检查试验报告、合格证书及装箱单。

（3）现场安装调试后，连续运行若干小时，合格后按照油泵、组合阀说明书及验收规范进行验收。

（4）压力油罐、回油箱、油泵、组合阀完好无损，备品备件、技术资料、竣工图纸齐全、准确（包括现场试验记录和试验报告）。

（5）油压装置进行技术改造，投入运行后还应检查设备的工作状态，具体有以下项目：

1）压力油罐的油压、油位应正常，回油箱的油位正常。

2）压油泵一台运行，一台备用；油泵启、停间隔时间无显著变化，动作良好；油泵及电动机声音正常，无剧烈振动。

3）电接点压力表（或压力信号器）和安全阀空载动作正常；磁力启动器无异响，启动时无跳动。

4）各管路阀门位置正确，无漏油。

模块三　压缩空气系统的改造

一、安装规范

一般情况下空气压缩机更换是在原系统升压、原空气压缩机损坏不具备修复价值或设备更新改造要求的情况下进行。更换或改造应在充分论证的基础上进行。

应根据现场实际需要合理选择空气压缩机形式、压力等级、排气容量、电压等级、冷却方式等。对空气压缩机形式、结构的正确选择，是关系到今后使用和维护的一个重要方面，故在选型购置时，必须考虑下列因素：

（1）各项性能指标及可靠性较好，能满足生产和工艺要求。

（2）结构合理、零件标准化、通用化，工艺先进，使用、维修方便。

（3）安全保护装置、调节装置、专用工具齐全、可靠、先进，无跑、冒、滴、漏现象。

设备到货后，应尽快会同有关部门和电气、仪表、设备的安装人员和订货、保管人员等共同开箱验收。按照装箱单、使用说明书及订货合同上的要求，认真检查设备各部位的外表有无损伤、锈蚀（有条件的，应拆封清洗、检查验收设备内部）；随机零部件、工具、各种验收合格证，以及安装图纸（包括易损件图纸）、技术资料等是否齐全。同时应做好验收记录。对于从国外引进的设备或重要零部件如曲轴、连杆、活塞杆、连接螺栓等应仔细检查并做无损探伤。发现问题，应当场拍照和记录，及时报有关部门处理。如验收后暂时不安装，可重新涂油，按原包装封好入库保存。

安装空气压缩机前，负责安装的技术人员和操作者必须熟悉设备技术文件和有关技术资料，了解其结构、性能和装配数据，周密考虑装配方法和程序。绝大部分空气压缩机在制造厂内进行了严密的装配和试验，安装时最好不要拆卸、解体，以免破坏原装配状态，除非制造商提供的技术文件中有详细的允许拆卸的说明。回转空气压缩机出厂时已组成整套装置，并经试验检验合格。安装时，仅需按厂家说明，进行整体安装。

安装时，应对接合部位进行检查，如有损坏、变形和锈蚀现象，应处理后安装。

安装用的工具必须适当，如旋紧螺纹时，应适用于其相符的扳手，不应使用活扳手或其他工具代替；有预紧力矩要求的螺纹连接，应按规定力矩旋紧，严禁过松或过紧；对没有预紧力矩要求的螺纹也应按相应的材料和用途确定预紧力矩，以免松紧失当。

安装后，应认真检查安装精度是否符合技术文件和有关规定的要求，并应做检测记录。密闭容器、水箱、油箱在安装前应进行渗漏检查。

空气压缩机的吊装应确保安全，使用合理的吊装设备和工具。应特别注意机件上的各种标记，防止错装、漏装。对安装说明书中的警示、警告应特别注意。

空气压缩机安装后，必须明显标示旋转方向。对所有可能危害人身的运动部件应装设保护装置。对温度超过 80℃的管路应采取防护措施。气体、液体排放装置的排放口不应威胁人身安全。

对空气压缩机，一般还有下列要求：

（1）空气压缩机应安装在周围环境清凉的地方。若必须把空气压缩机安装在炎热和多尘的环境，则空气应通过一个吸入导管，从尽可能清凉少尘的地方吸入，并尽可能降低吸入空气的湿度。

(2) 吸入的空气不应含有导致内燃或爆炸的易燃烟气或蒸汽，如涂料溶剂的蒸汽等。

(3) 风冷空气压缩机应安装在冷却空气能畅通的地方。

(4) 空气压缩机周围应留有适当的空间，便于进行必要的检查、维护和拆卸。

(5) 为了维护和试运行的安全，应能单独对一台空气压缩机进行停机和开机，而不影响其他空气压缩机运行。

(6) 空气压缩机的吸气口应布置在不易吸入操作人员衣服的位置，以避免造成人身伤害。

(7) 未配有吸入空气过滤器或筛网系统的空气压缩机，不能安装和使用。

(8) 输入功率大于100kW的空气压缩机，当过滤器中灰尘或其他物体积聚会引起两端压力降显著增加时，其每个吸入空气过滤器都应装设压力降指示装置。

除以上要求外，进气和排气管路，进、出水管路和电力线等，都应与空气压缩机上的管路直径和电力线的通流面积匹配，并应连接可靠，走向合理美观、维修方便。空气压缩机排气口至第一个截止阀之间，必须装有安全阀或其他压力释放装置，并保证安全阀能定期校验。在管路（特别是气体进、排气管路）的最低处，应安装排放管，且保证启闭方便。

二、拆除旧空气压缩机

旧空气压缩机的拆除，如旧空气压缩机已停用，则需断开电源，挂好标示牌，使机器无法运行。断开机器与其他任何气源的连接，并释放空气压缩机系统内的压力；水冷式空气压缩机应断开冷却水源，排净空气压缩机内部冷却水。如旧空气压缩机仍在运行，则需在有备用气源可靠供气的前提下将设备停用。设备退出运行后，即可将其整体或分解拆除。

三、建立新空气压缩机基础并安装到位

新空气压缩机可在原址或新安装间安装。

移动式空气压缩机无需建立基础，直接与压缩空气系统建立固定或可拆卸的管路连接即可。

非移动式空气压缩机则需根据技术要求进行安装。

1. 无基础空气压缩机的安装

一般中、小型回转空气压缩机，小型的往复式活塞空气压缩机，以及制造厂专门提供的无基础空气压缩机都属于这一类，安装工作应按下述步骤进行：

(1) 按空气压缩机室平面布置图或预定的安装位置先确定机器的方位，然后处理地面（若地面是大于100mm厚的混凝土地面即可进行下步）。

(2) 在地面上用墨线画出空气压缩机拟安装位置的轴线，将空气压缩机搬运到预定位置，使空气压缩机的纵、横轴线与地面墨线重合，并在空气压缩机底座下垫橡胶板或木板，检查空气压缩机位置是否合理和操作维护是否方便。若位置合理，可开始找平。

(3) 以机器上与地面平行的加工平面或底座平面作为基准，用水平仪测量水平。纵、横水平控制为 0.2mm/m 较好，水平可用垫在机座底下的橡胶板或木板调整。

(4) 接气体管路。水冷却空气压缩机应连接进水和出水管路。

(5) 完成电气安装。

(6) 按说明书规定的其他安装要求完成规定的安装。

2. 有基础不解体空气压缩机的安装

这类空气压缩机主要包括中、小型活塞空气压缩机等。这些空气压缩机在制造厂内大都经过严密的安装、检验和试验。试验后一般不解体，但进行了必要的防锈和包装。有些制造厂拆除了进、排气阀，有的拆除了活塞另行包装。所以安装此类空气压缩机时，应整体安装，不应解体，以保持原有的精度。

当采用预留地脚螺栓安装时，按照基础施工时画定并保留的空气压缩机轴线，在基础平面上画出空气压缩机轴线和底座（或机身）轮廓，并测量地脚螺栓或预留孔是否符合要求。若不符合要求，应修整预留孔或设法修理预埋螺栓，使之符合要求。在地脚螺栓两边放置垫铁，垫铁与机组应均匀接触。放上垫铁后，用精度为 0.02mm/m 的水平尺在纵、横向找平。基础表面的疏松层应铲除，基础表面应铲出麻面。

将空气压缩机吊到预定位置，平稳下落，下落时防止擦伤地脚螺栓螺纹。待空气压缩机放平后，检查机器轴线与预定位置是否相符，并检查垫铁位置与高度是否合理。垫铁应露出空气压缩机底座外缘 10～30mm，且应保证机器底座受力均衡。然后移开吊装设备和工具。测量空气压缩机纵向和横向水平度，每米允许偏差为 0.1mm，检查每组垫铁是否垫实。垫铁都平均接触后，开始预紧地脚螺栓，并同时检查水平度的变化。当地脚螺栓均匀旋紧，并且力矩达到要求时，空气压缩机水平度也合格，才算找平。否则应调整垫铁厚度，使水平度达到要求。用 0.25kg 或 0.5kg 的手锤敲击，检查垫铁的松紧程度，应无松动现象。不可使用改变不同位置地脚螺栓力矩的方法使水平度符合要求。

上述工作完成后，即可支模板灌浆。灌浆应在找平找正后 24h 内进行，否则应对找平找正数据进行复测核对。在捣实混凝土时，不得使地脚螺栓歪斜或使空气压缩机产生位移。

当采用预留地脚螺栓孔（二次灌浆法）安装时，在铲平基础及放好垫铁使空气压缩机放平后，初找空气压缩机纵、横水平度，挂上地脚螺栓，调整地脚螺栓高出螺母约3个螺距，检查地脚螺栓铅垂度，允许偏差为1/100。挂地脚螺栓时，应在螺栓和机座螺栓孔之间垫一定厚度的铜皮，使螺栓保持处于螺栓孔中心，防止在旋紧螺母时，由于螺栓偏心而使空气压缩机产生不应有的移位，铜皮应在灌浆初凝后取出。当灌浆混凝土强度达到设计强度的75%时，重新找正空气压缩机，并将地脚螺栓旋紧。上述工作完成后，即可进行管线安装工作。

图5-1所示为地脚螺栓与基础的几种连接方式。

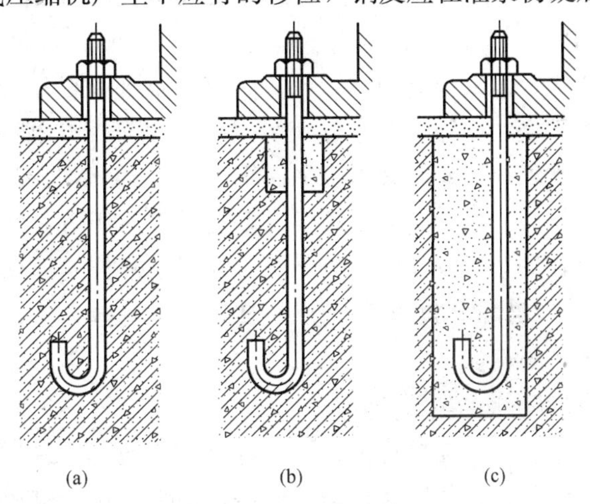

图5-1 地脚螺栓与基础的几种连接方式

(a) 全部预埋法；(b) 部分预埋法；(c) 二次灌浆法

3. 储气罐的安装

固定式空气压缩机通常采用立式储气罐，其高度为直径的2～3倍。储气罐可减弱排气时的气流脉动（起缓冲器的作用），稳定输出压缩空气的压力，还可起油水分离器的作用。

（1）储气罐压缩空气的进口一般应接在罐的中、下部，出口接在上部，以利于析出空气中夹带的油和水。

（2）储气罐的最低点必须装设排油、排水阀门，油、水尽量排到油水收集器中后排出。

（3）储气罐应装压力表和安全阀，并定期校验。储气罐的进口应装止回阀、出口切断阀门。储气罐的外表应涂耐久性的灰色油漆，并保持漆色明亮，内表面则应涂防锈油漆。

4. 阀门的安装

（1）空气压缩机所用阀门必须有足够的强度和密封性，垫料、填料和紧固零件应符合介质性能所需要求；安装位置应便于操作和维修。

（2）水平管道上的阀门、阀杆应向上垂直或略有倾斜，禁止朝下。一般截止阀介质应自阀的下口流向上口；旋塞、闸阀和隔膜式截止阀允许从任意端流入和流出。

（3）止回阀的介质流向不得装反。升降式止回阀应保持阀盘轴线与水平面垂直；旋转式止回阀摇板（阀瓣）的旋转轴应水平放置。止回阀在安装前后，必须检

查、调整其关闭位置和密封性。

(4) 在空气压缩机与储气罐的进气管道上应装设止回阀，在空气压缩机与止回阀之间应装设放空管及阀门。

(5) 空气压缩机至储气罐之间不宜装切断阀门。如装设，在空气压缩机与切断阀门之间必须安装安全阀。

(6) 安全阀的开启压力应为工作压力的1.1倍，其开启时所能通过的流量必须大于空气压缩机的排气流量（即能保证尽快排流卸压）。杠杆式安全阀在安装时，必须保证阀座轴线与水平面垂直。

(7) 法兰连接的阀门，安装时应保证两法兰的端面平行和同心。螺纹连接的阀门，安装时螺纹应完整无损，并涂以密封胶合剂或在管道上缠生胶带。

(8) 阀门在安装前后应转动阀杆，检查其是否灵活（有无卡阻或歪斜），并检查密封性。

5. 管路安装

空气压缩机管路分为五种：气体管路（主管路）、润滑油管路、冷却水管路、控制和仪表用管路、排污管路。管路的安装和制作应符合下列要求：

(1) 与空气压缩机连接的管道，安装前必须将内部处理干净，不应有浮锈、熔渣、焊珠及其他杂物。

(2) 与空气压缩机连接的管道，其固定焊口一般应远离空气压缩机，以避免焊接应力的影响。法兰副在自由状态下应平行且同心，其间距应以能顺利放入垫片的最小间距为宜。

(3) 管路最好弯制或焊接构成，尽量减少法兰和管件的使用；管道之间、管道和设备之间的距离不应小于100mm；管路的法兰及焊缝不应装入墙壁和不便检修的地方；管路不应有急弯、压扁、折扭等现象，转弯处尽量采用大的圆弧过渡。

(4) 管道布置应整齐美观，便于操作维护，不应妨碍通道。

(5) 所有气体管道和管件的最大允许工作压力，应至少大于额定排气压力的1.5倍或0.1MPa，两者取最大值，且不应小于安全阀的整定压力。

(6) 水管路应装有高点排气、低点排污接头，以便整个系统的气、液排净。气体管路也应有低点排污接头。

(7) 为了补偿输气管道的热胀冷缩，管道每隔150～250m宜装设伸缩器。伸缩器用于压缩空气管道上一般有两种：弧形伸缩器和套管式伸缩器。

(8) 管道的走向应平直无急弯。为消减气流脉动所引起的管道振动，架空管道应选择合理的固定方法、支撑方式、刚度和间距。

(9) 所有容器、管道和阀门在新装或大修后，于试运行前均应用压缩空气吹扫

其中的沙土、杂物等；同时必须做耐压试验，合格后方能投入正常运行。

四、调试

空气压缩机安装结束后需进行试运行，以检验安装质量和设备工作状态是否符合设计要求。

1. 试运行前应具备的条件

（1）空气压缩机主机、驱动机、附属设备及相应的水、电设施均已安装完毕，经检查合格。

（2）土建工程、防护措施、安全设备也已完成。

（3）试运行所需物品，如运行记录、工具、油料、备件、量具等应齐备。

（4）试运行方案已编制，并经审核批准。

（5）试运行人员组织落实，应明确试运行负责人、现场指挥、技术负责人、操作维护人员和安全监护人员。

（6）工作电源已具备，空气压缩机上、下游已做好试运行准备。

2. 试验主要项目

（1）冷却水系统通水试验（水冷机组）。

（2）润滑油系统注油。

（3）电动机试转。

（4）空载试运行。

（5）负荷试运行。

五、验收

空气压缩机安装后，验收因设备交付状态不同而有所区别。

对于无基础空气压缩机和不解体空气压缩机，一般在出厂时已进行负荷试运行，安装试运行合格后，由使用单位与安装单位共同验收即可。

解体空气压缩机由于已进行解体后的恢复安装，安装后状态是否符合设计制造要求，有待制造厂家确认，空气压缩机安装后的试运行数据也需供货方确认，这些都需要使用单位、安装单位和制造厂共同验收。

验收的依据是空气压缩机的采购合同和有关技术参数，使用单位、安装单位和制造厂的最终检验和试验数据，以及国家有关强制性的标准和法则。

安装施工中各项施工记录、交工文件及各种原始记录应填写清楚，不得缺项，各签章栏内应有签名或印记，并签署日期。安装交工文件和试运行记录应有规定值和实测值，以便对照。空气压缩机的安装交工文件应装订成册，按规定的份数分别保管，安装单位应组织有关单位对安装工程质量进行交工验收，经有关方签署交竣工证明后，空气压缩机方可投产使用。

空气压缩机及附属设备的完好标准见表 5-4。

表 5-4　　　　空气压缩机及附属设备的完好标准

项目	分类	检　查　内　容
设备	主机系统	排气量、工作压力等参数均在设计范围内使用 附属设备如空气过滤器、储气罐等齐全
		运行平稳，声响正常
		气缸无锈蚀和严重拉伤、磨损，气室及曲轴箱清洁，封闭良好
		进、排气阀不漏气，无严重积炭、积灰情况，设备外表清洁、无油污
		各种管路选用、安装合理①，色标分明，无漏气、漏水、漏油现象
	安全装置	安全阀动作灵敏、可靠（包括储气罐的）
		压力表、油压表灵敏可靠，有温度计可进行测温②
		负荷（压力）调节器能调节到生产所需气压
	润滑系统	滤油器效果好，油压不低于 0.1MPa
		按规定牌号使用润滑油，并定期更换，耗油量不超过规定值
		有十字头结构的空气压缩机润滑油温度小于 60℃，无十字头结构的空气压缩机润滑油温度小于 70℃
	冷却系统	应有断水保护装置，冷却水温度不超过 35℃
		二级气缸（包括二级以后的）排气温度小于 160℃（在满负荷情况下）
		冷却装置完好，排水温度小于 45℃（在满负荷情况下）
	电气装置	电动机配备合理，有失压、失励措施
		电气装置（包括控制柜）齐全、可靠，电气仪表指示正确
		防护罩等防护装置牢固、安全、可靠
使用与管理		随机技术档案齐全（有使用说明书、合格证等）。储气罐定期检查，并有记录可查③
		有安全操作规程、运行维护记录，文明卫生、防火措施好
		排污管使用达到要求，做好废油回收工作

注　本表适用于低压活塞式空气压缩机，其他类型可参照执行。

① 空气压缩机与储气罐之间需装止回阀，不得装切断阀门；空气压缩机与止回阀之间需安装放空管与阀门；储气罐上需安装安全阀；储气罐与输气总管之间应装设切断阀门。

② 一级排气及以后级的进、排气温度，运转机构的润滑油温度等处均应在相应位置装设温度计（表）或有测温点，一级排气及以后级的进气压、排气压、储气罐气压、润滑油压、冷却水压等处均应装设压力表。

③ 储气罐材质、焊接、安装、使用应符合技术要求，有压力容器检验合格证或有关部门验收合格单。储气罐水压试验要求：用 1.25 倍表压力试验，历时 20min 不应有渗漏现象。一般 2～3 年进行一次，并做好记录。

压缩空气管道完好的要求如下：

（1）压缩空气管道技术档案、资料齐全、正确，有管线图、安装（或改装）施工图、水压试验单等。

（2）管道油漆明亮，外表无锈蚀现象，无漏气现象。

（3）管道敷设与使用应能满足生产工艺要求，选用管道材料及附件应符合规范要求。管道一般可采用架空敷设，架空管道可沿建筑物、构筑物布置，在用气入口处宜装阀门和压力表。管道宜选用结构合理的支架或吊架妥善支撑。在确定支架的间距时，应考虑管件、管道重量。管道连接一般选用焊接或法兰连接。

（4）管道应留有一定的坡度。在干管的末端或最低点宜装集油水器，以便进行定期排放。

压缩空气管道架空或埋地敷设时，与其他工业管道、电力、电信线路之间的水平或垂直交叉净距应满足管道设计规范的有关要求。

（5）压缩空气管道强度试验（用水试压）：$p<0.5$MPa 时，$p_a=1.5p$；$p\geqslant 0.5$MPa 时，$p_a=1.25p$。其中 p 为工作压力，MPa；p_a 为试验压力（不得小于 0.3MPa），MPa。

试验程序：升压至试验压力，保持 20min 做外观检查无异常，再降至工作压力进行检查，无渗漏为合格。

模块四 接力器的改造

一、安装规范

接力器安装应符合下列要求：

（1）需在工地分解的接力器，在进行分解、清洗、检查和装配后，各配合间隙应符合设计要求，各组合面间隙用 0.05mm 塞尺检查，不能通过；允许有局部间隙，用 0.10mm 塞尺检查，组合螺栓及销钉周围不应有间隙。

（2）接力器严密性耐压试验要求试验压力为 1.25 倍的实际工作压力，保持 30min，无渗漏现象。摇摆式接力器在试验时，分油器套应来回转动 3～5 次。

（3）接力器安装的水平偏差，在活塞处于全关、中间、全开位置时，测套筒或活塞杆水平不应大于 0.10mm/m。

（4）接力器的压紧行程应符合制造厂的设计要求，制造厂无要求时，应按表 5-5 的要求确定。

表 5-5　　接力器压紧行程值　　mm

<table>
<tr><th colspan="2" rowspan="2">项　目</th><th colspan="5">转　轮　直　径　D</th><th rowspan="2">说　明</th></tr>
<tr><th>$D<3000$</th><th>$3000\leqslant D<6000$</th><th>$6000\leqslant D<8000$</th><th>$8000\leqslant D<10000$</th><th>$D\geqslant 10000$</th></tr>
<tr><td rowspan="2">直缸式接力器</td><td>带密封条的导叶</td><td>4～7</td><td>6～8</td><td>7～10</td><td>8～13</td><td>10～15</td><td rowspan="2">释放接力器油压，测量活塞返回距离的行程值</td></tr>
<tr><td>不带密封条的导叶</td><td>3～6</td><td>5～7</td><td>6～9</td><td>7～12</td><td>9～14</td></tr>
<tr><td colspan="2">摇摆式接力器</td><td colspan="5">导叶在全关位置，当接力器自无压升至工作油压的50%时，其活塞移动值即为压紧行程</td><td>如限位装置调整方便，也可按直缸接力器要求来确定</td></tr>
</table>

（5）节流装置的位置及开度大小应符合设计要求。

（6）接力器活塞移动应平稳灵活，活塞行程应符合设计要求。直缸接力器两活塞行程偏差不应大于 1mm。

（7）摇摆式接力器的分油器配管后，接力器动作应灵活。

二、拆除旧接力器

以导管直缸接力器及摇摆式接力器为例进行介绍。

1. 拆除导管直缸接力器（带锁锭装置）

（1）接力器开关侧及油管路排净油。

（2）拆除接力器开度指示装置及反馈装置。

（3）测量接力器导管水平。

（4）拆除接力器及锁锭装置的供排油管路，将油倒干净后，用塑料布包好。

（5）拆除接力器缸体与基础座的连接销钉及螺栓。

（6）拆除接力器与控制环的连接轴销，移出接力器推拉杆。

（7）整体吊出接力器，运至检修场地。

2. 拆除摇摆式接力器

（1）机组停机，导叶接力器在全关位置，锁锭装置投入，排掉接力器及管路内的油。

（2）拆除接力器的反馈装置。

（3）测量接力器推拉杆水平。

（4）拆除与接力器、分油器连接的管路，将油倒干净后，用塑料布包好。

（5）拆除两个接力器推拉杆与调速环的连接轴销，并将接力器推拉杆移开一个角度。

（6）拆除分油器固定螺栓并取下分油器。

（7）拆除接力器的后座与基础板连接的轴销并取下。

（8）移开接力器并整体吊出，放到指定的检修现场。

三、建立新接力器基础并安装到位

1. 导管直缸接力器安装

（1）将接力器及其配合表面清扫干净，无高点，测量基础法兰面垂直度；测量轴销与轴套的配合符合图纸要求。

（2）接力器活塞放到全关位置，整体吊入接力器就位，装上接力器与基础法兰定位销，检查定位销紧固，装上连接螺栓并紧固，测量接力器导管水平符合0.10mm/m，否则在法兰面加垫调整其水平；法兰面间隙用0.05mm塞尺检查，不能通过。

（3）调速环拉到全关位置，将接力器推拉杆与调速环对位，测量接力器推拉杆的水平符合0.10mm/m，装入轴销，否则采用刨削轴瓦或加垫方法来实现。

（4）安装接力器渗漏管路及接力器开关腔管路。

（5）安装锁锭装置，检查锁锭活塞动作无卡阻。

（6）安装接力器开度指示装置及反馈装置，紧固无松动。

2. 摇摆式接力器安装

（1）将接力器及其配合表面清扫干净，测量轴销与轴套的配合符合图纸要求，测量接力器基础压板水平。

（2）整体吊入接力器就位，落于底部支撑板上。

（3）将接力器后座与基础压板对位，装入后座轴销，其配合符合图纸要求；测量接力器推拉杆的水平符合0.10mm/m，否则处理接力器底部支撑板。

（4）装上分油器，并对称紧固螺栓。

（5）安装接力器渗漏管路及接力器开关腔管路，将分油器轴销用限位板固定牢固，人为动作接力器，接力器与分油器动作无卡阻，无异常声响。

（6）接力器推拉杆与调速环对位，测量接力器推拉杆的水平符合0.10mm/m，装入轴销。

四、调试

（1）接力器安装前做耐压试验。

（2）接力器充油、充压后动作及渗漏检查。

（3）两个接力器的行程测量、调整。

（4）接力器压紧行程测量、调整。

（5）接力器全关位置确定。

（6）接力器反馈装置调试。

五、验收

（1）用户组织专门技术人员按照接力器的订货技术要求进行验收。

（2）在厂方代表在场的情况下进行现场开箱检查，包括接力器本体完好无损，数量和形式符合合同要求；检查随机供给的密封件齐全；随接力器供给的技术条件包括接力器原理、安装、维护、调整说明书及安装图和总装配图，接力器出厂检查试验报告、探伤报告、合格证书及装箱单，双方进行确认签字。

（3）现场安装调试后，按照接力器说明书及安装规范进行验收合格后，签署验收单。

（4）交付使用后，移交接力器安装的技术资料、竣工图纸及报告（包括现场试验记录和试验报告），齐全、准确。

模块五　漏油装置的改造

一、安装规范

（1）改造前，首先对新漏油装置进行全面验收检查，保证各部基本数据符合现场实际要求。

（2）检查泵在运输过程中是否受到损坏，如电动机是否受潮，泵出口的防尘盖是否损坏而使污物进入泵腔内等。

（3）对照说明书与实际设备是否相符。

二、拆除旧漏油装置

（1）手动启动漏油泵，尽量将漏油箱内的透平油排掉。

（2）对集油槽进行排油。

（3）拆除进油管与出油管以及渗漏油管路。

（4）分解手动开关阀与止回阀。

（5）将漏油槽上的液位计与自动触点分解开。

（6）电动机断线。

（7）拆除漏油泵与电动机的地脚螺栓。

（8）分开漏油泵与电动机，并运出工作现场。

（9）人工清除漏油箱内的残油，分解漏油箱，运出工作现场。

三、建立新漏油装置基础并安装到位

1. 漏油箱的安装

在原来位置安装新漏油箱时，为避免环境潮湿，漏油装置的基础座必须高于地

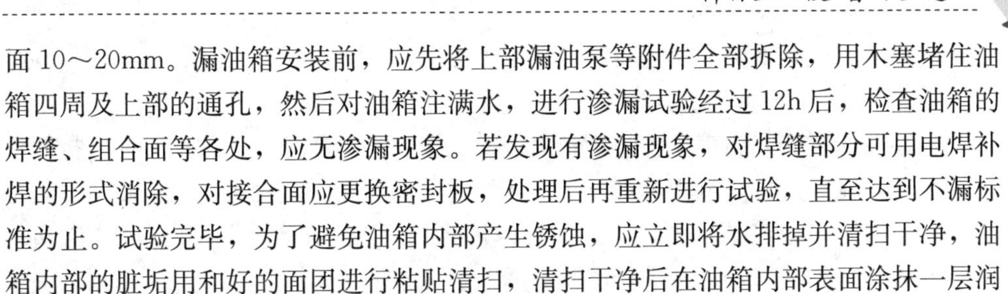

面10～20mm。漏油箱安装前，应先将上部漏油泵等附件全部拆除，用木塞堵住油箱四周及上部的通孔，然后对油箱注满水，进行渗漏试验经过12h后，检查油箱的焊缝、组合面等各处，应无渗漏现象。若发现有渗漏现象，对焊缝部分可用电焊补焊的形式消除，对接合面应更换密封板，处理后再重新进行试验，直至达到不漏标准为止。试验完毕，为了避免油箱内部产生锈蚀，应立即将水排掉并清扫干净，油箱内部的脏垢用和好的面团进行粘贴清扫，清扫干净后在油箱内部表面涂抹一层润滑油或刷一层防锈漆。

2. 漏油泵的安装

将漏油泵与电动机公共水平底板直接安装在漏油箱上部，一般为了拆装方便，均使用螺栓进行固定。泵体与电动机依靠弹性联轴器相连，并安装在公共底板之上。油泵安装后，用手进行手动盘车，检查油泵与电动机转动是否灵活，有无别劲和高低不平等现象，否则应进行处理。通常油泵与电动机的轴线调整，都是依靠两联轴器中心是否一致来确定的。由于油泵有销钉固定，而电动机可稍做移动，因此电动机的联轴器可依据油泵找正。先将电动机安放在基础上大致找正，用手触摸两联轴器的外缘应无明显错位，并使两联轴器之间靠紧，保留2～3mm的间隙，然后拧紧电动机基础螺栓。

用钢板尺靠在联轴器上，接着使用塞尺测量钢板尺与较低联轴器的间隙，在圆周上进行4点测量，依据测量结果分析，如电动机低，则应在基础上加垫，垫的厚度等于对应两点记录差的一半。当发现油泵低时，则应松开油泵基础螺栓与销钉，垫高后，再紧上销钉与基础螺栓进行找正。若在平面上发现错位，可按照上述原则移动电动机。

3. 手动开关阀与止回阀的安装

手动开关阀与止回阀在安装前，应使用煤油进行渗漏试验，试验时间必须保证在8h以上，确保无渗漏现象。阀门在安装过程中一定要确保流体流动的方向正确。

4. 液位计的安装

液位计的浮子安装在漏油槽内，液位计安装在油箱上部，用螺栓进行固定。

5. 管道的配制

管道安装前应先对管道内部用清水或蒸汽清扫干净，安装时避免由于管道的重量对泵体造成负担，以免影响泵的精度。一般压力油连接管道均使用法兰连接，管道的安装一般从设备的连接端开始，应先进行预装，预装时检查法兰的连接、管道的水平、垂直及弯曲度等是否符合要求。预装完毕后，可先将管道拆下，正式焊接法兰。然后再进行法兰的平面检查及耐压试验等工作。法兰连接需要采用韧性较好

的垫料，因此应有平整的法兰接触面，以免渗漏。

四、调试

当漏油装置安装结束、各连接管道装配完毕后，集油槽内注入透平油，打开手动开关阀，电气人员对电动机进行接线，瞬时启动电动机，检查电动机旋转方向是否正确，打开接力器排油阀，向漏油箱内注入透平油。然后，调整液位计启动触点，触点调整完毕后，即可进行试验。漏油泵在打油过程中，工作人员时刻检查各连接管道，法兰是否出现渗漏现象。一般情况下，不得任意调整漏油泵的安全阀，如需调整，必须使用仪器校正。当泵在运转中有不正常的噪声或温度过高，应立即停止工作，进行拆检。管道各连接部位不得有漏油、漏气，否则会发生吸不上油的现象。

五、验收

设备经过1～2天的试运行后，即可进行验收。技术图纸与设备说明书、标准化作业指导书、竣工报告、设备验收单等全部归档，进行保存。

模块六　过速限制装置的改造

过速限制装置由电磁配压阀、油阀和事故配压阀组成，其中事故配压阀串接在调速器至主接力器的油管路上。

一、安装规范

（1）事故配压阀垂直度或水平允许偏差为0.15mm/m（测量事故配压阀基础板）。

（2）事故配压阀安装位置不宜过低，尽量靠近回油箱。

（3）过速限制装置各部件活塞动作灵活，无卡阻。

（4）过速限制装置各部件安全可靠，手动动作可靠。

（5）过速限制装置各部件密封可靠，无渗漏。

（6）油阀做1.25倍额定油压的耐压试验，保证严密不漏。

（7）事故配压阀关闭导叶的时间与设计值的偏差，不应超过设计值的±5%；但最终应满足调节保证计算的要求。

二、拆除旧过速限制装置

（1）调速系统排油、排压。

（2）断开电磁配压阀及各部信号开关电气接线。

（3）拆除事故配压阀、油阀、电磁配压阀（进行某一阀更换时可单独进行拆除）。

（4）拆除的各部件将油擦干净，用塑料布包好，防止漏油。

三、建立新过速限制装置基础并安装到位

（1）利用原基础进行过速限制装置的安装，事故配压阀及油阀垂直度或水平允许偏差为0.15mm/m。

（2）事故配压阀及油阀阀体加垫就位安装，对称把紧螺栓。

（3）各阀零部件进行清洗检查，涂油后进行回装，密封良好，无渗漏。

（4）连接各阀之间的压力油管路无渗漏。

（5）电磁阀及各部信号开关接线。

（6）各阀体及管路刷漆。

（7）充油后进行调整试验。

四、调试

（1）调速系统充油、充压，动作调速器机械液压机构，排除液压系统内的空气。

（2）事故配压阀应在复归状态，如果不在复归状态，则说明事故配压阀安装位置过低或活塞发卡，需进一步检查。

（3）事故配压阀在复归状态，油阀关闭，密封良好。

（4）动作电磁配压阀操作事故配压阀关闭导叶，记录导叶关闭时间，检查是否符合设计要求。

（5）如果导叶关闭时间不符合要求，应调整事故配压阀一端调节螺钉，来调整活塞的行程，即活塞动作后油口打开的大小，使事故配压阀动作情况下的导叶关闭时间符合设计要求。

（6）调整合格后将调节螺钉锁紧。

五、验收

（1）用户组织专门技术人员按照订货的技术要求进行验收。

（2）在厂方代表在场的情况下进行现场开箱检查，包括过速限制装置本体完好无损，数量和形式符合合同要求；检查随机供给的密封件及备品备件齐全，并有互换性；随新产品供给的技术条件包括安装、维护及调整说明书、原理图、安装图及总装配图；过速限制装置出厂检查试验报告、合格证书及装箱单。

（3）现场安装调试后，连续运行72h，合格后按照说明书及验收规范进行验收。

（4）过速限制装置完好无损，备品备件、技术资料、竣工图纸齐全、准确（包括现场试验记录和试验报告）。

模块七 管道配置及检验

一、管道检修

管道的连接方法有焊接、法兰连接和螺纹连接三种。

第一，在高压管道系统中，除了与设备连接处采用法兰连接外，大都采用焊接，以减少泄漏。第二，其他管道系统，在不影响设备检修和管道组装的前提下，应尽量少采用法兰连接。第三，螺纹连接主要用于工业水管道系统及其他低温低压管道系统。

1. 焊接管道与法兰连接管道检修

(1) 焊接管道的检修。

1) 高压管道的原有焊缝，在检修时必须按照金属技术监督规程的有关规定进行检查。

2) 一般低压管道的焊缝，只需进行外观检查，查看是否有渗透、裂纹及焊缝的锈蚀。

3) 对于高温高压管道进行蠕变检查。

4) 新配制的管子应进行材质检查，并按焊接规程加工成坡口进行施焊。对于高压管道的焊缝应做无损探伤检查。

(2) 法兰密封面的形式及新法兰的检查。法兰密封面的形式及特性和适用范围见表5-6。

表5-6 法兰密封面的形式及特性和适用范围

名称	简图	特性和适用范围
普通密封面		结构简单，加工方便。多用于低中压管道系统中。在放置垫子时，垫子不易放正
单止口密封面		密封性能比普通密封面好，安装时便于对中，能防止非金属软垫由于内压作用被挤出。配用高压石棉垫时，可承受6.4MPa的压力；当配用金属齿形垫时，可承受20MPa的压力
双止口密封面		密封面窄，易于压紧，垫子不会因内压或变形而被挤出，密封可靠。法兰对中困难，受压后垫子不易取出。多用于有毒介质或密封要求严格的场合。使用的垫料与可承受的压力与单止口密封面基本相同，但不宜采用金属齿形垫

续表

名　称	简　图	特性和适用范围
平面沟槽密封面	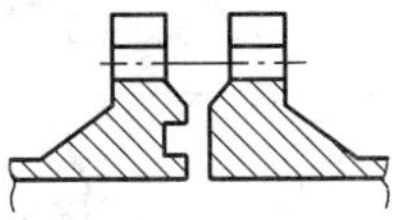	安装时便于对中，不会因垫子而影响装配尺寸基准，耐冲击振动。配用橡胶O形密封圈时，可承受压力达32MPa或更高，密封性好。广泛用于液压系统和真空系统
梯形槽密封面	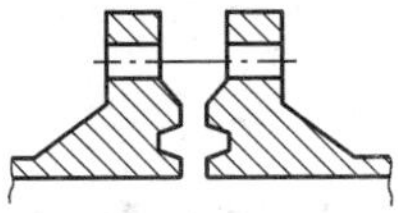	与八角形截面或椭圆形截面的金属垫配用，密封可靠。多用于压力高于6.4MPa的场合
镜面密封面	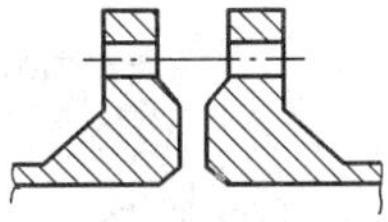	密封面的精度要求高，并要精磨成镜面，加工困难。不加垫子或加镜面金属垫，多用于特殊场合
研合密封面	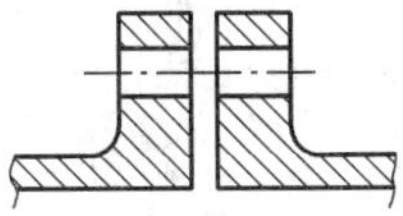	两密封面需刮研，中间一般不加垫子，多用于设备的中分面

法兰的材质取决于所接触介质的理化性质及工作参数。

新法兰在与管道焊接前应做以下检查：

1）法兰的材质是否符合使用要求，重要的法兰应有材质证明及施焊、热处理的说明。

2）法兰的几何尺寸是否符合图纸要求。相配对的法兰止口、螺孔是否匹配。

3）重要法兰应配有配套的紧固螺栓。

(3) 法兰与管道的组装要求。用法兰连接的管道，要做到装复后法兰不漏，需按以下要求进行组装：

1）组装前，必须将法兰接合面原有的旧垫铲除干净，但不得把法兰表面刮伤，并检查内外焊缝的锈蚀程度。

2）法兰密封面应平整、无伤痕。有些法兰厚度不符合要求（非标准法兰），加之施焊不当，法兰面成一凸形。对这样的法兰应进行更换，如图5-2所示。

3）组装时，两法兰面在未紧螺栓的情况下不得歪斜，其平行差不超过1～1.5mm。如因管道变形或原安装不合格，致使两法兰面错位、歪斜或螺孔不同心，如图5-3所示，则不允许强行对口或用螺栓强行拉拢，应采取校正管子的方法，或

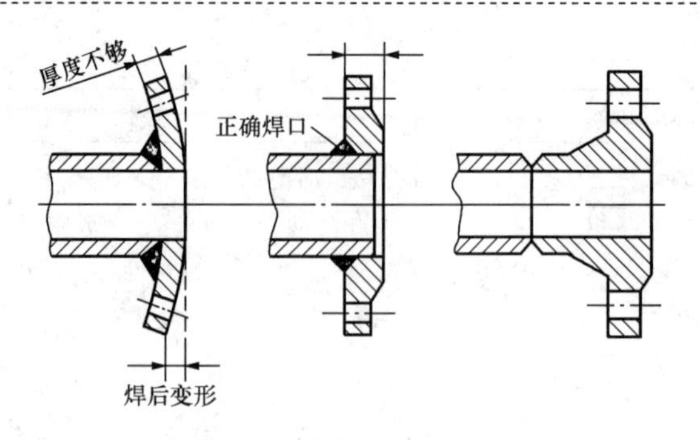

图 5-2　法兰的焊接

对管道的支撑进行调整。总的要求是：法兰及螺栓不应承受因管道不对口所产生的附加应力。

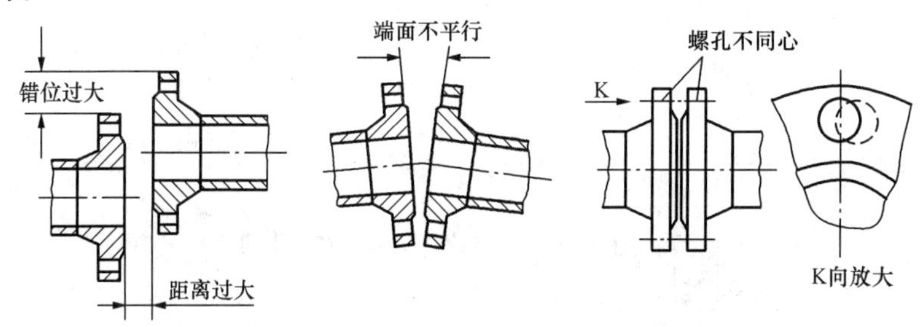

图 5-3　不合格的法兰对口面

4）正确选用垫料（见表 5-7），正确制作垫片，以及正确安放垫片。

5）法兰螺栓对称拧紧后，要求两法兰面平行。低压法兰用钢尺检查，目视合格即可；高压法兰应用游标卡尺进行检测。高压法兰螺栓的紧度，应达到设计的扭矩值。

表 5-7　　常用的垫料

种类	材　料	压力（MPa）	温度（℃）	介　质
纸垫	软钢纸板	＜0.4	＜120	油类
橡皮垫	天然橡胶	＜0.6	－60～100	水、空气、稀盐（硫）酸
	普通橡胶板		－40～60	水、空气
夹布橡胶垫	夹布橡胶	＜0.6	－30～60	水、空气、油
橡胶石棉垫	高压橡胶石棉板	＜6	＜450	空气、蒸汽、水、硫酸、盐酸
	中压橡胶石棉板	＜4	＜350	
	低压橡胶石棉板	＜1.5	＜200	
	耐油橡胶石棉板	＜4	＜400	油、氢气、碱类

续表

种类	材　料	压力 (MPa)	温度 (℃)	介　质
O形橡胶圈	耐油、耐低温、耐高温的橡胶	＜32	−60～200	油、空气、水蒸气
	耐酸碱的橡胶	2.5	−25～80	硫酸、盐酸
金属平垫	紫铜、铝、铅、软钢、不锈钢、合金钢	＜20	600	蒸汽、水、油、酸、碱
金属齿形垫、异形金属垫（八角形、梯形、椭圆形的垫）	10（08）钢、（0Cr13） 铝、合金钢	＞4 ＞6.4	600 600	

2. 螺纹连接管道检修

（1）检修工艺。用螺纹连接的管道，管径一般不超过80mm，其管件如弯头、接头、三通等均为通用的标准件。这些标准件通常用可锻铸铁（马铁）或钢材制作。

管端螺纹用管子板牙扳制，扳好的外螺纹有一定的锥度。这种锥形螺纹紧后不易泄漏，因而在装配时螺栓不需拧入过多，一般有3～4扣即可。同时也不宜将管件拧得过紧，过紧会使其胀裂。

螺纹管道的配制及装配顺序如下：

1）用管子割刀将管子截取所需长度。

2）用管子板牙扳丝，扳丝长度不宜过长，只要管端露出工具有1～2扣丝牙即可，如图5-4（a）所示。

3）在螺纹部位抹、缠密封材料，通常只在螺栓上加密封材料。其方法是：①在管螺纹部位抹上一层白铅油或白厚漆，再沿螺纹的尾部向外顺时针方向缠上新麻丝（也可以将麻头压住由外向内缠），如图5-4（b）所示；②用生胶带缠绕在螺纹上，一般缠两层即可。生胶带是新型密封材料，使用方便，清洁、可靠，可替代老的密封材料。

4）管道安装到一定的长度后，必须装活接头。若有阀门，则在阀门前或阀门后装活接头。活接头俗称油任，如图5-4（c）所示。安装油任的目的是便于管道检修。在油任的接口面要放置环形垫料，油任对口时应平行，不许强行对口。

（2）检修常用工具。螺纹连接管道的检修常用工具有管子割刀、管子板牙、管子钳等。

1）管子割刀。管子割刀是切割管材的专用工具，其结构如图5-5所示。用这

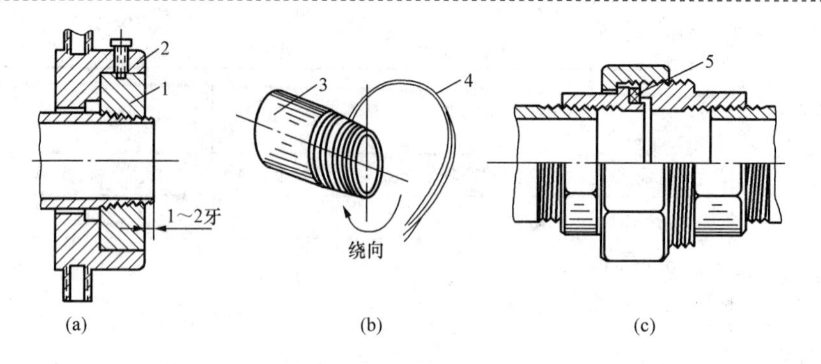

图 5-4　螺纹管道的装配

(a) 用板牙扳丝；(b) 涂漆缠麻；(c) 活接头（油任）结构

1—板牙；2—扳丝架；3—管子；4—麻丝；5—石棉胶垫

种割刀所切割的管材断面平整、垂直。由于切割时割口受挤压，因此割口有缩口现象并在内口出现锋边。缩口利于扳丝时起扣，锋边则应用半圆锉锉平。

切割操作：

a）将管子用管虎钳固定，把割刀架套在管子上，并把刀片刃口对准割线，然后拧紧进刀螺杆，用握住手柄绕管子转动，每转一周进刀一次，每次进刀量以半圈为好，连续转动和进刀直至切断管子为止。

b）在切割过程中必须定时向刀片和转轴上注机油，以保证刀片冷却和轴颈润滑。

c）在切割有焊疤的管子时，应先将割缝处的焊疤锉平。

d）对于椭圆管子及有弯的管子不宜用管子割刀切割。

e）割口至管端的长度不足滚轮宽度的一半时，也不宜用管子割刀切割。

2）管子板牙。管子板牙是扳制管螺纹的专用工具，常用的有以下几种：

a）管螺纹圆板牙。与钳工套丝用的圆板牙结构相同，使用时，将圆板牙装入圆铰手内，其扳丝方法与钳工套丝相似。每种圆板牙只能套制一种规格的管螺纹，一次成型，故扳丝效率高。但管螺纹圆板牙只适用于小口径的管子扳丝。

b）可调式管子板牙。其优点是适应性强，且可扳制大口径管子的螺纹；缺点是笨重，携带及使用不方便。

c）电动扳丝机。有手提式和固定式两类。手提式只具有扳丝功能；固定式既可切管又可扳丝。

上述各类扳丝机具在使用时，必须定时向板牙上注入机油，从而保证刀具刃口的润滑冷却，提高板牙的使用寿命，并可提高螺纹的精度。

3）管子钳。管子钳是拆装螺纹管子的专用钳具，其规格与活动扳手相同，如

图 5-6 所示，使用时，钳口开度要适度，并将活动钳头向外翘起，使两钳口形成一个角度（θ），将管子紧紧地卡住。只有这样，在用力时管子钳才不打滑。

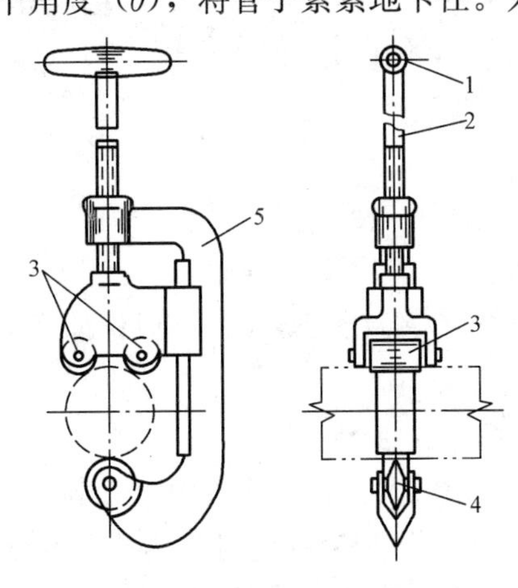

图 5-5 管子割刀结构

1—手柄；2—进刀螺杆；3—滚轮；4—刀片；5—刀架

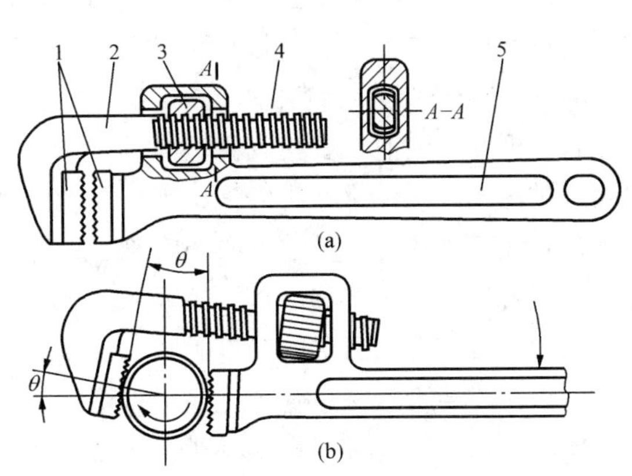

图 5-6 管子钳

(a) 管子钳的结构；(b) 管子钳的使用方法

1—钳口（工具钢）；2—活动钳头；3—方牙螺母；4—方形螺纹；5—钳身

另外，还有一种专门用于大口径管子拆装的管子钳，称为链钳。它是用板链代替活动钳头，由于链子很长，因此可适应大口径管子的拆装。

（3）管螺纹的技术规范。目前，管螺纹尚采用英制标准，而且对套制管螺纹的管子规格也有特殊规定。这点应注意，不要与其他管子的规格相混淆。管螺纹及管子的公英制对照，见表 5-8。

表 5-8　　管螺纹及管子的公英制对照表

公称口径		管子（mm）		管 螺 纹	
mm	in	外径	壁厚	基面处外径（mm）	每英寸牙数
15	1/2	21.25	2.75	20.956	14
20	3/4	26.75		26.442	
25	1	33.50	3.25	33.250	11
32	1¼	42.25		41.912	
40	1½	48.00	3.50	47.805	
50	2	60.00		59.616	
70	2½	75.50	3.75	75.187	
80	3	88.50	4.00	87.887	

例如：如公称口径为25mm，英制为1in（1in＝25.4mm）的管子，其套丝的管子外径实际为33.5mm，内径为33.5－（2×3.25）＝27mm。也就是说，25mm（1in）的概念既不是外径也不是内径。因此，在配制管件时（如车制接头），也必须按其特殊标准进行绘图与加工。

3. 管道检修及改装的注意事项

（1）拆卸管道前，要检查管道与运行中的管道系统是否断开，并将管道上的疏水阀、排污阀打开，排除管内汽、水，在确认排空后，方可拆卸管道。

（2）在割管或拆法兰前，必须将管子拟分开的两端临时固定牢固，以保证管道分开后不发生过多的位移。

（3）在拆卸有保温层的管道时，应尽量不损坏保温层。

（4）在改装管道时，管子之间不得接触，也不得触及设备及建筑物。管道之间的距离应保证不影响管子的膨胀及敷设保温层。在改装管道的同时应将支吊架装好。在管道上两个固定支架之间，必须安置供膨胀用的U形弯或伸缩节。

（5）组装管道时，应认真冲洗管子内壁，并仔细检查在未检修的管子内是否有异物。

4. 密封垫的制作与密封垫料的选用原则

（1）密封垫的制作。密封垫的制作方法如图5-7所示。在制作密封垫中应注意以下几点：

1）密封垫的内孔必须略大于工件的内孔。

2）带止口的法兰，其密封垫应能在凹口内转动，不允许卡死，以防产生卷边影响密封。

3）对重要工件用的密封垫不允许用榔头敲打，以防损伤其工作面。

4）密封垫的内孔不要做得过大，以防密封垫在安放时发生过大的位移。

5）制密封垫时必须注意节约，尽量从垫料的边缘起线，并将大垫的内孔、边角料留作制小垫用。

（2）密封垫料的选用原则。

1）与相接触的介质不起化学反应。

2）有足够的强度，当法兰用螺栓紧固后，能承受管内的压力，并且在管温影响下强度值变化不大。

3）材质均匀，无裂纹及老化现象，厚薄一致。

4）在选用密封垫料时，应力求避免选用很昂贵的材料。

5）密封垫的厚度应尽可能选得薄些，因厚的垫料并不能改善密封性能，且往往适得其反。

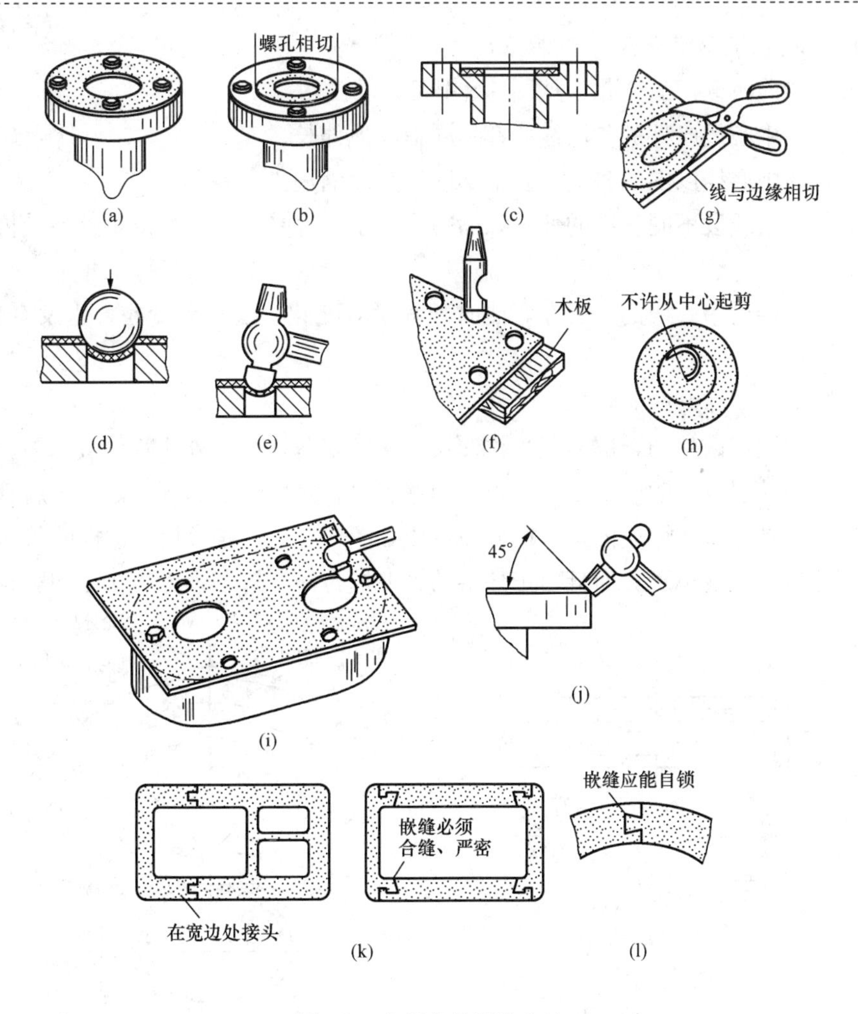

图 5-7　密封垫的制作方法

（a）带螺孔的法兰垫；（b）不带螺孔的法兰垫；（c）止口法兰垫；（d）用滚珠冲孔；（e）用榔头敲打孔；（f）用空心冲冲孔；（g）用剪刀剪垫；（h）剪内孔的错误方法；（i）用榔头敲打内孔；（j）用榔头敲打边缘；（k）方框形垫的镶嵌方法；（l）圆形垫的镶嵌方法

6）应考虑法兰密封面的平整程度。

二、弯管工艺

弯管工艺大致可分为加热弯制与常温下弯制（即冷弯）。无论采用哪种弯管工艺，管子在弯曲处的壁厚及形状均要发生变化。这种变化不仅影响管子的强度，而且影响介质在管内的流动。因此，对管子的弯制除了解其工艺外，还应了解管子在弯曲时的截面变化。

1. 弯管的截面变化及弯曲半径

管子弯曲时截面的变化，从图 5-8 中可以看出：

（1）在中心线以外的各层线段都不同程度地伸长。

（2）在中心线以内的各层线段都不同程度地缩短。

（3）各层线段不同程度的伸长和缩短表示了构件受力后的变形，外层受拉，内层受压。

（4）在接近中心线的一层在弯曲时长度没有变化，既没有受拉，也没有受压，称为中性层。

实际上管子在弯曲时：

（1）中性层以外的金属不仅受拉伸长，管壁变薄，而且外弧管壁被拉平。

（2）中性层以内的金属受压缩短，管壁变厚，挤压变形达到一定极限后管壁就出现突肋、褶皱，中性层内移，横截面变成如图 5-9 所示的形状。这样的截面不仅使管子的截面积减小了，而且由于外层的管壁被拉薄，管子强度直接受到影响。

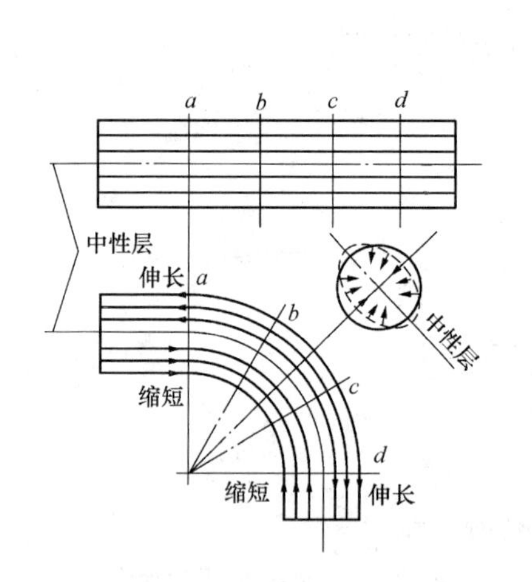

图 5-8 管子弯曲时截面的变化

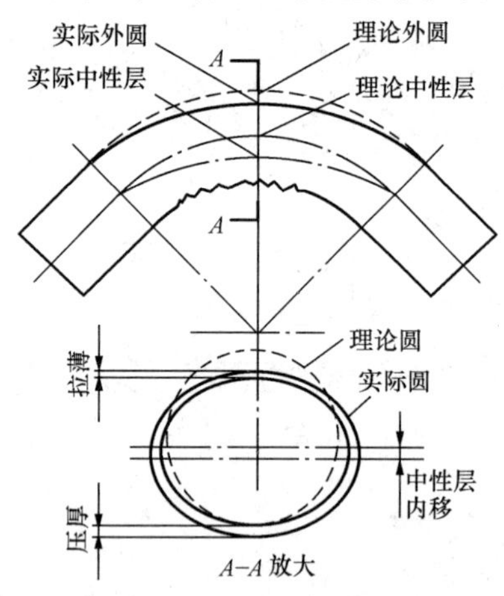

图 5-9 管子弯曲后截面形状

（3）为了防止管子在弯曲时产生缺陷，要求管子的弯曲半径不能太小。弯曲半径越小，上述的缺陷就越严重。

（4）弯曲半径大，对材料的强度及减小流体在弯道处的阻力是有利的。但弯曲半径过大，弯管工作量和装配的工作量及管道所占的空间也将增大，管道的总体布置也困难。

综上所述，平衡其利弊，在工艺上以管子外层壁厚的减薄率作为确定弯曲半径值的依据。壁厚的减薄率可按式（5-2）计算，即

$$V=\frac{100D}{2R+D} \tag{5-2}$$

式中 V——相对于原壁厚的减薄率，%；

D——管子外径，mm；

R——弯曲半径，mm。

按规程规定，管壁的减薄率一般控制在15%以内。根据这一数值，即可计算出弯曲半径的最小值。同时弯管的方法不同，管子在受力变形等方面也有较大的差别，因此最小弯曲半径也各异：

(1) 冷弯管时，弯曲半径不小于管外径的4倍。用弯管机弯管时，其弯曲半径不小于管外径的2倍。

(2) 热弯管时（充砂），弯曲半径不小于管外径的3.5倍。

(3) 高压汽水管道的弯头均采用加厚管弯制，弯头的外层最薄处的壁厚不得小于直管的理论计算壁厚。

2. 热弯管工艺

这里所述的热弯管，仅限于钢管采取充砂、加热弯制弯头的方法，其步骤如下：

(1) 制作弯管样板。为了使管子弯得准确，需制作一弯曲形状的样板，制作方法是：按图纸尺寸以1∶1的比例放实样图（或对照实物），用细圆钢按实样图的中心线弯好，并焊上拉筋，防止样板变形，如图5-10所示。由于热弯管在冷却时会伸直，因此样板要多弯3°～5°。

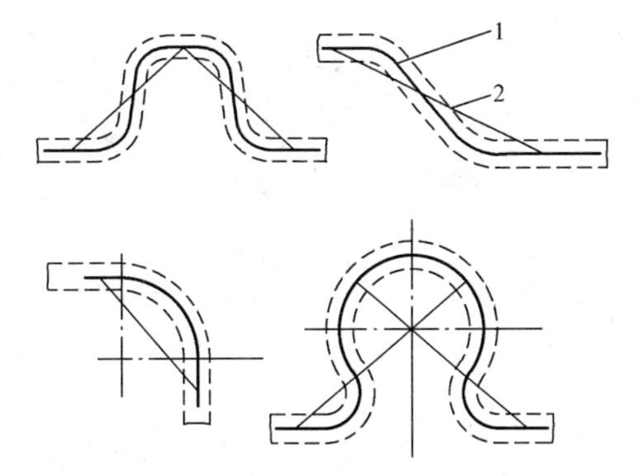

图5-10 弯管样板

1—细圆钢；2—拉筋

(2) 管子灌砂。

1) 管子灌砂就是为了将管子空心弯曲改变成为实心弯曲，从而改善管子在热弯时出现的褶皱、鼓包等不良现象，并可在弯管加热过程中吸收热量和保存热量。另外，砂子耐高温、易装、易取，故采用砂子作填充物。

2) 弯管用砂要经过筛选、清除杂物。砂粒的大小要根据管径来决定。筛选后的砂粒必须经火烘干，不许含有水分，以免加热后产生蒸汽发生伤人和跑砂事故。

3) 灌砂前，先将管子的一端用堵头堵住。堵头有木堵和铁堵两种，如图5-11所示。

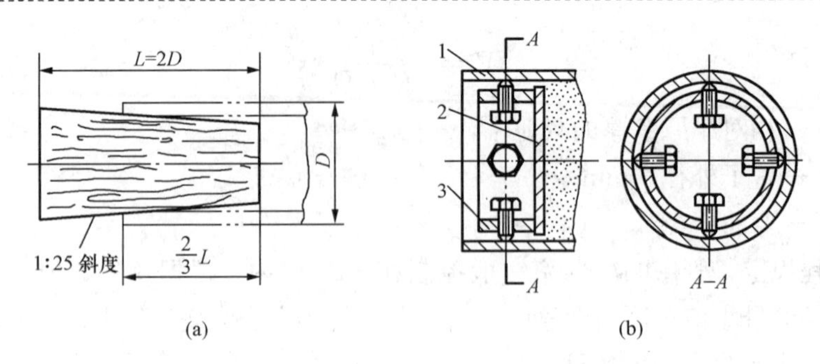

图 5-11　堵头

（a）木塞（硬木制作）；（b）铁堵（钢板焊制）

1—管子；2—圆铁板（略小于管内径）；3—钢管套（内装顶丝）

4）灌砂时，管子应立着，边灌边振，直到灌满振实为止。可通过用手锤或大锤敲打，或用机械振砂。经过敲打，砂粒不再下降，同时也没有空响声方可封口。封口的堵头必须紧靠砂面。

必须指出，灌砂这道工序直接关系到弯头的质量，管内的砂灌得不实等于不灌。

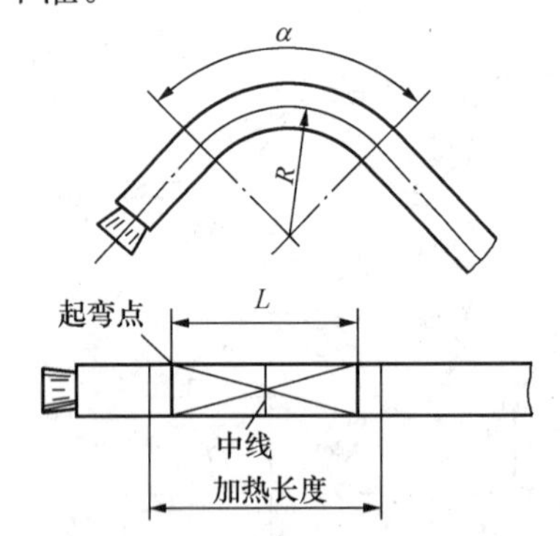

图 5-12　弯曲部位的标记

（3）管子加热长度及加热方法。

1）根据弯曲半径尺计算管子弧长 L，如图5-12所示，弧长 L 可用下式求出，即

$$L = \frac{\pi R}{180^{\circ}}\alpha \tag{5-3}$$

式中　R——弯曲半径，mm；

α——弯曲角度，°。

2）按图纸尺寸，将计算好的弧长及起弯点、加热长度用粉笔（不许用油漆类）在管子上标出记号。记号需沿圆周标出。

3）管子加热的方法取决于管径及弯制的数量。少量小直径的管子，可用氧—乙炔焰加热；管径大且数量多一般采用焦炭加热为好。用焦炭加热的方法如下：

a）用焦炭生好地炉，将管子的待弯段放在炉火上，上面再盖层焦炭，并用铁板铺盖。

b）在加热过程中，要随时转动管子和调节送风量，使管子加热段受热均匀。

c）待管子加热到 950℃左右时，应将风门调小或停止送风。

d）为了使管内砂粒热透，管子不要过早取出，应在炉中稳定一段时间。

（4）弯管。

1）将加热好的管子放置在弯管平台上。如果是有缝管，则管缝应朝正上方。

2）用水冷却加热段的两端非弯曲部位（仅限于碳钢管子），再将样板放在加热段的中心线上，均匀施力，使弯曲段沿着样板弧线弯曲，如图 5-13 所示。

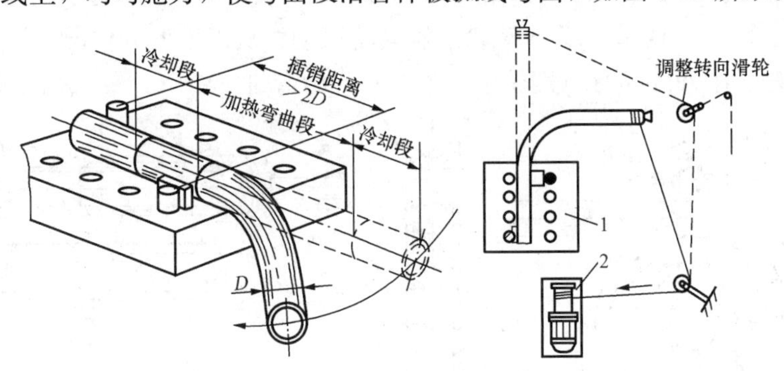

图 5-13　热弯管

1—弯管平台；2—卷扬机（用于弯制大直径管子）

3）对已经弯到位的弯曲部位，可随时浇水冷却，防止继续弯曲。

4）当管子温度低于 700℃时，应停止弯曲。

5）若一次弯曲未能成型，则可进行二次加热再弯曲。但次数不宜多，因多一次加热，就多一次烧损。弯好后的管子让其自然冷却。

（5）除砂。

1）待管子稍冷后，即可除砂。

2）除砂常用手锤敲打管壁。

3）由于管子加热段在高温作用下，砂粒与管内壁常常烧结在一起，很难清理，必要时可用绞管机进行除砂。

4）在现场多采用喷砂工具，如图 5-14 所示，进行冲刷。冲刷要从管子两端反复地进行，待管壁出现金属光泽时方可停止。

5）为了防止喷砂灰尘的飞扬，可在管子的另一端装设专用吸尘器，使管内形成负压。

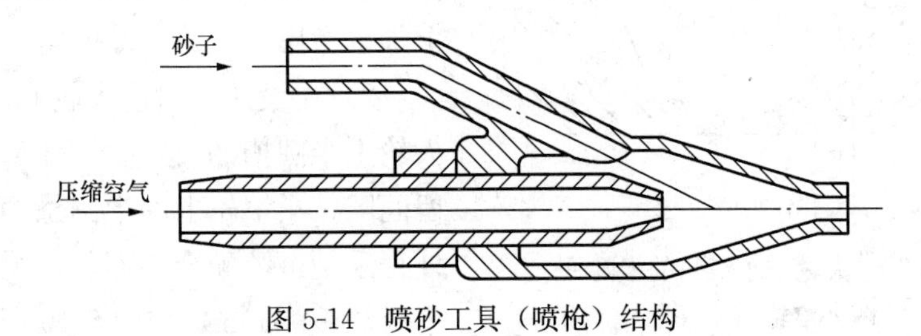

图 5-14　喷砂工具（喷枪）结构

3. 冷弯管工艺

（1）冷弯管方法。冷弯管大都采用弯管机或模具弯制。

（2）弯管机的工作原理，如图 5-15 所示。图 5-15（a）所示为小滚轮定位，大轮转动；图 5-15（b）所示为小滚轮沿着大轮滚动。从以上两种情况可看出，是小滚轮迫使管子在 A-A 剖面（两轮中心连线）开始弯曲。

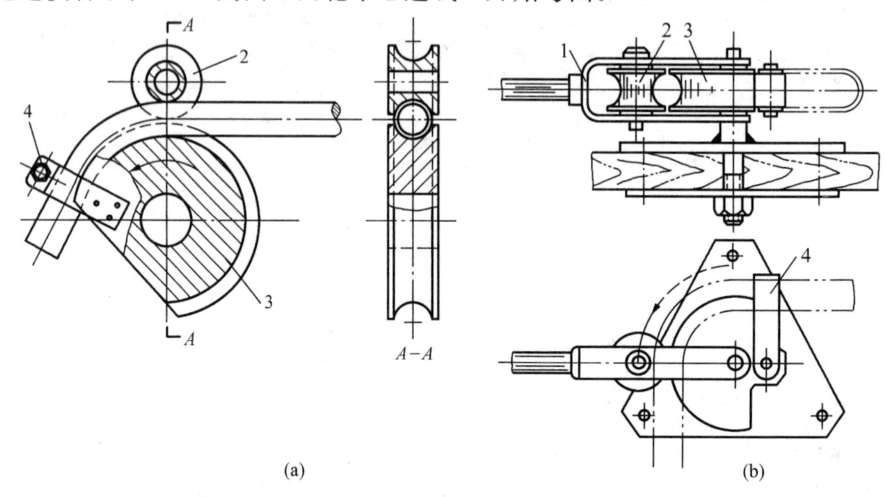

图 5-15 弯管机的工作原理

1—滚动架；2—小滚轮；3—大轮；4—管卡

（3）冷弯管的变形。管子弯曲变形时，上方的管壁受拉而伸长，下方的管壁则受压缩短。由于金属管壁在伸长变薄和缩短变厚时具有保持原状的特性。因此，弯头内外侧的管壁都被压缩，向中性层移动，弯曲部位的中性层管径增大，结果管截面变成椭圆形。

（4）弯管变形的控制。

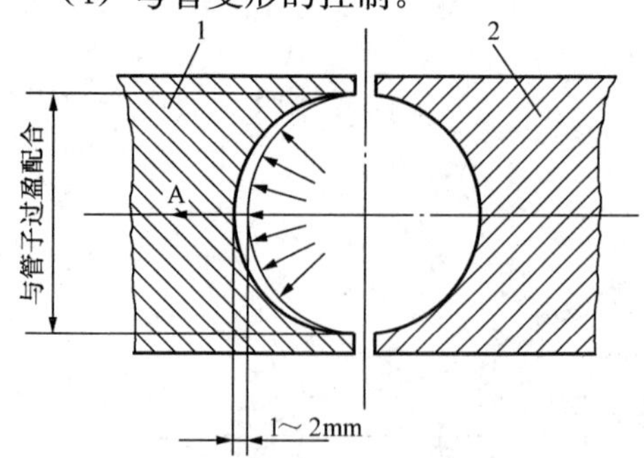

图 5-16 大轮与小滚轮的半圆槽

1—小滚轮；2—大轮

1）为了防止弯管时不圆度过大，除了应考虑管子弯曲半径不要过小外，还应在设计加工大轮、小滚轮时从结构上加以考虑。

2）在设计、制造大轮和小滚轮时，大轮上半圆槽的半径要等于管半径，不留间隙；小滚轮上的半圆槽两边应与管外径采用过盈配合，而其底槽应比管子半径深 1～2mm，如图 5-16 所示。

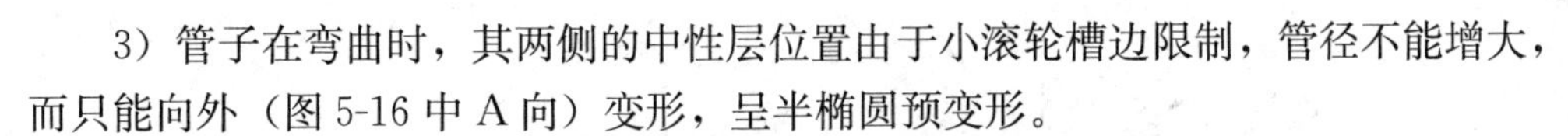

3）管子在弯曲时，其两侧的中性层位置由于小滚轮槽边限制，管径不能增大，而只能向外（图 5-16 中 A 向）变形，呈半椭圆预变形。

4）当管子离开滚轮时，其中性层位置失去限制而变形（直径增大），但已有的半椭圆预变形可同此时要发生的变形抵消一部分，这样弯出的管子不圆度较小。

（5）常用的冷弯管机。

1）手动弯管机，如图 5-15 所示。这种弯管机通常固定在工作台上。弯管时，把管子夹在管卡中固定牢固，用手扳动把手，小滚轮沿着大轮滚动，即可成型。该机只适用于弯制 ϕ38mm 以下的管子。

2）电动弯管机，如图 5-17 所示。电动弯管机大都采用大轮转动，小滚轮定位，或成型模具定位。大轮由电动机通过减速箱带动旋转，其转速一般只有 1～2r/min。

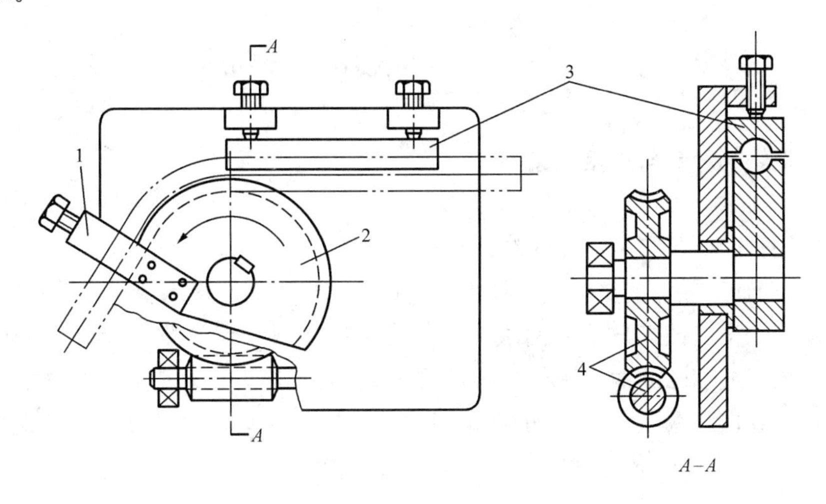

图 5-17　电动弯管机示意图

1—管卡；2—大轮；3—外侧成型模具；4—减速箱

从以上两种冷弯管机的结构中可看出，一副大小轮（相当于模具）只能弯制同一管径和弯曲半径相等的管子。

3）手动液压弯管机，如图 5-18 所示。弯管时，管子被两个导向块支顶着，用手连续摇动手压油泵的连接杆，手压油泵出口的高压油将工作活塞推向前进，工作活塞顶着管型模具移动，迫使管子弯曲。

两个导向块用穿销固定在孔板上，导向块之间的距离可根据管径的大小进行调整。管型模具是管子成型的工具，用来控制管子弯曲时的不圆度。该机配有用于不同管径的成型模具（公英制各一套）。使用时，必须根据管径选用相应规格的模具。

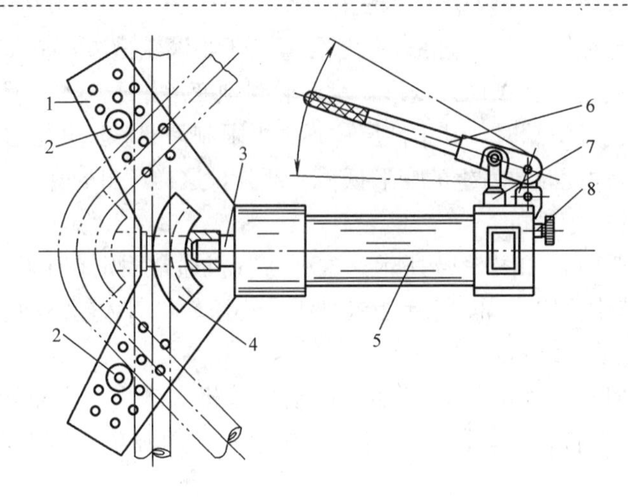

图 5-18 手动液压弯管机

1—孔板（上下各一块）；2—导向块；3—活塞杆；4—管型模具；5—工作缸；6—连接杆；7—手压油泵；8—放油阀

三、铜管的弯制与连接工艺

1. 铜管胀接

（1）铜管的检验和胀管前的准备工作。

1）新铜管工艺性能试验及热处理。新铜管的外表面要求无裂纹、砂眼、重皮、折弯等缺陷。工艺性能试验有两项内容：①将选样铜管锯成 20～30mm 几段，两端锉平并压扁成椭圆断面，短径为长径的 1/2，管不容许出现裂纹；②再锯 50mm 长几段，向管内打入顶角为 45°的圆锥棒，管头呈漏斗状，被胀大的上口直径要比原管径大 30%，而不出现裂纹，如图 5-19（a）所示。

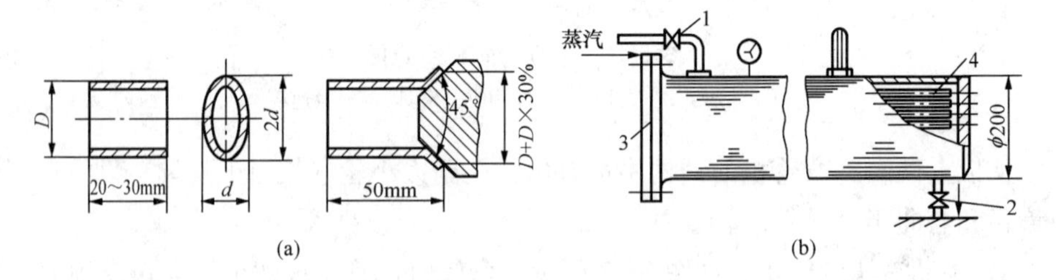

图 5-19 铜管工艺性能试验及回火装置

（a）工艺性能试验；（b）回火装置

1—蒸汽阀；2—疏水阀；3—堵板；4—铜管

将合格的管子截成需要的长段，并做单根水压试验及无损探伤检验，再进行回火处理。回火方法如下：把铜管装在回火加热筒内［见图 5-19（b）］，通入蒸汽，以 20～30℃/min 的升温速度升至 300～350℃，恒温 1h 后关闭蒸汽阀，打开疏水阀进行冷却，待筒温降至 0℃以下时即可打开堵板，待冷却至常温后将铜管取出。

2）胀管前的准备工作。

a）用氧—乙炔焰或喷灯将铜管两端胀接部位加热至暗红色，再进行退火处理，并用砂布将退火部位打磨干净（包括内壁）。

b）清除管头切口毛刺，并倒去快口，检查管头端面是否垂直于管中心线，若不垂直进行修正。

c）将管板孔擦干净，并用砂布打磨，去除铁锈，但要防止孔径增大或孔失圆。

d）用游标卡尺检查管板孔径及管子外径，其差值应为 0.20～0.50mm，差值过大会造成铜管在胀接时破裂。

e）检查并清洗胀管器，胀管器的胀杆与滚柱的外表面应光滑无损伤、失圆现象。

（2）坏铜管的取出及胀管。

1）坏铜管取出。把需要更换的管子做上记号，用不淬火的鸭嘴扁錾将铜管两端胀口，并挤成如图 5-20（a）所示的形状，从一端用平头冲向另一端将铜管冲出一小段，再用手虎钳夹住管头把管子拉出。拉管时，要防止把管子拉断。若管子很紧，用手虎钳拉不出时，则可采用图 5-20（b）所示的夹具将管子拉出（装夹具前，在管内塞一节圆铁芯）。

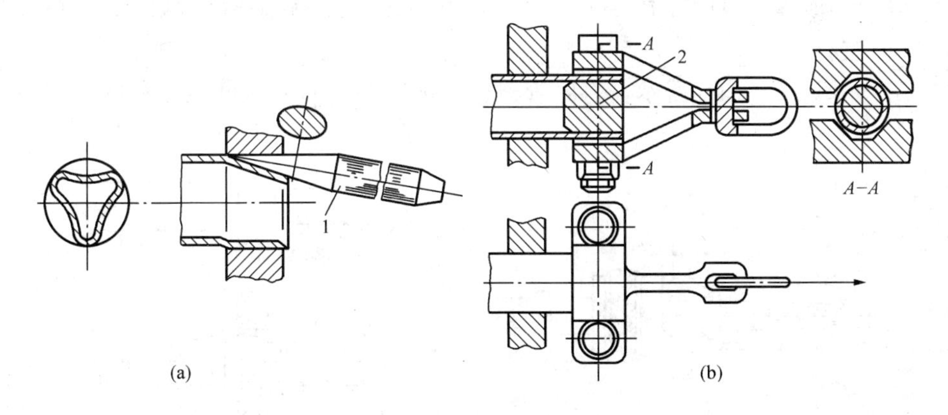

图 5-20　取铜管的方法

（a）挤扁胀口的方法；（b）夹管工具

1—鸭嘴扁錾；2—圆铁芯

坏铜管取出后，如果不及时装新铜管而用堵头堵塞，应用紫铜堵头，以防损坏管板孔。堵塞铜管的根数不得超过铜管总数的 5%～10%。

当铜管需全部更换时，可用风铲将管子由设备的内部隔板处铲断，再用平头冲从两端隔板上冲出管头。

2）胀管。胀管是检修工作经常遇到的工艺，胀铜管所采用的胀管器结构如图5-21所示。具体胀管工艺如下：

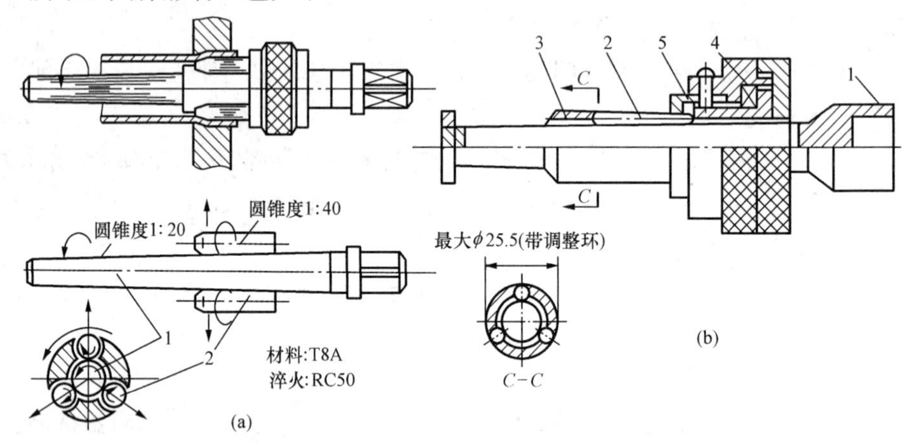

图5-21 胀管器结构

（a）斜柱式；（b）前进式

1—胀杆；2—滚柱（胀珠）；3—保持架；4—外壳；5—调整环

a）如图5-22（a）所示，将铜管穿入管板孔内，管端面露出管板外的长度控制在2mm左右。

b）如图5-22（a）所示，将胀管器插入铜管内，插入深度以滚柱的前端不超

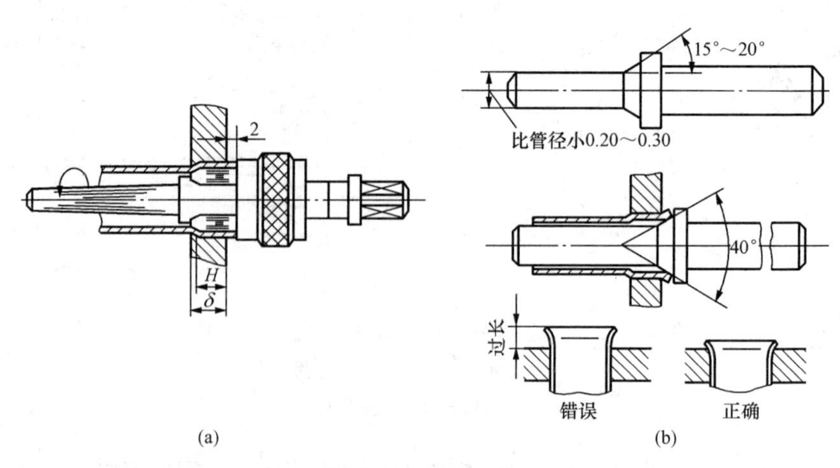

图5-22 胀管工艺

（a）管端露出值及胀接深度；（b）翻边工具及翻边要求

出管板的厚度为限，即胀接的深度不能超出管板厚，但也不允许过小，其胀接深度 H 一般以管板厚度 δ 的 85%左右为宜，胀接的过渡段应在管孔内。

c）放好胀管器后，将胀杆推紧，使滚柱紧紧地挤住铜管的内壁；用专用扳手沿顺时针方向转动胀杆，当管子胀大并与管孔壁接触后管子不再活动，再把胀杆转 2～3 圈，即完成胀接工作。

d）如图 5-22（b）所示，管子胀好后，逆转胀杆，退出胀管器；再用翻边工具进行翻边，以增加管端与孔壁的紧力，同时也可减小水流的阻力及水流对管端的冲刷；翻边的锥度为 30°～40°，翻边后管子的折弯部位应稍入管孔。

换管与胀管应尽量使用电动或风动工具。电动胀管的效率比手工操作的高近 10 倍，并可自动控制胀管紧度及能自动翻边。

胀接工作结束后，即可进行水压试验，要求胀口无渗漏现象。若有渗漏，则应查明渗漏原因，如属胀紧程度不够，允许进行补胀一次。

（3）胀管可能产生的缺陷及原因。

1）胀口管壁出现层皮和剥落的薄片或裂纹，原因可能是铜管退火不够或翻边角度过大。另外，胀管的时间过长也会出现层皮。

2）胀不牢，可能是胀管时间过短、胀管器偏小或管孔不圆。

3）过胀，特征是管子的胀紧部位有明显的圈槽，原因可能是胀管器插入过深、胀杆的锥度过大、胀的时间过长。

（4）胀接的胀度。

1）胀接的胀度计算。管子胀紧后，其胀紧的程度称为胀度，通常是以管子胀后管壁减薄的程度来衡量胀紧程度的。胀度（或称胀管率）的计算公式为

$$H=\frac{(d_2-d_1)-(D_2-D_1)}{D_2}\times 100\% \tag{5-4}$$

式中 H——胀度；

D_1——管子胀前外径，mm；

D_2——管板孔直径，mm；

d_1——管子胀前内径，mm；

d_2——管子胀后内径，mm。

胀度的标准可采用表 5-9 推荐的数据。

表 5-9　胀度标准（推荐值）

管壁厚/管外径	0.05	0.08	0.12
推荐胀度 H（%）	0.7～1.20	1.0～2.0	1.8～3.0

【例 5-1】 铜管外径为 22mm、内径为 18mm、壁厚为 2mm，管板孔直径为 22.3mm，管壁厚/管外径＝2/22＝0.09，胀度取 1.5%。试求管子胀后内径 d_2。

【解】 代入式（5-4）得

$$0.015=\frac{(d_2-18)-(22.3-22)}{22.3}$$

则

$$d_2=18.635\ (\text{mm})$$

铜管胀后的实际壁厚为

$$\frac{22.3-18.635}{2}=1.83\ (\text{mm})$$

管子的减薄率为

$$\frac{2-1.83}{2}\times 100\%=8.5\%$$

2）胀杆的锥度与胀管器直径扩大值的关系。胀接时，可根据胀杆的锥度与胀管器直径扩大值的关系，计算出胀杆需要前进的深度，以此来控制胀度。

【例 5-2】 以［例 5-1］为例，设胀杆锥度为 1/40，求达到要求的胀度时胀杆前进值。

【解】 锥度 1/40，即胀杆每前进 1mm，胀管器直径扩大值为

$$1/40=0.025\ (\text{mm})$$

铜管的内径胀前与胀后的直径差为

$$18.635-18=0.635\ (\text{mm})$$

则胀杆的前进值为

$$0.635/0.025=25.4\ (\text{mm})$$

2. 铜管的弯制与连接

（1）铜管的弯制方法。

1）用模具弯制。弯管时，铜管可不退火，不用充填物，与冷弯钢管的方法相同，其模具的设计取决于需弯制的形状。弯制圆弧时，可参照图 5-15 进行。若为黄铜管，且弯制半径又很小，为防止弯管时铜管破裂，应进行退火处理。

2）用弹簧弯制。如图 5-23 所示，将弹簧放入铜管内需要弯制的部位，以限制管子弯曲时的挤压变形。弹簧的长度应超过弯曲段的弧长，弹簧的外径应略小于铜管内径，管子的弯曲部位需退火。

弹簧安放的方法：将弹簧按卷紧的方向拧入管内，边卷边向管内推进，直至弯曲部位为止。弯管时，可将铜管紧靠在与弯曲半径相同的圆柱体上进行。

弹簧的钢丝直径不宜过细，过细起不到定型的作用。

3）充填弯制。

a）先将铜管退火；

b）然后把熔化后的充填物（树脂、沥青）灌入铜管内；

c）待充填物冷凝后，再将铜管靠在模具上进行弯曲；

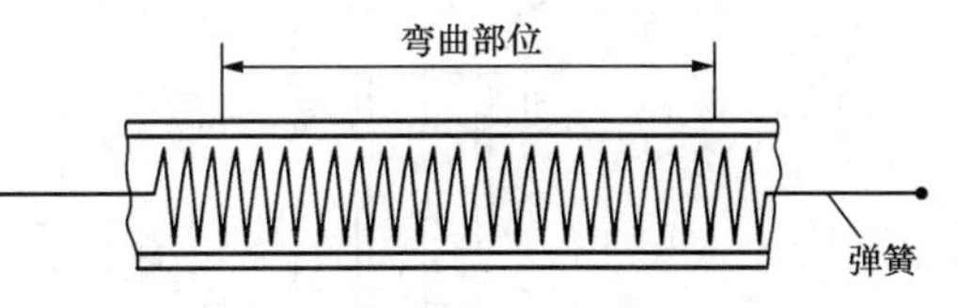

图 5-23 弹簧的放置位置

d）充填物也可用细砂，但弯制后必须将铜管内的砂全部清除干净；

e）对于弯制后要求有较好刚性的铜管，最好采取不退火弯制，因退火后材质变软，极易变形。

（2）铜管的密封连接。铜管与设备（或管子）的连接方法，常采用以下几种方法：

1）用密封圈进行挤压密封连接，如图 5-24（a）所示。这种连接方法适用于液压不太大的管道，其优点是使用方便，不损伤铜管。

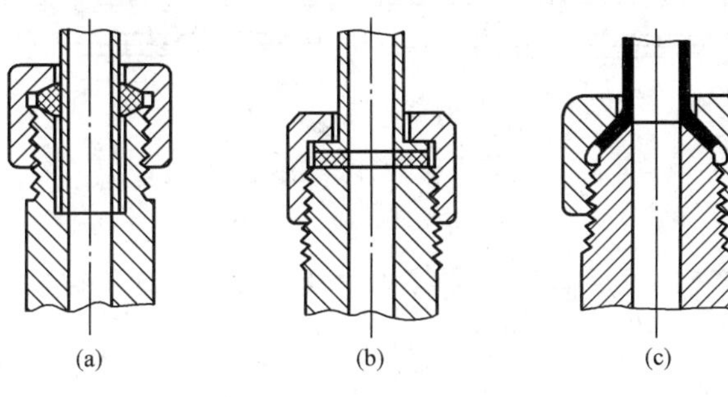

图 5-24 铜管的密封连接

2）平头加密封垫连接，如图 5-24（b）所示。该法密封性能好，但制作平头工艺要求较严。

3）锥形接头连接，如图 5-24（c）所示。该法密封简便易行，但铜锥头极易损伤。

铜管的扩口方法，如图 5-25 所示。扩口前，铜管头需进行退火处理。

工步（一）：将铜管用半圆卡具固定在台虎钳上，铜管露出的长度 h 要与接头件相匹配。

工步（二）：用 90°圆锥冲进行扩口，形成锥形接头，即可用于图 5-24（c）所示的锥形接头连接。

工步（三）：用定心平头冲进行翻边，形成平头接头。

为了保证接头牢固、可靠，一些重要的铜管（包括钢管、不锈钢管）接头，多采用焊接上一个车制的强度高的连接头，用来替代直接在管端制作接头的工艺。

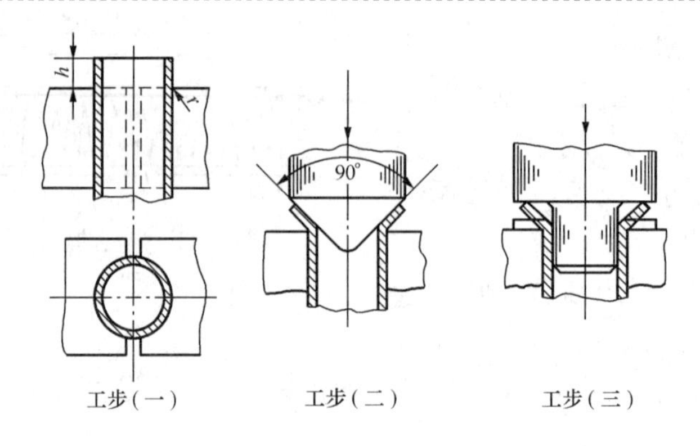

图 5-25　铜管的扩口方法

(3) 铜管的焊接连接。铜管的接头应尽量避免直接对接，应采用如图 5-26 所示的连接方法。重要的焊口要用银焊或铜焊；低压、无振动的铜管允许采用锡焊。

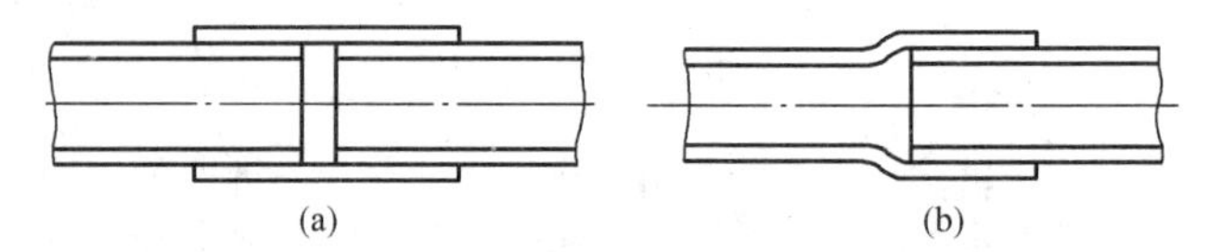

图 5-26　铜管焊接接头
(a) 套管式；(b) 承插式

接头无论是套管式或承插式，其管孔与管头的配合均不许松动，否则将影响接头施焊后的强度。

科 目 小 结

本科目主要针对调速器Ⅱ级检修人员在设备更换过程中所应具备的业务素质与专业技能。本科目从设备安装规范、拆除旧设备、新设备安装改造、设备调试及验收几方面分别介绍了水轮机调速器、油压装置、压缩空气系统、接力器、漏油装置、过速限制装置的改造施工工艺。同时，还详细讲解了管路配置及检验的一般工艺。本科目可供水电厂相关专业人员参考。

作 业 练 习

1. 简述旧调速器拆除基本工作流程。
2. 简述调速器首次充油操作方法。
3. 充水后调速器的主要试验项目有哪些？
4. 对油泵电动机试运转有哪些要求？

5. 压油泵及阀组更换所需安全措施有哪些？
6. 油压装置调试项目有哪些？
7. 空气压缩机在选型购置时必须考虑哪些因素？
8. 简述无基础空气压缩机的安装步骤。
9. 地脚螺栓与基础的连接方式有几种？画出相应示意图。
10. 空气压缩机管路一般有哪几种？
11. 简述空气压缩机空载试运行的步骤。
12. 简述摇摆式接力器的整体安装步骤。
13. 简述漏油装置的拆除过程。
14. 简述漏油装置的安装过程及检修工艺。
15. 为保证法兰在运行中不泄漏，组装法兰时应注意哪些事项？
16. 为何法兰的密封垫宜薄不宜厚？
17. 叙述管子套丝的方法及注意事项。
18. 油任的作用是什么？
19. 法兰密封垫料应满足哪些条件？
20. 管子弯曲成型后，为何一定要多弯些（即有一定的过弯量）？
21. 在弯有缝管时，为何要将管缝置于中性层？
22. 叙述在弯管过程中管弯处出现扁形或管壁破裂的原因（包括热弯与冷弯）。
23. 铜管的退火工艺及碳钢的退火工艺有何区别？
24. 在检修高温高压管道时，应特别注意哪些事项？
25. 简述管道法兰产生变形的原因。
26. 简述管子的胀接原理。
27. 分析管子的胀度过大或过小的不利之处。
28. 简述胀管器的工作原理。
29. 为什么胀接的深度不能超出管板厚度（即胀接的过渡段应在管孔内）？
30. 管子胀好后为什么要进行翻边处理及对翻边的工艺要求有哪些？
31. 胀管器胀杆锥度为1/25，胀杆前进15mm，求胀管器直径扩大值是多少？

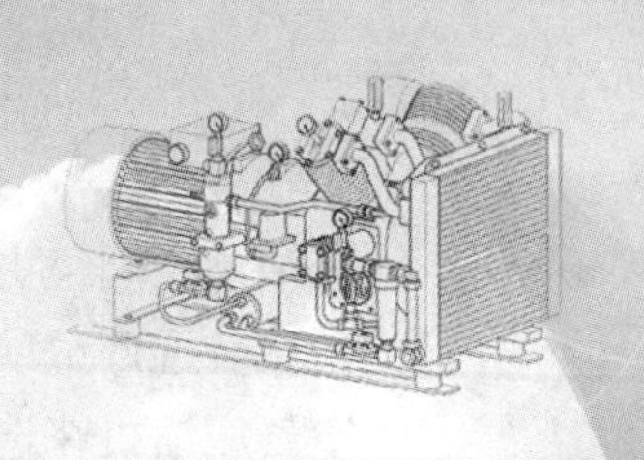

科目六

设 备 检 修

<table>
<tr><td>科目名称</td><td colspan="2">设备检修</td><td>类别</td><td>专业技能</td></tr>
<tr><td>培训方式</td><td>实践性/脱产培训</td><td>培训学时</td><td colspan="2">实践性 240 学时/脱产培训 80 学时</td></tr>
<tr><td>培训目标</td><td colspan="4">掌握设备检修的工艺及质量标准</td></tr>
<tr><td>培训内容</td><td colspan="4">模块一　水轮机调速器机械液压系统检修
一、调速器检修安全、技术措施
二、调速器检修通用注意事项
三、调速器机械液压系统检修项目
四、调整试验
模块二　油压装置检修
一、油压装置检修安全、技术措施
二、油压装置检修注意事项
三、油压装置检修项目
四、调整试验
模块三　压缩空气系统检修
一、空气压缩机检修安全、技术措施
二、空气压缩机检修注意事项
三、空气压缩机检修项目
四、试运行
模块四　接力器及漏油装置检修
一、接力器检修安全、技术措施
二、接力器大修时通用注意事项
三、接力器检修项目
四、漏油装置检修项目
模块五　过速限制装置检修
一、过速限制装置检修安全、技术措施
二、过速限制装置检修注意事项
三、过速限制装置检修项目
四、调整试验
模块六　常用检修量具的使用
一、水平仪及使用
二、游标卡尺及使用
三、万能角度尺及使用
四、千分尺及使用
五、百分表及使用
六、塞尺及使用
七、量具保养及使用注意事项</td></tr>
<tr><td>场地，主要设施、设备和工器具、材料</td><td colspan="4">水轮机调速器、油压装置、空气压缩机、接力器、漏油装置、弯管器、带丝、轧管器、管钳、割规、垫冲、套筒扳手、常用扳手、常用起子、内六角扳手、手锤、铜棒、钢板尺、画规、水平仪、游标卡尺、千分尺、毛刷、密封垫、清洗材料、螺栓等</td></tr>
<tr><td>安全事项、防护措施</td><td colspan="4">工作前交代安全注意事项，加强监护，正确佩戴安全帽，穿工作服，执行电力安全工作规程及有关规定</td></tr>
<tr><td>考核方式</td><td colspan="4">笔试：60min
操作：120min
完成工作后，针对评分标准进行考核</td></tr>
</table>

模块一 水轮机调速器机械液压系统检修

一、调速器检修安全、技术措施

1. 一般安全、技术要求

(1) 根据设备所存在的缺陷及问题，制定检修项目及检修技术方案。

(2) 根据实际情况和检修工期，拟定检修进度网络图及安全措施。

(3) 熟悉设备、图纸，明确检修任务、检修工艺及质量标准。

(4) 检修工作前，对工作人员进行相关的技术交底和安全教育。

(5) 设专人负责现场记录、技术总结、检修配件测绘等工作。

(6) 根据检修内容，备全检修工具，提出备品备件、工具、材料计划。

(7) 对检修设备完成检修前试验。

(8) 实行三级验收制度，填写验收记录，验收人员签名。

(9) 试运行期间，检修和验收人员应共同检查设备的技术状况和运行情况。

(10) 设备检修后，应及时整理检修技术资料，编写检修总结报告。

(11) 设置检修标准化作业牌，并放置作业指导书（卡）及安全措施。

2. 对调速器需做的安全措施

(1) 停机。

(2) 关主阀（快速闸门）。

(3) 导叶接力器锁锭装置投入。

(4) 全关调速器总油源阀。

(5) 油压装置油泵选择把手放“切”位置。

(6) 拉开油压装置油泵电动机动力电源刀闸。

(7) 油压装置排压、排油。

二、调速器检修通用注意事项

(1) 大修前，必须全面了解设备结构，熟悉有关图纸、资料，并制定相应的安全措施。

(2) 大修前，设备试验项目应齐全。

(3) 试验时，应有专门技术人员协调、监护。

(4) 在调速器周围设置围栏并挂标示牌。

(5) 检修现场应经常保持清洁，并有足够的照明；汽油等易燃易爆物品使用完毕后应放置在指定地点；清扫用的油布及泡沫应放在铁箱内，及时销毁。

(6) 在拆卸零部件的过程中，应随时进行检查，发现异常和缺陷，应做好测

绘，能处理的缺陷要认真处理；较严重的缺陷若不能处理，要更换相应部件。

（7）部件拆前应做好相应记号，并按要求测定，记录有关技术数据，相同部件存放时，要分开存放，以防错乱。

（8）组装时，活塞等滑动部件应涂透平油，组装正确，动作灵活，做好密封防止渗漏。

（9）检修前后导叶处有人作业时，调速器必须做好可靠安全措施。试验动作导叶时，一定要设专人监护，确保导叶及水车室无人作业。

（10）检修过程中需动有关运行设备时，应与运行人员联系好，做好安全措施后方可进行工作。

三、调速器机械液压系统检修项目

1. KZT-150 型调速器机械液压随动系统检修

（1）HDY-S 型环喷式电液转换器检修。先将电液转换器所有外接线拆除，检修时参见图 6-1 和图 6-2，拆掉电液转换器与集成块的连接螺栓，将电液转换器拆下置于工作台上进行检修，测量复中装置连接螺杆到背母的距离，再拆除弹簧。将阀座与上部组件在旋转套处分开，检查旋转套及轴承应完好，无毛刺，转动灵活。

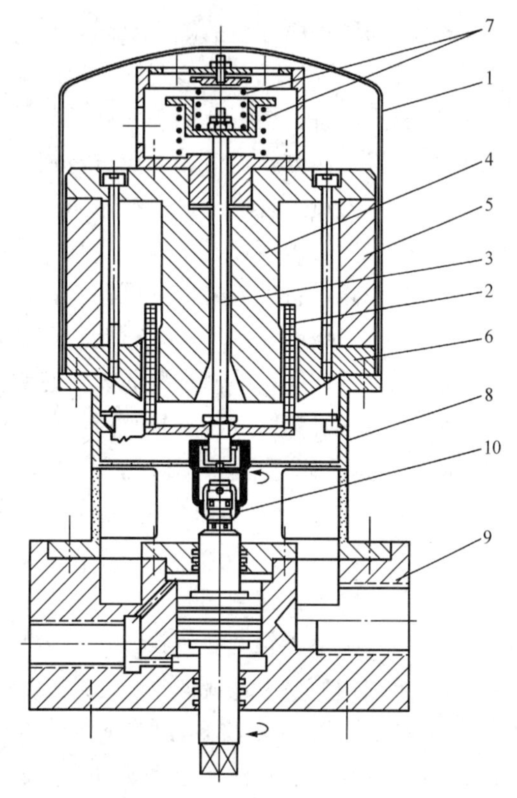

图 6-1　HDY-S 型环喷式电液转换器

1—外罩；2—线圈；3—中心杆；4—铁芯；5—永久磁钢；6—级靴；7—组合弹簧；8—连接座；9—阀座；10—前置级

拆除压盖，抽出活塞，检查活塞应无严重磨损，活塞内部各路油应畅通，两节流孔无堵塞，活塞各部间隙为 0.03～0.06mm，顶部回复弹簧应良好。处理清扫后，组装活塞，动作应灵活，各密封胶圈应重新更换，并按原尺寸回装。通油压后，旋转套应转动灵活，喷油正常，排油畅通。

（2）开度限制及手操机构检修。拆除机械复原钢丝绳，将手操机构整体拆除检修，分解前测量中心柱（压轴 B）距底座的距离。分解大齿轮与中心齿轮螺杆，检

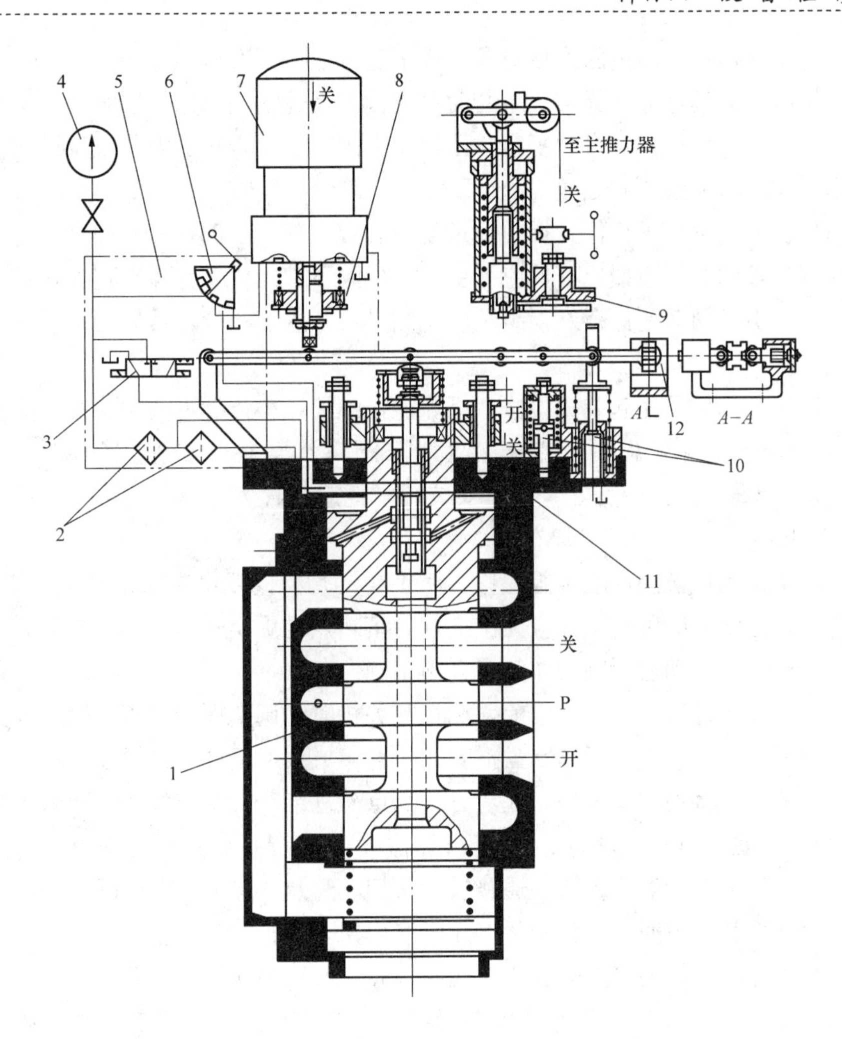

图 6-2 KZT-150 型调速器机械液压系统

1—主配压阀；2—双滤油器；3—紧急停机电磁阀；4—压力表；5—液压集成块；6—手自动切换阀；7—环喷式电液转换器；8—手动复中装置；9—机械开限及手操机构；10—紧急停机及托起装置；11—开关机时间调整螺栓；12—定位器

查齿轮应无破损，弹簧应平直，各部件无磨损，各轴杆与衬套配合间隙不应大于 0.10mm，处理清扫后按要求组装中心部分。通过压轴 A 手动压下中心柱，松开后应灵活复位，不得有卡阻现象，且中心柱在 46mm 行程范围内均动作灵活。安装大齿轮时，要按所测尺寸组装，在全行程范围内手轮转动应灵活、省力，无卡滞现象。整体组装后，在有压状态下进行全行程试验，要求开度刻度指示误差在 3% 以内。

（3）定位器检修。拆除连接螺栓，卸下定位器，分解螺母、轴承，检查活塞、弹簧、轴承、衬套等应无异常。组装时将壳体内及迷宫槽内涂一层黄油，组装后活塞应灵活，手压后靠弹簧自动复归，不得有卡阻现象。定位器安装就位后与横杆的间隙用0.02mm塞尺不得通过。

（4）自动复中装置检修。拆前测量复中装置上部和下部尺寸并记录。拆除平衡杆，检查各轴承有无破损，杆件应无变形。拆除下部组件，弹簧平直，各推力轴承应完好。将引导阀活塞保存好，组装应按测量尺寸进行初调，最后在试验中进行精确调整。

（5）紧急停机及托起装置检修。拆除连接螺栓，整体拆下两端装置，防止碰伤托起活塞。分解两端装置、芯塞、活塞与阀体，导向套与托架间隙均不超过0.10mm，弹簧及组件应良好。整体安装后，托起装置大行程为20mm，紧急停机行程为38mm。

（6）手自动切换阀及电磁阀检修。将手自动切换阀及电磁阀由集成块上拆下，检查各油路通畅，电磁阀组件应无渗漏，各密封点均更换密封胶圈，组装后动作灵活，无渗漏，手自动切换阀动作触点开断正确。

（7）液压集成块检修。检修前，测量开关机时间调整螺母距离。拆除开关机时间调整螺母、螺栓，并将背母圆盘拆除。检查集成块上部件均已拆除，均匀松开内六角连接螺栓，将集成块拆除，注意各密封点勿进杂物。检查各密封圈垫情况，若有异常，则更换3.0mm厚的耐油橡胶石棉板，并将所有O形密封圈更换。集成块清扫后，用压缩空气对集成块各通路进行吹扫，组装并保证主配压阀动作灵活，压下后由底部弹簧自由回复，各密封点无渗漏现象。

（8）引导阀、辅助接力器及主配压阀检修。液压集成块拆除后，装回圆盘，用辅助工具将主配压阀缓慢抽出，受力要均匀，防止碰伤活塞，并将主配压阀放入专用油盆内进行检修。松开引导阀衬套背母，将衬套由另一侧用细长铜棒（直径30mm以内长600mm以上）退出，检查活塞衬套、针杆、活塞、弹簧等组件磨损情况。测量引导阀针杆与衬套、辅助接力器活塞与壳体、主配压阀活塞与壳体的间隙，其值均应在0.03～0.06mm。将各部件毛刺及磨痕用天然油石、金相砂纸进行处理，清扫后用空气吹扫辅助接力器各油路。组装按图6-2所示顺序进行。活塞动作灵活，各密封点无渗油现象。

（9）双滤油器检修。分解双滤油器压帽、二次滤网，检查滤网焊接处应无锈蚀现象，滤网应完整，无破损，清扫后组装，手柄切换机构良好，装配后在正常油压下手柄转动应灵活，且无渗油现象。

（10）调速器主给油、排油管路大修。如遇法兰渗漏及扩大性大修更换调速器或移动调速器基础，则进行此项目。分解管路前将压力油罐、集油槽内的油排净，并搭好作业架；分解时，应先排出管路中油，然后进行拆卸；组装时，要加垫合适，紧固用力均匀，保证不渗漏。

2. BWT 型步进式调速器液压随动系统检修

（1）BWT 型步进式调速器检修工艺要求。

1）双重过滤器滤网完整，切换灵活，安装后压力正常。

2）滤网应在 100 目以上，且完好无堵塞。

3）双重过滤器旋塞应灵活，其配合间隙为 0.04～0.08mm，无漏油，外壳完好。

4）紧急停机装置弹簧应完好无损，并具有足够弹力（20～30kg），以保证引导阀塞、芯塞、电液转换器伸出杆直接连接。

5）引导阀和辅助接力器及引导阀阀塞与电液转换器伸出杆之间的连接应有良好的同心度，不得有倾斜、卡阻和单面摩擦。

6）引导阀与控制套之间的同心度，最大偏心和倾斜应小于 0.05mm。

7）步进式电动机伸出杆与引导阀活塞之间的连接球和弹簧应保证良好的连接，以可靠带动主配压阀。

8）主配压阀与辅助接力器之间应有良好的同心度，不得有倾斜、卡阻和单面摩擦现象，能在壳内自由滑动。

9）主配压阀遮程为 0.30～0.40mm，阀盘棱角应完整，如有碰伤、磨损，应更换新备品。

10）检查主配压阀与辅助接力器不得引起调速器不灵敏区超过 0.2%。

11）位移反馈拉绳式传感器滑动触头在检修后，其滑动触头应对零线。

12）各部螺栓连接牢固，转动部分应灵活，无别劲、渗漏现象。

13）管路拆装与清扫装配后位置正确，不漏油，用压缩空气吹净。

14）机械零位调整，各部动作良好，不漏油。

15）主配压阀中间位置调整，操作主接力器，使开度在 50%处，动作全行程接力器实际位置应与表针位置一致。

16）导叶开度、接力器行程测量，导叶开度应与接力器行程相对应，并绘制关系曲线，误差小于 0.5%。

17）微机调速器安装调试，关机时间及开机时间按要求调整好。

（2）步进式调速器检修项目。步进式调速器检修项目主要包括以下几个方面内容：

1）做停机前的试验记录。

2）钢管排水后，做调速器检修前的模拟试验。

3）将压力油罐与集油槽向油库排回全部用油。

4）做好调速器主要位置测定记录。

5）步进式电动机拆除检查。

6）双过滤器分解清扫。

7）拆卸柜内的连接线、油管路，并做好记号。

8）紧急停机电磁阀拆除、检查。

9）引导阀部分分解检查。

10）主配压阀部分分解检查。

11）各部清扫、检查处理、回装。

12）调速器各机构、部件检修后位置、状态正确性检查。

13）对调速器及油系统阀门与管路各表面进行清扫去锈、涂漆。

14）水轮机导水机构、接力器检修完毕，经水轮机检修负责人同意后，投入漏油泵，并向油压装置集油槽充油。

15）向接力器内无压充油，并排出空气。

16）充压至0.3～0.5MPa，多次动作接力器，并初调主配压阀在中间位置，以便排出管路中的空气。

17）逐次加压至1、1.5、2、2.5MPa检查各管路、各部件的漏油情况。

18）在升压中做导水机构低压动作值试验及调整记录各参数。

19）配合水轮机做导叶间隙、开关测定。

20）做调速器检修后模拟试验、整定各参数并记录。

21）做好开机前准备工作，并清扫工作场地。

22）做甩负荷试验，并做好记录，整定动平衡及有关参数。

3. 比例阀式调速器机械液压系统检修

（1）工艺要求。

1）部件分解前，必须了解结构，熟悉图纸，检查各部件动作是否灵活，并做记录。

2）拆相同部件时，应分两处存放或做好标记，以免记错。对调整好的螺母，不得任意松动。

3）分解部件时，应注意盘根的厚度，盘根垫的质量应良好，外壳上的孔和管口拆开后，应用木塞堵上或用白布包好，以免杂物掉入。拆下的零部件应妥善保管，以防损坏、丢失。

4）零部件应用清洗剂清扫干净，并用干净的白布、绢布擦干。不准用带铁屑

的布或其他脏布擦部件。

5）清洗前，必须将零部件存在的缺陷处理好，刮痕或毛刺部分用细油石或金相砂纸处理好。若手动阀门关不严或止口不平，应用金刚砂或研磨膏在平台上或专用胎具上研磨，质量合格后，方可进行组装。

6）组装时，应将有相对运动的部件涂上干净的透平油。各零部件组装时，其相对位置应正确。活塞动作应灵活、平稳；用扳手对称均匀地紧螺母，用力要适当。

7）组装管路前，应用压缩空气清扫管路，确保管路畅通、无杂物后，方可进行组装。

8）对拧入压力油腔或排油腔的螺栓应做好防渗漏措施。

9）调速系统第一次充油应缓慢进行，充油压力一般不超过额定油压的50%；接力器全行程动作数次，应无异常现象。

10）调速系统排油注意事项。

a）措施准确，即排油回路中的阀门开关正确。

b）与油库人员联系好，排油时应避免跑油。

c）调速系统排油时，应先排回油箱内的油，以避免系统的油排至回油箱时，回油箱的容积不足。

d）调速系统排油时，漏油装置应暂不退出运行，以排净系统管路内的油，需要时再退出运行。

e）压力油罐排油时，在系统排压后，且确认集油箱有足够的容积后，打开压力油罐排油阀，将罐内的油排至集油槽。排油时，可关闭压力油罐排风阀，打开压力油罐给风阀，向压力油罐内充风少许，以加速排油，将罐内的油排净。当听到集油槽内有气流声时，立刻关闭排油阀和风源阀，并打开压力油罐排风阀。

f）管路排油时，有些油管路的油不能排除，当检修需要拆除管路时，应先准备好接油器具，并将管路法兰螺栓松开；待油排净后，拆除管路法兰螺栓，取下管路。

（2）调速器机械液压系统检修。

1）拆卸机械部分时，应由上往下逐步拆卸，首先将主配压阀的位置传感器拆下，要求动作轻，速度慢，不要损坏传感器。然后依次拆下控制阀、控块、开关机时间装置、压板、阀盖，提出主活塞、主衬套；装配时，零部件特别是装配面需用汽油清洗干净，暗油管需用高压空气吹净。各处O形密封圈均不得碰伤和漏装。装配零部件配合面时，应先均匀涂液压油。装配零部件时，宜用紫铜棒或干净木棒轻轻敲打四周，对正，装配应轻巧，不得强行装配。装配阀盖时，一边旋紧阀盖与

阀体的螺栓，一边用手压主配压阀的活塞，检查活塞动作应灵活，不得卡阻。

2）压力油罐排油、排压及集油槽排油措施正确，不跑油及损坏设备，排油彻底。

3）调速器机—电合柜拆装。装配时，应保证柜门与框架严密配合，同时转动灵活。

4）双比例伺服阀的分解、检查。四个工作位切换正常，无磨损，动作灵活可靠。

5）紧急停机电磁阀组的分解、检查。衬套窗口与活塞阀盘边缘不得有划伤或钝伤。回装时，应更换新的O形密封圈，装配后活塞动作灵活、无卡阻现象。通电试验应动作准确可靠。

6）切换阀的分解检查。切换装置清扫干净，油路通畅。应避免杂物掉入切换装置上的油路。回装时，应更换新的、适当的O形密封圈。

7）双精滤油器分解检查。清扫干净、滤网完整；装配后各部无渗漏。

8）主配压阀分解、检查。衬套窗口与活塞阀盘边缘不得有划伤或钝伤。活塞与衬套窗口的遮程为0.10mm，回装后，活塞在无油压情况下，动作灵活、可靠，无卡阻现象。

9）压力表计校验。校验合格，外壳完整无破损；安装后接头无渗漏，方向正确。

10）管路的拆装。管路畅通、无杂物，法兰平整；拆下的各管口应用白布包好；回装后，充油、充压至额定压力应无渗漏。

4. WBST-150-2.5 型调速器机械液压系统检修

（1）调速器检修前，检查导、轮叶全行程开关，导、轮叶开关机时间测量，做调速器静特性试验；无油压时，人为动作主配压阀进行排油。

（2）导、轮叶位移转换装置检修。

1）拆下步进式电动机及传感器电气接线，拆下中位传感器组件，检查传感器外部有无损坏，传感器行程杆有无变形，电气测试应良好。

2）测量步进式位移转换装置与引导阀连接螺母的长度，松开螺母，将步进式位移转换装置与引导阀分离，拆下步进式位移转换装置与基础板的固定螺栓，取下步进式位移转换装置，检查各螺纹有无损伤，万向联轴节转动有无卡阻、死区，加些黄油润滑。

3）拆下步进式电动机与阀壳盖的连接螺栓，取下步进式电动机、联轴器、键及上部弹簧，检查联轴器及键有无损伤、变形，检查弹簧有无锈蚀、偏斜；转动步进式电动机，应转动灵活，无卡阻，电气测试无异常。

4）拆下位移转换装置阀壳与阀壳盖、阀壳与托板的连接螺栓，取下托板、复中弹簧及滚珠丝杆、阀壳盖，检查复中弹簧有无锈蚀、偏斜，弹簧垫有无变形，检查滚珠丝杆转动是否灵活、有无卡阻，检查轴承与轴配合是否良好，应转动灵活，润滑良好。

5）下部滚珠丝杆一般不轻易拆卸。

6）清洗拆下的弹簧、螺栓、轴承、联轴器及阀体等，并用白布擦干，装配前将弹簧、轴承涂上润滑油，防止生锈，保持零件表面清洁，无杂物。

7）步进式位移转换装置装配后，来回旋转手轮，壳内移动套以中位为准上下移动10mm，没有发卡现象，复中灵活。

（3）导、轮叶引导阀、辅助接力器及主配压阀检修。

1）拆下主配压阀拒动开关接线，然后拆下拒动开关，检查接头有无变形。

2）测量并记录导、轮叶关侧限位螺母与限位板的相对位置并拆下限位螺母，检查限位螺母螺纹是否完好。

3）拆下限位板与辅助接力器活塞的固定螺栓，取下限位板（做好位置标记）、引导阀活塞，检查活塞及衬套有无伤痕、毛刺、锈蚀，各棱角有无损伤，否则用油石和金相砂纸处理活塞和衬套的研磨及锈蚀；将活塞与衬套清理干净，用外径千分尺及内径量缸表测量活塞与衬套的间隙，每个配合面对称测量两点，取平均值并记录，如超标或磨损严重，则考虑更换活塞。

4）拆下上盖组件与阀壳的连接螺栓，取下上盖组件及主配压阀活塞，检查辅助接力器上部的密封圈是否完好，否则更换；检查活塞及衬套有无伤痕、毛刺、锈蚀，各棱角有无损伤，否则用油石和金相砂纸处理活塞和衬套的研磨及锈蚀；将活塞与衬套清理干净，用外径千分尺及内径量缸表测量活塞与衬套的间隙，每个配合面对称测量两点，取平均值并记录，如超标或磨损严重，则考虑更换活塞。

5）拆下主配压阀下部限位套与主配压阀活塞的连接螺栓，取下下部限位套、柱塞及弹簧，弹簧无锈蚀、变形，弹性良好。

6）检查拆下的螺栓、背母、管接头应完好，回装时更换密封圈。

7）用汽油清洗拆下的各部件、螺栓，用白布、绢布擦干净，用面团清扫各部件的毛屑及杂质。

8）按拆卸的相反方向进行组装，组装时，按做好的标记组装，活塞及衬套内抹上洁净的透平油，组装后动作灵活，无发卡现象。

（4）刮片式油过滤器检修。

1）检查管接头应完好，回装时更换接头密封圈。

2）打开油过滤器下部丝堵倒净污油，更换密封后拧紧。

3）装好丝堵充压后检查其压差是否符合说明书要求。

（5）紧急停机电磁阀检查。

1）拆下紧急停机电磁阀，检查接头应完好、无损伤，回装时更换接头密封圈。

2）用低压风吹扫油孔，内部应畅通、无阻塞，油路正确。

3）用白布将阀体擦洗干净。

（6）调速柜内部检查。将调速柜内清扫干净，无杂物、杂质、油泥。

四、调整试验

调速器检修后，应对调速器进行调整试验，以综合检验检修质量。检修质量及各项试验结果应符合 GB/T 9652.1—2007《水轮机控制系统技术条件》和 GB/T 9652.2—2007《水轮机试验》的要求。

1. 调速器调整

调速器检修后调整项目一般包括：

（1）开关机时间调整。

（2）主配压阀中间位置调整（机械、自动零位）。

（3）带积分式手操机构的调速器要调整手操机构的零位。

（4）调速器开度指示与接力器开度对应调整。

2. 调速器试验

（1）试验条件。

1）试验准备工作。

a）确定试验的类别及项目，编写试验大纲。

b）制定安全防范措施，注意防止事故配压阀、进水阀门或快速阀门失灵，机组过速保护系统及引水系统异常，触电及其他设备和人身事故。

c）准备好与试验有关的图纸、资料。

d）准备必要的工具、设备、试验电源，校正仪器仪表及传感器等。

e）试验现场应具有良好的照明及通信联络。

2）出厂试验条件。

a）装置（或元件、回路）组装、接线、配管正确，具备充油、充气、通电条件等。

b）检查试验用油的油质、油温、气源、电源及电压波形等，应符合有关技术要求。

3）电站试验条件。

a）装置各部分安装及外部配线、配管正确，具备充油、充气、通电条件。汽轮机油的油质、油清洁度、油温、高压空气、电源及电压波形，应符合有关技术要

求及制造厂的规定。

b）充水试验前，被控机组及其控制回路、励磁装置和有关辅助设备均安装完毕，并完成了规定的试验，具备开机条件。

c）现场清理整洁完毕，调试过程中，不得有其他影响调试工作的施工作业。

4）验收试验一般规定。

a）应对调速器与油压装置进行检查、调整及消除缺陷，以使设备处于正常运行状态。水电厂试验验收前，用户应使机组及其有关设备处于正常状态，并提供电网、引水系统、机组等有关技术数据资料［如机组惯性时间常数 T_a、水流惯性时间常数 T_w和导叶（喷针）及桨叶（折向器）接力器的最低操作油压 p_R等］。

b）试验人员。一般由用户与厂家各派出足够数量合格的试验人员组成试验小组，或由用户委托第三方（费用由用户自理）和厂家人员进行试验；也可双方协商按一定程序委托专家组试验。

c）仲裁方法。双方对验收试验结果有争议时，且经协商无效，可委托行业产品质量监督检测部门进行仲裁，并依据仲裁结果分摊各方应承担的有关费用及责任。

d）试验记录。测试记录应记入原始记录表格，并有观测试验人员签名，允许复写、拍照、复制，不许重抄。

e）试验验收报告应经双方试验负责人签字，还应注明原始记录保存方。双方依据试验结果进行评价，必要时可对试验设备进行调整及消除缺陷，并重复该项试验。

5）试验项目、方法。

a）电气协联函数发生器的调整试验。将协联函数发生器的水头信号调整到待试验的水头值，输入并逐次改变模拟导叶接力器行程的电气量，测出协联函数发生器的输出量，据此绘出该水头下以电气量表示的函数发生器协联曲线。以同样方法绘出几个水头下的转桨式水轮机函数发生器协联曲线，将绘制的函数发生器协联曲线按照给定的理论协联曲线进行校核。

b）操作回路动作试验。在制造厂内或水电厂水轮机蜗壳未充水的条件下，进行如下试验项目：自动开机、手自动切换、增减负荷、自动停机和事故状态模拟试验，试验方法根据水电厂和调速器等设备的实际情况制定。

在水电厂水轮机蜗壳充水的条件下，进行如下试验项目：手动开机、自动开机、手动停机、自动停机和手自动切换试验，试验方法根据水电厂和调速器等设备的实际情况制定。

c）调速器静态特性（包括人工转速死区）及转速死区 i_x和接力器摆动值测定

试验。

试验条件：在制造厂内或水电厂水轮机蜗壳不充水的条件下，$b_p=6\%$，开环增益为整定值。切除人工转速死区，b_t、T_d为最小值或K_D为最小值，K_I为最大值，K_P为中间值，频率给定为额定值。大型调速器试验用接力器容积不小于40L。

试验方法：用稳定的频率信号源输入额定频率信号，以开度给定将导叶接力器调整到50%行程附近。然后升高或降低频率，使接力器全关或全开，调整频率信号值，使之按一个方向逐次升高和降低，在导叶接力器每次变化稳定后，记录该次信号频率值、相应的接力器行程，并用千分表记录接力器的摆动值（仅记录频率升高或降低时接力器相对行程约为20%、50%和80%时3min的摆动值）。分别绘制频率升高和降低的调速器静态特性曲线，每条曲线在接力器行程（5%～95%）范围内，测点不少于12点。如测点有1/4不在曲线上，或1/4测点反向，则此试验无效。两条曲线间的最大区间即转速死区i_x。

静态特性曲线斜率的负数即永态转差系数。

试验连续进行三次，试验结果取其平均值。

人工转速死区试验方法同上，并投入人工死区。置人工死区不同整定值，据此试验结果绘制曲线，求出实测人工转速死区值，并校核其刻度值。

用阶跃频率信号测定转速死区i_x：试验条件相同，输入额定频率信号，用开度给定将接力器开到约20%、80%的行程位置，并在各位置上，于额定转速基础上施加正负阶跃转速偏差信号，逐步增加偏差信号。当接力器开始产生与此信号相应运动时，在该位置施加信号次数应不少于4次（连续正负阶跃各2次），要求接力器运动方向每次均与该信号对应，否则还应继续增大信号幅值，直到求出满足上述要求的最小信号。用记录仪记录阶跃信号、接力器行程等值。两个位置正负阶跃转速偏差信号中最大值即为所求转速死区i_x。

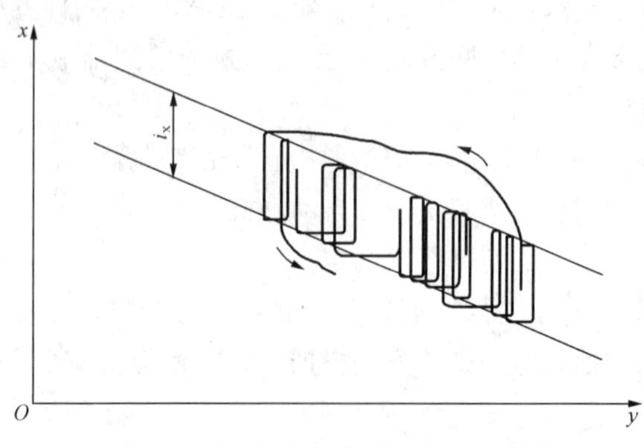

图6-3　用X-Y记录仪测定转速死区图

用X-Y记录仪测定转速死区i_x：如图6-3所示，调速器频率输入接电网频率，用X-Y记录仪自动记录频率信号和接力器位置信号。当频率变化相当慢，调速器能够跟随变化而使迹线图形呈椭圆状平行四边形时，迹线包络线间与频率轴平行的最大迹线长度即为转速死区i_x。频率变化较快，调速系统

跟不上变化时，所记录的迹线部分不用。

d）协联曲线及桨叶随动系统不准确度 i_a 测定试验。在制造厂或水电厂水轮机蜗壳不充水的条件下，置水头信号于设计值，改变输入频率信号或手动调整开度给定值，按一个方向逐次增加和减小电气调节器输出（或中间接力器行程）及导叶接力器行程，待稳定在新平衡位置后，测相应的桨叶随动系统接力器行程，在导叶接力器行程（5%～95%）范围内，测点不少于 12 点。如测点有 1/4 不在曲线上，则此试验无效。

根据上述试验数据，作协联曲线并求取随动系统不准确度 i_a 和实际协联曲线与理论曲线的偏差。试验应连续进行三次，结果取平均值。

试验时，还应校验最大和最小水头下的协联曲线。

e）调速器总油耗量测定。调速器总油耗量测定在制造厂或水电厂水轮机蜗壳不充水的条件下进行。切断油压装置向机组自动化元件等调速器以外的各部件供油管路，油压装置无泄漏，调速器处于额定转速自动方式平衡状态下，根据压力油罐内油位在一定时间内下降高度和压力油罐内径，算出单位时间内的调速器总耗油量。

f）接力器不动时间 T_q 测定试验。在制造厂内，大型调速器试验用接力器直径应不小于 350mm，调速器处于频率控制模式自动方式平衡状态，调节参数位于中间值，开环增益为整定值。打开开度限制机构到全开位置，输入额定频率信号，用开度给定将接力器开到约 50%的位置。在额定频率的基础上，施加 4 倍于转速死区规定值的阶跃频率信号，用自动记录仪记录输入频率信号和接力器位移，确定以频率信号增减瞬间为起点的接力器不动时间 T_q。试验应连续进行三次，结果取平均值。

用匀速变化频率信号测定接力器不动时间，如图 6-4 所示，试验条件同上。输入额定频率信号，用开度给定将接力器开到约 50%的位置。在额定频率的基础上，施加规定的匀速变化的频率信号（对大型调速器为 1Hz/s；对中、小型调速器为 1.5Hz/s），用自动记录仪记录输入频率信号和接力器位移，确定以频率信号增或减（上升或下降 0.02%）为起点的接力器不动时间。试验应连续进行三次，结果取平均值。

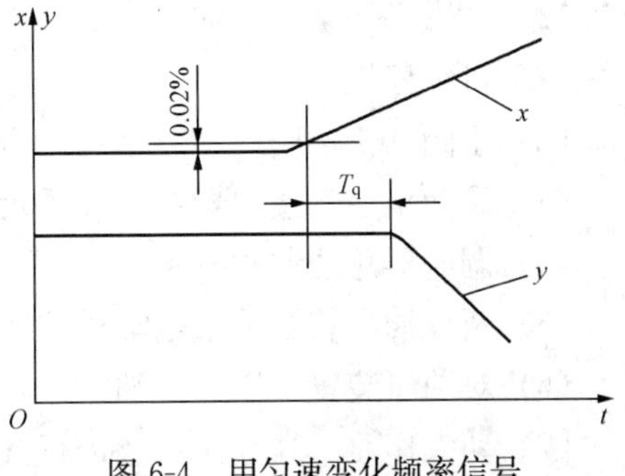

图 6-4 用匀速变化频率信号测定接力器不动时间

在水电厂通过机组甩负荷试验，获得机组甩 25%负荷示波图，从示波图上直接求出自发电机定子电流消失为起始点，或甩 10%～15%负荷，机组转速上升到 0.02%为起始点，到接力器开始运动为止的接力器不动时间 T_q。测试时，应断开

调速器用发电机出口开关辅助触点信号、电流和功率信号。用自动记录仪记录机组转速、接力器行程和发电机定子电流时间分辨率不大于 0.02s/mm，接力器行程分辨率不大于 0.2%/mm。在机组断路器断开前启动记录仪，以证实稳定状态存在，再进入不动时间的测定。

g）空载试验。在手动方式空载工况下，用自动记录仪记录机组 3min（为观察到有大致固定周期的摆动，可延长至 5min）的转速摆动情况，量取有大致固定周期的转速摆动幅值；试验重复进行三次，结果取平均值。

在自动方式空载工况下，对调速系统施加频率阶跃扰动，记录机组转速、接力器行程等的过渡过程，选取转速摆动值和超调量较小、波动次数少、稳定快的一组调节参数，提供空载运行使用。在该组调节参数下，用自动记录仪记录机组 3min（为观察到有大致固定周期的摆动，可延长至 5min）的转速摆动情况，量取有大致固定周期的转速摆动幅值；试验重复进行三次，结果取平均值。

h）甩负荷试验。置空载和负荷调节参数于选定值，调速器处于自动方式平衡状态，依次甩掉 25%、50%、75%和 100%的额定负荷，自动记录机组转速、导叶、桨叶（或喷针、折向器）的接力器行程、蜗壳水压及发电机定子电流等参数的过渡过程。

i）带负荷连续运行 72h 试验。调节系统和装置的全部调整试验及机组所有其他试验完成后，应拆除全部试验接线，使机组所有设备恢复到正常运行状态，全面清理现场，然后进行带负荷连续运行 72h 试验。试验时，应对各有关部位进行巡回监视并做好运行情况的详细记录。

模块二　油 压 装 置 检 修

一、油压装置检修安全、技术措施

1. 一般安全措施

（1）机组停机。

（2）主阀（快速闸门、取水阀）全关。

（3）导叶全关，接力器锁锭装置投入。

（4）调速器总油源阀全关。

（5）断开油压装置油泵电动机控制及动力电源。

（6）对油压装置排压、排油。

（7）动火作业、高空作业及进行其他重要作业，应履行相关审批手续，现场采取必要的安全防范措施。

2. 一般技术措施

(1) 根据该设备所存在的缺陷及问题，制定检修项目及检修技术方案。

(2) 根据实际情况和检修工期，拟定检修进度网络图及安全措施。

(3) 了解设备结构，熟悉有关图纸、资料。明确检修任务、检修工艺及质量标准。

(4) 检修工作前，对工作人员进行相关的技术交底和安全教育。

(5) 设专人负责现场记录、技术总结、检修配件测绘等工作。

(6) 根据检修内容，备全检修工具，提出备品备件、工具、材料计划。

(7) 对检修设备完成检修前的试验。

(8) 实行三级验收制度，填写验收记录，验收人员签名。

(9) 试运行期间，检修和验收人员应共同检查设备的技术状况和运行情况。

(10) 设备检修后，应及时整理检修技术资料，编写检修总结报告。

(11) 设置检修标准化作业牌，并放置作业指导书（卡）及安全措施。

二、油压装置检修注意事项

1. 通用注意事项

(1) 调速器周围设置围栏并挂标示牌。

(2) 施工过程中，工作负责人不应离开现场。

(3) 试验时，应有专门技术人员协调、监护。

(4) 检修现场应经常保持清洁，并有足够的照明；场地清洁、注意防火、准备消防器具；无关人员不得随便进入场地或随便搬动零部件；汽油等易燃易爆物品使用完毕后应放置在指定地点。

(5) 在拆卸零部件的过程中，应随时进行检查，发现异常和缺陷，应做好记录，以便修复或更换配件。

(6) 清扫用的油布及泡沫放在铁箱内，及时销毁。

2. 通用工艺要求

(1) 拆装前应做试验，检查设备的运行状态。

(2) 拆装前基准位置、配合部位应进行标记。

(3) 检修过程中，每一个部位每一个螺栓都要检查到位，清洗干净；同一类型的零部件应放在一起，同一零部件上的螺栓、螺母、销钉、弹簧垫及平垫等，应放在同一布袋或木箱内，并且用卡片登记或做标记。各部件分解、清洗、组合、调整有专人负责。

(4) 对配合间隙应按照标准检查，如有超标，应向上级汇报，以便及时处理。

（5）检修后回装过程中，工作负责人应检查部件安装状况是否良好及动作是否灵活。

（6）对配合尺寸，应进行测量并做好记录；密封垫、密封圈应及时更换。

（7）检修过程中发现缺陷，应做好测绘，能处理的缺陷要认真处理；较严重的缺陷不能处理时，要更换相应部件。

（8）设备及零部件存放应用木方或其他物件垫好，以免损坏零部件的加工面及地面。

（9）拆开的机体，如油槽、轴颈等应用白布盖好或绑好。管路或基础拆除后留的孔洞，应用木塞堵住，重要部位应加封上锁。

（10）所有管道法兰的盘根配制合适。盘根直径很大需要拼接时，可采用燕尾式拼接办法；需要胶粘时，应削接口，粘胶后无扭曲或翘起之处。

（11）所有零部件，除安装接合面、摩擦面、轴表面外，均应进行去锈涂漆。漆料种类颜色按规定要求进行。第二遍漆应在第一遍漆干固以后方可喷刷。

（12）管路及阀门检修必须在无压条件下进行。

（13）检修过程中需动有关运行设备时，应与运行人员联系好，做好安全措施后方可进行工作。

三、油压装置检修项目

1. 设备排压、排油

油压装置大修措施已做，且调速器在手动位置，调速器总油源阀在“关闭”状态。首先将压力油罐内的油排出至最低，关闭排油阀。然后打开排风阀，排压至0.3MPa时将压力油罐内的油全部排出，防止集油槽内大量进风。最后打开排风阀将压力油罐的压力降为零，同时保持排风阀常开。集油槽排油应联系好透平油库管理人员，确保排油入库，排净油后关闭有关阀门。

2. 油泵检修

调速器油压装置一般采用三螺杆油泵。三螺杆油泵是转子式容积泵，主、从动螺杆上的螺旋槽相互啮合加上它们与衬套内表面的配合，在泵的进、出油口间形成数级动密封腔，这些密封腔不断将液体从泵进口轴向移动到出口，使所输液体逐级升压，形成一连续、平稳、轴向移动的压力液体。三螺杆泵在水电厂的应用，一般有立式和卧式两种布置方式，下面分别介绍其检修要点。

（1）立式三螺杆泵检修。图6-5所示为V60-1型立式螺杆泵，其检修分解步骤如下：

拆除电动机接线，并拆除电动机基础螺栓，吊出电动机。拆除油泵基础，断开有关管路，吊出油泵，记录两联轴器安装深度，然后拆除联轴器。将螺旋衬套与外壳固定螺栓拆除，整体抽出螺旋泵，再分解螺旋泵，记录推力瓦记号并拆除，然后拆除衬套接合螺栓，记录副螺旋泵位置，两螺旋泵不得互换，抽出衬套。主螺旋泵的联轴器一般不分解，如遇轴承有问题方可分解，但要将联轴器组装垂直，以防轴承别劲。检查止油盘根应完整，压板表面光滑，轴承完好。测量螺旋泵与对应衬套的间隙，应为0.03～0.08mm，推力瓦间隙应为0.03～0.07mm。螺旋泵有磨损应用天然油石处理，组装时各部件应清扫干净，螺杆应涂上透平油。先将螺旋衬套、螺旋杆、推力瓦进行组装，然后装入泵壳，并检查各部相对位置应正确，最后将螺旋衬套与外壳螺栓紧固。装止油装置时，应将压板、弹簧、止油垫，止油环一起装入，但注意止油垫与止油环不能脱开，最后组装联轴器与电动机，并检查联轴器间隙应在4～6mm。

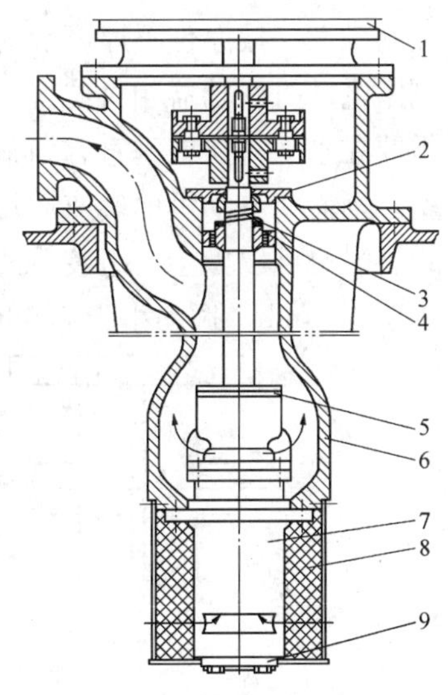

图 6-5 V60-1 型立式螺杆泵

1—电动机；2—压盖；3—弹簧；4—压板；5—联轴器；6—泵壳；7—螺旋泵；8—过滤网；9—推力瓦盖

（2）卧式油泵的检修。图 6-6 所示为 SNH1300 型卧式螺杆泵，下面介绍其检修步骤。

1）油泵电动机的拆除与安装。拆前测定联轴器间隙，记录装配记号。拆出电动机，记录四角加垫位置及厚度，测定联轴器装配深度值，拔出两联轴器检查键和键槽应无损伤，联轴器胶套应完整，联轴器间隙应为1～2mm。组装时，将电动机

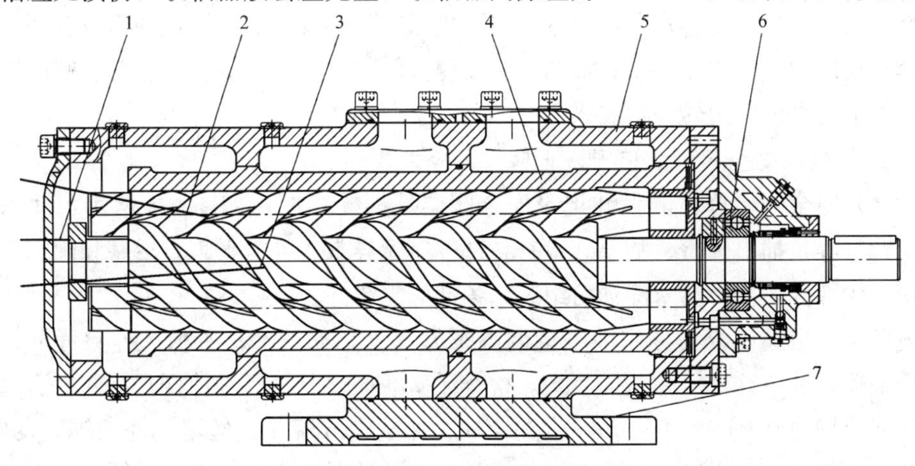

图 6-6 SNH1300 型卧式螺杆泵

1—推力盖；2—副螺杆；3—主螺杆；4、5—泵体；6—轴承

放在基础上，按原位置厚度及安装深度，安装联轴器及基础垫。以油泵联轴器为基准测定电动机联轴器相对位置，如图 6-7 所示，电动机联轴器与油泵联轴器产生错位需要在水平方向或垂直方向整体调整，调整量为错位量的一半。若两联轴器产生倾斜，则需在电动机前端或后端加垫。加垫厚度可根据倾斜和总基础高低来计算选择；有时也可以撤垫，组装后两联轴器靠在一起，测量其间隙应在 0.5～2mm，偏心小于 0.1mm，振动小于 0.03mm，装好后转动灵活，无异声。

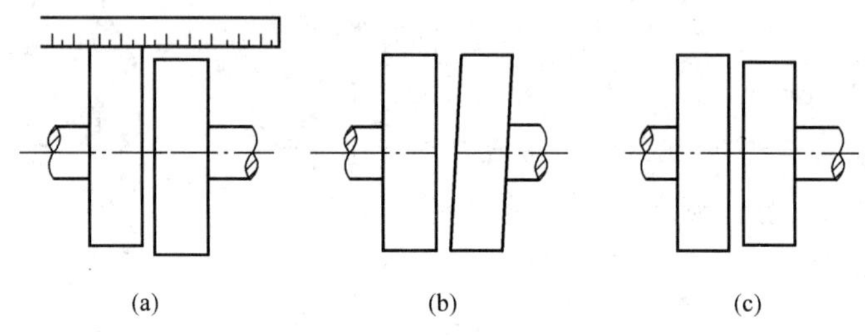

图 6-7　油泵与电动机联轴器偏差分析

2）油泵的拆除与安装。松开后端盖的紧固螺栓，取下端盖，排油；松开联轴器的紧固螺栓，取下泵联轴器及键；松开接油盒的紧固螺栓，取下接油盒；松开轴承座固定螺栓，取下轴承座；松开油泵衬套的固定螺栓，再松开前端盖的紧固螺栓；取下前端盖、主动螺旋、从动螺旋及平衡套，并在从动螺旋和平衡套上打上记号（防止从动螺旋和平衡套掉落磕碰）；用油石和金相砂纸去除螺旋及衬套上的毛刺、伤痕、锈蚀，测量螺旋与衬套配合间隙并做好记录；平衡套及球轴承转动灵活、无卡阻，平衡套无明显伤痕及研磨；检查油泵各进出口、油孔无阻塞；衬套固定螺栓及螺栓孔无变形；各密封垫完好、机械密封完好不漏；用汽油清洗各部件及衬套，再用白布、绢布擦干；油泵回装按照拆前相反的顺序进行，注意各螺杆组装前应涂上透平油，边转动边装入。

3. 阀组（安全阀、放出阀、止回阀）检修

（1）安全阀检修。测量并记录安全阀调整螺栓高度，如图 6-8 所示，拆除上盖、背母等，抽出弹簧、活塞。检查各部件应无异常，弹簧平直，活塞和阀座止口严密。各部件清扫、活塞涂油后组装，各部应无渗漏。

（2）放出阀检修。分解前测量调整螺母高度，如图 6-9 所示，拆除背母，螺母、上盖，抽出针杆、弹簧、活塞。检查活塞磨损情况。测量针杆与活塞、活塞与外壳间隙均在 0.04～0.08mm。检查针杆、弹簧、节流孔，丝堵、外壳等应良好。组装前各部件清扫干净，组装后动作灵活；靠自重活塞可灵活动作，针杆应无卡滞现象，且各密封点密封良好无渗漏现象。

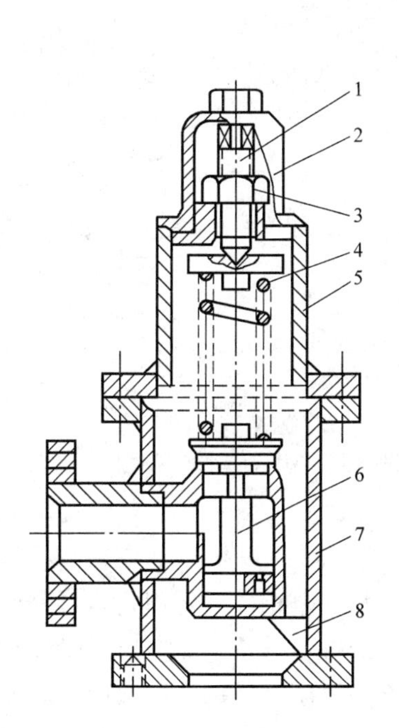

图 6-8 安全阀结构

1—调节螺杆；2—保护罩；3—锁紧螺母；4—弹簧；5—支撑罩；6—活塞；7—外壳；8—支撑板

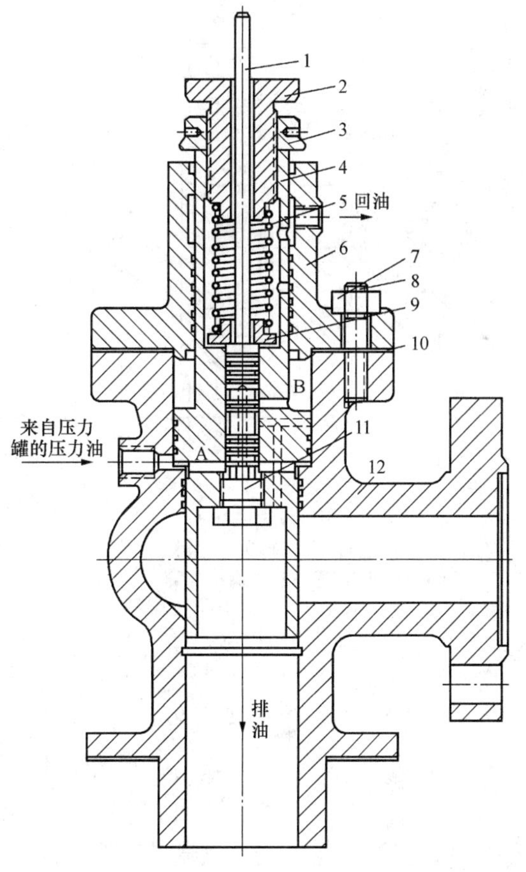

图 6-9 放出阀结构

1—小活塞；2—调节螺栓；3—锁紧螺母；4—大活塞；5—弹簧；6—上盖；7—螺母；8—螺栓；9—弹簧垫；10—垫片；11—螺堵；12—阀体

（3）止回阀检修。如图 6-10 所示，拆除上盖、弹簧、活塞。各部件无异常，阀止口应紧固、严密，止口松动应紧固顶丝，并做好防渗漏措施。组装时，应清扫干净，保证活塞动作灵活。

（4）组合阀检修。如图 6-11 所示，松开卸荷阀阀盖与阀体的紧固螺栓，取下阀盖，取出弹簧及活塞。松开止回阀阀盖与阀体的紧固螺栓，取下阀盖，取出弹簧及活塞。松开安全阀的前端盖紧固螺栓和后端盖丝堵，取出弹簧和活塞。松开安全阀阀体与先导阀阀体的紧固螺栓，取下安全阀阀体。松开先导阀的调整螺母，取出先导阀弹簧。松开先导阀后端盖丝堵和节流塞，推出先导阀活塞。松开先导阀阀体固定螺栓，取下阀体。用油石和金相砂纸对卸荷阀活塞、止回阀活塞、安全阀活塞

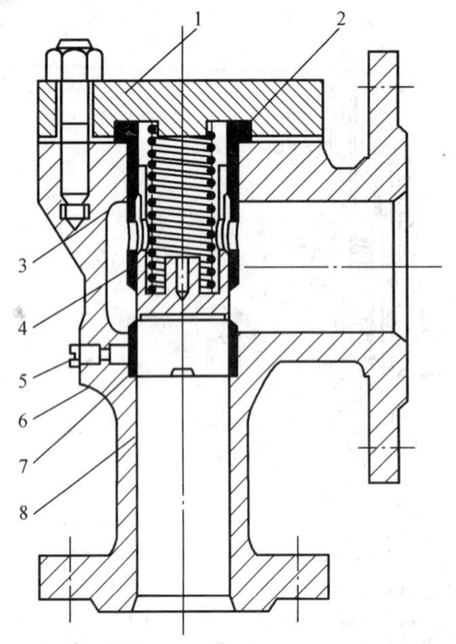

图 6-10 止回阀结构

1—阀盖；2—弹簧；3—活塞；4—导环；
5—螺钉；6—顶丝；7—止口；8—外壳

图 6-11 组合阀工作原理

和先导阀活塞进行处理，以除去研磨和锈蚀。用油石和金相砂纸处理阀体衬套上的研磨和锈蚀。检查阀组各油孔和节流塞是否畅通。检查各弹簧有无变形、弹性是否良好，各密封圈有无磨痕、伤痕、弹性，否则更换。对所有处理完的部件用汽油清扫干净，并用白布擦干。组合阀回装按照拆前相反顺序进行。

4. 手动阀（包括总油源阀）检修

手动阀应检查有无漏油或其他缺陷，如果没有缺陷可以不分解。分解时，先拆除阀体并检查，阀座止口应严密，阀体上连接螺栓应紧固，封垫完整，阀杆密封应完整，阀座止口如有不良应进行修整，各部缺陷处理好，各盘根应完好。若有异常，应更换合适的石墨垫圈（或油麻填料）。用煤油试验应无渗漏。安装时应先装阀座后装弯头，把阀门放“开”位置，放好法兰盘根后，应先将阀座端的所有螺栓拧紧后，再紧弯头侧螺栓。组装过程中要注意安全。

在对油压装置系统的自动化和可靠性要求较高的场合，总油源阀可采用自动油压截止阀，如图 6-12 所示，以便在开停机过程中能方便而又安全地将压力油罐的总油源及时关闭和开启。

ZYJ 型自动油压截止阀的工作原理是：每次机组开机前，首先通过油压装置的开、闭用电磁阀（3DE）向 A 腔供给压力油，将大活塞少量的压下，而主活塞微

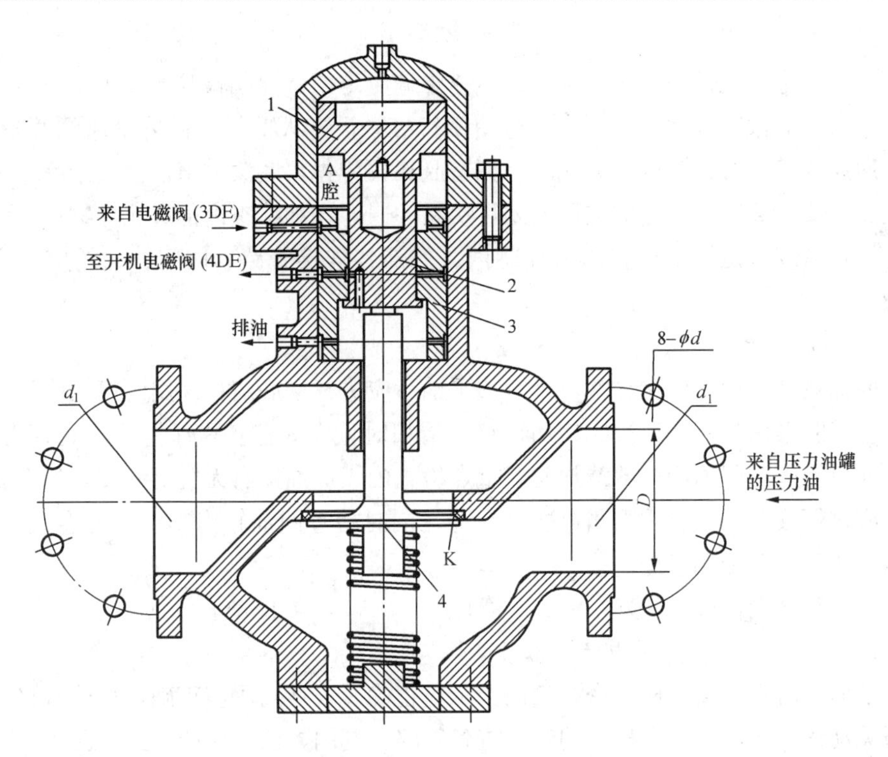

图 6-12　ZYJ 型自动油压截止阀结构

1—上活塞；2—小活塞；3—大活塞；4—主活塞

量下降，于是阀口 K 处开启，则来自压力油罐的压力油源自下而上进入调节系统。当调节系统内基本充满压力油后，小活塞的上下压力差很小，小活塞自动下降，这样除将大活塞全部压下外，还将压力油供至调速器开机电磁阀（4DE），只有此时调速器才具备开机的油源条件，电磁阀（4DE）发出开机信号。首先应将导水机构的锁锭装置拔出。当锁锭装置拔出后，同时有一股压力油自动进入上活塞上腔，并将其压下。这样只要锁锭装置一拔出，自动油压截止阀就不会由于电磁阀（3DE）的误动作或其他原因而关闭总油源。

自动油压截止阀的关闭，只有在锁锭装置投入后，电磁阀（3DE）令 A 腔排油，大活塞上移，在下腔油压及弹簧的联合作用下上抬，顺序关闭、阻止压力油罐内的压力油源外供。

ZYJ 型自动油压截止阀的检修要点是：检查上活塞、小活塞、大活塞、主活塞磨损情况，应无严重磨损及锈蚀现象；检查各油孔；检查弹簧是否平直，工作是否正常；主活塞全关闭时阀门止口应严密无泄漏。ZYJ 型自动油压截止阀检修后应保证各活塞动作灵活，投运前做模拟动作试验。

5. 压力油罐检修

压力油罐外观检查应无异常，各纵横焊缝应定期做探伤检验。用酒精或汽油清扫罐内时，应戴防毒面具，并按规定使用行灯，设专人监护，保持给风阀开少许，保证通风良好。检查罐内有无脱漆。如有脱漆，应先将底漆去掉，清扫干净后再均匀地涂上漆。关闭人孔盖前应用面团再次粘一遍，详细检查内部有无异物。人孔盖组合螺栓紧度应足够。检查压力油罐内、外部各连接管路、阀门、法兰应严密无渗漏。

6. 回油箱检修

回油箱外观检查应无异常，排净透平油后应进行彻底清扫。用酒精或汽油清扫时，应戴防毒面具，并按规定使用行灯。清扫时设专人监护，保持给风阀开少许，保证通风良好。回油箱内部清扫时，重点检查内表面油漆有无脱落起皮，如有脱落起皮应进行处理。最后用面团再次粘一遍，同时检查回油箱内、外部各连接管路、阀门、法兰应严密无渗漏。

回油箱滤网检查应完好，清扫干净。

7. 油面计、表计、压力开关检修

油面计检查，浮筒应严密，油面指示应正确。表计指示应正确，校验合格。压力开关动作正确，校验合格。同时检查各管路、阀门、法兰应严密无渗漏。

8. 自动补气装置（或充、排风阀门）检修

手动充、排风阀门分解检查，止口应完整、严密，阀体无缺陷，组装后做密封试验应无泄漏。

如图 6-13 所示为空气止回阀，它的作用是停止供气时防止压力油罐中的空气倒流，同时在压力油罐中空气太多时承担放气任务。检修时应分解检查，止口完整、严密，阀体无缺陷，弹簧平直、无异常。组装后做密封试验应无泄漏。

自动补气装置检修要点有：检查手动阀门阀体无缺陷，做密封试验应无泄漏。自动补气球阀动作应准确，开、闭灵活，补气后关闭严密。止回阀应严密无磨损、锈蚀等缺陷。空气过滤器应进行清扫。

四、调整试验

1. 压力油罐耐压试验

（1）试验目的。检查压力油罐的强度和检修质量。

（2）试验安全注意事项。

1）试验人员远离试验区 3m 以外。

2）排净压力油罐内所有空气，用油耐压，关闭有关阀门。

3）只有在正常压力下才能进入禁区，检查渗漏。

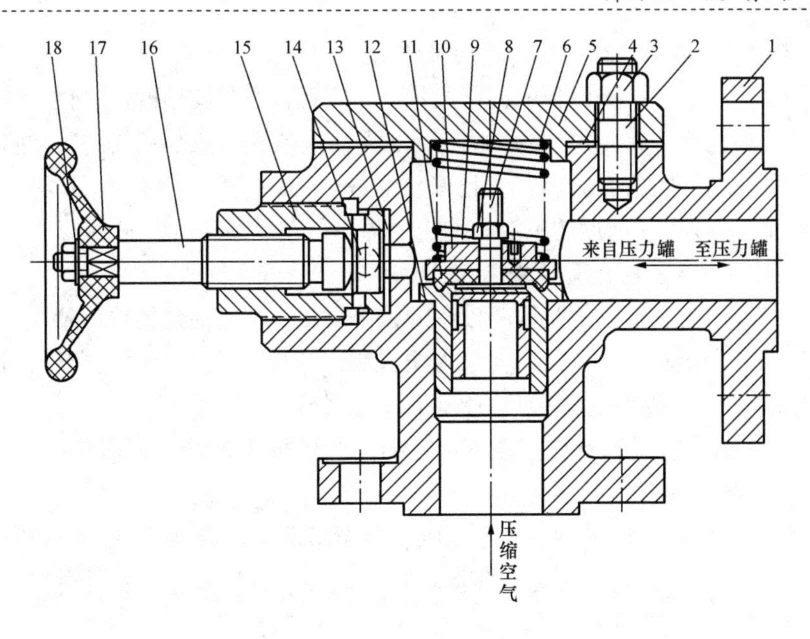

图 6-13 空气止回阀

1—阀体；2—螺栓；3、8—螺母；4、9、11、13、18—垫片；5—阀盖；6—弹簧；
7、14—活塞；10—压盖；12—衬套；15—螺塞；16—螺杆；17—手轮

（3）试验内容与要求。

1）系统充注透平油前，压力油罐、回油箱、调速器、油泵、阀门及管路等，必须全部清洗干净，再将合格的透平油加入回油箱中，加入的油量应能满足耐压试验所需。

2）将压力油罐上部排气孔丝堵拆除，安装空心管接头；将排油管经空心管接头接至集油槽。开启油泵出口阀，启动油泵向压力油罐送油，同时测量油面上升一定高度所需时间，估算压力油罐充满油所需时间。最后缓慢充油，当压力油罐全部充满后停泵。将有关阀门及顶部封堵。用手压泵在合适连接处安装耐压管路。检查无异常后，开始试压。

3）油压升到额定油压后，检查各部有无渗漏现象。若无渗漏，可继续升压至 1.25 倍额定压力并保持 30min。试验时，试验介质温度不得低于 5℃。检查焊缝有无泄漏，压力表读数有无明显下降。如一切正常，再排压至额定值，用 500g 手锤在焊缝两侧 25mm 范围内轻轻敲击，应无渗漏现象。检查无异常后恢复所有设备。

4）在试压过程中，发现有异常则只能在无压状态下处理，需要电焊作业则在无油、无压状态下进行。

2. 油压装置密封性试验及总漏油量测定

（1）试验目的。检查设备的检修质量，检查罐体及各阀门的严密性。

（2）试验内容。将压力油罐压力、油面均保持在正常工作范围内，切除油泵电源及启动开关，关闭所有阀门，并挂好作业牌。30min 后开始记录 8h 内的油压变化、油位下降值及 8h 前后的室温。油压下降不得超过额定压力的 4%。

3. 油泵试运转及输油量检查

（1）试验目的。通过试验检验设备的检修质量，测定油泵的输油量。

（2）泵运转试验。启运前，向泵内注入油，打开进、出口压力调节阀门，安全阀或阀组均应处于关闭状态。泵空载运行 1h，分别在 25%、50%、75%额定油压下各运行 10min，再升至额定油压下运行 1h，应无异常现象。

（3）油泵输油量检查。

1）压力点输油量测定。在额定油压及室温情况下，启动油泵向定量容器中送油（或采用流量计），记下压力点实测输油量 Q_i 或计量容积 V_i 及计量时间 t_i，按式（6-1）算出 Q_i 值，即

$$Q_i = \frac{V_i}{t_i} \tag{6-1}$$

式中 Q_i——压力点实测输油量，L/s；

V_i——压力点实测计量容积，L；

t_i——压力点实测计量时间，s。

测定 3 次，取其平均值。由于压力油罐油面计反应缓慢，每次需压力稳定后再测量。计量时间 t_i 的选定可考虑排除卸荷时间的影响。

2）零压点给定转速油泵输油量测定。试验时，进、出口压力调节阀门全开（进口压力指示不大于 0.03MPa、出口压力指示不大于 0.05MPa，则视为进、出口压力示值为零），按上述方法测定零压点油泵输油量 Q_0。

4. 安全阀调整试验

启动油泵向压力油罐中送油，根据压力油罐上压力表来测定安全阀开启、关闭和全关压力。试验重复进行三次，结果取其平均值。

压力油罐内油压到达工作油压上限时，主、备用油泵停止工作。油压高于工作油压上限 2%以上时，组合阀内安全阀开始排油；当油压高于工作油压上限 10%以前，安全阀应全部开启，并使压力油罐中油压不再升高；当油压低于工作油压下限以前，安全阀应完全关闭。此时，安全阀的泄油量不大于油泵输油量的 1%。

若定值不对，可调整安全阀调整螺杆。向下调整排油压力升高，向上调整则排油压力降低。

5. 卸荷阀试验

调整卸荷阀中节流塞的节流孔径大小，改变减荷时间，要求油泵电动机达到额定转速时，减荷排油孔刚好被堵住，如从观察孔看到油流截止，则整定正确。

6. ZFY 型组合阀调整试验

（1）调整安全阀。通过调整安全先导阀 YV3 的调节螺钉，使主阀 CV1 的油压高于工作油压上限 2%后开始排油，在油压高于工作油压上限 10%之前，应全部开启达到全排油；当压力降到工作油压下限之前全部关闭。调整时按顺时针方向缓慢转动螺钉（压紧调节螺钉），压力逐步达到整定值，再反复试验几次，验证整定压力值无变化后，将调节螺钉用锁紧螺母锁紧并拧上保护罩。压力值整定时应由低向高进行（即由低向高调整），开始整定时的排放压力值最好低于额定压力值的 15%以上。

（2）调整旁通（卸荷）阀。采用电磁阀作先导控制旁通（卸荷）阀的调整方法为：通过水电厂压力电信号装置或传感器的二次回路触点，整定电磁先导阀的动作值，使压力油罐内压力稍高于工作油压上限时，电磁阀带电动作主阀排油，并使压力油罐内油压不再升高；当压力降至工作油压下限时，电磁阀失电使主阀关闭。为防主阀切换速度过快，必要时采取缓冲措施（节流孔塞），当和油压装置控制柜里软启动并联动作减荷启动时，同样使电磁阀相应动作以达到目的。

（3）调整低压启动阀。油泵电动机从静止状态到额定转速，即油泵从启动达到额定油压过程中，通过调整低压启动阀的行程调节的调节螺钉和流量调节的节流塞或可变调整节流针，更换不同的节流孔塞，使减荷时间加长或缩短，还可采用更换压盖上的节流孔塞，使减荷时间在合理的范围内。整定完毕后，需将外部保护罩拧紧，防止出现漏油现象。

以上调整的前提是保证低压启动阀里的活塞在衬套里滑动轻快，没有发卡现象。

（4）单向阀检查。观察油泵停止后，单向阀是否能迅速关闭严密且使油泵不倒转，以防止压力油罐的油倒流。若动作不灵活，应检查阀芯是否有卡阻，控制孔是否堵塞或过小，排除异常后重新试验。

7. 油压装置各油压、油位信号整定值校验

人为控制油泵启动或压力油罐排油、排气，改变油位及油压，记录压力信号器和油位信号器动作值，其动作值与整定值的偏差不得大于规定值。

8. 油压装置自动运行模拟试验

模拟自动运行，用人为排油、排气方式控制油压及油位变化，使压力信号器和油位信号器动作，以控制油泵按各种方式运转并进行自动补气。通过模拟试验，检

查油压装置电气控制回路及油压、油位信号器动作的正确性。不允许采用人为拨动信号器触点的方式进行模拟试验。

【例 6-1】 HYZ-6.0 型油压装置安装后调整。

油压装置的所有零部件在解体安装前必须仔细清洗，然后将所有管路用压缩空气吹净，再按图纸进行组装。组装时，各连接部位必须连接紧密，不允许有任何外部泄漏。清洗时，应注意轻放，不能划伤零部件。

（1）组装时的注意事项。

1）螺杆油泵与电动机由联轴器连接后，用手轻轻转动，要求转动灵活轻便，不准有卡阻现象。

2）螺杆油泵与吸油管的连接紧密，保证密封性良好，不准有任何吸气现象。

3）初次安装或螺杆泵检修后投入运行前，应向泵内注满工作油液后方能投入运行。

（2）安装后的第一次启动。

1）首先向压力油罐中充 1.0MPa 的压缩空气，然后从螺杆油泵到压力油罐的阀门均须打开。

2）用点动方式启动螺杆油泵，检查电动机的旋转方向，应与螺杆油泵上箭头所指方向一致，然后再启动螺杆油泵，向压力油罐中送油，直到压力油罐中油位达到正常油位值。这期间应注意油泵运转是否平稳，有无振动及异常的噪声。然后打开空气阀，向压力油罐中充以压缩空气，使压力升至 1.5MPa，检查油管路及各组件连接处的密封性，应保证不漏油、气。

3）继续向压力油罐内充气，将压力提高到 2.5MPa，持续时间 30min。此时，油位还应维持在正常油位处。进一步观察各连接处的密封性，不得有渗漏现象发生。若无异常现象即可投入运行。

（3）整定压力开关。

1）整定主用油泵启、停压力开关，下限压力值整定为 2.3MPa，工作油泵能自动投入运行；上限压力值整定为 2.5MPa，工作油泵能自动停止。

2）整定备用油泵启、停压力开关，下限压力值整定为 2.1～2.2MPa，备用油泵能自动投入运行；上限压力值整定为 2.5MPa，备用油泵能自动停止。

3）整定高压报警压力开关，压力值整定为 2.8MPa。

4）整定低压报警压力开关，压力值整定为 1.8MPa。

（4）调整安全先导阀。通过调整安全先导阀 YV1 的调节螺钉，使主阀 CV1 在工作油压高于最高工作油压 2%时（2.55MPa）开始排油，高于工作油压 10%之前，应全部关闭。调整时，按顺时针方向缓慢转动螺钉，压力逐步达到整定值，反

复调试几次，整定压力值无变化后，将调节螺钉用螺母锁紧。

（5）调整卸荷阀。通过调整卸荷先导阀 YV2 的调节螺钉，使主阀 CV1 在压力高于工作油压上限 2.5MPa 时开始排油，随即全排，并使压力油罐内油压不再升高。当压力降至最低工作油压 2.3MPa 时，应全部关闭。

（6）单向阀检查。观察油泵停止工作后，单向阀是否能迅速关闭严密，防止压力油罐的油倒流。若动作不灵活，应检查阀芯有否卡阻，控制孔是否堵塞，排除异常后重新试验。

（7）低压启动阀的检查。油泵电动机从静止状态到额定转速时，减荷时间一般为 3～6s。若减荷时间太长，应仔细清洗零部件，保证活塞滑动轻快，没有卡阻现象，或加大阻尼节流孔；若减荷时间太短，应减小节流孔，延缓先导阀 YV3 的动作速度。

（8）调整空气安全阀。空气安全阀应定期校验，在油压装置试验过程中，当油压高于 2.9MPa 时开启，当油压低于 2.3MPa 之前关闭。

（9）压力油罐液位信号计开关的整定。压力油罐液位信号计开关的整定应按相关给定值进行。

模块三 压缩空气系统检修

压缩空气系统检修主要包括空气压缩机的检修，管路、阀门、储气罐、油水分离器的检修，表计附件等的检修。在现场实际工作中，空气压缩机的检修是检修人员对压缩空气系统检修的最主要内容，以下将介绍空气压缩机检修安全、技术要求，并结合典型设备的检修步骤、项目来了解空气压缩机及压缩空气系统其他附件的检修过程。

一、空气压缩机检修安全、技术措施

1. 一般安全措施

（1）机组停机。

（2）断开设备控制及动力电源。

（3）关闭和设备连接的所有油、水、风管路。

（4）排掉管路余压。

（5）动火作业、高空作业及进行其他重要作业，应履行相关审批措施，现场采取必要的安全防范措施。

2. 一般技术措施

（1）根据该设备所存在的缺陷及问题，制定检修项目及检修技术方案。

（2）根据实际情况和检修工期，拟定检修进度网络图及安全措施。

（3）了解设备结构，熟悉有关图纸、资料。明确检修任务、检修工艺及质量标准。

（4）检修工作前，对工作人员进行相关的技术交底和安全教育。

（5）设专人负责现场记录、技术总结、检修配件测绘等工作。

（6）根据检修内容，备全检修工具，提出备品备件、工具、材料计划。

（7）对检修设备完成检修前的试验。

（8）实行三级验收制度，填写验收记录，验收人员签名。

（9）试运行期间，检修和验收人员应共同检查设备的技术状况和运行情况。

（10）设备检修后，应及时整理检修技术资料，编写检修总结报告。

（11）设置检修标准化作业牌，并放置作业指导书（卡）及安全措施。

二、空气压缩机检修注意事项

（1）部件分解前应熟悉图纸，了解结构，分解时应注意各配合位置。

（2）开工作票，工作负责人要向工作组成员交代和系统分开的位置。

（3）拆装时，注意各结构相同部件的位置，应做好记录，分别存放。

（4）拆卸后的部件注意盘根、垫片的厚度，各油孔、接头应随时盖好，防止杂物进入。

（5）拆卸后的部件注意保管，用汽油清扫干净后，应用白布擦干，保证各零件的孔口畅通。

（6）组装时，各连接件的螺母要用标准开口扳子拆装，用力要均匀适当。要求有扭矩的地方一定要使用力矩扳手。

（7）检修中，不得用脚踏压力管路。分解时，要将管路内的压力排尽后方可作业。

（8）修后试运行时要先用手扳动联轴器转动一周，无异常后方可启动试运行；试运行时，空气压缩机出口管路要解开；运转正常，确认无问题时方可连接系统。

（9）检查系统阀门关、开正确后方可带负荷试运行；试运行时，要有人负责指挥，分工明确，出现问题停止试运行。

三、空气压缩机检修项目

1. 一般检修项目

（1）空气压缩机全部解体清洗。

（2）检查气缸或更换气缸套，并做水压试验。未经修理过的气缸使用4～6年后，需试压一次。

（3）检查、更换连杆大小头瓦、主轴瓦，按技术要求刮研和调整间隙。

（4）检查曲轴、十字头与滑道的磨损情况，进行修理或更换。

（5）修理或更换活塞或活塞环；检查活塞杆长度及磨损情况，必要时应更换。

（6）检查全部填料，无法修复时予以更换。

（7）曲轴、连杆、连杆螺栓、活塞杆、十字头销（或活塞销），不论新旧都应做无损探伤检查。

（8）校正各配合部件的中心与水平；检查、调整带轮或飞轮径向或轴向的跳动。

（9）检查、修理气缸水套、各冷却器、油水分离器、缓冲器、储气罐、空气过滤器、管道、阀门等，无法修复者予以更换，直至整件更换，并进行水压与气密性试验。

（10）检修油管、油杯、油泵、注油器、止回阀、油过滤器，更换已损坏的零件和过滤网。

（11）校验或更换全部仪表、安全阀。

（12）检修负荷调节器和油压、油温、水流继电器（或停水断路器）等安全保护装置。

（13）检修全部气阀及调节装置，更换损坏的零部件。

（14）检查传动皮带的磨损情况，必要时全部更换。

（15）检查机身、基础件的状态，并修复缺陷。

（16）大修后的空气压缩机，在装配过程中，应测量下列项目：

1）各级活塞的内外止点间隙。

2）十字头与滑道的径向间隙和接触情况。

3）连杆轴径与大头瓦的径向间隙和接触情况。

4）十字头销与连杆小头瓦的径向间隙和接触情况。

5）填料各处间隙。

6）连杆螺栓的预紧度。

7）活塞杆全行程的跳动。

对不符合技术要求的，应予以修理、调整。

（17）试压和试运行后，防腐涂漆。

（18）吸收新工艺、新技术，以提高设备性能，达到安全、经济运行的目的。

2. 绍尔 WP271L 型空气压缩机分解检修（三级压缩活塞空气压缩机）

（1）检查连接的安全性。检查管道、气缸、曲轴箱所有螺杆、螺母连接的坚固程度。在保养期间发现螺杆、螺母松了，对其紧固。以后运行时间每满 50h 需重新

检查其松紧度。

(2) 换油。大修后必须换油，所有接下来的换油频率是每运行 1000h 换一次，但是至少一年一次。

(3) 清洁空气过滤器。打开支架取出空气过滤器，插进一个新的空气过滤器，然后盖上支架盖子。

(4) 检修阀，如图 6-14～图 6-16 所示。

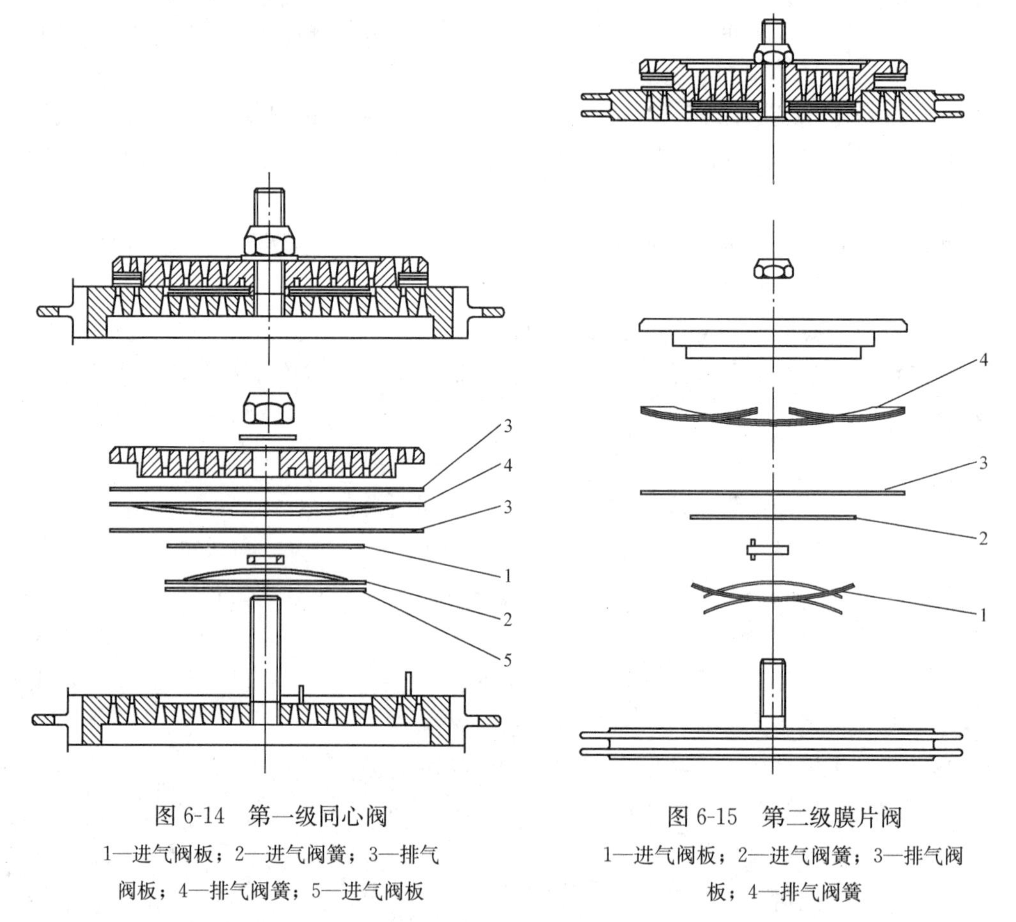

图 6-14　第一级同心阀

1—进气阀板；2—进气阀簧；3—排气阀板；4—排气阀簧；5—进气阀板

图 6-15　第二级膜片阀

1—进气阀板；2—进气阀簧；3—排气阀板；4—排气阀簧

1）阀的拆卸。先松开气缸头部输送压力空气管道上的法兰，松掉气缸头部的螺母，取下气缸，取出阀。

2）第一级同心阀的解体。注意：不应该破坏封条区域，不能用钳子等类似工具夹阀。

检查阀的零件，看阀板和弹簧上是否有损坏或产生碳化物。在清洗阀的零件时，应避免损坏零件，最好是把零件浸泡在汽油里，特别注意检查阀座上的密封圈

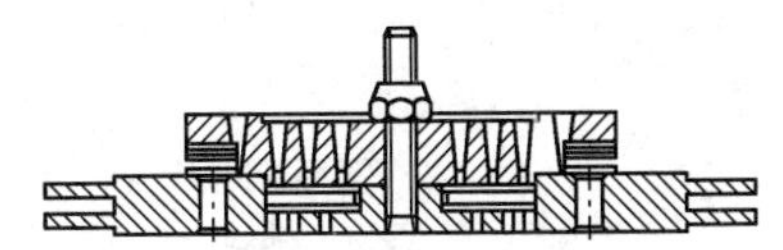

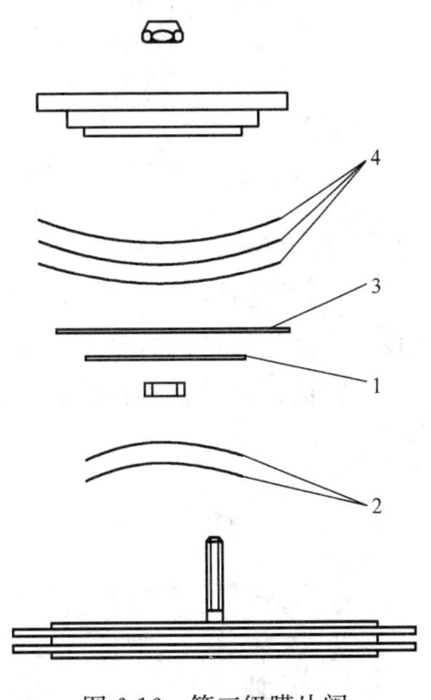

图 6-16 第三级膜片阀
1—进气阀板；2—进气阀簧；
3—排气阀板；4—排气阀簧

和阀片。密封圈上任何细小损伤的修复可通过抛光的化合物打磨的方法来实现。受损的阀件在任何情况下都应该更换。

3）检查第二级、第三级的膜片阀。必须检查阀的碳化和损伤情况。如果膜片碳化严重或受损，则必须换阀。

注意：与普通的弹簧板相比较，膜片阀以其特别长的寿命而著称。由于膜片动作时摩擦很小，因此磨损也很小，从而它们的寿命也跟阀体一样长。由于长期的磨损，阀不得不更换弹簧及其内部零件，这种更新对于膜片阀来说是不必要的。膜片过早破裂的情况非常罕见。万一发生这种情况（例如由于外部物质影响导致膜片破裂），需整体更换。

4）阀的组装。阀解体相反程序就是组装程序，组装阀时要换上新的垫圈、填料。垫圈、填料生产都有小的公差，这是专门为这种装配而设计的，在填料、垫圈上的任何修改都会导致泄漏和空气压缩机重大的损坏。

（5）活塞环的检修。

1）按照阀解体所描述的方法拆下气缸头和阀。

2）松开气缸底部螺母、拆下气缸，在这个过程中严防气缸撞击曲轴箱。

3）拆掉定位圈以后卸下活塞销，然后拆下活塞。

从活塞上拆下活塞环放进气缸，用滑规测量一下活塞环与气缸之间的间隙，如果超过以下测量值，必须更换活塞环。

第一级 1.3mm

第二级 0.75mm

第三级 0.55mm

4）按相反程序装配，安装活塞环时注意方位的正确性，记号 TOP 必须朝上，如图 6-17 所示。

（6）更换活塞销及活塞销轴承。

1）按照活塞环检修所描述的方法拆下活塞。

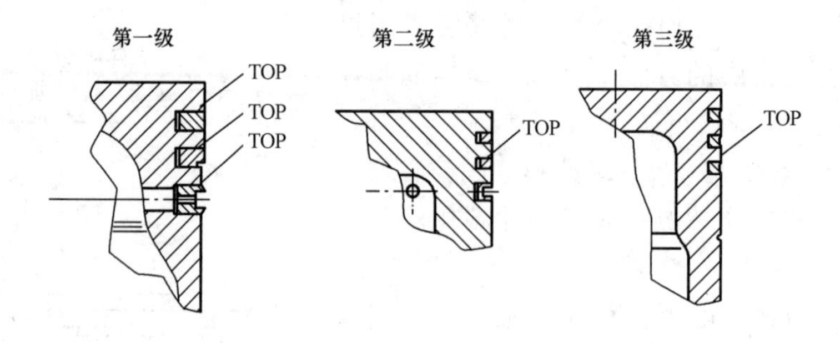

图 6-17　活塞环装配方向

2）打开检查孔盖，拆下连接杆。

3）将活塞销轴承从连接杆的小孔里推出来，换掉轴承和活塞销按相反的顺序组装，注意连接杆的位置正确与否。

（7）活塞与气缸的检修，如图 6-18～图 6-20 所示。

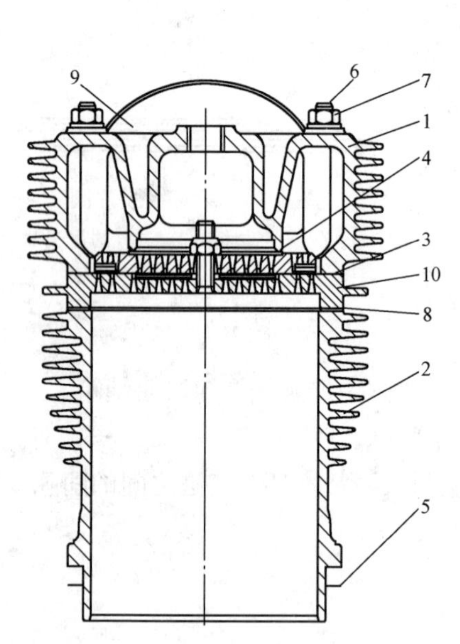

图 6-18　第一级气缸带缸头

1—第一级气缸头；2—第一级气缸；3—第一级缸头密封；4—低误差密封垫；5—第一级缸脚密封；6—柱头螺栓；7—六角螺母；8—垫圈；9—空气过滤器；10—第一级同心阀

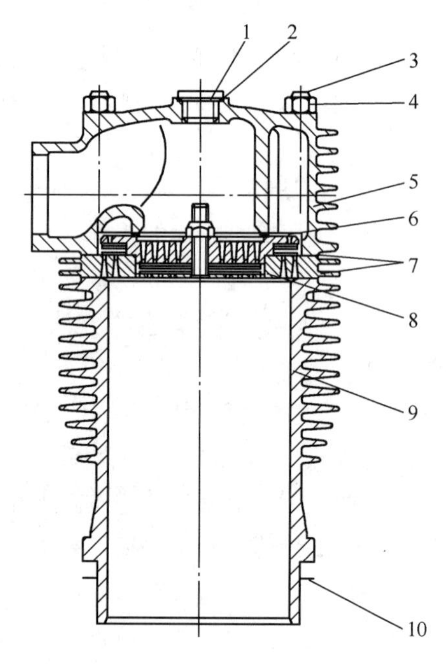

图 6-19　第二级气缸带缸头

1—螺塞；2—密封垫；3—柱头螺栓；4—六角螺母；5—第二级气缸头；6—低误差密封垫；7—第二级缸头密封；8—第二级同心阀；9—第二级气缸；10—第二级缸脚密封

1）如活塞环的检修所描述的那样拆下气缸。

2）检查气缸、活塞是否有划伤，磨损程度是否严重，如果发现划伤、磨损严重，应将其更换。

3）测量气缸，如果超过以下极限值，应更换相应气缸。

级别	气缸直径的磨损极限值
第一级	160.15mm
第二级	88.10mm
第三级	50.10mm（上部）
	88.10mm（导向部分）

4）按相反顺序组装。

（8）弹性联轴器的检修。拆掉曲轴箱上的盖子（这个盖子正对着第三级的分离器）目测一下内部情况。为了拆下联轴器上活动齿轮圈，必须将电动机从法兰上拆下来，检查活动齿轮圈的受损情况。如果需要，更换齿轮圈，按以下程序进行。

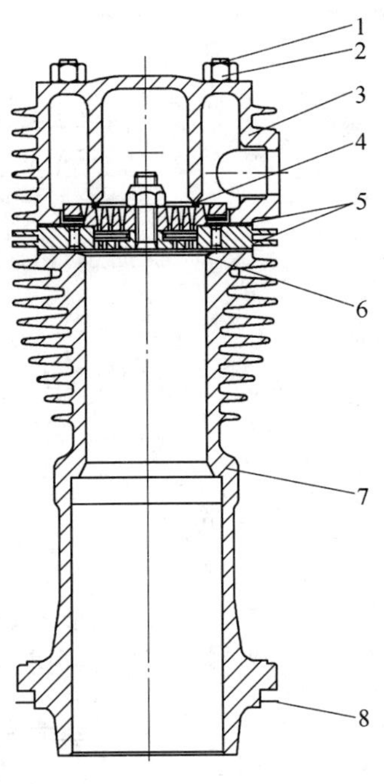

图 6-20　第三级气缸带缸头
1—柱头螺栓；2—六角螺母；3—第三级气缸头；4—低误差密封垫；5—第三级缸头密封；6—第三级同心阀；7—第三级气缸；8—第三级缸脚密封

1）支撑起空气压缩机的离合器以下部分。

2）松开电动机的连接螺母，拆下螺母。

3）用起重吊环小心地提起电动机，将电动机与法兰分离。

4）更换齿轮圈。

3. H565M-WL 型空气压缩机检修（四级压缩，带十字头结构）

H565M-WL 型空气压缩机的下列子总成或零部件能够在不拆卸压缩机的情况下从压缩机上直接拆卸下来：自动同心阀总成、空气冷却器总成、润滑油泵总成、润滑油滤网总成、润滑油安全阀总成、空气安全阀总成、辅助显示和保护装置。

气缸和轴瓦、活塞和连杆总成、曲轴总成则需按一定拆卸程序进行拆卸，直到需要拆卸的零件拆卸完。

（1）一级自动阀和汽缸检修。下面介绍第一级自动输出阀、自动进口阀检修程序，第二～四级同心阀分解、拆装、检修程序与第一级基本相同，不作介绍（各级阀结构如图 6-21～图 6-25 所示）。

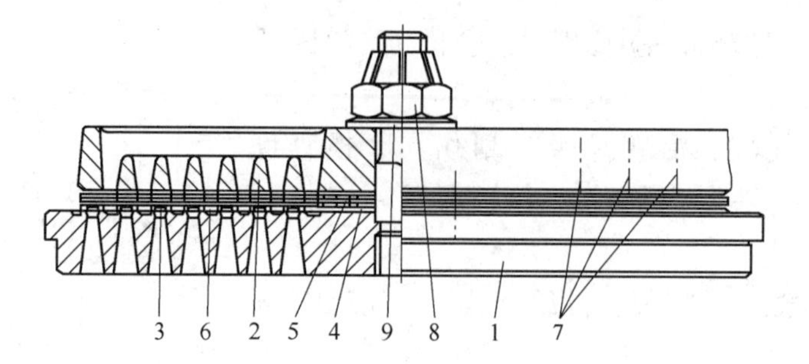

图 6-21　自动输出阀［直径为 400mm 的气缸（一级输出）］

1—防护罩；2—底座总成；3—阀板；4—上提升垫圈；5—下提升垫圈；6—截流板；7—闭合弹簧；8—螺母；9—螺栓

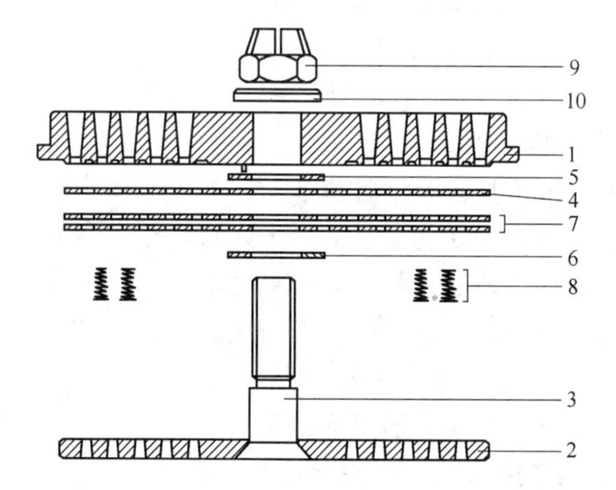

图 6-22　自动进口阀［直径为 400mm 的气缸（一级输入）］

1—底座总成；2—防护罩；3—中心螺栓；4—阀板；5—上提升垫圈；6—下提升垫圈；7—截流板；8—闭合弹簧；9—螺母；10—垫片

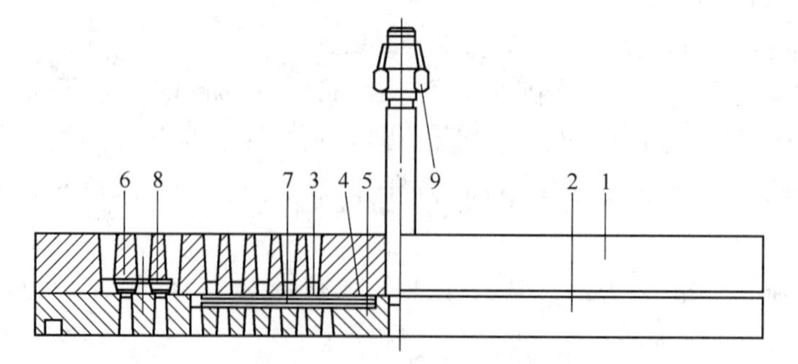

图 6-23　自动同心阀［直径为 240mm 的气缸（第二级）］

1—上气缸体总成；2—下气缸体总成；3—阀板；4—阀板下提升垫圈；5—弹簧板中间提升垫圈；6—阀板；7—弹簧板；8—弹簧板；9—螺母

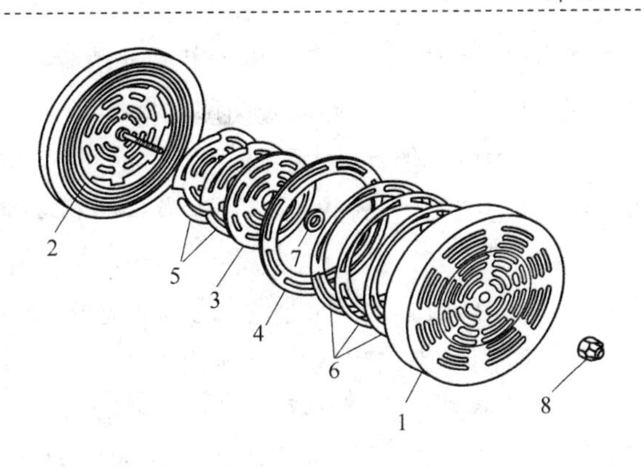

图 6-24 自动同心阀［直径为 140mm 的气缸（第三级）］

1—上气缸体总成；2—下气缸体总成；3、4—阀板；

5—弹簧板；6—波纹弹簧板；7—导向环；8—螺母

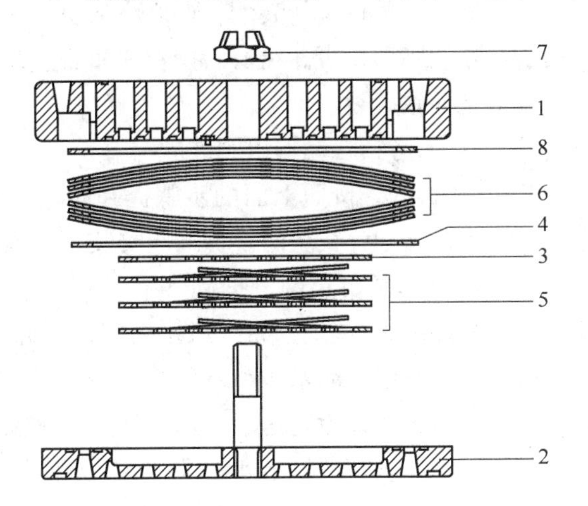

图 6-25 自动同心阀［直径为 85mm 的气缸（第四级）］

1—上气缸体总成；2—下气缸体总成；3—阀板；4—气门环；

5—弹簧板；6—弹簧圈；7—螺母；8—垫环

1）自动输出阀拆卸。从气缸上拆卸输出阀；拧松和拆卸输出阀螺母、垫圈和底座总成；从防护罩上拆卸下阀板、下提升垫圈、两个截流板（风门）、8 个闭合弹簧和上提升垫圈。彻底清洁所有零部件，使用热水和苏打溶液用柔软的刷子清除油脂和积炭。在清洁操作期间必须小心，因为任何刮伤都可能导致阀门泄漏或最终导致破裂。

2）自动输出阀装配。应该仔细观察每个零件，任何有缺陷、磨损或损坏的零件必须进行更换。底座总成和防护罩上的气门环及阀门座可以通过精细的金刚砂膏

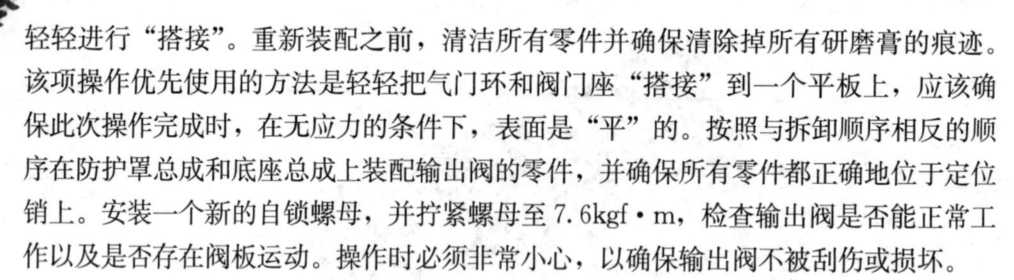

轻轻进行“搭接”。重新装配之前，清洁所有零件并确保清除掉所有研磨膏的痕迹。该项操作优先使用的方法是轻轻把气门环和阀门座“搭接”到一个平板上，应该确保此次操作完成时，在无应力的条件下，表面是“平”的。按照与拆卸顺序相反的顺序在防护罩总成和底座总成上装配输出阀的零件，并确保所有零件都正确地位于定位销上。安装一个新的自锁螺母，并拧紧螺母至7.6kgf·m，检查输出阀是否能正常工作以及是否存在阀板运动。操作时必须非常小心，以确保输出阀不被刮伤或损坏。

注意：不管运行多长时间，当输出阀由于任何原因受到干扰时，必须丢弃O形密封圈；安装的新O形密封圈检查槽和密封表面是否清洁并处于良好状态。

3）自动进口阀拆卸。从气缸上拆卸进口阀。拧松和拆卸进口阀螺母、垫圈和底座总成。从防护罩上拆卸下阀板、下提升垫圈、两个闭合弹簧和上提升垫圈。同时特别注意拆卸每个零件的方法和顺序，以有利于重新装配。应参考阀装配的图解，以确保零件按照正确的顺序进行重新装配。彻底清洁所有零部件，使用热水和苏打溶液用柔软的刷子清除油脂和积炭。在清洁操作期间必须小心，因为任何刮伤都可能导致阀门泄漏或最终导致破裂。

4）自动进口阀装配。可参考“自动输出阀装配”。

5）气缸、轴瓦和活塞的拆卸。按照上面的步骤拆卸阀。断开水管并把冷却水从气缸套管中排出去。拆卸螺栓和弹簧垫圈。拆卸阀安装板。用提升机构的吊环螺栓把气缸提升起来。拆卸螺母和弹簧垫圈。拆卸气缸，注意不要损坏活塞和活塞环。然后手工拆卸与气缸滑动配合的轴瓦和O形密封圈。拆卸有头螺钉和荷载分布环，并从十字头上拆卸活塞。记录活塞和活塞环的安装方向并拆卸活塞环。

彻底清洁所有拆卸下来的零件并检查是否损坏、磨损、腐蚀、产生裂纹或者扭曲，必要时进行更换。受扰动的接头、衬垫和O形密封圈应该进行更换。

6）气缸、轴瓦和活塞的装配。轻轻润滑O形密封圈并安装到轴瓦上。O形密封圈必须拉伸到轴瓦套管上。把轴瓦安装到气缸内径上（使用滑动配合，以使轴瓦能够用手推动）。轴瓦必须位于定位销上。把活塞环插入到气缸轴瓦内径中并检查活塞环间隙是否在规定的误差之内。从轴瓦内径上把活塞环拆卸下来并安装到活塞上。相邻活塞环的环间隙必须离开180°（如果最初的活塞环被重新安装，则它们必须处于拆卸前的同一位置和方向）。转动曲轴，以使十字头的端部处于从曲轴箱开始的最大突出位置。把荷载分布环安装在活塞上并用有头螺钉将活塞固定到十字头上。轻轻润滑曲轴端部的轴瓦内径和倒角。轻轻润滑O形密封圈并把O形密封圈安装到气缸套管上。用提升机构的吊环螺栓把气缸总成提升起来，并把气缸放置到曲轴箱上。安装垫圈和螺母并拧紧螺母至26.8kgf·m。把水管安装到气缸上。轻轻润滑O形密封圈并把O形密封圈安装到轴瓦上。把阀安装板放置到轴瓦上，

并用螺栓和垫圈进行固定，拧紧螺栓至13.0kgf·m。

（2）曲轴箱检修。

1）连杆和十字头的拆卸。记录每个气缸相对于曲轴箱的位置并且拆卸气缸。记录活塞销安装的曲轴箱侧。拆卸螺栓和垫圈并拆卸十字头端板，端板由定位销固定。弯曲舌片垫圈和拆卸螺栓。拆卸连杆的大端盖和大端半轴承。端盖由定位销固定。拆卸十字头和从曲轴箱相反一侧的连杆的小端半部。从连杆上拆卸大端轴承。拆卸十字头外的弹性挡圈和舌片活塞销，以释放连杆。最后拆除小端轴承。

2）主轴承和曲轴的拆卸。拆卸护罩、气缸、活塞、十字头、油箱、油泵和水泵（如果安装）。从曲轴箱上拆卸放油塞、接头和滤网，把润滑油排干净。拆卸把曲轴箱固定到支撑板上的螺栓和垫圈并把曲轴箱总成提升到合适的工作表面。用拉出器从轴上拆卸压缩机半联轴器驱动带轮或飞轮。拆卸轴键，使用提升装置把曲轴箱总成转动到垂直于非驱动端部的表面（不要损坏端表面）。拆卸螺栓，并从曲轴上与油封一起拆卸下轴承支座和主轴承。槽位于曲轴箱杠杆轴承支座表面中。从主轴承上拆卸曲轴。从轴承支座上拆卸O形密封圈、油封和主轴承。最后从曲轴箱上拆卸主轴承。

3）油泵的拆卸。从油箱上拆卸放油塞，把油放干净。从油泵和油箱上拆卸润滑油输出阀和回油阀，断开油管。拆卸螺栓和垫圈，并与接头一起拆卸油泵。

4）油箱的拆卸。从油箱上拆卸放油塞，把油放干净。从油箱上断开曲轴箱通气管和油管、回油管，断开空气和油压力表管。拆卸把油箱固定到曲轴箱上的螺栓和弹簧垫圈，同时拆卸油箱和油压力表板，彻底清洁油箱，并冲洗，以清除任何污垢。

5）主轴承和曲轴的安装。彻底清洁曲轴箱和所有零件，特别注意油道和轴承表面。检查所有轴承是否有必须清除掉的高点和毛刺，把主轴承安装到曲轴箱上。轻轻润滑O形密封圈并把它安装到主轴承支座上，并把主轴承安装到轴承支座上。检查主轴承是否损坏并将轴承内径清洁干净，把曲轴箱旋转到竖直位置，非驱动端在下面。润滑主轴承的内径，小心把曲轴降低到曲轴箱内，以安装到主轴承上。润滑主轴承的内径，把轴承支座放置在曲轴上并把轴承支座装配到曲轴箱上。安装螺钉和弹簧垫圈，拧紧螺钉至13.6kgf·m，检查曲轴的轴向端游隙是否在0.4mm和0.92mm之间（0.016in和0.035in）。轻轻润滑曲轴延伸部分并把油封安装到轴承支座上，旋转曲轴箱到水平位置。

6）连杆和十字头的安装。把小端衬垫安装到连杆上，检查衬垫上的孔是否与连杆上的孔对齐。清洁和润滑小端衬垫并把连杆插入十字头。把活塞销推入十字头和衬垫并用弹性挡圈固定。把定位销和大端外壳安装到连杆和大端盖上。润滑大端

外壳的轴承表面。按照拆卸前的位置用曲轴箱同侧的活塞销把十字头—连杆总成安装进曲轴箱和曲轴上。曲轴可能需要旋转，以使十字头清除平衡重。把大端盖安装进连杆并用安装在每个锁紧垫圈和大端盖的光垫圈安装螺钉和锁紧垫圈，拧紧螺栓至46.2kgf·m。弯曲锁紧垫圈的舌片，以锁住螺栓。安装端板并用螺栓和锥形弹簧垫圈固定，拧紧螺栓至5.4kgf·m。把油泵销安装到曲轴的非驱动端。把滤网、放油塞和接头安装到曲轴箱上，旋转曲轴一周，安装驱动管接头。

7）油泵的装配。把接头放置到泵法兰上并把泵安装到曲轴上，以确保驱动卡圈与驱动销接合，安装螺栓和弹簧垫圈，拧紧螺栓至3.2kgf·m。

8）油箱的安装。检查油箱是否彻底清洁。把油箱与油压表板放置到曲轴箱上。用螺栓和弹簧垫圈把油箱固定到曲轴箱上。安装放油塞和接头。连接曲轴箱通气管和油管、回油管，连接空气和油压表管，用油把油箱注满。

4. 英格索兰MM132型螺杆空气压缩机检修

（1）进气空气过滤器检查、更换。如图6-26所示，查看进气空气过滤器的状况，让空气压缩机以加载模式运行，然后在当前状态屏幕上观察“Inlet Fiter”（进气过滤器）。如果显示“Inlet Fiter OK”，则不需保养。如果屏幕上“WARNING”（警告）字样在闪烁，同时显示“CHANGE INLET FILTER”（调换进气空气过滤器），应调换进气空气过滤器。

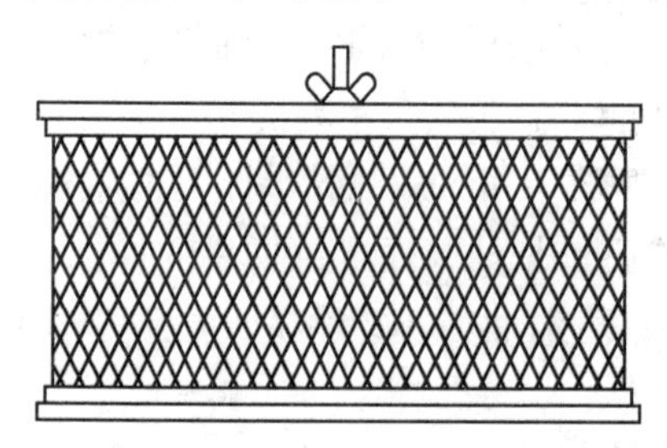

图6-26 进气空气过滤器

如要调换进气空气过滤器滤芯，应松开其壳体顶部的翼形螺母，去除盖子，让滤芯暴露出来。小心拆除旧的滤芯，以防灰尘进入进气阀，将旧滤芯报废。彻底清洁滤芯壳体，擦清所有表面。

装入新滤芯并检查一下，以确保安装妥贴。安装进气空气过滤器壳体的顶盖。检查翼形螺母上的橡胶密封，必要时调换，旋紧翼形螺母。

开机并以加载模式运行，以检查空气过滤器的状况。

（2）油过滤器更换。如图6-27所示，查看油过滤器的状况，空气压缩机必须处于运行状态。观察当前状态屏幕上的“Injected Temperature”（喷油温度）。如果温度低于120℉（49℃），机器可继续运行。当温度高于120℉（49℃）时，观察屏幕上“Coolant Fiter”（油过滤器）。如显示“Coolant Fiter OK”，则油过滤器不需服务。如果“WARNING”（警告）字样在闪烁，同时显示“CHANGE COOLANT FILTER”（调换油过滤器），应调换油过滤器。

油过滤器在每次大修后及此后每运行2000h或更换冷却油时，应调换滤芯。

调换滤芯时，使用适当的工具松开旧的滤芯，用油盘接拆除过程中漏出的油，报废旧的油过滤芯。用干净且不起毛的布头擦清油过滤器的密封表面，以防灰尘进入油系统。

将滤芯备件从包装盒中取出，在其橡胶垫上涂一簿层润滑脂，然后安装。旋转滤芯，直至密封垫与油过滤器总成的头部相接触，然后再旋紧大约半周，开机并检查是否有泄漏。

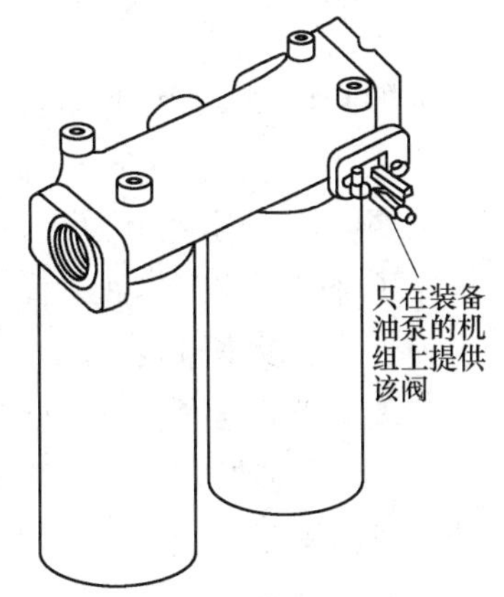

图 6-27 油过滤器

(3) 冷却油更换。SSR ULTRA 冷却油（制造厂灌注）是一种以聚乙二醇为基础的冷却油，应隔 8000h 或每两年调换一次，两者以先到为准。

更换冷却油需要的物品：

1) 适当大小的油盘和容器用来接收从机组排放出来的润滑油。

2) 足以重新灌注适当数量的正确牌号的润滑油。

3) 至少要有一只适当型号的油过滤器滤芯备件。

每台空气压缩机都有一个冷却油排放阀，位于油分离筒体底部。

空气压缩机一停机就要放油，因为趁油还热时容易放得干净，而且冷却油内的浮颗粒能随油一起排出。

如要放空机组的油，应拆除油分离筒体底部排放阀的油塞。将随机带来的排放软管和接头总成安装在排放阀的端部，并将软管一端放在一个合适的油盘内，打开排放阀开始排油。排完后，关闭阀门，从阀上拆除软管和接头总成，并将它们放在适当的地方以备后用。重新装上排放阀端部的油塞，不要将用过的放油软管保存在开关箱内。

机组排油完毕，而且装好新的油过滤器滤芯之后，重新向系统加注新的冷却油，一直加到油位到达油窥镜的中点。重新盖好加油口盖，启动空气压缩机，运行一会，正确的油位应是当机组卸荷运行时，油位在油窥镜的中点。

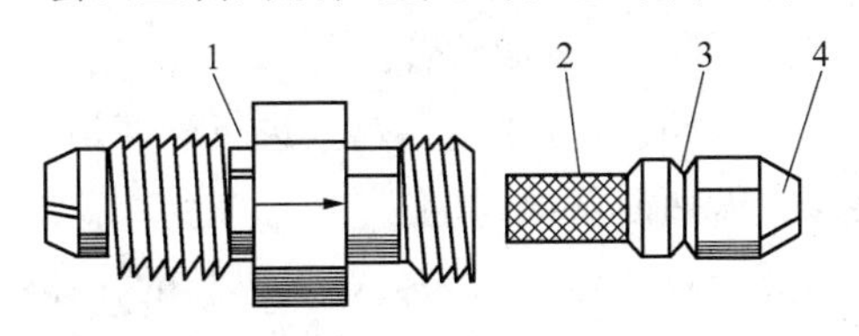

图 6-28 油分离筒体回油过滤器/节流小孔

1—螺纹壳体；2—滤网；3—氟橡胶 O 形密封圈；4—节流孔

(4) 油分离筒体回油过滤网/小孔拆装及清洗。如图 6-28 所示，需要的工具有开口扳手、钳子。

程序：滤网/小孔总成的外观与直管接头相似，装在两段外径为 1/4in 的回油管之间，主体用 1/2in 六角钢制成，在六角的平面上刻有小孔的孔径和液流

方向。

可拆卸的滤网和小孔位于总成的出口端，需根据保养周期的规定定期清洗。

如要拆除滤网/小孔总成，先断开两端的回油管，牢牢抓住中心部分，同时用一把钳子轻轻夹住密封回油管总成的出口端。将该端拉出中心部分，同时要小心，避免损失滤网及密封表面。

在重新安装滤网/小孔总成前，还需清洁并检查所有零件。

当总成安装好之后，确认流向正确。观察刻在中心部分上的箭头，确保流向是从油分离筒体流向主机。

(5) 油分离芯检查。如要检查油分离芯的状况，先让空气压缩机以额定压力满荷载运行，并在显示板上选择“SEPARATOR PRESSURE DROP”(分离器压降)。如果显示“XXPS1”，说明状况良好，不需保养。如果警告灯亮并显示“CHG SEPR ELEMENT”（调换分离芯），应调换油分离芯。

松开主机上的回油管。松开将回油管引入筒体的接头，并拆去管总成。拆下筒体盖上的管子。如果需要，应做好标记。使用适当的扳手拆除筒体盖上的螺栓，然后拆除筒体盖。小心取出油分离芯，丢弃坏了的芯子。

清洁筒体及其盖上装密封垫片的表面，小心勿让旧垫片的碎片掉入筒体内。仔细检查筒体，确保无任何异物如碎布片或工具等掉入筒体内。检查新分离芯密封垫片是否损伤，然后将分离芯备件装入筒体。将分离芯定位于筒体的中心。

将筒体盖放到正确位置上，并装好螺栓，要以对角方式旋紧各螺栓，以免盖子一侧过紧，盖子紧固不当会造成泄漏。检查筒体回油过滤网及小孔，必要时清洁。将回油管向下装进筒体，刚碰到分离芯底部后，提起约 1/8in（3.2mm），紧固各接头，将各调节管路装到原来位置。启动空气压缩机，并检漏，然后便可工作。

(6) 冷却器芯清洗。关闭截止阀，并从冷凝水排放口中释放机组压力，从而确保空气压缩机与压缩空气系统隔绝，确保主电源开关断开，锁定且挂好标示牌。需要的工具：螺栓刀、成套扳手、配有经 OSHA 批准的喷嘴软管。

1) 风冷冷却器清扫。目测冷却器芯的外部，确认是否需要对其进行彻底清理，常常只需要清理掉脏垢、灰尘或其他异物，便能暂时解决问题。

当冷却器被油、油脂或其他重厚物质的混合物所包裹时，会影响机组的冷却效果，这时就需要对冷却器芯的外部进行彻底清洁。

如果确定空气压缩机工作温度由于冷却器芯内部通道被异物或沉淀物所阻而高于正常范围，则应拆下冷却器做内部清理。

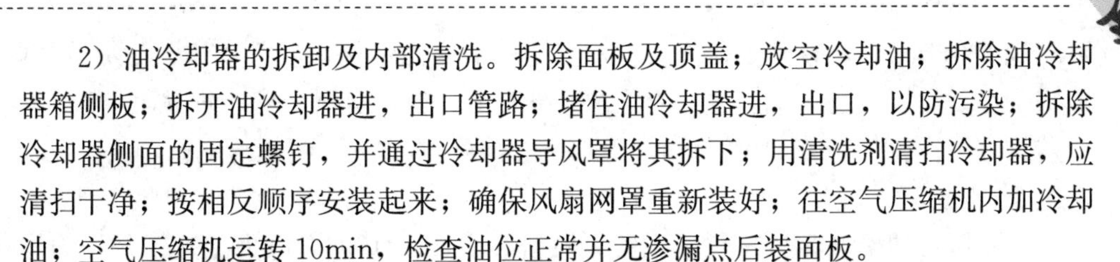

2）油冷却器的拆卸及内部清洗。拆除面板及顶盖；放空冷却油；拆除油冷却器箱侧板；拆开油冷却器进，出口管路；堵住油冷却器进，出口，以防污染；拆除冷却器侧面的固定螺钉，并通过冷却器导风罩将其拆下；用清洗剂清扫冷却器，应清扫干净；按相反顺序安装起来；确保风扇网罩重新装好；往空气压缩机内加冷却油；空气压缩机运转 10min，检查油位正常并无渗漏点后装面板。

3）水冷冷却器。如装有水冷式热交换器也须要定期检查保养。

检查系统内的过滤器，必要时调换或清洗。

仔细检查水管结垢情况，必要时清洗。如使用清洗溶液，在空气压缩机恢复使用之前，务必要用清洁水将化学物彻底清洗掉。清洗完毕，应检查冷却器腐蚀情况。

管子内表面有几种清洗办法。用高速水流冲洗管子内部，可去除多种沉淀物。较严重的结垢可能需要钢丝刷和杆子。如有专用的气枪或水枪，也可利用橡皮塞子强行穿过管子来去除结垢。

重新安装冷却器壳的顶盖时，各螺栓要以对角方式均匀紧固。但过分紧固，顶盖会裂开。清洗溶液必须与冷却器的金属材料相容。如采用机械清洗方法，一定要小心，避免损坏管子。

（7）冷却油软管更换。冷却器来回输送冷却油的挠性软管会随着时间老化而变脆，因而需要每 2 年更换一次。更换时，先关闭截止阀并从冷凝水排放阀释放压力，以确保空气压缩机与空气系统隔离。确保主电源开关已断开，锁定且挂好标示牌。拆除罩壳面板；将冷却油放入干净容器，盖好容器，以免弄脏。如果油本来已受污染，必须调换新油。拆除软管时牵牢握住接头，按与拆卸相反的程序安装新软管和机组，开机并检漏。

5. 空气压缩机附件检修

（1）安全阀及压力表校验。安全阀及压力表每年应进行一次校验，安全阀的起跳压力应为工作压力的 1.08～1.10 倍。安全阀的回座压差一般应为起跳压力的 4%～7%，最大不得超过 10%。

注意：安全阀一经校验合格应加锁或铅封，特别注意密封件和聚四氟乙烯带的使用，确保它不进入阀内，避免堵塞。

压力表校验后安装时，不得用手拧压力表外壳，一定要使用扳手安装，防止表针的零位变动。

（2）高低压储气罐检修。由运行人员做好措施，排净压力。排压时，注意另外一个工作罐的压力变化，如果隔离阀门不严，应先处理阀门。气罐压力排净后，可分解人孔盖，分解人孔盖时，应先将所有螺栓松开 2～4 圈后确认缸内没有压力方

可将螺栓全部松开，打开人孔门盖。检查罐内的腐蚀情况，应将铁锈、污垢除掉，清扫干净。如果需要涂防锈漆，应注意人身安全，制定措施，戴好防毒面具，设专人监护方可作业。安装人孔门盖时，应更换盘根，检查人孔门螺栓完好，用大锤均匀紧 3～4 遍。

(3) 压力油罐（容器）超压试验。根据 DL 612—1996《电力工业锅炉压力容器监察规程》，超压试验一般可两次大修后进行一次，一般为 10 年。压力容器内部应每次大修时检查一次，新投产应一年后检查一次。外部检验每年不少于一次，每年可同小修一起进行。

超压试验前要准备好试压泵，一般要有两块压力表。打开罐上部的排气丝堵，将罐内注满水，拧紧丝堵。使接好的手压泵压力缓慢升到工作压力，检查有无漏泄或异常现象。再升至额定压力的 1.25 倍，保持 20min，降到工作压力检查有无异常现象。试验时，环境温度不得低于 5℃。

(4) 止回阀检修。分解拆出压盖弹簧，抽出阀体，检查止口应严密，各连接螺栓丝扣应无损坏。安装后，应注意阀体行程（保证分解前行程），动作灵活，不卡阻。

(5) 阀门检修。阀门检修可随压力油罐一同进行，每次大修要更换盘根，检查各部腐蚀情况，阀门止口应完整，无锈蚀。阀杆盘根一定要更换。填料数量要足够。组装后，保证阀体动作灵活。

(6) 气水分离器清扫检查。气水分离器检查参照压力油罐检修和试验。

四、试运行

空气压缩机大修后必须试运行，目的是检验大修过程中检修处理的质量，发现由于大修分解，安装所造成的故障。

1. 试运行前应具备的条件

(1) 空气压缩机主机、驱动机、附属设备及相应的水、电设施均已安装完毕，经检查合格。

(2) 土建工程、防护措施、安全设备也已完成。

(3) 试运行所需物品，如运行记录、工具、油料、备件、量具等应齐备。

(4) 试运行方案已编制，并经审核批准。

(5) 试运行人员组织落实，应明确试运行负责人、现场指挥、技术负责人、操作维护人员和安全监护人员。

(6) 工作电源已具备，空气压缩机上下游已做好试运行准备。

2. 冷却水系统通水试验（水冷机组）

冷却水系统通水试验前应检查冷却水管路、管件是否安装牢固，阀门是否启闭灵活，有无漏水可能，是否符合管路安装的要求。通水后待各级排水管都出水时，检查水管路有无漏水，检查供水压力是否合格。

3. 润滑油系统注油

油箱应清洗干净，注入清洁润滑油到正常油位，拆开润滑油通往轴承、各级气缸的油管，用注射器把油管内充满润滑油。

4. 空载试运行

（1）空载试运行前的准备工作。

1）空气压缩机各部机构安装完毕，具备启动条件。

2）各润滑部位已充分润滑。

3）盘车 2～5 转，检查各运动部件有无异常现象。

4）启动前，空气压缩机各级活塞不应停在止点位置。

（2）空载试运行步骤。

1）开启冷却水的进水阀和各处回水阀，检查冷却水的压力及回水情况。

2）现场指挥人员、监护人员、操作人员就位，其余人员撤到安全区。

3）瞬间启动电动机，检查电动机转向是否正确。

4）再次启动空气压缩机，依次按 30s、30min、1h 运行空气压缩机。启动空气压缩机后应立即检查各部分声响、温升及振动情况，若发现有异常情况，应立即判断原因，及时处理；情况严重不能处理时，应立即停车。

5）空气压缩机空载试运行应满足：润滑油压力正常、各部温度正常、各运动部件温升不超过规定值、试运行中应无异常声响。

5. 负荷试运行

空载试运行若一切正常后，进行负荷试运行，运行前应进一步检查空气压缩机和附属装置，明确操作方法，明确需紧急停机时的信号（声音和手势）及执行人员。

（1）空气压缩机负载试运行步骤。

1）投入冷却水，检查水流情况。

2）检查储油箱油位合格。

3）盘车 2～5 转，检查空气压缩机运动部件有无障碍。

4）按规定程序启动空气压缩机，空载运行 20min，然后分 3～5 次加压到规定压力。

各级排气压力的调节控制可通过各级放空阀门、卸荷阀门、旁通阀门，以及各级油水分离器、冷却器及排污阀调节控制。负荷试运行时的加荷应缓慢进行，每次压力稳定后应连续运行 1h 后再升压。

空气压缩机在负荷运行过程中，一般应避免带压停机，紧急情况下可带压停机，但停机后必须立即卸压。

(2) 空气压缩机负荷试运行阶段，应经常检查如下项目：

1) 各部位有无撞击声、杂音和异常振动。

2) 各运动部件供油情况及润滑油压力、温度是否符合空气压缩机技术文件的规定。

3) 各级吸、排气压力、温度是否符合空气压缩机技术文件的规定。

4) 管路有无剧烈振动及摩擦现象。

5) 冷却水的进水温度、排水温度符合有关要求。

6) 各级吸、排气阀工作有无异常，密封部分有无漏气。

7) 各级仪表、控制和保护装置是否处于正常工作状态。

8) 各级排污阀及油水分离器的排油、排水情况。

9) 有无连接松动的现象。

10) 安全阀有无漏气现象。

模块四　接力器及漏油装置检修

一、接力器检修安全、技术措施

1. 检修安全措施

开工作票，并交代安全措施。

(1) 机组停机，锁锭装置投入，关闭锁锭装置油源阀，并挂标示牌。

(2) 落蜗壳进口阀排水，并检查进口阀有无严重漏水。

(3) 拉开油压装置压油泵电源，并挂标示牌，压力油罐排油、排压。

(4) 关闭调速系统总油源阀，并挂标示牌。

2. 一般技术措施

(1) 根据设备所存在的缺陷及问题，制定检修项目及检修技术方案。

(2) 根据实际情况和检修工期，拟定检修进度网络图及安全措施。

(3) 熟悉设备、图纸，明确检修任务、检修工艺及质量标准。

(4) 检修工作前，对工作人员进行相关的技术交底和安全教育。

(5) 设专人负责现场记录、技术总结、检修配件测绘等工作。

(6) 根据检修内容，备全检修工具，提出备品备件、工具、材料计划。

(7) 对检修设备完成检修前的试验。

(8) 实行三级验收制度，填写验收记录，验收人员签名。

(9) 试运行期间，检修和验收人员应共同检查设备的技术状况和运行情况。

(10) 设备检修后，应及时整理检修技术资料，编写检修总结报告。

(11) 设置检修标准化作业牌，并放置作业指导书（卡）及安全措施。

二、接力器大修时通用注意事项

(1) 在检修接力器的周围设置围栏并挂标示牌。

(2) 排油时，有专人监护，防止跑油。

(3) 在检修中对端盖做好标记并按标记组装，设备在安装前应进行全面清扫、检查，对活塞与缸体的配合公差根据图纸要求进行校核记录。

(4) 在拆卸零部件的过程中，应随时进行检查，发现异常和缺陷，应做好记录，以便修复或更换配件。

(5) 装配活塞及销轴时应涂上透平油，防止卡阻磨损和生锈。

(6) 检查机械传动机构无别劲，动作灵活；各管口拆开后用白布包好，以免异物堵塞。

(7) 拆管时，应将接力器及管路中的油排干净，活塞及活塞杆工作部分用毡子包好，防止碰伤，轴销及轴套的配合应达到配合要求。

(8) 在做接力器耐压试验时，周围禁止有人，耐压后压力泄至零时方可拆卸管路。

(9) 对拆下来的螺栓、螺母、销钉等部件应分类存放，并且用卡片登记或做标记。

(10) 检修现场应经常保持清洁，并有足够的照明；汽油等易燃易爆物品使用完毕后应放置在指定地点，妥善保管；破布应放在铁箱内。

三、接力器检修项目

(1) 接力器的分解检修。

1) 拆下接力器及分油器的连接管路。

2) 拆下接力器的回复钢丝绳。

3) 拔下接力器推拉杆与调速环的轴销，从控制环耳柄内移开接力器推拉杆。

4) 拆下分油器，分解其活塞与衬套。

5) 拆下接力器的渗漏油管。

6) 拔下接力器与基础连接的后座销，移开后座压板，吊出接力器整体。

7) 拆下接力器前后端盖螺栓，用顶丝顶开前后端盖，并用电动葫芦拉开前后端盖。

8) 用导链吊平接力器活塞杆，并平行拔出接力器活塞，然后移开接力器活塞。

9) 分解接力器活塞与活塞杆连接的销轴，取下活塞。

10）用油石将接力器活塞上的研磨及锈蚀部位处理好。

11）用砂布和金相砂纸对接力器缸体内部进行处理，去除研磨、锈蚀部位。

12）检查活塞环磨损及弹性符合要求。

13）用砂布和金相砂纸对接力器的前后轴销、轴套进行打磨配合处理。

14）检查接力器活塞与缸体、轴销和销套的配合测量情况，是否符合要求并做好记录。

15）检查接力器的密封材料及密封部位是否完好无损。

16）检查接力器与后座轴销的压板有无变形。

17）用汽油对接力器内部及其他部件进行清扫，用白布擦干，并用面团对各部件进行清扫。

（2）接力器回装按拆卸的相反顺序进行。

（3）接力器调整试验。

1）接力器安装前，进行接力器1.25倍工作压力耐压试验，摇摆式接力器在试验时，分油器套应来回转动3～5次，保持30min无渗漏，然后整体安装。

2）接力器充油、充压，检查接力器及管路有无渗漏，从全开到全关位置动作接力器，接力器活塞移动平稳灵活，无别劲卡阻，无异常声响，各密封处无渗漏。

3）接力器在全行程开关及全关、中间、全开位置时，测量接力器活塞行程应符合设计要求，测量两个接力器的行程，差值不大于1mm，否则进行调整，调整后再进行试验测量，直到满足要求。

4）接力器全关位置确定：接力器在全关位置时，投入锁锭装置，能正确加闸与拔出，否则应调整接力器的全开、全关位置，然后再进行试验，直到锁锭装置能正确动作。

5）接力器反馈装置调试：接力器全关位置确定后，调速器切手动，按照接力器设计行程要求，全开导叶达到全行程，将反馈装置固定，再操作调速器，检查接力器能达到全关、全开要求。

6）接力器压紧行程测量、调整：按照接力器的安装规范要求进行测量、调整。

【例6-2】 直缸式接力器检修。

（1）使用框形水平仪测量导管的水平度，导管偏差不超过0.10mm。

（2）测量接力器缸体标高，并用木方将其垫好，松开接力器连接螺栓和支撑螺栓，使用起重机将接力器整体吊出。为保证活塞水平，当活塞脱离缸体时，要使用木方垫好，保证水平，以防卡住。

（3）检查接力器活塞与缸体表面是否光滑，有无严重磨损，如发现磨损情况，及时使用油石进行处理；活塞环应富有弹性，开口符合要求；检查各部密封，及时进行更换；拆下推拉杆与活塞连接轴销的上、下端盖，并做好记号；顶出轴销，检查磨损情况。

（4）分解锁锭装置，检查阀杆有无变形和锈蚀情况，安装后不发卡，动作灵活。

（5）安装程序相反，装配后必须进行耐压试验，即用1.25倍的工作压力，保持30min，然后降至正常工作压力保持60min，整个试验中应无渗漏现象。

（6）推拉杆调整。在导水机构各处均无人员工作的情况下，手动操作调速器关闭导叶，然后在两个接力器活塞后端杆上各放一个标尺并用其一定点为记号得一读数 A，关闭调速器总油源阀门，令两人同时将接力器开侧排油阀打开（预先将漏油泵启动触点放在自动位置上，并设人监视漏油槽不使其跑油），此时由于导水机构各部的弹性恢复作用迫使接力器活塞向开侧方向移动，这一移动数值反映在标尺上的读数为 B，则 A、B 之差即为导水机构的压紧行程。压紧行程应符合规程的规定。若超出这个规定值，应进行调整，方法如下：将推拉杆连接螺母的两端背母松开，若需将压紧行程调大，则转动螺母使拉杆缩短，控制环向闭侧旋转，调好后重新试验达到规定值即可。若需将压紧行程调小，则方法相反。

（7）推拉杆拆装。分解前，在推拉杆连接螺母前后及连接螺母上各做记号 A、B、C，并量出各点间的距离 L 和 t，如图6-29所示。用导链、钢丝绳将控制环侧的拉杆吊起，使钢丝绳稍稍吃力，并保持拉杆的水平位置，然后松开两背母及连接螺母。把连接螺母运走，将控制环耳环中的轴销压盖拆出，用千斤顶将轴销顶出。

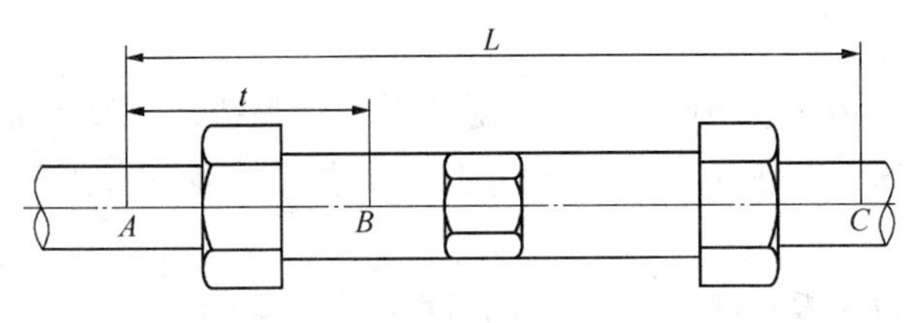

图6-29 推拉杆

推拉杆分解后，用汽油、锉刀及油石等清扫，修理推拉杆和连接螺母的螺纹部分（修理螺纹根据情况而定）。推拉杆的螺纹应用凡士林油涂抹，并用白布包扎，螺母的螺纹应涂以凡士林油妥善保管。安装时，先将接力器推拉杆移至分解前的位置上，把控制环侧的推拉杆吊入控制环内并找正，将背母分别拧入拉杆两端，用连接螺母将两段推拉杆连上。拧动连接螺母调节 A、B 之间距离等于 L 后，校验 A、

C之间距离等于t；否则，应松开连接螺母重新将两段按L与t之差值连上，直至使$AB=L$、$AC=t$时方可，将两背母拧紧。然后将推拉杆轴销孔与控制环耳环孔对中，打入轴销，上好压盖，注入黄油。待其他项做完后，具备了条件要进行一次导水机构压紧行程测定，其值应符合规程规定的质量标准。

四、漏油装置检修项目

1. 漏油装置检修主要质量标准与规范

（1）电动机找正，动作灵活，振动小于0.05mm。

（2）齿轮啮合良好，不漏油，止口严密，弹簧平直，安全阀动作值为0.7～0.8MPa。

（3）过滤网完整，清扫干净，漆膜脱落的应涂耐油漆。

2. 漏油装置大修一般技术措施

（1）拉开××号机组漏油泵电动机动力电源开关，并挂“禁止合闸，有人工作”的标示牌。

（2）关闭接力器排油阀及漏油泵出口阀，并挂“禁止操作，有人工作”的标示牌。

（3）在工作地点处挂“在此工作”的标示牌。

3. 大修时通用注意事项及工艺要求

（1）应有适当的工作场地，并有良好的工作照明；场地清洁，注意防火，准备消防器具；无关人员不得随便进入场地或随便搬动零部件；各部件分解、清洗、组合、调整均有专人负责。

（2）参加检修的人员应当熟知漏油泵的工作原理和工作状态，明确检修内容和检修目的。

（3）施工过程中，工作负责人不应离开现场。

（4）检修人员必须熟知检修规程，对工作精益求精，一丝不苟。

（5）设备零部件存放应用木方或其他物件垫好，以免损坏零部件的加工面及地面。

（6）同一类型的零部件应放在一起，同一零部件上的螺栓、螺母、销钉、弹簧垫及平垫等，应放在同一布袋或木箱内，并贴好标签。

（7）对有特定配合关系要求的部件，如销钉、连接键、齿轮、限位螺栓等，在拆卸前应找到原记号。若原记号不清楚或不合理，应重做记号，并做好记录。

（8）设备分解后，应及时检查零部件完整与否，如有缺陷，应进行复修或更换备品备件。

(9) 拆开的机体，如油槽、轴颈等应用白布盖好或绑好。管路或基础拆除后留的孔洞，应用木塞堵住，重要部应加封上锁。

(10) 检修部件应清扫干净，现场清洁。

(11) 所有管道的法兰、盘根内径应比外径大一些，盘根配制合适。盘根直径很大，需要拼接时，可采用燕尾式拼接办法。需要用胶黏结，应削接口，用胶黏结后无扭曲或翘起之处。

(12) 需要进行焊接的部件，焊前应开坡口。

(13) 所有零部件，除安装接合面、摩擦面、轴表面外，均应进行去锈涂漆。漆料种类颜色按规定要求选择。第二遍漆应在第一遍漆干固以后方可喷刷。

(14) 管路及阀门检修必须在无压条件下进行。

4. 漏油装置检修项目

(1) 漏油泵分解检修。

(2) 管路分解、去锈、刷漆。

(3) 漏油槽清扫。

(4) 阀门分解检查、清扫、去锈、刷漆。

5. 调整试验

(1) 工作前，检查泵的各紧固件是否牢固。

(2) 试验前手动盘车，检查泵的旋转方向是否符合要求。

(3) 检查主动轴是否运转灵活。

(4) 检查进口阀门是否打开。

(5) 注意填料的工作，若发生泄漏，观察其发展程度，拧紧压盖。

模块五　过速限制装置检修

一、过速限制装置检修安全、技术措施

(1) 根据该设备所存在的缺陷及问题，制定检修项目及检修技术方案。

(2) 根据实际情况和检修工期，拟定检修进度网络图及安全措施。

(3) 熟悉设备、图纸，明确检修任务，掌握检修工艺及质量标准。

(4) 检修工作前，对工作人员进行相关的技术交底和安全教育。

(5) 设专人负责现场记录、技术总结、检修配件测绘等工作。

(6) 根据检修内容，备全检修工具，提出备品备件、工具、材料计划。

(7) 对检修设备完成检修前的试验。

(8) 实行三级验收制度，填写验收记录，验收人员签名。

(9) 试运行期间，检修和验收人员应共同检查设备的技术状况和运行情况。

(10) 设备检修后，应及时整理检修技术资料，编写检修总结报告。

(11) 设置检修标准化作业牌，并放置作业指导书（卡）及安全措施。

二、过速限制装置检修注意事项

(1) 工作负责人开工作票，待运行人员做好检修措施后，方可进行作业。

(2) 在检修设备周围设置围栏并挂标示牌。

(3) 不移动与检修项目无关的设备，需要移动运行设备时，与运行人员联系好后方可进行。

(4) 部件分解前，必须了解结构，熟悉图纸，并检查各部件动作是否灵活，做好记录。

(5) 拆相同部件时，应分两处存放或做好标记，以免记错。对调整好的螺母，不得任意松动。

(6) 分解部件时，应注意盘根的厚度，盘根垫的质量应良好，外壳上的孔和管口拆开后，应用木塞堵上或用白布包好，以免杂物掉入。拆下的零部件应妥善保管，以防损坏、丢失。

(7) 零部件应用清洗剂清扫干净，并用干净的白布、绢布擦干。不准用带铁屑的布或其他脏布擦部件。

(8) 清洗前，必须将零部件存在的缺陷处理好，刮痕或毛刺部分用细油石或金相砂纸处理。手动阀门若关不严或止口不平，应用金刚砂或研磨膏在平台上或专用胎具上研磨，质量合格后，方可进行组装。

(9) 组装时，应将有相对运动的部件涂上干净的透平油；各零部件相对位置应正确；活塞动作灵活、平稳；用扳手对称均匀地紧螺母，用力要适当。

(10) 组装前，应用压缩空气清扫管路，确保管路畅通、无杂物后方可进行组装。

(11) 对拧入压力油腔或排油腔的螺栓应做好防渗漏措施。

(12) 检修过程中，需要动有关运行设备时，应与运行值班人员联系，做好措施后，方可进行工作。

(13) 调速系统第一次充油应缓慢进行，充油压力一般不超过额定油压的50%；接力器全行程动作数次，应无异常现象。

(14) 管路排油时，有些油管路的油不能排除，当检修需要拆除管路时，应先准备好接油器具，并将管路法兰螺栓松开，待油排净后，拆除管路法兰螺栓，取下管路（过重的管路拆除法兰螺栓前应做好管路吊装准备，避免伤人及损坏设备）。

三、过速限制装置检修项目

1. 油阀的检修

(1) 拆下油阀的控制油管；拆下油阀阀盖与阀体的紧固螺钉，取下油阀阀盖，用专用工具抽出油阀活塞。

(2) 检查油阀活塞的磨损情况，活塞止口及衬套止口处应完整无毛刺。

(3) 回装前，将油阀活塞上的研痕及毛刺用金相砂纸处理好，用汽油将各部件清洗干净，并用白布擦干。

(4) 回装时，在油阀活塞及衬套内壁上涂以干净的透平油，并更换新的密封垫。

2. 事故配压阀的检修

(1) 将接力器排油管接上胶管与排油系统连通，排净排油管内的油。

(2) 拆下信号节点支架；拆下事故配压阀后端盖；拆下事故配压阀前端盖的紧固螺栓，抬下前端盖，抽出导向杆及小活塞；由两人抬出事故配压阀活塞。

(3) 检查事故配压阀活塞及小活塞的磨损情况，活塞止口及衬套止口处应完整无毛刺，导向杆应无弯曲、变形，测取活塞间隙。

(4) 回装前，将事故配压阀活塞及小活塞上的研痕及毛刺用金相砂纸处理好，用汽油将各部件清洗干净，并用白布擦干。

(5) 回装时，在事故配压阀活塞、小活塞及衬套内壁上涂以干净的透平油，并更换新的密封垫。

3. 电磁配压阀的检修

(1) 将电磁配压阀两端电气引线断开，拆下电磁配压阀两端的电磁铁，抽出电磁配压阀换向活塞。

(2) 检查电磁配压阀活塞磨损情况，活塞止口及衬套止口处应完整无毛刺，导向杆应无弯曲、变形。

(3) 回装前，将电磁配压阀活塞上的研痕及毛刺用金相砂纸处理好，用汽油将各部件清洗干净，并用白布擦干。

(4) 回装时，在电磁配压阀活塞及衬套内壁上涂以干净的透平油，并更换新的密封垫。

四、调整试验

(1) 调速系统充油、充压，动作调速器机械液压机构，排除液压系统内的空气；油阀关闭，密封良好。

(2) 事故配压阀应在复归状态，如果不在复归状态，则说明事故配压阀安装位置过低或活塞发卡，需进一步检查。

（3）动作电磁配压阀，操作事故配压阀关闭导叶，记录导叶关闭时间。如果导叶关闭时间不符合要求，调整事故配压阀一端的调节螺钉，来调整活塞的行程，即活塞动作后油口打开的大小，使事故配压阀动作情况下的导叶关闭时间符合设计要求。调整合格后将调节螺钉锁定。

模块六　常用检修量具的使用

一、水平仪及使用

水平仪是一种测量小角度的精密量仪，主要用来测量平面对水平面或竖直面的位置偏差，也是机械设备安装、调试和精度检验的常用量仪之一。生产中常用的水平仪有方框式水平仪和合像水平仪两种。

1. 方框式水平仪

（1）方框式水平仪的结构，如图 6-30 所示。

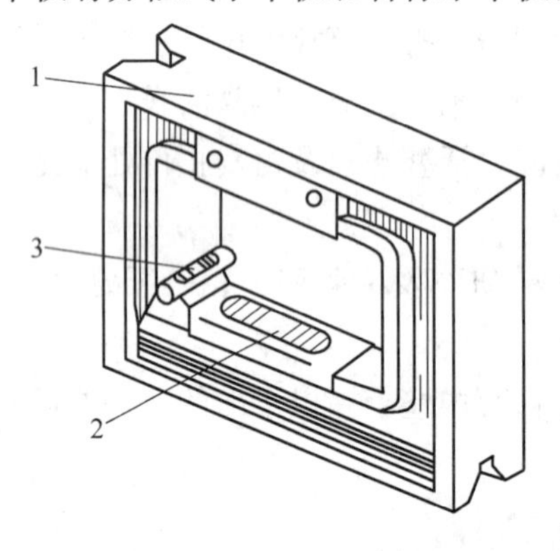

图 6-30　方框式水平仪的结构
1—框架；2—主水准器；3—调整水准器

方框式水平仪由正方形框架、主水准器和调整水准器（也称横水准器）组成。框架的测量面上有 V 形槽，以便在圆柱面或三角形导轨上进行测量。

水准器是一个封闭的玻璃管，管内装有酒精或乙醚，并留有一定长度的气泡。玻璃管内表面制成一定曲率半径的圆弧面，外表面刻有与曲率半径相对应的刻线。因为水准器内的液面始终保持在水平位置，气泡总是停留在玻璃管内最高处，所以当水平仪倾斜一个角度时，气泡将相对于刻线移动一段距离。

（2）方框式水平仪的精度与刻线原理。方框式水平仪的精度是以气泡偏移一格时，被测平面在 1m 长度内的高度差来表示的。如水平仪偏移一格，平面在 1m 长度内的高度差为 0.02mm，则水平仪的精度就是 0.02/1000。水平仪的精度等级见表 6-1。

表 6-1　　水平仪的精度等级

精度等级	Ⅰ	Ⅱ	Ⅲ	Ⅳ
气泡移动一格时的倾斜角度（″）	4～10	12～20	25～41	52～62
气泡移动一格 1m 内的倾斜高度差（mm）	0.02～0.05	0.06～0.10	0.12～0.20	0.25～0.30

水平仪的刻线原理如图 6-31 所示。假定平板处于水平位置，在平板上放置一根长 1m 的平行平尺，平尺上水平仪的读数为零（即处于水平状态）。如果将平尺一端垫高 0.02mm，相当于平尺与平板成 4″的夹角。若气泡移动的距离为一格，则 0.02/1000 就是水平仪的精度。

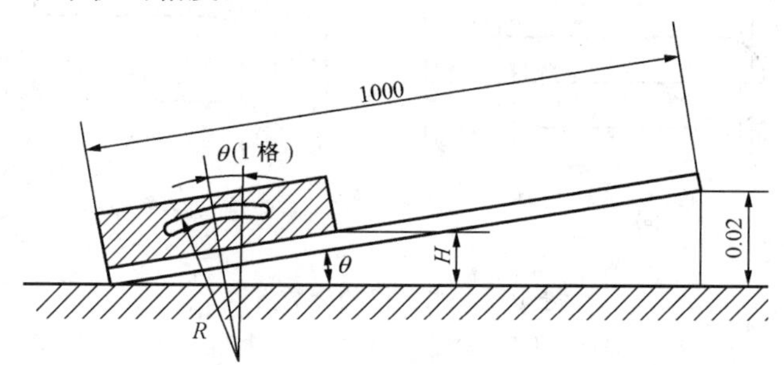

图 6-31　水平仪的刻线原理

根据水平仪的刻线原理可以计算出被测平面两端的高度差，其计算式为

$$\Delta h = nLi$$

式中　Δh——被测平面两端高度差，mm；

n——水准器气泡偏移格数；

L——被测平面的长度，mm；

i——水平仪的精度。

【例 6-3】　将精度为 0.02/1000 的方框式水平仪放置在 800mm 的平行平尺上，若水准器气泡偏移 2 格，试求平尺两端的高度差是多少？

【解】　由题意可知

$$i = 0.02/1000,\ L = 800\text{mm},\ n = 2$$

根据公式 $\Delta h = nLi$，得

$$\Delta h = 2 \times 800 \times 0.02/1000 = 0.032(\text{mm})$$

(3) 水平仪的读数方法。

1) 绝对读数法。水准器气泡在中间位置时读作 0。以零线为基准，气泡向任意一端偏离零线的格数，就是实际偏差的格数。通常都把偏离起端向上的格数作为“+”，而把偏离起端向下的格数作为“−”。测量时，习惯上由左向右进行测量，把气泡向右移动作为“+”，向左移动作为“−”，如图 6-32 (a) 所示为+2 格。

2) 平均值读数法。当水准器的气泡静止时，读出气泡两端各自偏离零线的格数，然后将两格数相加除以 2，取其平均值作为读数。如图 6-32 (b) 所示，气泡右端偏离零线为+3 格，气泡左端偏离零线为+2 格，其平均值为$\frac{(+3)+(+2)}{2}$

=2.5 格，平均值读数为+2.5 格，即右端比左端高 2.5 格。平均值读数方法不受环境温度的影响，读数值准确，精度高。

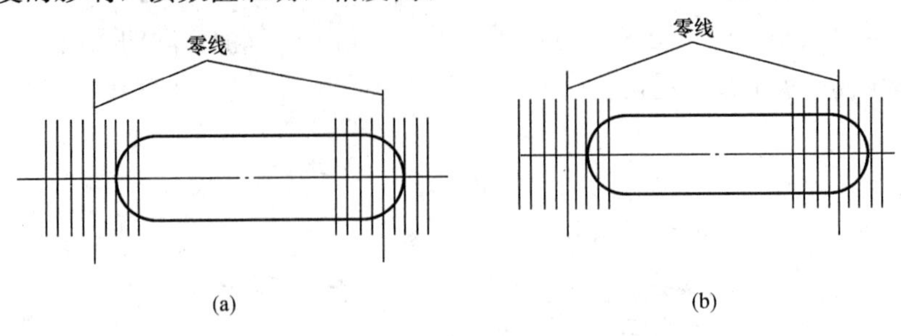

图 6-32　水平仪的读数方法

(a) 绝对读数法；(b) 平均值读数法

2. 合像水平仪

当被测工件平面度误差较大或因工件倾斜度较大且难以调整时，若使用方框式水平仪，会因为水准器气泡偏移到极限位置则无法测量。而合像水平仪，因其水平位置可以重新调整，所以能比较方便地进行测量。合像水平仪的结构及工作原理如图 6-33 所示。

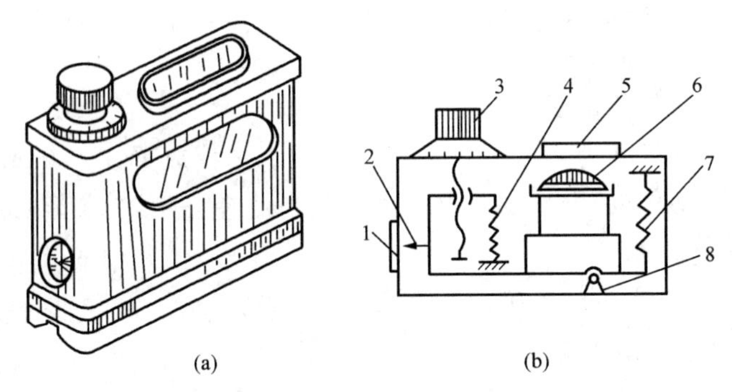

图 6-33　合像水平仪的结构及工作原理

(a) 外形图；(b) 工作原理图

1—指针观察窗口；2—指针；3—调节旋钮；4、7—弹簧；5—目镜；6—水准器；8—杠杆

合像水平仪比方框式水平仪有更高的测量精度，并能直接读出测量结果。它的水准器安装在水平仪内带有杠杆的特制底板上，其水平位置可用旋钮通过丝杆、螺母调整获得。水准器内气泡两端的圆弧分别由 3 个不同方位的棱镜反射至窗口里圆形镜框内，分成两半合像。测量时，若水平仪底面不在水平位置，两端有高度差时，气泡 A、B 的像就不重合，如图 6-34（b）所示，这时应转动旋钮进行调节，使玻璃管处于水平位置，则气泡 A、B 的像就会重合，如图 6-34（a）所示。可以

从窗口处读出高度差的毫米数和旋钮处刻线的百分之毫米数（每格代表在 1m 长度内差 0.01mm），将两个数值相加，即可得到在 1m 长度内高度差的实际数值。

例如，在窗口内的读数为 0mm，旋钮刻线为 13 格，高度差就是 0.01×13＝0.13mm，即在 1m 长度内测量面两端高度差为 0.13mm。

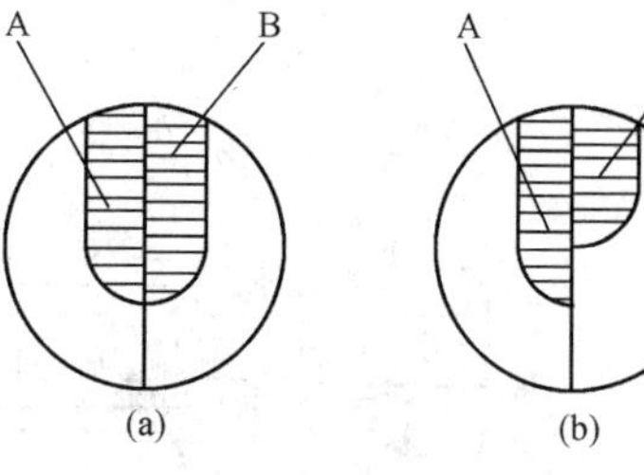

图 6-34　合像水平仪气泡图
(a) 重合；(b) 不重合

3. 使用水平仪的注意事项

（1）使用前，应将水平仪底面和被测面用布擦干净，被测面不允许有锈蚀、油垢、伤痕等；必要时，可用细砂布将被测面轻轻磨光。

（2）把水平仪轻轻地放在被测面上。若要移动水平仪，则只能拿起再放下，不许拖动，也不要在原位置转动水平仪，以免磨伤水平仪底面。

（3）观看水平仪的格值时，视线要垂直于水平仪上平面。第一次读数后，将水平仪在原位置（用铅笔画上端线）调转 180°，再读一次，其水平情况取两次读数的平均值，这样即可消除水平仪自身的误差。若在平尺上测量机体水平，则需将平尺和水平仪分别在原位置调头测量，共读 4 次，4 次读数的平均值即为机体水平情况。

（4）用完后，将水平仪底面抹油脂进行防锈保养。

二、游标卡尺及使用

凡利用尺身和游标刻线间长度之差原理制成的量具，统称为游标量具。常用的游标量具有游标卡尺、游标高度尺、游标深度尺、齿厚游标卡尺和万能角度尺等。

游标卡尺可用来测量长度、厚度、外径、内径、孔深和中心距等。游标卡尺的精度有 0.1、0.05mm 和 0.02mm 三种。

1. 结构

图 6-35 所示为三用游标卡尺，它由尺身、游标、内量爪、外量爪、深度尺和紧固螺钉等部分组成。

2. 刻线原理

0.05mm 游标卡尺的刻线原理：尺身每格长度为 1mm，游标总长为 39mm，等分 20 格，每格长度为 39/20＝1.95mm，则尺身 2 格和游标 1 格长度之差为：2mm－1.95mm ＝0.05mm，所以它的精度为 0.05mm。

0.02mm 游标卡尺的刻线原理：尺身每格长度为 1mm，游标总长度为 49mm，等分 50 格，游标每格长度为 49/50＝0.98mm，则尺身 1 格和游标 1 格长度之差为 1mm－0.98mm＝0.02mm，所以它的精度为 0.02mm。

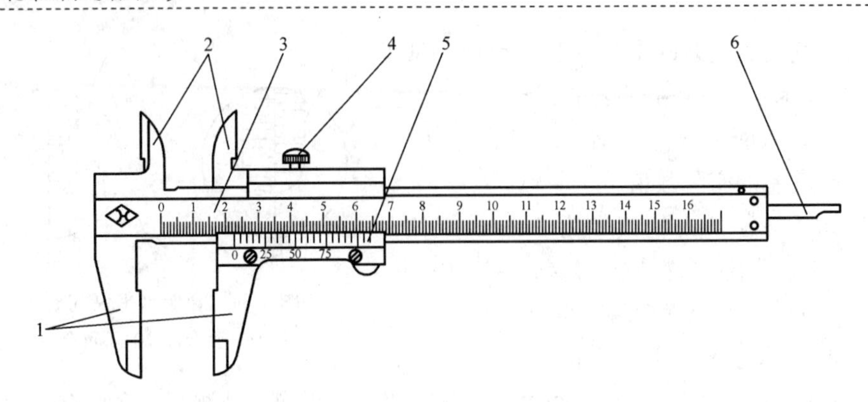

图 6-35　三用游标卡尺

1—外量爪；2—内量爪；3—尺身；4—紧固螺钉；5—游标；6—深度尺

3. 读数方法

首先读出游标尺零刻线左边尺身上的整毫米数，再看游标尺从零线开始第几条刻线与尺身某一刻线对齐，其游标刻线数与精度的乘积就是不足 1mm 的小数部分，最后将整毫米数与小数相加就是测得的实际尺寸，如图 6-36 所示。

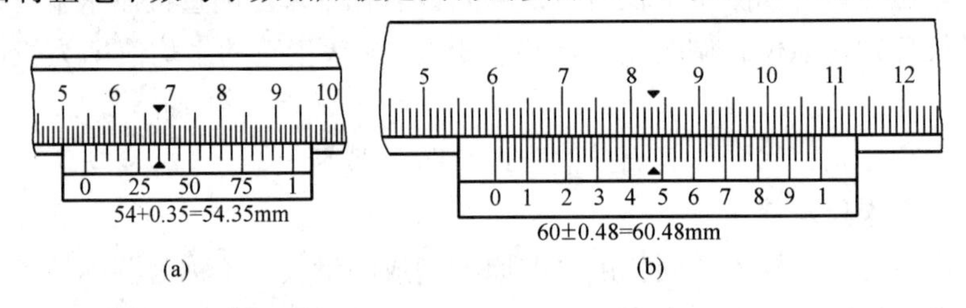

图 6-36　游标卡尺的读数方法

(a) 0.05mm 游标卡尺的读数方法；(b) 0.02mm 游标卡尺的读数方法

4. 使用方法

用游标卡尺进行测量时，内、外量爪应张开到略大于被测尺寸。先将尺框贴靠在工件测量基准面上，然后轻轻移动游标，使内、外量爪贴靠在工件另一面上，如图 6-37 所示，并使游标卡尺测量面接触正确，不可处于图 6-38 所示的歪斜位置，然后把紧固螺钉拧紧，读出读数。

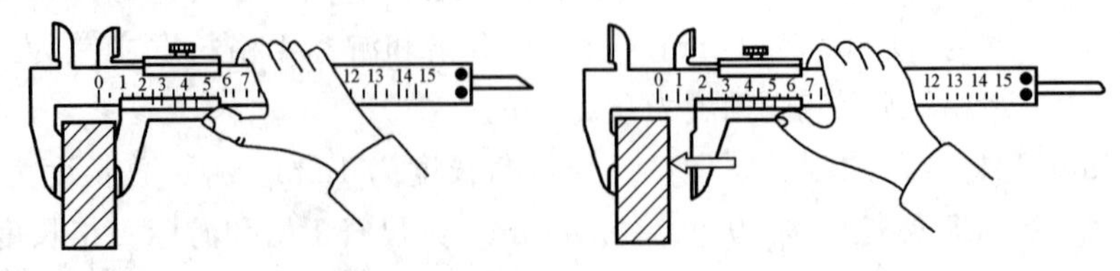

图 6-37　游标卡尺的使用方法

三、万能角度尺及使用

万能角度尺是用来测量工件内、外角度的量具，其测量精度有 2′和 5′两种，测量范围为 0°～320°。

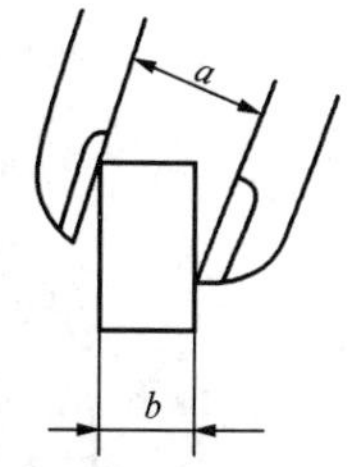

图 6-38　游标卡尺测量面与工件错误接触

1. 结构

万能角度尺如图 6-39 所示，主要由尺身、扇形板、基尺、游标、直角尺、直尺和卡块等部分组成。

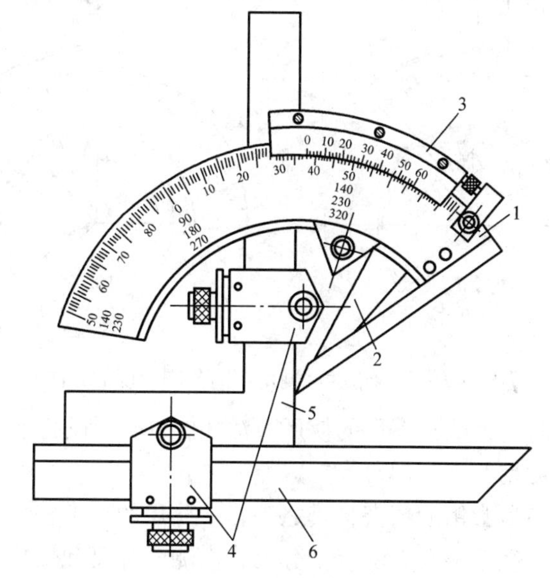

图 6-39　万能角度尺

1—尺身；2—基尺；3—游标；4—卡块；5—直角尺；6—直尺

2. 刻线原理

尺身刻线每格为 1°，游标共 30 格等分 29°，游标每格为 29°/30＝58′，尺身 1 格和游标 1 格之差为 1°−58′＝2′，所以它的测量精度为 2′。

3. 读数方法

先读出游标尺零刻度前面的整度数，再看游标尺第几条刻线和尺身刻线对齐，读出角度“′”的数值，最后两者相加就是测量角度的数值。

万能角度尺测量不同范围角度的方法，如图 6-40 所示。

4. 使用方法

测量前，应将测量面擦干净，直尺调好后将卡块紧固螺钉拧紧。测量时，应先将基尺贴靠在工件测量基准面上，然后缓慢移动游标，使直尺紧靠在工件表面再读出读数。

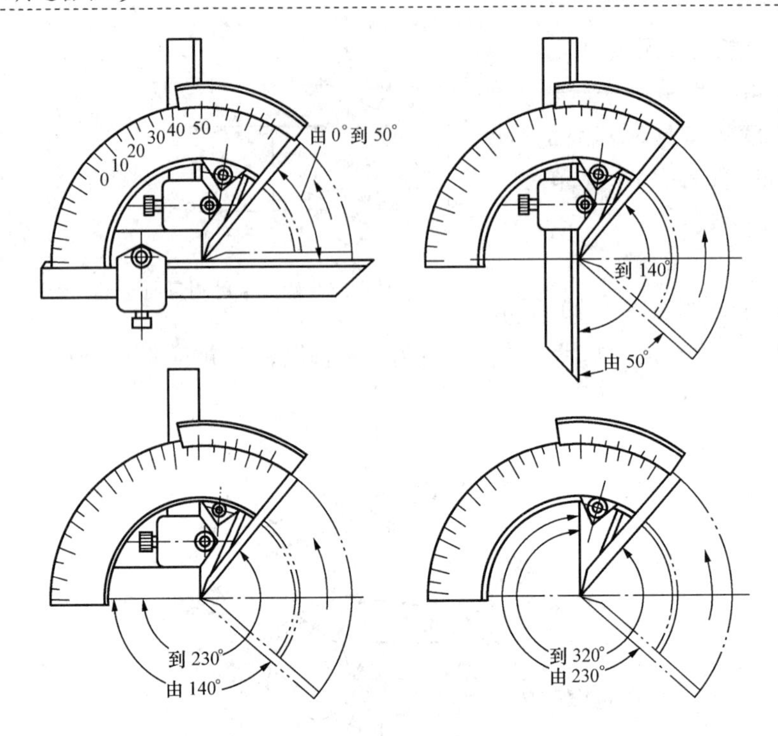

图 6-40　万能角度尺测量不同范围角度的方法

测量不同角度时，万能角度尺的使用方法如图 6-40 所示。

四、千分尺及使用

千分尺是测量中最常用的精密量具之一。千分尺的种类较多，按其用途不同可分为外径千分尺、内径千分尺、深度千分尺、内测千分尺和螺纹千分尺等。千分尺的测量精度为 0.01mm。

（一）外径千分尺

1. 外径千分尺的结构

外径千分尺的结构如图 6-41 所示。

2. 外径千分尺的刻线原理

固定套管上每相邻两刻线轴向每格长为 0.5mm，测微螺杆螺距为 0.5mm。当微分筒转 1 圈时，测微螺杆就移动 1 个螺距 0.5mm。微分筒圆锥面上共等分 50 格，微分筒每转 1 格，测微螺杆就移动 0.01mm，所以千分尺的测量精度为 0.01mm。

3. 外径千分尺的读数方法

先读出固定套管上露出刻线的整毫米数及半毫米数。然后看微分筒哪一刻线与固定套管的基准线对齐，读出不足半毫米的小数部分。最后将两次读数相加，即为工件的测量尺寸，如图 6-42 所示。

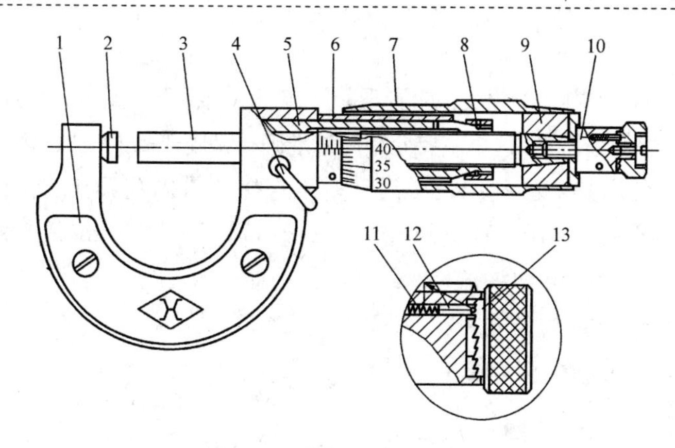

图 6-41 外径千分尺的结构

1—尺架；2—砧座；3—测微螺杆；4—锁紧手柄；5—螺纹套；6—固定套管；7—微分筒；8—螺母；9—接头；10—测力装置；11—弹簧；12—棘轮爪；13—棘轮

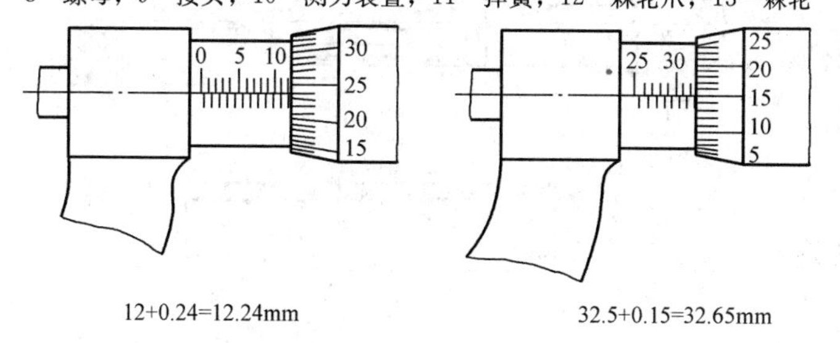

图 6-42 千分尺的读数方法

4. 外径千分尺的使用方法

用千分尺进行测量时，应先将砧座和测微螺杆的测量面擦干净，并校准千分尺的零位。测量时可用单手或双手操作，其具体方法如图 6-43 所示。不管用哪种方法，旋转力要适当，一般应先旋转微分筒，当测量面快接触或刚接触工件表面时，再旋转棘轮，以控制一定的测量力，最后读出读数。

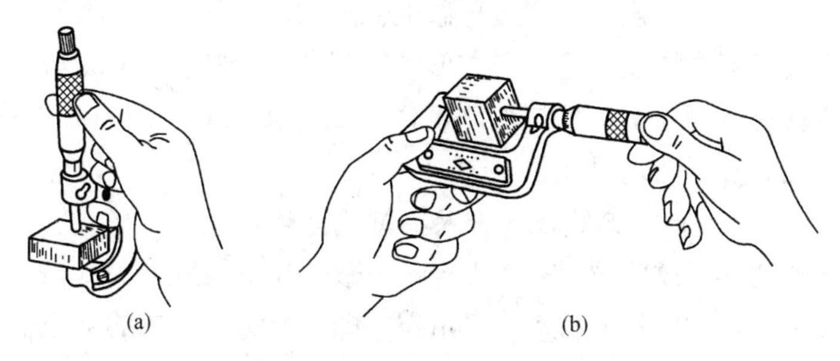

图 6-43 外径千分尺的使用方法

（a）单手测量；（b）双手测量

（二）内径千分尺

内径千分尺有杆式内径千分尺、内测千分尺和三爪内径千分尺等。前两种内径千分尺的刻线原理和精度等级相同，这里主要介绍测量准确且精度较高的三爪内径千分尺。

三爪内径千分尺是一种利用三个活动量爪直接测量内孔尺寸的精密量具，其测量范围有 6～8、8～10、10～12、11～14、14～17、17～20mm 等多种，读数精度有 0.004mm 和 0.005mm 两种。

1. 三爪内径千分尺的结构

三爪内径千分尺的结构如图 6-44 所示。

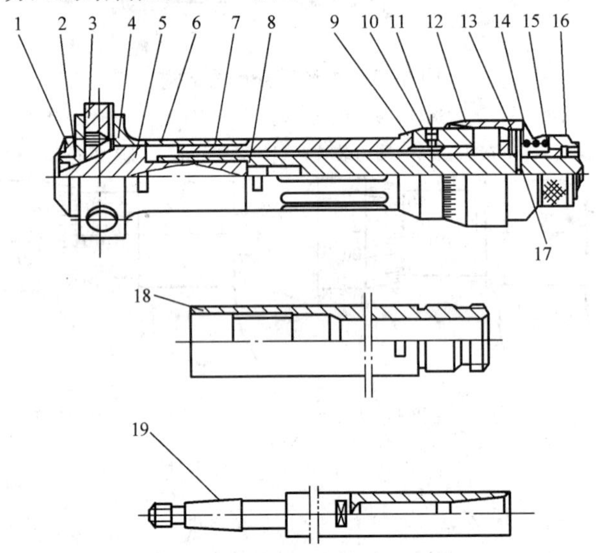

图 6-44　三爪内径千分尺的结构

1—扭簧；2—端盖；3—量爪；4—圆柱销；5—量杆；6—测量头；7—手柄；8—连接杆；9—内套管；10—开口圈；11—螺钉；12—微分筒；13—摩擦片；14—尾套；15—压簧；16—螺母；17—销子；18—接长杆套；19—接长杆

微分筒转动时，带动连接杆和量杆做旋转运动。量杆的一端与连接杆是螺纹连接，另一端为方形圆锥螺纹。量爪与方形圆锥螺纹互相啮合，在量杆与扭簧的作用下做径向直线移动。当三个量爪与被测工件内表面接触时，测力装置将发出响声，此时即可读出孔的实际测量尺寸。

2. 精度为 0.005mm 三爪内径千分尺的刻线原理

量杆的方形圆锥螺纹的螺距是 0.25mm，微分筒一周等分 100 格，当微分筒旋转一周时。三个量爪均向径向移动 0.25mm，即三个量爪组成的圆周测量直径增长了 0.5mm，所以当微分筒每转 1 格，测量直径增加了 0.5/100＝0.005mm，故三爪内径千分尺的测量精度为 0.005mm。

3. 三爪内径千分尺的使用方法

使用三爪内径千分尺测量前，应先用光面校对环规进行校对，若千分尺的示值不准，应松开内套管上的螺钉，调整内套管，直至调准为止，再拧紧螺钉，即可进行测量。

三爪内径千分尺是三个接触点定心，故示值稳定、测量精度高。在未加接长杆时，测量孔深的最大值为70mm，当需要测量深孔直径时，应装上接长杆和接长杆套。

三爪内径千分尺的读数方法和外径千分尺的读数方法一样。

4. 用内径千分尺测量内孔直径

杆式内径千分尺测量前必须用外径千分尺或标准孔径的环规校正零位，测量时，内径千分尺应在孔中沿轴线和直径方向上摆动，在直径方向的最大值且在轴线方向的最小值才是测量的实际尺寸，如图6-45所示。

用内径千分尺测量孔径时，如图6-46所示，要注意千分尺的刻线方向，这种千分尺的刻线方向和外径千分尺的刻线方向相反，当微分筒顺时针旋转时，活动量爪向右移动，测量值增大。

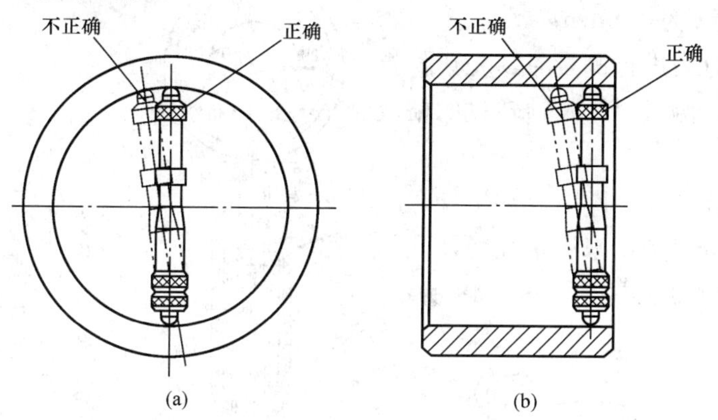

图6-45　杆式内径千分尺的使用方法

(a) 在孔直径方向；(b) 在孔轴线方向

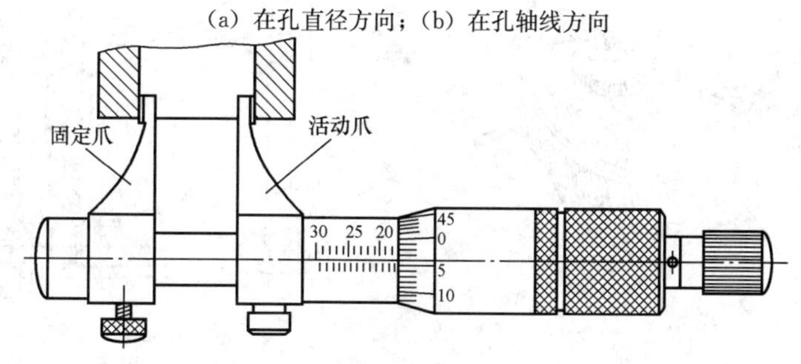

图6-46　内径千分尺及其使用

在测量内孔直径的练习中，有条件的单位，可分别采用不同的内径千分尺对不同工件的孔径（或宽槽）进行测量，通过测量达到熟悉内径千分尺的结构，掌握测

量方法和快速准确地读出读数的目的。

五、百分表及使用

1. 百分表

百分表是一种指示式量仪，测量精度为 0.01mm。当测量精度为 0.001mm 或 0.005mm 时，称为千分表。

（1）百分表的结构，如图 6-47 所示。

（2）百分表的刻线原理及读数方法。百分表齿杆的齿距是 0.625mm，当齿杆上升 16 齿时，上升的距离为 0.625mm×16=10mm，此时和齿杆啮合的 16 齿的小齿轮正好转动 1 周，而和该小齿轮同轴的大齿轮（100 个齿）也必然转 1 周。中间小齿轮（10 个齿）在大齿轮带动下将转 10 周，与中间小齿轮同轴的长针也转 10 周。由此可知，当齿杆上升 1mm 时，长针转 1 周。表盘上共等分 100 格，所以长针每转 1 格，齿杆移动 0.01mm，故百分表的测量精度为 0.01mm。

使用百分表进行测量时，先让长指针对准零位，测量时，长针转过的格数即为测量尺寸。

2. 内径百分表

内径百分表是用来测量孔径及孔的形状误差的测量工具，如图 6-48 所示，

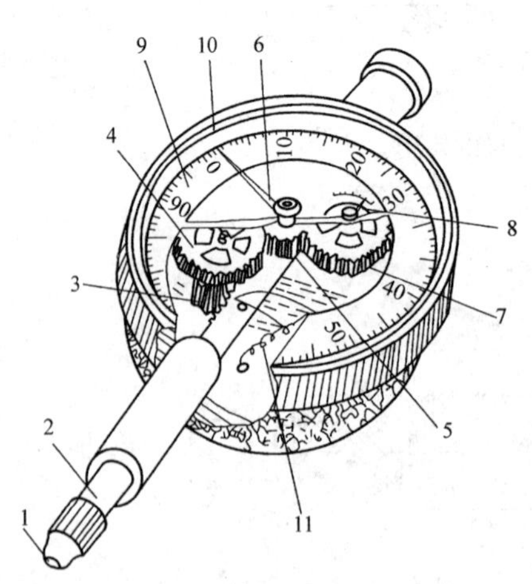

图 6-47　百分表的结构

1—触头；2—量杆；3—小齿轮；4、7—大齿轮；5—中间小齿轮；6—长指针；8—短指针；9—表盘；10—表圈；11—拉簧

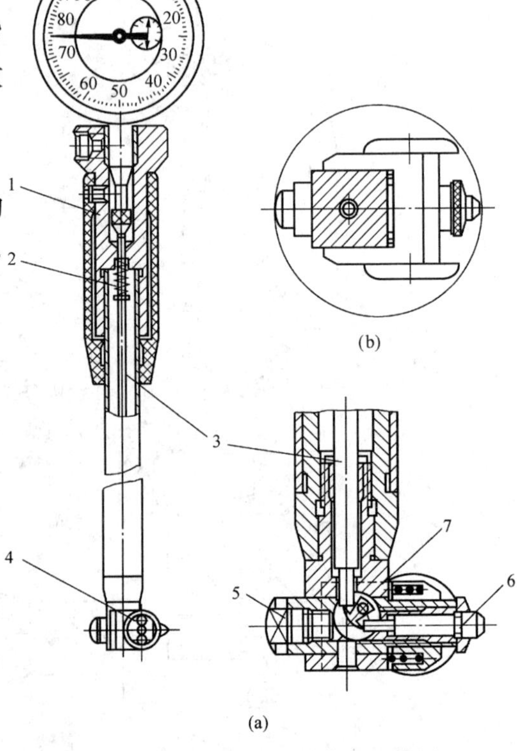

图 6-48　内径百分表的结构及工作原理

（a）结构原理；（b）孔中测量情况

1—表架；2—弹簧；3—杆；4—定心器；5—测量头；6—触头；7—摆动块

将百分表装在表架上，触头通过摆动块、杆将测量值 1∶1 地传给百分表。固定测量头可根据孔径大小更换。测量前应先将内径表对准零位，测量时应沿轴向摆动百分表，测出的最小尺寸才是孔的实际尺寸。

内径百分表是一种比较量仪，只有和外径千分尺配合才能测出孔径的实际读数，测量时，必须摆动百分表，如图 6-49 所示，所得的最小尺寸才是孔径的实际尺寸。

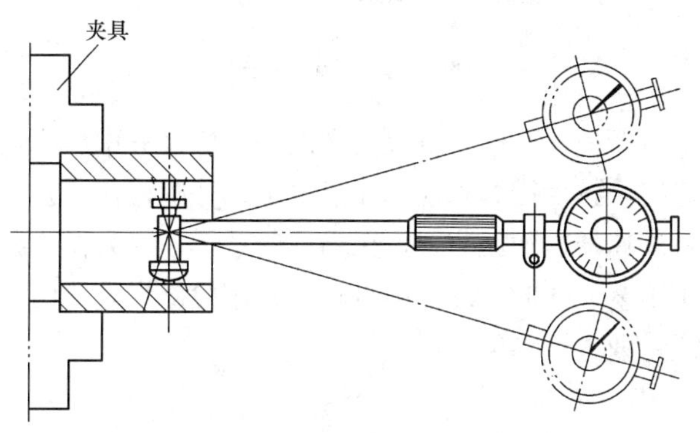

图 6-49　内径百分表的测量方法

通过测量达到熟悉内径百分表的结构，掌握测量头的更换及测量孔径与孔的圆度、圆柱度误差的方法。

六、塞尺及使用

塞尺是用来检验两个接合面之间间隙大小的片状量规，如图 6-50 所示，它有两个平行的测量平面，其长度有 50、100、200mm 等多种。塞尺有若干个不同厚度的片，可叠合起来装在夹板里。

使用塞尺时，应根据间隙的大小选择塞尺的片数，可用一片或数片重叠在一起插入间隙内。厚度小的塞尺片很薄，容易弯曲和折断，插入时不宜用力太大。用后应将塞尺擦拭干净，并及时合到夹板中。

七、量具保养及使用注意事项

量具是贵重仪器，应精心保养。量具保养得好坏直接影响其使用寿命和精度，要求做到以下几点：

（1）使用时不得超过量具的允许量程。

（2）用电的量具，电源必须符合量具的用电要求。

（3）所有量具应定期经国家认可的检验

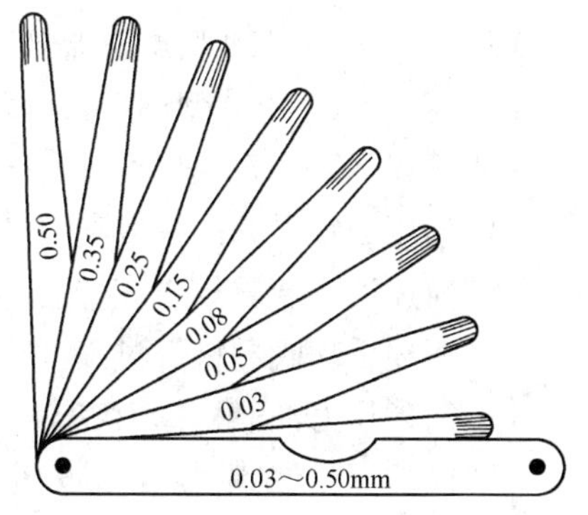

图 6-50　塞尺

部门进行校验，并将校验结论记入量具档案。不符合技术要求或检验不合格的量具禁止使用。

（4）贵重精密量具应由专人或专业部门进行保管，其使用及保管人员应经过专业培训，熟知该仪器、仪表的使用与保养方法。

（5）使用时，应轻拿轻放，并随时注意防湿、防尘、防振，用完后立即揩净（该涂油的必须涂油保养），装入专用盒内。

科 目 小 结

本科目主要针对调速器Ⅱ级检修人员在设备检修过程中所应具备的业务素质与专业技能，从检修安全技术措施、检修注意事项、分解检修工艺、调整试验几方面分别介绍了水轮机调速器、油压装置、压缩空气系统、接力器、漏油装置、过速限制装置的检修施工工艺。同时，还详细讲解了常用检修量具使用的有关知识。本科目可供水电厂相关专业人员参考。

作 业 练 习

1. 简述调速器大修的一般技术措施。
2. 简述调速器大修通用的注意事项。
3. 简述 WBST-150-2.5 型调速器开关机时间调整过程。
4. 简述 WBST-150-2.5 型调速器导、轮叶控制部分平衡调整过程。
5. 简述摇摆式接力器大修的通用注意事项。
6. 简述摇摆式接力器主要参数与规范。
7. 简述 HDY-S 型电液转换器检修方法、工艺。
8. 简述 KZT-150 型调速器开度限制及手操机构的检修方法、工艺。
9. 简述 KZT-150 型调速器定位器的检修方法、工艺。
10. 简述 KZT-150 型调速器自动复中装置的检修方法、工艺。
11. 简述 KZT-150 型调速器紧急停机及托起装置的检修方法、工艺。
12. 简述 KZT-150 型调速器液压集成块的检修方法、工艺。
13. 油压装置检修的一般安全措施有哪些？
14. 简述油压装置排压、排油过程。
15. 简述手动阀门检修过程。
16. 简述压力油罐检修内容。
17. 简述压力油罐耐压试验安全注意事项。
18. 简述压力点油泵输油量测定方法。

19. 简述 HYZ-6.0 型油压装置油泵组装时的注意事项。
20. 空气压缩机大修前的一般安全措施有哪些？
21. 大修后的空气压缩机在装配过程中应测量哪些项目？
22. 对安全阀及压力表校验的基本要求有哪些？
23. 简述压力油罐（容器）超压试验方法。
24. 空气压缩机负荷试运行阶段应做哪些经常项目检查？
25. 漏油装置如何进行试验、调整？
26. 漏油装置的检修项目有哪些？
27. 漏油装置检修的一般技术措施有哪些？
28. 如何使用万能角度尺？
29. 使用水平仪时应注意哪些事项？
30. 试述方框式水平仪的主要结构、刻线原理及其用途。
31. 简述英格索兰 MM132 螺杆空气压缩机系统组成。
32. 试述三爪内径千分尺的刻线原理。
33. 使用内径千分尺时应注意哪些事项？
34. 使用合像水平仪尤其要注意哪些问题？
35. 游标卡尺在使用时应注意些什么？怎样正确使用？
36. 试述游标卡尺的刻线原理。
37. 试述百分尺的刻线原理。
38. 百分表的大指针变动 12 格，测量杆升降多少毫米？为什么？
39. 使用百分表应注意哪几点？
40. 量具保养及其使用都有哪些注意事项？
41. 使用塞尺时如需组合几片进行测量时，一般控制在几片以内？为什么？
42. 量具为什么要定期到国家认可的检验部门进行校验？

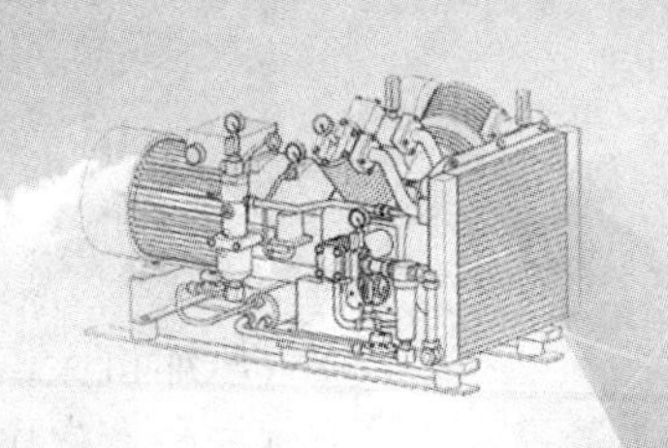

科目七

设 备 维 护

科目名称	设备维护		类别	专业技能
培训方式	实践性/脱产培训	培训学时	实践性 84 学时/脱产培训 12 学时	
培训目标	掌握设备维护周期及规范要求			
培训内容	模块一　水轮机调速器机械液压系统及接力器维护保养 　一、调速器机械液压系统维护保养 　二、接力器的维护保养 模块二　油压装置及漏油装置维护保养 　一、油压装置的巡回检查与维护基本要求 　二、油压装置和漏油装置的巡回检查 　三、油压装置及漏油装置的定期维护 　四、油压装置常见缺陷的处理 模块三　空气压缩机维护保养 　一、空气压缩机维护保养的通用要求 　二、空气压缩机定期维护保养 　三、空气压缩机维护保养的注意事项 　四、空气压缩机维护保养检查标准			
场地，主要设施、设备和工器具、材料	水轮机调速器、油压装置、空气压缩机、接力器、漏油装置、弯管器、带丝、轧管器、管钳、割规、垫冲、套筒扳手、常用扳手、常用起子、内六角扳手、手锤、铜棒、钢板尺、画规、水平仪、游标卡尺、千分尺、毛刷、密封垫、清洗材料、螺栓等			
安全事项、防护措施	工作前，交代安全注意事项，加强监护，正确佩戴安全帽，穿工作服，执行电力安全工作规程及有关规定			
考核方式	笔试：30min 操作：60min 完成工作后，针对评分标准进行考核			

模块一 水轮机调速器机械液压系统及接力器维护保养

一、调速器机械液压系统维护保养

调速器Ⅱ级检修人员由于已经具备了一定的检修经验，除了能对调速器进行正常的维护保养之外，还可以作为工作负责人带领Ⅰ级检修人员对调速器进行一些缺陷处理性的维护保养工作。

1. 开关机时间调整

通常通过控制主配压阀开口的大小，进而控制接力器开、关腔的配油量来调整调速器开关机时间。这种调整开关机时间的方式多见于大型调速器，控制主配压阀开口的开关机时间调整装置采用调整螺栓、调整螺母式结构的较多，如图 7-1 所示。图 7-1 所示开、关的位置大小即为主配压阀开、关两个方向开口的大小。

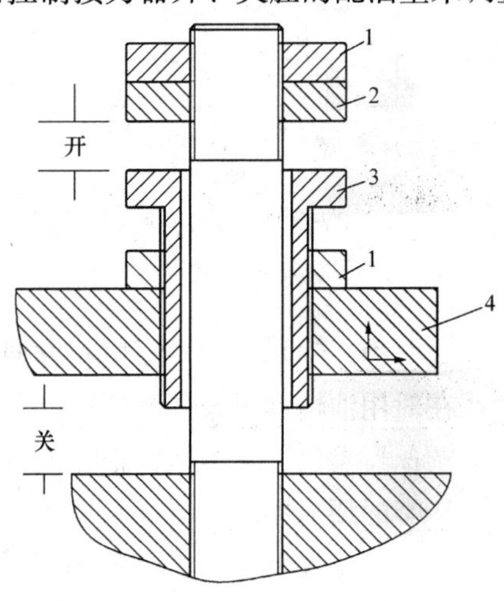

图 7-1 螺栓、螺母式开关机时间调整装置

1—背母；2—开机时间调整螺母；3—关机时间调整螺母；4—随动于主配压阀

调整调速器开关机时间的方法很简单，通过旋转开关机时间调整螺母改变开口的大小，关键点在于要知道开口增大，时间变短；开口减小，时间变长。另外，要先调整关机时间，后调整开机时间，以免多做重复性工作。背母一定要锁死，避免运行时调整螺母位置发生变动。正常情况下由于背母已锁死，很少出现开关机时间发生变化的情况，但也有因机组运行条件恶化、调速器存在缺陷未及时消除，致使调速器振动，造成背母松动的现象发生。调速器检修人员对调速器进行维护保养时一定要耐心、细致。发现背母松动的情况，要及时汇报相关领导，申请停机。依照上一次的检修记录重新试验调整开关机时间，确保安全生产。

有的调速器是通过限制接力器配油管的排油量来调整开关机时间的，如图 7-2 所示。在主配压阀的排油孔上安装节流塞，通过改变排油孔的大小来改变排油量，从而调整开关机时间。因调速器的开关机时间只能在调速器大修时才具备调整条件，所以严格意义上讲，这类调速器的开关机时间是不可调整的，是在最开始安装时确定的，其优点是检修人员不必担心开关机时间发生变化；但在确定开关机时间

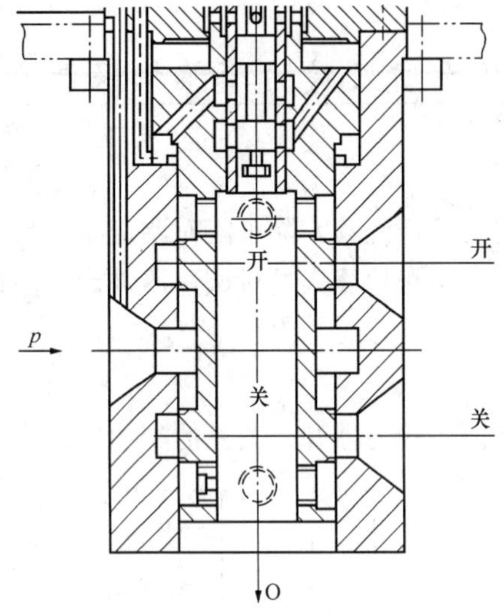

图 7-2　WT-200 型水轮机调速器机械液压系统

时应充分考虑水电厂水头的变化情况，避免出现因水头变化造成关机时间严重不合理的情况。对于这类调速器，Ⅱ级检修人员应该知道主配压阀上开机侧的排油孔是调整关机时间的。

一些小型调速器是在接力器的配油通路上安装旋入式针塞来调整开关机时间的，还有一些小型数字阀调速器是在接力器的配油通路上安装可变节流阀来调整开关机时间的，无论是哪一种调速器，都是通过控制接力器配油通路的油量来实现开关机时间调整的。

2. 调速器滤油器清扫

滤油器清扫是调速器维护保养的一项重要工作内容，比较多见的滤油器有滤芯式和刮片式两种。刮片式滤油器比较方便使用，维护保养也比较方便；滤芯式滤油器则多用在对用油精度比较高的调速器上。

调速器发出二次油压警报，或者现场检查调速器二次油压偏低时要及时清扫滤油器。有的调速器滤油器是双重滤油器，可以在调速器运行时清扫，但在这种工作条件下清扫滤油器有可能造成溜负荷的情况发生，要求检修人员有一定的检修水平，所以还是尽量选择在停机时清扫滤油器，除非双重滤油器两腔的油压都偏低。

清扫滤油器时，把滤芯用汽油清扫干净，检查滤网完好后，切记还要把脏油腔的油用白布蘸干净，避免回装滤芯时脏油溢到净油腔。如果调速器的电液转换部分是环喷式电液转换器（见图 7-3），脏油溢到净油腔的后果很可能是杂质把过流通径很小的节流塞堵住，造成调速器偏开或偏关，无法正常调节。

3. 调速器偏开、偏关调整

调速器检修后，机械零位已经调好，但在运行一段时间后，机械零位会发生变化。这是因为电液转换部件输出端的背母等发生松动，造成机械位置发生变化引起的。图 7-4 所示为电液转换器输出端复中装置，由此可知，最下端的背母如果发生松动，电液转换器输出端的机械位置就会发生变化。

检修人员对调速器进行维护保养时，如果发现电液转换部件输出端的背母发生松动，要及时联系停机，试验检查调速器机械零位的变化情况，并重新调整机械零位。

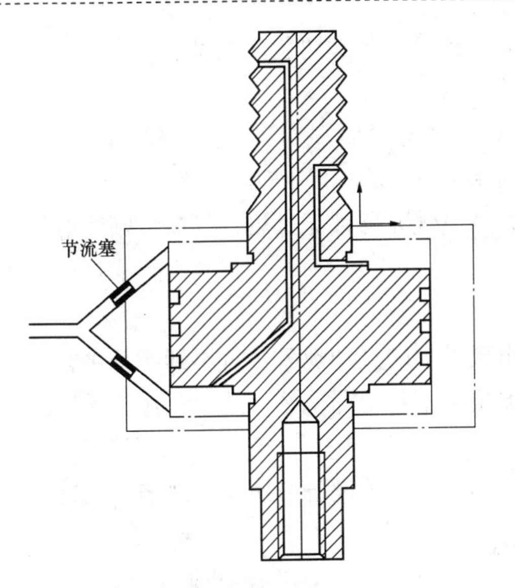

图 7-3　环喷式电液转换器机械液压部分

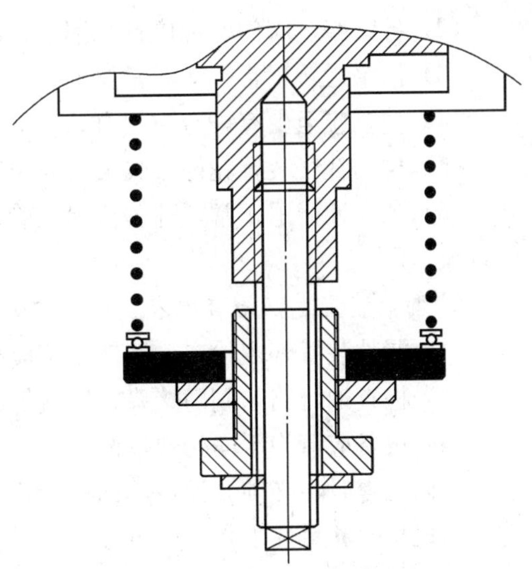

图 7-4　电液转换器输出端复中装置

检查机械零位需在蜗壳无水、调速器的电气柜断电、停机联锁压板退出的工作条件下进行，调速器可以手动开到一个开度后（30%～50%），然后切到自动。打开机械开度限制，对当前开度无限制作用，在接力器上设表，检查调速器的偏开、偏关情况。

二、接力器的维护保养

接力器的维护保养工作量不大，定期检查接力器的渗漏油情况，并定期给接力器需注油的部位注油即可。

模块二　油压装置及漏油装置维护保养

一、油压装置的巡回检查与维护基本要求

（1）现场运行、检修规程应对调速器及油压装置的巡回检查、定期维护项目和要求做出规定。

（2）巡回检查和定期维护工作必须认真执行，并做好记录。

（3）油压装置压力油罐手动补气时，应随时观察压力油罐的油位和油压。补气未完，操作人员不得离开现场。

二、油压装置和漏油装置的巡回检查

1. 油压装置的巡回检查内容

（1）油压装置的油压、油位正常，油质合格，油温在允许范围内。

（2）各管路、阀门、油位计无漏油、漏气现象，各阀门位置正确。

（3）油泵运转正常，无异常振动、过热现象。

（4）油泵应至少有一台在“自动”，一台在“备用”。

（5）自动补气装置完好，失灵时应及时手动补气。

（6）各表计指示正常，开关位置正确，各电气元器件无过热、异味、断线等异常现象。

2. 漏油装置巡回检查内容

（1）漏油装置外观检查，运转中不应出现过大的振动现象，听不到异常声音。

（2）检查油管路与阀门接头、压盖等部位，密封止漏良好，阀门动作灵活。

（3）设备应清扫干净，现场清洁。

巡回检查时，必须开设备巡回检查票，不得动无关设备。如发现缺陷，应通知运行值班员，并另开工作票进行处理。

三、油压装置及漏油装置的定期维护

（1）定期对油泵进行主、备用切换。

（2）定期对备用油泵及漏油泵进行手动启动试验。

（3）定期对自动补气阀组进行动作试验。

（4）对有关部位进行定期加油。

此外，油的清洁是保证调节设备正常工作的重要条件，应定期进行油的化验和净化，并根据运行需要补充或更换新油；同时应尽量避免油中混水。经常检查补气管路、冷却水管路，应无漏气、漏水现象。向压力油罐中补气时，一般不要由空气压缩机直接打入，要经过储气罐将压缩空气冷却分离水分后补入。

四、油压装置常见缺陷的处理

1. 油泵空转不打油

油泵启动后压力油罐油位不上升或上升较慢，可能是油泵转速低，检查处理。组合阀的安全阀全开启或卸荷阀长时间开启不关闭，应调整安全阀、卸荷阀的调整螺栓并试验；或分解组合阀进行检查，根据发现的问题进行逐项处理。油泵内充满空气，或油内充空气，吸油管路不严，应进行排气处理。

2. 漏（渗）油

油压装置的管路、阀门、接头等部位有渗漏油现象，可能是密封材料有问题或有砂眼、裂纹，也可能安装过程紧固时预紧力不够出现松动，应进行相应处理。如需分解处理，则注意要泄压排油后再分解设备。

3. 压力表失灵

压力表指示不正确，先确认系统压力是否正确，如无问题，重新校验表或更换

新表。

4. 油泵运行停止后反转

油泵运行停止后反转，应检查止回阀止口、弹簧或止回阀处的节流塞，并进行相应处理。

模块三 空气压缩机维护保养

空气压缩机的日常维护保养是空气压缩机正常、高效、安全、可靠运行的保证。进行维护保养前，应仔细阅读制造厂提供的使用维护说明书和有关技术文件，并将具体规定和要求转化为维护保养制度。

一、空气压缩机维护保养的通用要求

(1) 设备完整无损，处于良好状态；压力、温度、电流、电压均在正常参数范围左右，不能偏离过大，通过合理的维护保证良好状态。

(2) 空气压缩机应无漏油、漏水、漏气现象。

(3) 保持仪表的完整齐全，指示准确，并按期校验。

(4) 管路、线路整齐、正规、清洁畅通，绝缘良好。

(5) 冷却水与润滑油应符合要求，不能混用不同的润滑油。

(6) 新空气压缩机和大修后的空气压缩机，首次运行200h后，应更换润滑油，清洗运动部件和油池或油箱，并清洗或更换油过滤器。若排出的润滑油经过滤化验，符合润滑油质量要求，可继续使用。

(7) 油位应符合要求。

(8) 安全装置（如安全阀、保险装置、自控或保护装置）灵敏可靠，接地装置应符合要求。

(9) 设备与工作场地应整齐、清洁，无灰尘、油渍，标牌齐全，连接可靠。

(10) 认真填写记录和维护保养日志。

二、空气压缩机定期维护保养

定期维护保养通常分一级保养、二级保养和三级保养。

1. 一级保养

一级保养应每天或每次巡回检查时进行，保养内容如下：

(1) 检查润滑油的油位和油压。油量不足应加油，油压不合格应进行处理。

(2) 检查仪表指示是否正确，更换指示值不准或已损坏的仪表。

(3) 检查油过滤器和空气过滤器压差是否超限，对超限的过滤器予以清洗或更换。

(4) 检查喷油螺杆空气压缩机油分离器的前后压差。

(5) 检查空气压缩机有无异常声响和泄漏。

2. 二级保养

(1) 喷油螺杆空气压缩机一般要求每月进行如下保养：

1) 取油样，观察油质是否变质。

2) 检查排气温度开关是否失灵。

3) 清洁机组外表面。

(2) 活塞空气压缩机对二级保养的要求如下：

1) 每运转1000h后取油样，确定润滑油是否需更换，并清洗或更换油过滤器滤芯或过滤网。

2) 每运转2000h后清洗气阀一次，清洗阀座、阀盖积炭，检查气阀气密性。

3) 每运转2000h后检查运动部件紧固螺栓有无松动，防松装置有无松动或失效，摩擦面（气缸镜面、十字头滑道）有无拉毛现象。

3. 三级保养

(1) 对喷油螺杆空气压缩机一般要求每3个月进行一次三级保养，内容如下：

1) 清洁冷却器外表面、风扇叶片和机组周围灰尘。

2) 电动机前后轴承加润滑脂。

3) 检查所有软管有无破裂和老化现象，根据情况决定是否更换软管。

4) 检查电气元件，清洁电控箱内的灰尘。

5) 每运转2500h后应换油，但一年内运行不足2500h，一年后也应换油。应使用制造厂推荐的空气压缩机油，不同油种不得互相混杂。

换油时，在油过滤器（或油分离器）底下放一合适的容器，旋下壳体上的油塞，放出润滑油。然后旋下油过滤器壳体，检查壳体内和滤芯上的外来细小颗粒。如果发现较多的金属小颗粒，则应分析这些颗粒的来源，判断空气压缩机内部有无非正常摩擦和磨损。有些颗粒已陷入滤芯内部，不能清洗干净的则应更换滤芯。再从头到尾检查过滤器的总体情况，清洗壳体。将新的滤芯或清洗干净的滤芯装到油过滤器壳体内，如果发现O形密封圈或垫片已损坏，则应更换。放油时应注意，在电气系统与电源未切断之前及系统内压力全部释放前，不得放油，避免造成人身伤害。放油时间最好在停车之后几分钟进行，油温高、黏度低时，放油比较彻底，微小颗粒悬浮物易随油一起排出。排油后，应彻底清洗分离器壳体，并擦拭干净。装上新的油过滤器和分离器芯子，向系统加入符合要求的润滑油，应使润滑油加到刚超过油分离器上油窥镜的可视孔，旋紧油塞。启动空气压缩机，运行2～3min，然后停机，检查油位，再加入足够多的油，让油面刚好超过油窥镜的可视孔。

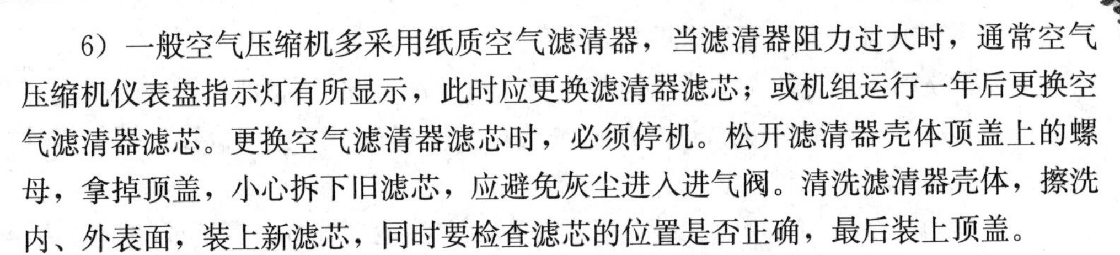

6）一般空气压缩机多采用纸质空气滤清器，当滤清器阻力过大时，通常空气压缩机仪表盘指示灯有所显示，此时应更换滤清器滤芯；或机组运行一年后更换空气滤清器滤芯。更换空气滤清器滤芯时，必须停机。松开滤清器壳体顶盖上的螺母，拿掉顶盖，小心拆下旧滤芯，应避免灰尘进入进气阀。清洗滤清器壳体，擦洗内、外表面，装上新滤芯，同时要检查滤芯的位置是否正确，最后装上顶盖。

7）当油分离器两端压差是启动之初 3 倍或最大压差大于 0.1MPa 时，应更换油滤芯。若分离器芯子两端压差数值为零，说明芯子有故障或气体已经短路，此时应立即更换芯子。更换芯子时应停机，关闭系统管路上的隔离阀，切断电气控制和电源开关，确保分离器中气体压力放空。拆下空气压缩机上的回油管，松开油分离器顶盖上的回油管接头，抽出回油管部件。拆下分离器顶盖上的管道及紧固顶盖的螺栓，吊去顶盖，小心将分离器芯子取出。清理顶盖和筒体上两个密封面。清理时，防止破碎垫片落进油分离器筒体内。清洗并吹干油分离器，检查油分离器内部确无杂物，放好新的垫片和芯子，应使芯子和筒体轴线一致，放上顶盖，拧紧螺栓。把回油管部件插进分离器芯子，应使油管刚好碰到油分离器芯子底部，拧紧管接头，装好顶盖上的管路。启动机组，检查有无泄漏。

（2）活塞空气压缩机的三级保养，一般在空气压缩机运行 4000h 后进行，具体内容如下：

1）换润滑油，清洗油过滤器，更换滤芯。

2）清洗空气滤清器，更换滤芯或滤网。

3）检查仪表控制系统，修复或更换失效或动作不可靠的元器件，校正仪表。

4）校正安全阀。

5）检查运动部件的磨损情况和紧固锁紧装置，磨损严重或间隙过大时应修理或更换。

6）检查吸、排气阀的密封情况和活塞环、导向环的磨损情况，更换已损坏的阀片和弹簧，更换磨损过大的活塞环和导向环。

7）清洗冷却器换热面的水垢，对风冷式冷却器可用压缩空气清扫。

8）对空气压缩机进行全面检查，包括管路、电路和各部分连接。

三、空气压缩机维护保养的注意事项

（1）设备保养、检查及修理后，应详细做好分类记录，并注意对易损件和零、配件的图纸、资料进行测绘和经验积累工作。

（2）拆卸的零、部件要按原样装回，先拆的后装，后拆的先装，不得互换。为防止混淆，拆卸前可在醒目位置做上标记。

（3）拆卸和装配时，不得乱敲乱打。注意不要碰伤和滑伤工件，尤其是各摩擦

表面，应采用或自制专用工具来拆装。

（4）清洗时，最好用柴油或煤油（一般不用汽油）。必须将油擦干和无负荷运转10min以上，才能投入正常运行。清洗气缸要用煤油，禁止用汽油，要等煤油全部挥发或擦干后才能进行装配。

（5）要防止杂物如木屑、棉纱、工具等存留在油池、气缸、管道或储气罐内。装配前，要做好机件的清洁、擦干和必要的润滑。

（6）定期保养后的空气压缩机，一定要经过空转、试车，待检验正常后才能投入正常使用。

四、空气压缩机维护保养检查标准

空气压缩机维护保养检查标准见表7-1。

表7-1　空气压缩机维护保养检查标准

项　目	检　查　内　容
整齐	电气控制、仪表、安全防护装置齐全，灵敏可靠
	设备的气、水、油管路保持完整、牢固和不漏
	设备零部件齐全
	工具、附件存放在指定地点，整齐有序
清洁	设备外表清洁，无油污积尘，呈现本色
	各运动表面无黑斑、油污及锈痕，光滑明亮
	设备周围地面清洁，无积油、积水，无其他堆积物
润滑	润滑系统完整畅通，保持内外清洁
	油箱、油池有油，油标醒目，油量在规定的范围内，保持清洁
	润滑油的油质符合性能要求
安全	设备实行定人、定机管理
	有操作、检修规程，操作者能理解并按照执行
	不违章使用设备，认真执行交接班制度
	安全阀，各种信号、仪表装置齐全，灵敏可靠

注　以上维护保养内容只供参考，非强制性要求。

科　目　小　结

本科目主要针对调速器Ⅱ级维护人员在设备维护过程中所应具备的业务素质与专业技能，主要内容有调速器的维护保养周期以及KZT-150型调速器的维护保养、步进式调速器机械部分的缺陷处理、油压装置的巡检与维护基本要求及缺陷处理、摇摆式接力器日常缺陷处理、漏油装置的缺陷、空气压缩机维护保养的通用要求、定期维护保养主要项目以及空气压缩机维护保养检查标准等。本科目可供水电厂相关专业人员参考。

作业练习

1. 简述调速器的维护保养内容。
2. 绘制调速器开关机时间调整机构结构简图。
3. 油压装置维护检查主要项目有哪些?
4. 漏油装置维护检查主要项目有哪些?
5. 空气压缩机维护保养的通用要求有哪些?
6. 空气压缩机一级保养的检查内容有哪些?
7. 简述喷油螺杆空气压缩机换油方法。

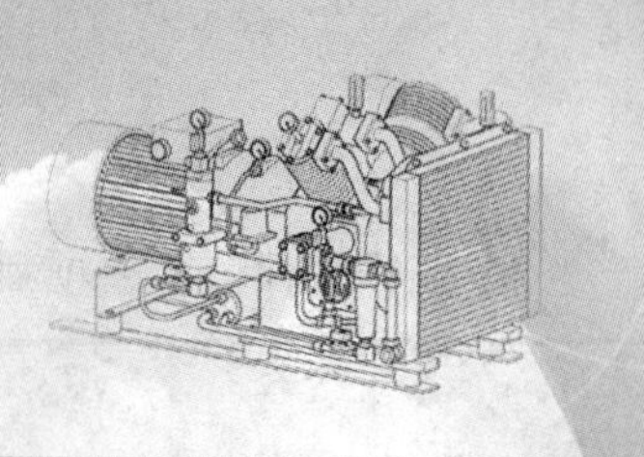

科目八

设备故障处理

<table>
<tr><td>科目名称</td><td colspan="2">设备故障处理</td><td>类别</td><td>专业技能</td></tr>
<tr><td>培训方式</td><td>实践性/脱产培训</td><td>培训学时</td><td colspan="2">实践性 90 学时/脱产培训 30 学时</td></tr>
<tr><td>培训目标</td><td colspan="4">掌握设备故障、事故处理的防护措施及要求</td></tr>
<tr><td>培训内容</td><td colspan="4">模块一　水轮机调速器机械液压系统故障处理
一、KZT-150 型水轮机调速器机械液压系统故障处理
二、WBST-150-2.5 型水轮机调速器机械液压系统及摇摆式接力器故障处理
三、水轮机调速器常见故障处理
模块二　油压装置及漏油装置故障处理
一、油压装置故障现象、原因分析及处理方法
二、漏油装置故障原因及处理方法
模块三　空气压缩机故障处理
一、气路、油路及水路故障
二、机械故障及气阀、活塞环和联轴器故障
三、电动机故障
四、主要零件破坏事故</td></tr>
<tr><td>场地，主要设施、设备和工器具、材料</td><td colspan="4">水轮机调速器、油压装置、空气压缩机、接力器、漏油装置、弯管器、带丝、轧管器、管钳、割规、垫冲、套筒扳手、常用扳手、常用起子、内六角扳手、手锤、铜棒、钢板尺、画规、水平仪、游标卡尺、千分尺、毛刷、密封垫、清洗材料、螺栓等</td></tr>
<tr><td>安全事项、防护措施</td><td colspan="4">工作前，交代安全注意事项，加强监护，正确佩戴安全帽，穿工作服，执行电力安全工作规程及有关规定</td></tr>
<tr><td>考核方式</td><td colspan="4">笔试：60min
操作：
完成工作后，针对评分标准进行考核</td></tr>
</table>

模块一　水轮机调速器机械液压系统故障处理

一、KZT-150 型水轮机调速器机械液压系统故障处理

KZT-150 型水轮机调速器机械液压系统故障处理见表 8-1。

表 8-1　　KZT-150 型水轮机调速器机械液压系统故障处理

序号	故障现象	原因	处理方法
1	电液转换器转动套不转	油中有杂质： 调速器虽然有油过滤器，但是由于滤网损坏等原因，杂质还是有可能通过，造成转动套发卡	如调速器在运行中，必须和运行人员联系好，做好必要的安全措施，把机械开度限制压到当前开度，可用手向上（只能向上，向下会造成关机）提电液转换器上部的复中弹簧，此时，转动套和活塞的前置级的相对位置发生改变，如果杂质卡得不死，会被油流冲走，转动套恢复转动；如果杂质卡得很死，只能分解电液转换器，分解前把调速器切手动。用固定扳手分解开连接座与阀座的连接螺栓，螺栓分解完，向上提电液转换器的电气部分，使电液转换器的活塞前置级和转动套分开，检查转动套应完好，转动灵活。用电液转换器外罩罩住活塞前置级，手自动切换把手放自动位置，检查前置级向四个方向喷油应均匀，用干净的绸布擦拭前置级，确保干净无杂物后调速器切手动，拿开电液转换器外罩。回装电液转换器的电气部分，安装好后，调速器切自动，检查转动套恢复正常后，向运行人员交代，工作结束。由运行人员负责把机械开度限制放到正常运行位置，事后应记住择机检查油过滤器的滤网
		温度降低： 冬季气温低，尤其是厂房内靠近厂房门的机组，透平油因温度降低而黏度增大，造成转动套不转	对油压装置进行油循环，降低油黏度。必要时，在机组旁边增加电热器
		油压装置中进水： 调速器用油的水分过大，会造成转动套的表面产生锈垢，致使转动套不转	化验透平油，如果水分超标，则更换合格的透平油
		无振动电流： 振动电流掉线等原因	检查无振动电流后，联系电气班组处理

续表

序号	故障现象	原因	处理方法
2	调速器压力降低	调速器油过滤器滤网表面附着杂物过多	清扫油过滤器，用汽油清扫油过滤器。KZT-150型调速器为双重油过滤器，通过切换把手选择两组滤芯。清扫滤网前要格外注意区分哪组是工作滤芯。机组在运行中清扫滤网，调速器应放在手动位置
3	反馈钢丝绳断股	反馈钢丝绳在导向滑轮处跳槽，造成钢丝绳被卡断或断股	更换等长、等径的钢丝绳，此项工作应在停机状态下进行。更换后试验，应满足调速器的开、关位置和导叶的全开、关位置能对应上
4	调速器偏开、偏关过大	调整螺母变位	检查和处理调速器偏开、偏关过大必须在停机、关主阀、蜗壳排水且电气柜断电的情况下进行。 由运行人员做好上述措施后，退出停机联锁压板。调速器手动打开一定开度，切到自动状态，机械开度限制打开大于当前开度。如果调速器偏开、偏关过大，目测即可以看出调速器偏开、偏关。调速器关到全关位置，切到手动状态。向相反的方向调整开、关机调整螺栓。然后，调速器再打开一定开度，在导叶接力器推拉杆上设百分表，观察调速器的偏开、偏关情况，不合格继续调整。直至调整到调速器偏关小于1mm/5min为止。开、关机调整螺栓背母锁死，向运行人员交代后，此项工作结束

二、WBST-150-2.5型水轮机调速器机械液压系统及摇摆式接力器故障处理

WBST-150-2.5型水轮机调速器机械液压系统及摇摆式接力器故障处理见表8-2。

表8-2　WBST-150-2.5型水轮机调速器机械液压系统及摇摆式接力器故障处理

序号	故障现象	原因	处理方法
1	导、轮叶步进式电动机打空转	导、轮叶步进式电动机联轴器销可能脱落	检查位移转换装置中的联轴器转换螺钉
2	机组正常运行时，轮叶步进式电动机不停地转动	（1）轮叶位移转换装置可能发卡或轮叶步进式电动机联轴器销可能脱落。 （2）水头与实际水头不对应。 （3）运行中导叶开度不稳定。 （4）轮叶传感器有问题。 （5）轮叶开度机械传动装置有问题。 （6）轮叶液压部件发卡	（1）检查位移转换装置。 （2）检查水头传感器或运行中水头设置。 （3）检查导叶液压随动系统或传感器。 （4）检查轮叶传感器。 （5）检查操作油管上的回复轴承或轮叶开度连杆。 （6）检查轮叶液压部件的动作

续表

序号	故障现象	原因	处理方法
3	停机后轮叶角度不回到启动角度	(1) 协联函数发生器有问题。 (2) 导叶未达到全关位置	(1) 检查协联函数发生器。 (2) 检查导叶传感器
4	轮叶主配压阀发卡	(1) 透平油内有水或脏东西。 (2) 万向联轴节发卡。 (3) 位移转换装置与引导阀不同心	(1) 进行油净化与过滤。 (2) 检查万向联轴节。 (3) 检查位移转换装置与引导阀连接
5	正常运行中，轮叶不随导叶开关	(1) 调速器上轮叶控制在手动位置。 (2) 协联函数发生器有问题	(1) 检查调速器上轮叶切换按钮。 (2) 检查协联函数发生器
6	摇摆式接力器的分油器销不转动	(1) 分油器销与套之间锈蚀。 (2) 与分油器连接的管路别劲	检查分油器轴套
7	摇摆式接力器在动作时有异常声响	(1) 接力器底座支撑有伤痕、后座轴销卡阻、管路别劲、分油器轴销锈蚀。 (2) 轴销润滑不好。 (3) 导水机构别劲或控制环发卡	(1) 检查接力器底座支撑、后座轴销、管路连接、分油器轴销。 (2) 检查各轴销的润滑。 (3) 检查导水机构或控制环
8	摇摆式接力器的分油器漏油及油盒往外漏油	(1) 分油器密封圈损坏。 (2) 分油器接油盒排油管堵塞	(1) 检查分油器密封。 (2) 检查排油管
9	导叶接力器动作时不易稳定	(1) 接力器活塞及活塞环磨损严重。 (2) 导水机构别劲或控制环底部磨损变形。 (3) 接力器内有空气。 (4) 调速器的输入信号有问题	(1) 检查接力器活塞及活塞环。 (2) 检查导水机构或控制环。 (3) 检查调速系统。 (4) 检查导叶的输入信号及控制系统
10	机组开机时接力器锁锭装置拔不出来	(1) 接力器未全关，调速器零位变化。 (2) 锁锭活塞发卡。 (3) 锁锭电磁阀未切换到位	(1) 检查导叶接力器传感器，调整接力器零位。 (2) 检查锁锭活塞及弹簧。 (3) 检查电磁阀
11	接力器推杆处渗油	接力器推杆处密封变形或密封环变位	检查接力器推杆处的密封

三、水轮机调速器常见故障处理

1. 空载运行

机组自动空载频率摆动值大见表8-3。

表8-3　机组自动空载频率摆动值大

原　因	故障现象	处理方法
机组手动空载频率摆动值大	机组手动空载频率摆动值达0.5～1.0Hz，自动空载频率摆动值为0.3～0.6Hz	进一步选择PID调节参数（b_t、T_d、T_n）和调整频率补偿系数，尽量减小机组自动空载频率摆动值，如果自动频率摆动值还大于手动频率摆动值，则增大T_n
接力器反应时间常数T_y值过大或过小	机组手动空载频率摆动值为0.3～0.4Hz，自动空载频率摆动值达0.3～0.6Hz，且PID调节参数b_t、T_d、T_n无明显效果	调整电液（机械）随动系统放大系数，从而减小或加大接力器反应时间常数T_y。当调节过程中接力器出现频率较高的抽动和过调时，应减小系统放大系数；若接力器动作迟缓，则应增大系统放大系数
PID调节参数b_t、T_d、T_n整定不合适	机组手动空载频率摆动值为0.2～0.3Hz，自动空载频率摆动值小于上述值，但未达到国家标准要求	合理选择PID调节参数，适当增大系统放大系数，特别注意它们之间的配合
接力器至导水机构或导水机构的机械与电气反馈装置之间有过大的死区	机组手动空载频率摆动值为0.2～0.3Hz，自动空载频率摆动值大于或等于上述值，PID调节参数无明显改善	处理机械与反馈机构的间隙减小死区
被控机组并入的电网是小电网，电网频率摆动值大	被控机组频率跟踪于待并电网，而电网频率摆动值大导致机组频率摆动值大	调整PLC微机调速器的PID调节参数：b_t、T_d向减小的方向改变，T_n向稍大的方向改变

2. 负荷运行

并网运行机组溜负荷见表8-4。

表8-4　并网运行机组溜负荷

原　因	故障现象	处理方法
电网频率升高，调速器转入调差率（b_p）的频率调节，负荷减小	接力器开度（机组所带负荷）与电网频率的关系正常，调速器由开度/功率调节模式自动切至频率调节模式工作	如果被控机组并入大电网运行，且不起电网调频作用，可取较大的b_p值或加大频率失灵区，尽量使调速器在开度模式或功率模式下工作

续表

原　　因	故障现象	处理方法
电液转换环节或引导阀卡阻	控制输出与导叶实际开度相差较大，如果是冗余电液转换已经切换，如果是无油电液转换则引导阀卡阻	检查引导阀、活塞、密封圈
机组断路器误动作	机组负荷突降至零，并维持零负荷运行	启动断路器容错功能，电厂对断路器辅助触点采取可靠接触的措施
接力器行程电气反馈装置松动变位	控制输出与导叶反馈基本一致，导叶实际开度明显小于导叶电气指示值	重新校对导叶反馈的零点和满度，且可靠固定
调速器开启方向的器件接触不良或失效	调速器不能正常开启，但能关闭，平衡指示有开启信号	检查或更换电气开启方向的元件，检查开启方向的数字球阀和主配压阀位置反馈，如果是主配压阀位置反馈的问题，则更换后需重新调整电气零点

3. 接力器

调速器接力器抽动见表8-5。

表8-5　　调速器接力器抽动

原　　因	故障现象	处理方法
调速器外部干扰	调速器外部功率较大的电气设备启动/停止 调速器外部直流继电器或电磁铁动作/断开	调速器壳体的所有接地应与大地牢固连接，调速器的内部信号与大地之间的绝缘电阻应大于50Ω 外部直流继电器或电磁铁线圈加装反向并接（续流）二极管；触点两端并接阻容吸收器件（100Ω电阻与630V、0.1μF电容器串联）
机组频率的差频干扰	多出现于开机过程中，机组转速未达到额定转速，残压过低；或机组空载，未投入励磁、机组大修后第一次开机，残压过低	机组频率信号（残压信号/齿盘信号）均应采用各自的带屏蔽的双绞线至调速器，屏蔽层应可靠地一点接地。机组频率信号线不要与强动力电源线或脉冲信号线平行、靠近，机组频率隔离变压器远离网频隔离变压器和电源变压器
接线松动、接触不良	抖动现象无明显规律，似乎与机组运行振动区、运行人员操作有一定联系	将所有的端子及内部接线端重新加固
导叶接力器反应时间常数 T_y 值偏小	调速器在较大幅度运动时，主配压阀跳动、油管抖动、接力器运动出现过头现象	减小系统的放大系数，加大主配压阀反馈放大倍数

4. 甩负荷

甩负荷问题见表 8-6。

表 8-6　　　　甩负荷问题

原　因	故障现象	处理方法
PID 调节程序中负限幅值过于靠近导叶接力器零值	甩 100%负荷过程中，导叶接力器关闭到最小开度后，开启过快，使机组频率超过 3%额定频率的波峰过多，调节时间过长	对单一调节机组，PID 的负限幅值应设置为 10%～15%，使导叶接力器关闭到最小开度后的停留时间加长。缩短大波动过渡过程的时间
PID 调节程序中负限幅值过于离开导叶接力器零值	甩 100%负荷过程中，导叶接力器关闭到最小开度后，开启过于迟缓，使机组频率低于额定值的负波峰过大，调节时间过长	转桨、灯泡机组 PID 的负限幅值应设置为 0～5%，使导叶接力器关闭到最小开度后的停留时间缩短，抑制机组转速下降太多，避免失磁
导叶接力器关闭时间过短	甩大于 75%额定负荷过程中的水压上升值过大	按调节保证计算，加长导叶接力器关闭时间
导叶接力器关闭时间过长	甩大于 75%额定负荷过程中的机组转速上升值过大	按调节保证计算，缩短导叶接力器关闭时间
两段关闭特性不符合要求	甩大于 75%额定负荷过程中的水压上升值或机组转速上升值过大	按调节保证计算，调整两段关机速度及拐点
调速器转速死区 i_x 偏大	甩大于 25%额定负荷时，导叶接力器的不动时间过长	检查机械液压系统的各级连接环节，以减小死区，并加大 T_n（加速度时间常数），尽量在网频≥50Hz 时甩负荷
机组断路器节点误动作（断开）	机组断路器未动作，仍在“合上”位置，但送给调速器的机组断路器触点断开，导致甩负荷或减负荷	完善机组二次回路电源接线，防止机组断路器辅助继电器误动作 启动断路器容错功能，调速器程序中对断路器辅助触点进行智能处理

模块二　油压装置及漏油装置故障处理

油压装置是给调速器提供压力油源的设备，即使在最不利的情况下，压力油源也必须保证机组及时关机，否则会发生机组失控的危险，所以对油泵、表计、油压装置附件及油质要求很高。油压装置在运行中会出现这样或那样的故障，因此应该知道其产生的原因和处理方法，以进行预防和及时处理，保证设备的安全运行。

一、油压装置故障现象、原因分析及处理方法

1. 油压降低处理

(1) 检查自动泵、备用泵是否启动，若未启动，应立即手动启动油泵。如果手动启动不成功，则应检查二次回路及动力电源。

(2) 若自动泵在运转，检查集油箱油位是否过低、安全减荷阀组是否误动作、油系统有无泄漏。

(3) 若油压短时不能恢复，则把调速器切至手动，停止调整负荷并做好停机准备。必要时，可以关闭进水口工作门（阀）停机。

2. 压力油罐油位异常处理

(1) 压力油罐油位过高或过低，应检查自动补气装置工作情况，必要时，手动补气、排气，调整油位至正常。

(2) 集油箱油面过低，应查明原因，尽快处理。

3. 漏油装置异常处理

(1) 漏油箱油位过高，而油泵未启动时，应手动启动油泵，查明原因尽快处理。

(2) 油泵启动频繁且油位过高时，应检查电磁配压阀是否大量排油及接力器漏油是否偏多。

4. 油泵“抱泵”——油泵卡死故障

导致油泵“抱泵”的原因较多，除了制造的质量问题外，还有以下几个原因：

(1) 分解、清洗后组装质量不佳。常见的现象是：泵杆与衬套、支架、底盖等有关零件的不同轴度超差过大，手动转动不灵活。此时，应放松各有关螺母，用木槌敲击有关部位，调整上述各零件之间的相对位置和间隙，边转动泵杆，边拧紧螺母，直至能够轻快地旋转泵杆为止。否则，一开车就会出现“抱泵”事故。

(2) 主、从动泵杆的棱角处有毛刺和飞边，局部型面接触不良，间隙过小。此时，应用细锉或油石，将上述缺陷予以修整，再用细研磨砂加透平油进行配研，时间不要过长。然后再分解、清洗、检查型面。若还有飞边、毛刺或局部型面接触不良的部位，再行修锉和配研，直至合格为止。

(3) 两从动螺杆再装配时装错位置，影响螺杆面的接触。处理方法：分解主、从螺杆时，对主、从螺杆装配位置做记号并记录。安装时，检查分解记录，最好由同一个人完成分解、检查、测量及组装工作。

(4) 油泵由于逆转而“抱泵”。由于油泵前面的单向阀密封性不佳，油泵停止工作后，罐中的压力油立即倒流，油泵立即逆转，而且加速度很大，很容易将泵“抱死”。这时，应立即检修或更换单向阀。

（5）铁屑、焊渣、铸砂等异物进入泵内导致“抱泵”。这时，应查清异物来源，进行分解、清洗、检查异物，更换透平油。

（6）油泵启动前，没有在衬套内注入透平油，造成启动时干摩擦发热膨胀而“抱泵”。处理方法：油泵检修后第一次启动前应向衬套内注入透平油，使之润滑。

5. 油泵输油量过低或不上油

原因分析：

（1）吸油管与油泵壳体连接处漏气或吸油口被堵塞。

（2）油温过高或过低。

（3）油的牌号不对。

（4）回油箱内油中混气过多。

（5）回油箱透气性太差。

（6）泵杆与泵杆、泵杆与衬套之间的间隙过大，磨损严重。

（7）油泵旋转方向有误（反向）。

（8）齿轮泵的齿顶和齿端间隙过大。

处理方法：产生油泵输油量过低或不打油现象时，要进行检查、试验，确定是什么原因后，做相应的处理。

6. 油泵振动

原因分析：

（1）吸油管漏气。

（2）联轴器松动或不同心。

（3）油管路固定不牢（松动）。

（4）截止阀的阀杆和阀盘松动。

（5）电动机与油泵、油泵与外壳连接松动。

处理方法：检查吸油管是否松动漏气，回油箱油位是否过低；调整电动机与油泵的同心度；紧固各连接部位等。消除上述缺陷后，振动就会减小或全部消失。

7. 推力套磨损过快

（1）泵杆底部推力头的沟槽上有毛刺。应用细锉或油石将毛刺去掉。

（2）铜套里有杂物。应分解油泵，清除杂物。同时更换透平油，清洗回油箱，用面粉将回油箱各角落彻底清扫一遍。

（3）铜套的材质不合格（不耐磨）。应更换合格的铜套。

8. 油泵工作时向外甩油

有一部分立式螺杆泵有往外甩油和溅油的缺点。对此，可在支架内加一圆形挡板，该缺陷即可消除。

9. 回油箱内油中泡沫过多

原因分析：

（1）回油箱内油面过低。

（2）放油管、安全阀和旁通阀的排油管太短，露在油面之上，排泄油通过空气，将空气混射入油中。

（3）用油牌号不对。

（4）油泵吸油管漏气。

处理方法：逐项检查，消除上述缺陷，即可解决。

10. 安全阀振动

（1）结构设计上有缺点。振动严重的安全阀在动作时常伴有刺耳的啸叫声。试验证明，这与安全阀活塞的形状及其下面的节流孔径有关。将安全阀活塞平面密封改为锥面密封，能减轻高频振动时的撞击声。节流孔太小时，活塞迅速上升使缓冲腔压力急剧下降，导致活塞向下冲撞而引起振动。可适当扩大节流孔径，分别进行试验，直至将活塞振动减至最低限度。

（2）安全阀有漏气处，停机时间稍长，安全阀内就有空气，油泵启动瞬间，就会出现振动。

（3）油泵输油量过低，安全阀动作时会出现振动现象。换上合格的油泵后，振动立即消失。

11. 安全阀整定值易变

安全阀整定值易变是由于安全阀弹簧质量不好，应更换经过热处理的合格的弹簧。

12. 止回阀撞击和油泵反转

止回阀活塞背腔也是缓冲腔，其上的节流孔用以控制活塞的动作速度。如果节流孔过大，活塞动作过快，会产生剧烈的撞击；如果节流孔过小，会造成活塞动作过慢，使得油泵停止时逆向压力油回油过多而使油泵反转。可适当改变节流孔径，进行试验处理。

13. 油泵启动频繁

原因分析：导、轮叶协联关系不正常；一直有电流作用步进式电动机，轮叶偏全开或全关极限位置，回油量增加；导、轮叶接力器配合间隙过大，渗漏油量大；受油器的操作油管与浮动瓦的配合间隙大，渗漏油量大；机组运行不稳定，负荷摆动。

处理方法：根据现象进行逐项检查并做相应的处理。

14. 油泵与电动机联轴节缺口加大，损坏严重

原因分析：运行时间长，启动频繁；油泵与电动机联轴节的接触面太小，造成缺口加大。

处理方法：更换一新的联轴节或采用弹性连接方式；加大油泵与电动机联轴节的接触面，把电动机上的半个联轴节下移，使其凸出部分全部嵌入油泵联轴节的凹形内，然后用小螺钉紧固，使联轴节不产生移动。

15. 油泵不断打油，但压力油罐内油压上不去，始终在某值波动

原因分析：安全阀没有整定或整定过低，油泵打上的油全部从安全阀排掉，没有进入压力油罐，使得油压上不去。

处理方法：重新调整安全阀定值，使之工作正常。

16. 压力油罐上各接头处如油位计、表计、放气阀、放油阀等处漏油严重

原因分析：处理方法不对，橡胶密封圈不耐油或密封圈大小不合适。

处理方法：各接头处加合适的耐油橡胶密封圈或密封垫。

17. YT 型补气阀与中间油罐的故障

(1) 补气过多。运行中，压力油罐的正常油面越来越低，一般的，约 2h 就应放一次气，其后果是：①放走了纯净的压缩空气，留下了有害的水分；②浪费厂用电；③值班人员若不能及时放气，油面持续下降，再遇上大波动的调节过程，压缩空气有可能进入调节系统，引起剧烈振动，甚至产生失控事故。

出现上述故障的原因及排除方法是：

1) 1、2 号管子的接头或补气阀上漏气。应更换合格的接头。

2) 1 号管子下端位置偏高。应降低 1 号管子下端位置至设计高程。

(2) 补气量太少或正常油位逐渐升高。出现补气量太少或正常油位逐渐升高的故障时，其后果也是很危险的：当压缩空气不断减少，油位逐渐升高，又遇到调节系统出现大波动的调节过程时，操作油压下降极快，以致使调节系统失去控制机组能力。

产生上述故障的原因及排除方法是：

1) 1 号管子下端位置过低，可用调整 1 号管子的下端高程至设计位置进行处理。

2) 放气阀漏气严重，可更换或修理放气阀。

3) 油泵工作油压上、下限差值太小。油泵启动、间歇时间太短，中间油罐中的油和空气来不及置换完毕，油泵就启动了，所以补不进去空气。应重新调整压力继电器的动作值，适当加大油泵工作油压的上、下限差值。

(3) 油泵打油正常，但空气进不去，油压建立不起来。

原因分析：补气阀总成质量有问题，补气阀活塞被卡，油泵停止时，该活塞无法上升，造成空气无法进入中间油罐；补气阀活塞底部弹簧力不够或弹簧忘记装配；进气管没露出油面以上。

处理方法：找出补气阀活塞卡堵的原因，调整活塞盖的中心位置；更换补气阀总成；更换新弹簧；调整进气管位置。

（4）油泵在每次打油过程中，补气阀下面的排油管始终处于排油状态。

原因分析：安全阀运行多年，使得阀内钢球与壳体内孔接触处破损、毛糙，无法密封；弹簧偏斜，引起卡阻，不能利用钢球把壳体内孔口封死。

处理方法：若壳体内孔口损坏，需整体更换补气阀；检查阀内弹簧偏斜原因，重新装配；重新调整安全阀弹簧预紧力，拧紧锁紧螺母。

二、漏油装置故障原因及处理方法

（1）漏油箱出现严重漏油现象。当漏油箱发生漏油时，主要是由于油箱的焊缝出现严重裂纹或止回阀、手动开关阀动作失灵、管路堵塞等。应立即排掉漏油箱的油进行处理。

（2）漏油泵出现噪声或振动过大。

1）吸油管或过滤网堵塞。应消除滤过网上的污物。

2）吸入管伸入液面较浅。吸入管应伸入液面油箱较深处。

3）管道内进入空气。应检查各连接处使其密封。

4）排出管阻力太大。应检查排出管及阀门是否堵塞。

5）齿轮轴承或侧板严重磨损。应拆下清洗，并修整缺陷或更换。

6）加转部分发生干涉。应拆下加转部分检查并排出故障。

7）吸入液体黏度太大。应进行黏度测定并预热液体，如不可能，则降低排出压力或减少排出流量。

8）吸入高度超过规定值。应提高吸入液面。

（3）不排油或排油量少。

1）吸入高度超过规定值。应提高吸入液面。

2）管道内进入空气。应检查各连接处使其密封。

3）旋转方向不对。应按泵的方向纠正。

4）吸入管道堵塞或阀门关闭。检查吸入管道是否堵塞及阀门是否全开。

5）安全阀卡死或研伤。应拆下安全阀清洗并用细研磨砂研磨阀孔，使其吻合。

6）吸入液体黏度太大。应进行黏度测定并预热液体，如不可能，则降低排出压力或减少排出流量。

（4）密封漏油。

1）轴封处未调整好。应重新调整轴封。

2）密封圈磨损而间隙增大。应适量拧紧调节螺母或更换密封圈。

3）机械密封动静球的摩擦面损坏或有毛刺、划痕等缺陷。应更换动静球或重新研磨。

4）弹簧松弛。应更换弹簧。

模块三　空气压缩机故障处理

空气压缩机的故障主要来自长期运转后机件的自然磨损，零部件制造时材料选用不当或加工精度差，大件安装或部件组装不符合技术要求，操作不当、维修欠妥等原因。

故障发生后，如不及时处理，将对空气压缩机的生产效率、安全、经济运行以及使用寿命带来不同程度的影响。能否准确、迅速地判断故障部位和原因至关重要。如判断失误，不但延误采取相应措施的时间而酿成更大的事故，也将延长检修时间，造成人力、物力的浪费。因此，要求有关人员必须熟悉设备的结构、性能，掌握正确的操作和维修方法，在平时勤检查、勤调整、加强维护保养，不断积累经验，一旦出现异常，才能及时、准确地判断故障部位和原因并迅速排除，确保设备的正常运行。

空气压缩机的常见故障，大致表现在油路、气路、水路、温度、声音等方面。下面以往复式活塞空气压缩机典型故障及事故分析为例进行介绍。

一、气路、油路及水路故障

1. 气路故障

气路故障及原因见表 8-7。

表 8-7　　气路故障及原因

故障类别		故障位置	原　因
压力不正常	吸气压力偏低	压缩机吸气口	（1）总进气管供气量不足。 （2）进气管阻力过大或进气滤清器阻力过大。 （3）压缩机气量调节功能不正常
		多级压缩机的某级（第一级除外）吸气口	（1）前级吸气阀或排气阀漏气。 （2）前级活塞环或气缸镜面不正常。 （3）前级填料函漏气。 （4）级前管路漏气。 （5）级前系统不正常（包括压力损失、温度及气量缩减）

续表

故障类别		故障位置	原　　因
压力不正常	吸气压力偏高	各级吸气口	(1) 本级及后级吸气阀、排气阀漏气。 (2) 本级及后级活塞环或气缸镜面不正常。 (3) 级前冷却器工作不正常。 (4) 后级通本级吸气管旁通阀泄漏
	排气压力偏低	各级排气口	(1) 本级吸气阀、排气阀工作不正常，包括气阀本身漏气及安装不合理。 (2) 本级活塞环或气缸镜面不正常及填料函漏气。 (3) 本级吸气压力偏低。 (4) 气缸部件漏气。 (5) 排气管或阀门漏气。 (6) 耗气量偏大
	排气压力偏高	各级排气口	(1) 末级用气量或耗气量不正常（偏少）。 (2) 流量调节功能不正常。 (3) 本级吸气压力偏高。 (4) 后级吸气压力偏高。 (5) 后级通过平衡段或级层活塞直接向本级漏气。 (6) 本级冷却器不正常。 (7) 后级管路向本级排气管路漏气。 (8) 本级排气管路不畅，有阀门不正常或管路堵塞。 (9) 有油压缩机排气管积炭严重及积炭高速氧化燃烧
	压力不稳定	各级吸排气压力	(1) 压力脉动过大。 (2) 压力表气源阻尼偏小。 (3) 气阀启闭不稳定。 (4) 驱动机转速不稳定
温度不正常	吸气温度高	各级吸气温度	(1) 排气旁通管向吸气管漏气。 (2) 吸气阀漏气。 (3) 级前冷却器工作不正常
	排气温度偏高	各级排气温度	(1) 本级吸气温度偏高。 (2) 本级压力比偏大。 (3) 本级气阀、活塞环漏气（排气阀漏气比吸气阀漏气对排气温度影响大得多）。 (4) 本级气缸冷却不正常
	吸气阀温度高	各级吸气阀孔盖	吸气阀漏气
	安全阀温度偏高	各级安全阀	安全阀漏气

续表

故障类别		故障位置	原　因
流量不正常	流量偏小	各级	(1) 第一级和从系统吸气级的气阀、活塞环漏气。 (2) 与第一级或与从系统吸气级构成级差活塞的气阀、活塞环漏气。 (3) 平衡段漏气。 (4) 各级管道和阀门漏气，其中阀门内漏不易察觉。 (5) 气缸内漏，向冷却水漏气易察觉，向吸气侧内漏不易察觉。 (6) 第一级或从系统吸气级的压力比偏大。 (7) 进气管供气不足或阻力过大，包括进气管阀门不能完全开启，阀门螺杆虽全开但阀板未全开，滤清器堵塞。 (8) 吸、排气阀安装不合理。 (9) 压缩机达不到规定转速。 (10) 压缩机的用户管网漏气量大，可能是流量偏小
声响与振动不正常		气缸和缸盖	(1) 气阀弹簧断裂或弹力偏小。 (2) 气阀松动。 (3) 气阀破损。 (4) 活塞松动，使余隙变小。 (5) 异物落入气缸内。 (6) 气阀间断性启闭不灵活（气阀“咳嗽”）。 (7) 气缸镜面圆柱度出现大的偏差，引起“响缸”。 (8) 吸气带液。 (9) 内置填料压盖松动。 (10) 活塞与气缸不正常的摩擦引起黏结现象
		管路	(1) 气阀工作不正常，声音传到管路。 (2) 管道松动。 (3) 冷却器内零件出现不正常的活动或断裂。 (4) 止回阀或其他阀门工作不正常

2. 油路故障

油路故障及原因见表 8-8。

表 8-8　　油路故障及原因

故　障	现　象	原　因
油压偏低	润滑油压力表示值偏低（循环润滑油压力不应低于 0.2MPa）	（1）油泵能力不足，或制造质量差，或油泵磨损出现齿轮齿面不平整，或轴向间隙偏大。 （2）油泵吸油口过滤器堵塞。 （3）油压调节阀（回油阀）漏油。 （4）油质黏度低。 （5）油过滤器太脏或堵塞。 （6）吸油管有漏油处。 （7）机身（油箱）油位低。 （8）润滑油压力管至润滑点之间有漏油处。 （9）运动部件的间隙偏大。 （10）油温偏高。 （11）油泵转速偏低。 （12）压力表失灵或压力表管口堵塞
油压瞬时偏高	油压表超压严重	启动压缩机时，油温过低，油黏度过大
油温偏高	润滑油温度偏高	（1）压缩机运动部件摩擦过大，其原因包括间隙偏小或轴承、滑道表面粗糙度过大。 （2）运动部件摩擦部件有润滑不足之处。 （3）径向或轴向定位轴承轴向部位合金脱落。 （4）润滑油黏度过大。 （5）润滑油污染。 （6）润滑油压力偏高。 （7）润滑冷却不良，或油冷却器偏小，或油冷却器水侧结垢，或机身（曲轴箱）散热差。 （8）油过滤器堵塞
局部润滑不良	个别部位磨损严重或磨损太快	（1）个别部位油路有堵塞现象。 （2）个别部位油孔、油槽不合理，不是连续供油。 （3）由于油管不合理，油压表显示压力不低，但个别供油点油压过低。在对称平衡压缩机中，运动部件间隙增大，主轴颈圆柱度严重超差时易出现

3. 水路故障

水路故障及原因见表 8-9。

表 8-9　　水路故障及原因

故　障	现　　象	原　　因
冷却效果不良	冷却后的气体温度偏高	(1) 冷却器换热面结垢。 (2) 冷却器换热面积偏小。 (3) 冷却水量不足。 (4) 冷却器中有部分热气体未经冷却，直接与冷却后的气体混合
水温不正常	进、排水温度偏高	(1) 循环水散热差（可加玻璃钢冷却塔降低进水温度）。 (2) 冷却水量不足。 (3) 气体温度偏高
水量不正常	冷却水量不足，气体未被充分冷却	(1) 进水管压力低。 (2) 冷却水阀门开度不足。 (3) 因结垢水流阻力增大
结垢严重	冷却效果不良	(1) 冷却水硬度高。 (2) 压缩机运行时，出水温度偏高。 (3) 冷却水流速低。 (4) 冷却水未经处理
水质差	循环水被污染	(1) 污水与回水合流。 (2) 环境污染
漏气	回水中有大量气泡	(1) 冷却器漏气。 (2) 气缸部件漏气
冷却水放不出来	气缸内的冷却水放不彻底	(1) 冷却水管道最高点未设放气阀，或虽有放气阀而未放气。 (2) 气缸或冷却器放水管不在最低处。若有一部分水放不出来，易形成冻缸。 (3) 放水口有异物堵塞

二、机械故障及气阀、活塞环和联轴器故障

1. 机械故障

机械故障及原因见表 8-10。

表 8-10　　机械故障及原因

故　障	现　　象	原　　因
运动部件响声不正常	轴承处声响过大	（1）主轴轴承间隙过大，滚动轴承保持架磨损严重。 （2）连杆大小头瓦间隙过大。 （3）十字头销与销座孔间隙过大。 （4）回转压缩机的轴承过度磨损
	连接松动（这种声响预兆危险将要发生）	（1）连杆螺母松动（开口销断裂）。 （2）平衡铁螺栓松动。 （3）十字头销压板松动。 （4）十字头与活塞杆的连接松动。 （5）连杆大小头瓦或主轴瓦因间隙过大，润滑不良，轴承合金与销轴黏结，引起轴瓦或轴套外圆转动，响声逐步加大
振动不正常	机身或曲轴箱板振动明显加大	（1）轴承间隙过大。 （2）气缸支座松动。 （3）机身、曲轴箱地脚螺栓松动。 （4）压缩机与电动机或其他驱动机同轴度发生变化。 （5）联轴器连接件松动或断裂。 （6）压缩机有共振区。 （7）压缩机地基产生不正常的振动。 （8）压缩机本身平衡性不好。 （9）底座刚度及地脚螺栓位置不合适。 （10）压缩机负荷不稳定。 （11）压缩机主轴产生变形超限
温度不正常	轴承温度过高	（1）轴瓦过度磨损，以致润滑失效。 （2）压缩机活塞力在气缸的内外止点无正负变化，出现"单向活塞力"，使连杆小头轴承无法全面润滑。 （3）由于运行时间长，且维护保养不合理，使轴承间隙普遍增大，润滑油压力发生变化，实际油压最低的轴承磨损严重。 （4）运动部件的连接松动。 （5）轴承的合金脱落。 （6）轴承间隙偏小（修理后）。 （7）轴承或滑道处有脏物。 （8）润滑油变质或太脏。 （9）压缩机超负荷运行。 （10）压缩机与驱动机的水平度及同轴度发生变化，包括地基沉降原因

2. 气阀故障

气阀故障及原因见表 8-11。

表 8-11　　　　气阀故障及原因

故　障	现　　象	原　　因
气阀弹簧故障	弹簧力变小，气阀响声大，阀片损坏，排气量变小	（1）弹簧磨损，螺旋弹簧两端面和外表面及波形弹簧和片弹簧的翘起部位磨损。 （2）弹簧在使用中产生永久变形。 （3）阀片严重磨损。 （4）质量差的弹簧出现断裂
气阀严密性差	气阀漏气	（1）阀座密封面不平和表面粗糙度达不到要求。 （2）使用中密封面被磕碰。 （3）阀片变形。 （4）环状阀的阀片定位爪严重磨损。 （5）阀片破裂。 （6）阀隙通道有异物卡住。 （7）弹簧力过小。 （8）阀座、阀片磨损严重
阀片有时被卡住	气阀出现“咳嗽”现象	（1）弹簧断裂或弹簧力过小。 （2）气阀升程偏大。 （3）环状阀升程限制器定位有沟槽。 （4）阀片与升程限制器定位爪间隙偏小，阀片在运行中转动时被卡住
气阀安装不正确	气阀组装有误或在气缸上的安装有误	（1）气阀组装时，阀片被压在升程限制器上或气阀螺母未旋上。 （2）吸、排气阀位置装错。 （3）气阀安装不到位或不对中。 （4）气阀未压紧（气阀在气缸孔座内活动）
气阀寿命短	气阀早期损坏	（1）阀片、弹簧片、弹簧丝的材质不符合材料标准。 （2）阀片和弹簧的加工、热处理有缺陷。 （3）气阀设计不合理。 （4）气体脏污。 （5）气体有黏稠的液雾。 （6）气阀安装不正确。 （7）压缩机工况变化。 （8）压缩机转速偏高

3. 活塞环故障

活塞环故障及原因见表 8-12。

表 8-12　　活塞环故障及原因

故　障	现　　象	原　　因
活塞环磨损过快	活塞环外圆面有轴向拉毛呈沟槽状	（1）气缸内有异物，此时气缸镜面也有轴向的沟状磨痕。 （2）活塞环材质不合适。 （3）注油不适当，包括注油孔位置不适当，压缩机气缸润滑油牌号错误，注油量偏少。 （4）气缸或缸套硬度偏低，气缸镜面易拉毛。 （5）活塞环在环槽中的轴向间隙偏小（特别是聚四氟乙烯活塞环）。 （6）活塞环开口间隙偏小。 （7）活塞环轴向高度和径向宽度尺寸偏小。 （8）活塞环结构形式不合理
活塞环密封性能差	气体向低压级倒流、排气压力低	（1）气缸镜面拉毛，活塞环也拉毛。 （2）活塞环断裂。 （3）活塞环过度磨损。 （4）活塞环开口漏气

4．联轴器故障

联轴器故障及原因见表 8-13。

表 8-13　　联轴器故障及原因

故　障	现　　象	原　　因
联轴器过早损坏	振动大	（1）压缩机轴线与驱动机轴线的跳动（外圆跳动和端面跳动）过大。 （2）联轴器的紧固件松动，造成连接件的损坏。 （3）两半联轴器间间隙不合适

三、电动机故障

电动机故障及原因见表 8-14。

表 8-14　　电动机故障及原因

故　障	现　　象	原　　因
噪声偏大	声响不正常	（1）电动机轴承缺油磨损，或原轴承精度低。 （2）紧固件或连接件松动。 （3）转子部件上有零件松动，造成“扫膛”，严重时电动机报废

续表

故　障	现　　象	原　　因
振动偏大	振动不正常	（1）电动机半联轴器对压缩机半联轴器的外圆跳动和端面跳动偏差过大。 （2）底座刚性差或地脚螺栓松动。 （3）轴承磨损。 （4）转子平衡性产生变化。 （5）电动机轴弯曲
温度偏高	定子温度偏高	（1）电动机额定功率偏小。 （2）压缩机超载。 （3）电压低。 （4）电网功率因数低。 （5）电动机冷却不良。 （6）环境温度超过40℃。 （7）电动机有一相接触不良
	轴承过热	（1）润滑不良、油压低、润滑油质差。 （2）润滑脂漏失后未及时加油，或润滑脂加入过量、油质差。 （3）轴承间隙太小，轴瓦接触面积小，或轴承座加工、安装调整有问题。 （4）定子、转子轴线不重合。 （5）压缩机轴线与电动机轴线同轴度误差过大。 （6）电动机轴颈有缺陷。 （7）电动机超载。 （8）电动机冷却不良。 （9）环境温度偏高。 （10）轴承磨损过大
电流表不稳定	电动机短时缺相，电流表不停摆动	（1）绕线式电动机转子绕组接触不良。 （2）电动机定子绕组接线某处接触不良。 （3）电线或接触器接触不良
启动困难	启动力矩偏小	（1）压缩机内有压力，不能实现空载启动。 （2）电动机启动力矩偏小或电动机功率小，造成相应启动力矩小。 （3）电网电压低。 （4）启动过程电路压降过大。 （5）电网功率因数低。 （6）自耦变压器接线选择压降过大。 （7）压缩机启动位置不对，应避免所有级在止点位置启动

四、主要零件破坏事故

主要零件破坏事故及原因见表8-15。

表 8-15　　　　主要零件破坏事故及原因

事　故	现场情况	原　因
活塞杆断裂	活塞杆从与十字头连接处断裂，或从安装活塞处断裂	（1）连接螺栓断裂（主要原因）。 （2）连接螺栓预紧力不足（主要原因）。 （3）多级压缩机某级严重超载。 （4）活塞杆材质有问题。 （5）活塞杆螺纹应力集中严重。 （6）缺乏探伤检测（活塞杆断裂多是疲劳断裂，最好定期进行探伤检测）
连杆断裂	连杆从杆身处折弯或断裂	（1）开口销断裂引起连杆螺栓松动，导致螺栓断裂。 （2）连杆螺栓疲劳断裂。 （3）连杆设计不合理或材质达不到要求或锻压热处理不合理。 （4）受到较大冲击荷载后长期带病运行
曲轴断裂	曲轴从拐臂处断裂，甚至破坏十字头、连杆和曲轴箱等	（1）气缸轴线发生变化，与曲轴轴线不垂直，使曲轴承受附加弯矩。 （2）压缩机超载或某气缸严重超载。 （3）曲轴设计不合理或材质达不到要求或锻压热处理不合理。 （4）轴颈和拐臂的过渡圆角与轴颈外圆面过渡不圆滑，圆角处表面粗糙，未抛光。 （5）未认真检修致使设备长期带病运行
十字头断裂	十字头从销孔处断裂并使滑道拉毛	（1）采用锥销连接的十字头销松动并窜出。 （2）十字头滑板脱落，使十字头断裂。 （3）十字头毛坯有内在缺陷。 （4）其他运动部件断裂，使十字头一起破坏。 （5）其他故障给十字头造成内伤。 （6）大修时没有进行探伤检测。 （7）安装不仔细
活塞破裂	活塞撞破或粉碎性破裂	（1）气缸内掉入异物，如活塞上的丝堵、气阀碎片、螺母等。 （2）活塞杆断裂顶破活塞。 （3）活塞壁厚不均匀。 （4）活塞制造中存在较大内应力，尤其是焊接后未进行消除应力处理。 （5）活塞设计不合理。 （6）活塞材质不当，强度低，有的铸件有严重夹渣。 （7）铸件不合格，如晶粒粗大、疏松，有气孔等

科 目 小 结

本科目针对调速器Ⅱ级检修人员应具备的调速系统故障处理能力有关要求，结合现场工作的经验总结，对调速系统、油压装置、压缩空气系统的常见故障进行了分析，并提出了解决方法。其主要内容包括 KZT-150 型水轮机调速器机械液压系统故障处理，WBST-150-2.5 型水轮机调速器机械液压系统及摇摆式接力器故障处理，水轮机调速器常见故障处理，油压装置故障现象、原因分析及处理，漏油装置故障原因处理，空气压缩机故障处理等内容。本科目可供水电厂相关专业人员参考。

作 业 练 习

1. 简述 KZT-150 型水轮机调速器机械液压系统电液转换器转动套不转的原因及其处理方法。

2. 简述 WBST-150-2.5 型水轮机调速器机械液压系统正常运行时轮叶步进式电动机不停地转动而负荷不变的检查处理。

3. 简述 WBST-150-2.5 型水轮机调速器机械液压系统导、轮叶步进式电动机打空转的处理方法。

4. 简述 WBST-150-2.5 型水轮机调速器机械液压系统接力器锁锭装置拔不出来的处理方法。

5. 简述机组手动空载频率摆动值大的处理方法。

6. 简述导叶接力器反应时间常数 T_y 值偏小的现象及处理方法。

7. 试述油泵“抱泵”的原因及处理方法。

8. 试述油泵振动的原因及处理方法。

9. 漏油装置故障有哪些？如何进行处理？

III 分册

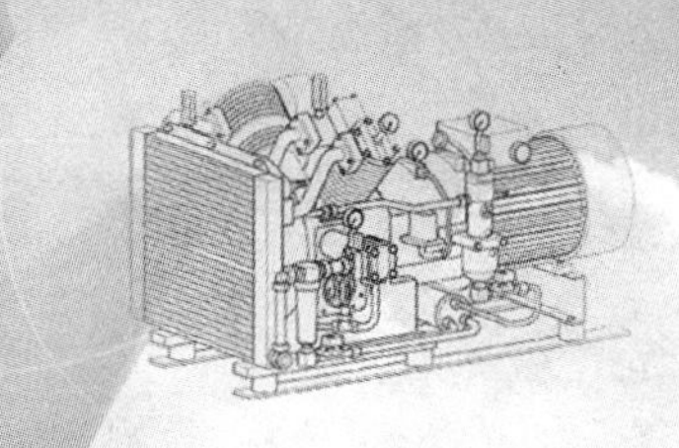

科目九

设 备 改 造

科目名称	设备改造		类　别	专业技能
培训方式	实践性/脱产培训	培训学时	实践性90学时/脱产培训30学时	
培训目标	掌握设备更换的工艺及验收标准			
培训内容	模块一　水轮机调速设备的改造 一、编写水轮机调速器的更换改造工作方案 二、案例 [例9-1]　WBST-150-2.5型水轮机调速器的改造工作方案 [例9-2]　卧式三螺杆泵的更换			
场地，主要设施、设备和工器具、材料	水轮机调速器、油压装置、空气压缩机、接力器、漏油装置、套筒扳手、常用扳手、常用起子、内六角扳手、手锤、铜棒、水平仪、游标卡尺、千分尺、清洗材料、螺栓等			
安全事项、防护措施	工作前交代安全注意事项，加强监护，戴安全帽，穿工作服，执行电力安全工作规程及有关规定			
考核方式	笔试：30min 操作：90min 完成工作后，针对评分标准进行考核			

模块一　水轮机调速设备的改造

一、编写水轮机调速器的更换改造工作方案

水轮机调速器改造工作方案的编写，一般包括以下几个方面：

(1) 工程概况。工程概况包括工程项目、施工目的、工期要求、工程施工特点及施工单位。

(2) 施工组织机构及组织管理措施。

1) 建立施工组织机构

2) 建立健全工程管理制度

(3) 施工准备。施工准备包括技术资料准备、工器具及材料准备、劳动力配置、施工现场准备。

(4) 施工步骤、方法及质量标准。

1) 作业流程：以图形式确定施工顺序。

2) 施工步骤、方法。

3) 施工质量标准。

(5) 编制施工进度计划。工程的计划开竣工日期及进度用工程进度横道图表示。

(6) 质量管理控制措施。

1) 质量管理措施。

2) 质量控制措施。

a) 设立三级验收点。

b) 现场检查验收制度。

(7) 环保及文明生产控制措施。

(8) 安全组织技术措施。

1) 危险点分析及控制措施。

2) 一般安全措施。

(9) 施工平面布置图。

二、案例

【例 9-1】 WBST-150-2.5 型水轮机调速器的改造工作方案

(一) 工程概况

工程名称为×号水轮机调速器更换，由于原调速器的反馈机构是由钢丝绳构成的，经过长时间运行，调速器反馈信号虽然能够满足机组的运行需求，但出现机械与电气配合不协调、维护量大、钢丝绳断股、空载过速、负荷调整不稳、机械部件杠杆与钢丝绳死区大反馈慢等，建设单位为使调速器稳定运行，保证机组安全发电，提高机组可靠性，特提出更换。

该次调速器更换为WBST-150-2.5型，随着主设备的更换，调速器的底座、管路位置发生了变化，需要进行底座安装及管路配制，增加了工程量，工程由××单位承揽施工，计划工期15天。

（二）施工组织机构及组织管理措施

1. 建立施工组织机构

施工组织机构见表9-1。

表9-1　　施工组织机构

组织机构	机构人员	职责
项目经理		负责工程的进度、质量、安全监督与协调工作
施工负责人		负责施工现场的技术、质量、安全检查与协调工作
安全负责人		负责现场施工的安全管理工作
技术负责人		负责工程施工的全面质量、技术管理工作
材料保管员		负责现场施工的材料、工器具保管与出入库
主要施工人员		

2. 建立健全工程管理制度

包括质量检查和验收制度、技术交底制度、施工图纸学习及会审制度、分工负责及现场检查指导制度、材料出入库制度、安全操作制度及考核制度等。

（三）施工准备

1. 技术资料准备

根据工程的技术要求及设备说明书，编制并审批施工方案及施工安全措施，准备项目验收单，收集新设备图纸及说明书，准备验收规范。

2. 工器具及材料准备

主要材料需求计划见表9-2。主要施工机械、工器具配置计划见表9-3。

表9-2　　主要材料需求计划

序号	材料名称	型号规格	单位	数量	备注
1	无缝钢管	ϕ150	m	20	
2	焊条	J422	kg	30	
3	无齿锯片	ϕ400	片	5	
4	角磨机片	ϕ100	片	15	
5	螺栓	ϕ24	套	80	

表 9-3　　主要施工机械、工器具配置计划

序号	名　称	规格型号	单　位	数　量	备　注
1	桥式起重机	10t	台	1	
2	导链	5t	台	3	
3	直流电焊机		台	1	
4	割枪		把	1	
5	角磨机	ϕ100	台	1	
6	无齿锯	ϕ400	台	1	

3. 劳动力配置

劳动力配置计划见表 9-4。

表 9-4　　劳动力配置计划

工种	技术等级及数量			合计	备　注
	高级	中级	初级		
调速工	2	2	2	6	
起重工	1	2	1	4	
电焊工	2		1	3	
合计	13				

4. 施工现场准备

对现场进行勘察和测量，确定施工场地，并设置作业围栏。

（四）施工步骤、方法及质量标准

1. 作业流程

WBST-150-2.5 型水轮机调速器的改造作业流程如图 9-1 所示。

2. 施工步骤和方法

（1）调速系统排油、排压。在系统排油过程中，与维护部油务班做好联系，派专人监护，做好防止跑油措施，调速器排油时要撬起或压下主配压阀并保持一段时间，防止拆卸调速器时大量跑油。

（2）电气拆线。拆除位移转换装置、传感器及拒动触点的接线。

（3）拆除油管路及主配压阀，运至指定地点存放。拆除调速器下方平台上的围栏，并由起重班做好防护措施，工作人员登高作业时要系上安全带，拆除调速器下

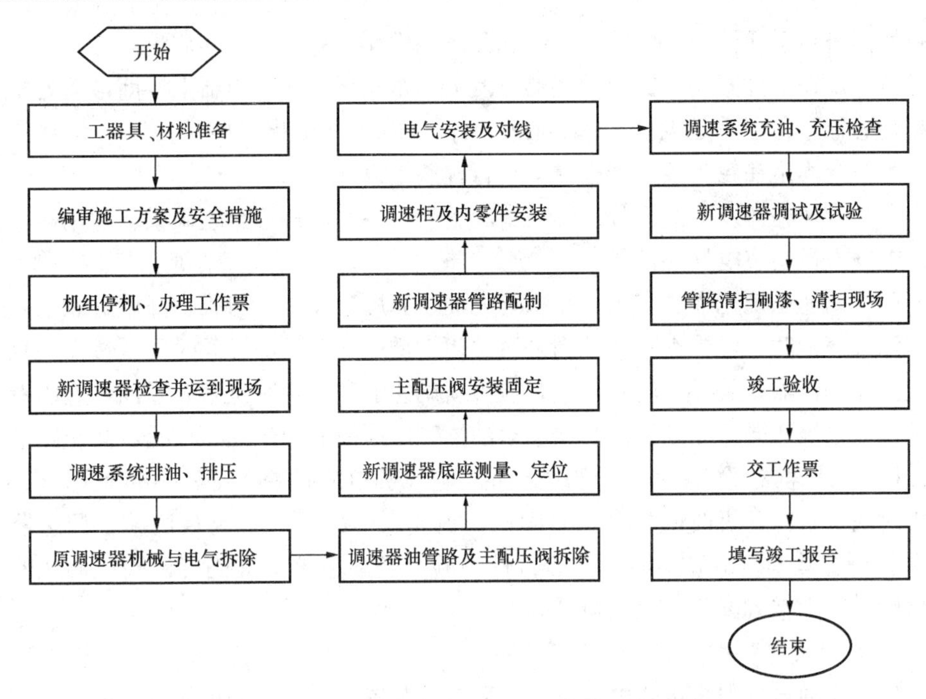

图 9-1　WBST-150-2.5 型水轮机调速器的改造作业流程

方导、轮叶各压力油管和回油管，松开主配压阀与底板的连接螺栓，由起重人员与施工人员协调配合将主配压阀移走，将分解和拆除的管路及主配压阀运送到指定地点存放。

（4）新调速器运至现场并检查。新调速器由起重人员运送至安装地点，检查调速器各油腔内是否有异物，各阀门或活塞动作是否灵活，各部件有无伤痕锈蚀，配件是否齐全，各部件固定是否牢固。

（5）新调速器机械部分安装。将原调速器底板按照新调速器的底板大小划线后用气焊切割，用角磨机打平找正，然后将新调速器底板焊接在原调速器底板上，要求牢固严密不漏油，同时测量水平；起重人员将新主配压阀运至调速器检修平台上，并吊至底板上用地脚螺栓把紧，安装导、轮叶油路板（油路畅通）、滤油器、电磁阀、止回阀（检查各密封胶圈是否良好）、位移转换装置和压力表等，检查并确认动作部件灵活无卡阻。

（6）管路安装刷漆。对新管路内外进行去锈，检查有无砂眼；按底座位置重新配置管路，对正管路法兰并焊接，防止法兰倾斜；压力油和回油管路以及导、轮叶开腔和关腔油管路逐根对正焊接，安装时，一定要检查各油管内有无杂物，做到管路不别劲，密封圈有压缩量，法兰面要对称把紧，无漏油；管路安装结束后，对各

设备管路进行全面清扫，刷防锈底漆和面漆，面漆干后，标明介质流向。

(7) 反馈元件安装。回装调速器分段关闭钢丝绳，在接力器上游前端盖处安装位移传感器，行程满足设计要求。在受油器外罩的开度指示牌处安装一位移传感器，另一端固定在轮叶接力器指针上，行程满足设计要求。

(8) 调速柜体及电气部分安装。由起重人员将调速柜移至基础板上并用螺栓把紧，电气人员安装电气元件。

(9) 调速系统充油、充压。在系统充油、充压过程中，与维护部做好联系，给压力油罐充油时，要检查总油源阀是否关闭，低压开启总油源阀时要缓慢，并且要慢慢操作调速器开关导、轮叶排气，检查新调速器和各管路是否有漏油，应由专人监护调速系统，同时注意漏油装置、集油槽和压油槽的油位油压情况，防止跑油。

(10) 调速器安装后调试。调速器导、轮叶机构机械零位调整；导叶开机时间、关机时间、轮叶开机时间、关机时间测量调整；传感器行程测量调整；调速器的PCC控制参数调整试验；调速器静特性试验及随动系统不准确度试验；调速器模拟试验；机组空载试验、甩负荷试验。

3. 施工质量标准

(1) 无油自复中步进式电动机电位移转换装置，转动灵活可靠，断电后，在弹簧力作用下自动回复零位，液压系统回到中间位置。

(2) 调速器的导、轮叶液压传动部件动作灵活，活塞动作灵活，无卡阻。

(3) 调速器的导、轮叶传动部件安全可靠，手动动作可靠。

(4) 导、轮叶的液压系统密封可靠，无渗漏。

(5) 调速器底座各管路接口法兰连接固定，无漏油。

(6) 调速器应急阀动作灵活，无漏油。

(7) 机械调速柜底座水平度不大于0.15mm/m。

(8) 调速器导、轮叶液压机构动作平稳、无振动，开关导、轮叶在任一位置时，接力器无摆动，满足全行程要求；调速器开关机时间满足调节保证计算要求。

(9) 轮叶启动角度为2.5°。

(10) 静特性曲线非线性度不超过5%，调速器的转速死区不超过0.04%。

(11) 导、轮叶协联系统不准确度不大于1.5%。

(12) 自动空载运行3min，机组转速相对摆动值不超过±0.15%。

(13) 机组甩25%负荷时，接力器不动时间不超过0.2s；甩100%负荷时，机组转速上升和水压上升不超过调节保证计算值。

(五) 编制施工进度计划

施工进度计划见表9-5。

表 9-5　　　　施工进度计划

分部分项工程名称	施工进度（天）														
	1	2	3	4	5	6	7	8	9	10	11	12	13	14	15
施工准备	—	—													
调速系统排油、排压				—											
反馈机构和调速柜拆除					—										
拆除调速器管路						—									
新调速器检查并运至现场		—	—												
机械部分安装测量调整						—	—	—	—						
管路安装刷漆										—					
钢丝绳和反馈元件安装											—				
调速柜体及电气元件安装												—			
调速系统充油、充压												—			
新调速器安装后调试													—	—	—
现场清理															—

（六）质量管理控制措施

1. 质量管理措施

（1）施工作业前，根据组织技术措施编制并学习标准化作业卡。

（2）施工作业前，向甲方提交开工报告、工作票，完工后及时提交详细、准确、真实的技术报告。

（3）工程施工过程自检合格后，及时填写验收单，并请现场质检员验收签字。

2. 质量控制措施

（1）设立三级验收点，见表 9-6 和表 9-7。

表 9-6　　　　质量见证点（W）

序号	验收项目	验收规范
1	导、轮叶引导阀质量验收	厂家图纸技术要求
2	导、轮叶辅助接力器与主配压阀质量验收	厂家图纸技术要求
3	紧急停机电磁阀动作检查	厂家图纸技术要求
4	调速器底座及导、轮叶管路安装质量检查	《水轮发电机组安装技术规范》
5	导、轮叶步进式电动机及转换装置检查	厂家图纸及说明书

表 9-7 停工待检点（H）

验收项目	验收规范
调速器调试与试运行	（1）《水轮机电液调节系统及装置调整试验导则》。 （2）《调速器检修技术规程》。 （3）厂家调速器说明书

（2）现场检查验收制度。项目部工程管理人员、专业组技术负责人员要随时检查、指导工程施工，检查施工工艺及质量标准，发现问题及时提出整改措施，并检查、验收、签字。

（七）环境保护及文明生产控制措施

（1）设立项目部文明生产检查小组，进行不定期检查。

（2）工作中各种垃圾要及时清理分类，投放到垃圾箱内。

（3）工作现场地面使用电气工具及电焊机时，要用地板和塑料布铺好，防止破坏地面。

（4）设备中的废油要用油桶装好，并送到指定地点存放，禁止直接倒入江中。

（5）工器具、材料以及拆卸下来的各部件应妥善保管，防止丢失。

（6）施工当日做到工完、料尽、场地清。

（八）安全组织技术措施

1. 危险点分析及控制措施

危险点分析及控制措施见表 9-8。

表 9-8 危险点分析及控制措施

作业活动	危险源	风险	现有控制措施
调速器更换改造	拆卸管路前，没动作导轮叶主配压阀进行排油	拆管路时造成大量跑油，污染地面或造成人员滑倒摔伤	撬起或压下导、轮叶主配压阀活塞，并保持一段时间
	使用电气工具	人员伤害	戴上护目镜，使用触电保安器
	高空作业	人员伤害	系好安全带、捆好安全绳
	动火作业	人员及设备伤害	按照动火票要求布置现场
	调速器调试	人员伤害	水车室门前设置标示牌并设专人监护，专人协调
	集油槽下部工作，不戴安全帽	人员伤害	作业人员要严格按规定要求佩戴安全帽

2. 一般安全措施

(1) 施工前，作业组负责人向本工作组成员明确交代工作任务、安全措施及危险点控制措施。

(2) 严格执行工作票、动火票制度，并严格按其安全措施执行。

(3) 每天施工前，作业负责人必须检查设备有无异常变动，检查安全措施（机组停机，锁锭装置投入，关闭锁锭油源阀，并挂标示牌；落蜗壳进口阀排水，并检查进口阀有无严重漏水；拉开油压装置压油泵电源，并挂标示牌，对压力油罐排油、排压；关闭调速系统总油源阀，并挂标示牌）有无变更，否则应进行完善后再作业。

(4) 作业中的孔洞必须用硬板盖好并设置围栏，挂好警告标示牌。

(5) 排油时应做好监视，防止跑油，如地面上有油应擦净。

(6) 工作负责人不能离开工作现场，收工时切掉电源。

(九) 施工平面布置图

调速器柜体由桥式起重机吊运到调速柜体工作现场，管路及主配压阀的运输由桥式起重机从吊物孔往主配压阀下层配管工作现场搬运，如图 9-2 和图 9-3 所示。

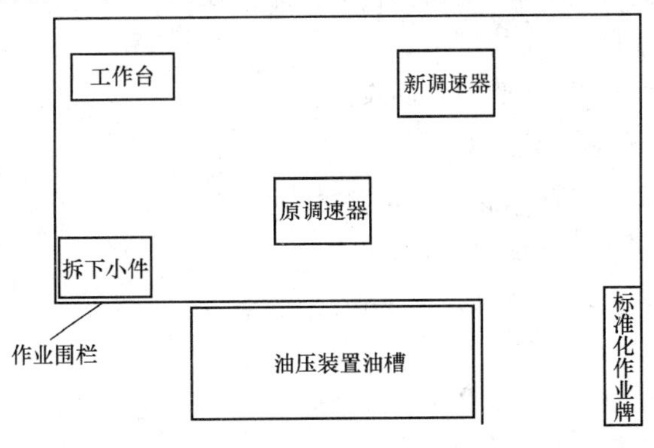

图 9-2 调速器柜体布置图

【例 9-2】 卧式三螺杆泵的更换

(一) 工程概况

油压装置压油泵为卧式三螺杆泵，目前出现了油泵效率低，泵内螺杆及衬套有严重磨损，间隙过大，油泵运行时间长，遇到机组调整负荷，备用油泵启动，影响了机组安全运行，组合阀的各阀活塞磨损严重，弹簧变形，经常出现缺陷，维护量大，进行组合阀及油泵更换，工程由××公司承揽施工，计划工期 15 天。

(二) 施工内容

(1) 调速系统排油、排压。

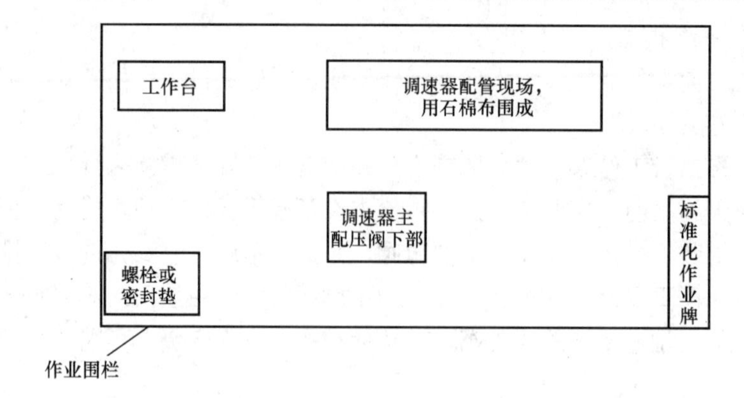

图 9-3　调速器下部管路配置工作现场布置图

（2）油泵及组合阀管路拆除。

（3）油泵及电动机、组合阀拆除。

（4）基础及支架拆除。

（5）新油泵、组合阀分解检查运至现场。

（6）油泵及电动机基础安装、组合阀支架安装。

（7）新油泵、组合阀安装。

（8）管路配置、安装、清扫、刷漆。

（9）油压装置充油、充压检查。

（10）新油泵、组合阀安装后调试及试运行。

（11）现场及设备清理检查。

（三）施工步骤、方法及质量标准

1. 作业流程

卧式三螺杆泵的更换作业流程如图 9-4 所示。

2. 施工步骤及方法

（1）新压油泵分解检查。分解前各部件做好标记，油泵内应无杂质，主、副螺杆应无毛刺及伤痕，中心孔畅通，衬套与壳体接合完好，无裂纹、脱落，螺杆与衬套间隙、推力瓦与轴端径向间隙和主、副螺杆间隙符合图纸要求。

（2）新组合阀检查。分解前将各活塞及弹簧做好标记，阀体内应无杂质，油孔、节流塞畅通，弹簧应无锈蚀、变形，活塞与衬套间隙满足图纸要求。

（3）集油槽排油，做好监视，防止跑油。

（4）拆除油泵、组合阀的连接管路，并用白布及塑料布将管口包好。

（5）拆除电动机电源线，拆除油泵、电动机与基础的连接螺栓，取下油泵、电动机；由起重人员将电动机吊走。

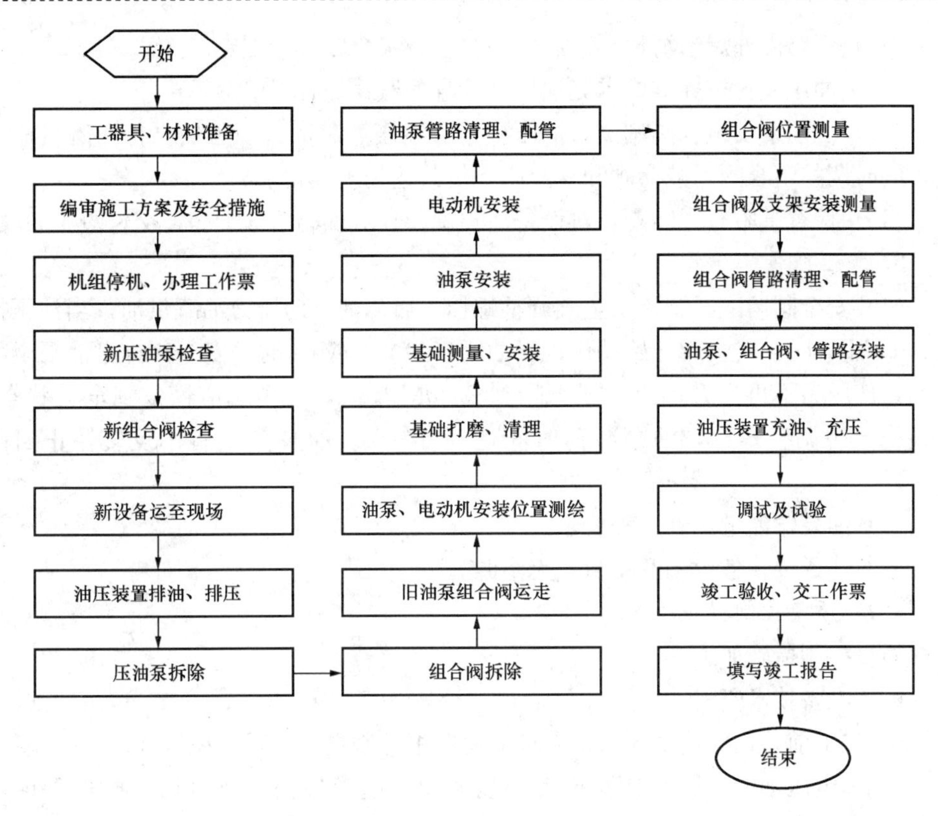

图 9-4 卧式三螺杆泵的更换作业流程

(6) 新油泵位置测绘。根据油泵的进出管路位置确定油泵基础安装位置，并确定电动机基础的安装位置。

(7) 油泵、电动机基础拆装。用角磨机磨下原油泵和电动机的基础板，按照油泵测绘位置安装油泵基础板，并测量其水平。

(8) 油泵安装。将油泵就位找正，装上连接螺栓并紧固。

(9) 电动机安装。根据油泵位置确定电动机安装尺寸，将电动机基础固定，并测量其水平；装上电动机，电动机与油泵联轴器连接一起，用钢板尺测量平行和倾斜并找正，应满足规程要求，固定好电动机。

(10) 配置油泵的油管路。将管路内部进行清理，配置油泵进油管。

(11) 根据油泵位置确定组合阀的安装位置，制作组合阀支架，测量水平，组合阀就位固定。

(12) 清理管路并按油泵及组合阀位置进行管路配置，管路插入法兰口内进行焊接。

（13）管路内外焊渣清理干净后，与油泵、组合阀进行固定。

（14）油压装置按标准要求充油压，检查各密封处有无渗漏。

（15）压油泵及组合阀调试。油压接近额定压力时，启动压油泵打油测量输油量，同时调整组合阀的减荷阀和安全阀，使其达到规程要求。

（16）检查试验有无问题，对设备清扫刷漆，对现场清理干净，交付竣工验收。

3. 施工质量标准

（1）安全阀调试。调整安全阀调整螺栓，启动油泵向压力油罐供油，当油压打到 2.55MPa 时，安全阀开始动作；当油压打到 2.85MPa 时，安全阀排出油泵全部输油，使压力不再上升；当油压下降到 2.35MPa 时，安全阀应恢复到全关状态。调整先导阀调整螺栓，油泵减荷时间达到 5～8s。油泵停止后不反转，止回阀严密。

（2）油泵输油量达到规程要求。

（3）油压装置各设备及密封点无渗漏。

（四）质量控制措施

质量控制措施如下：

（1）准备技术资料。

1）施工前，根据技术要求及新产品说明书编制更改工程组织设计。

2）确定压油泵、组合阀更改项目验收单，施工过程中及时填写质量见证点（W）和停工待检点（H），技术人员验收后签字。

（2）检验、试验项目及质量标准。

1）DL/T 563—2003《水轮机电液调节系统及装置技术规程》。

2）厂家上海七〇四厂的《组合阀说明书》、天津市工业泵总厂的《三螺杆油泵说明书》。

3）严格按上述标准规定的检验、试验项目及质量标准进行验收。

科 目 小 结

本科目从工程概况、施工组织机构及组织管理措施、施工准备、施工步骤、方法及质量标准、编制施工进度计划、质量管理控制措施、环境保护及文明生产控制措施、安全组织措施、施工平面布置图几方面简介了水轮机调节系统设备更新改造方案编制的基本格式以及其所应涵盖的基本内容。同时对水轮机调速器、油压装置等设备的更新改造方案编制分别列举了具体的案例。本科目供水电厂相关专业人员参考。

作 业 练 习

1. 简述 WBST-150-2. 5 型调速器更换施工的验收点。
2. 简述 WBST-150-2. 5 型调速器更换试验项目及质量标准。
3. 简述油泵及组合阀改造作业流程。

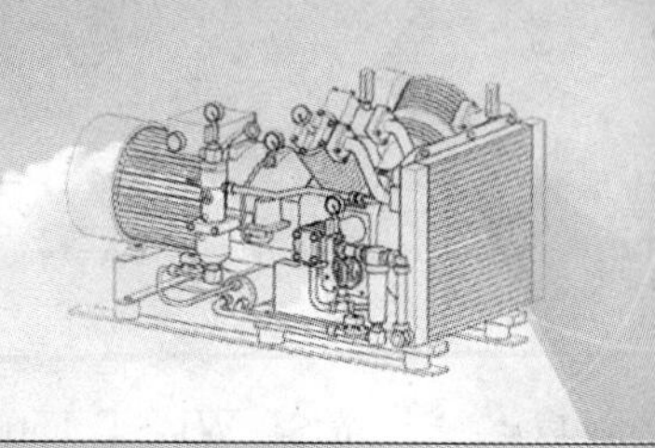

科目十

设　备　检　修

科目名称	设备检修		类别	专业技能
培训方式	实践性/脱产培训	培训学时	实践性120学时/脱产培训40学时	
培训目标	掌握设备检修的工艺及质量标准			
培训内容	模块一　水轮机调速器机械液压系统检修 一、调速器检修质量标准 二、调速器检修计划制定 三、调速器系统调整试验标准 模块二　油压装置检修 一、油压装置检修质量标准 二、油压装置检修计划制定 三、油压装置调整试验标准 模块三　压缩空气系统检修 一、压缩空气系统检修计划制定 二、压缩空气系统检修质量标准 三、压缩空气系统调整试验标准 模块四　接力器及漏油装置检修 一、接力器检修 二、漏油装置检修 模块五　状态检修 一、水轮发电机组及其辅助设备状态检修的目的和意义 二、水轮发电机组的主要故障及其特点 三、水轮发电机组的状态监测和故障诊断 四、实现状态检修的基本步骤				
场地，主要设施、设备和工器具、材料	水轮机调速器、油压装置、空气压缩机、接力器、漏油装置、弯管器、带丝、轧管器、管钳、割规、垫冲、套筒扳手、常用扳手、常用起子、内六角扳手、手锤、铜棒、钢板尺、画规、水平仪、游标卡尺、千分尺、毛刷、密封垫、清洗材料、螺栓等			
安全事项、防护措施	工作前交代安全注意事项，加强监护，戴安全帽，穿工作服，执行电力安全工作规程及有关规定			
考核方式	笔试：60min 操作：120min 完成工作后，针对评分标准进行考核			

模块一 水轮机调速器机械液压系统检修

一、调速器检修质量标准

(1) 导、轮叶主配压阀、引导阀检修标准。

1) 导、轮叶主配压阀活塞工作行程、遮程、活塞与衬套的配合间隙满足设计图纸要求。

2) 导、轮叶引导阀活塞工作行程、遮程、活塞与衬套的配合间隙满足设计图纸要求。

3) 导、轮叶步进式电动机（或电液转换器等电/机转换装置）工作特性满足设计图纸要求。

4) 活塞及衬套应无划痕、毛刺、高点、锈蚀，各棱角无损伤；组装后动作灵活，上下动作灵活，能靠自重自由下落，无发卡现象。

(2) 导、轮叶位移转换装置检修标准。轴承转动灵活，润滑良好无框动；螺杆与移动套无损伤、毛刺，转动灵活；弹性挡圈及弹片弹性良好，无锈蚀。

(3) 紧急停机电磁阀检修标准。开停机活塞动作灵活；调速器充压后，开停机活塞手自动切换动作灵活。

(4) 油滤过器清扫干净，油压差满足调速器厂家要求。

(5) 引导阀与位移转换装置连接的万向联轴轴承无卡阻，润滑良好。

(6) 无油自复中步进式电动机电位移转换装置转动灵活可靠，断电后，在弹簧力作用下自动回复零位，液压系统回到中间位置。

(7) 调速器的导、轮叶液压传动部件动作灵活，活塞动作灵活，无卡阻。

(8) 调速器的导、轮叶传动部件安全可靠，手动动作可靠。

(9) 导、轮叶的液压系统密封可靠，无渗漏。

(10) 调速器底座各管路接口法兰连接固定，无漏油。

(11) 调速器应急阀动作灵活，无漏油。

(12) 调速器导、轮叶液压机构动作平稳、无振动，开关导、轮叶在任一位置时，接力器无摆动，满足全行程要求；调速器开关机时间满足调节保证计算要求。

(13) 导、轮叶全开及全关机时间满足调节保证计算要求。

(14) 在自动工况下，导叶全关，轮叶启动角度满足设计图纸要求。

(15) 静特性曲线非线性度不超过5%，调速器的转速死区不超过0.04%。

(16) 导、轮叶协联系统不准确度不大于1.5%。

(17) 自动空载运行3min，机组转速相对摆动值不超过±0.15%。

（18）机组甩25%负荷时，接力器不动时间不超过0.2s；甩100%负荷时，机组转速波动超过3%的波动次数不超过2次，从甩负荷后接力器向开启方向移动到机组转速摆动相对值不超过±0.5%为止的时间不大于40s，机组转速上升和水压上升不超过调节保证计算值。

二、调速器检修计划制定

调速器计划性检修工作大致可分为定期检修和大修。定期检修是机组运行中安排有计划的定期检查试验；调速器大修主要是解决运行中出现并临时性检修无法予以消除的严重的设备缺陷，进行部件的全部分解检修试验。临时性检修内容通常是消除调速器的异常工作状态，防止由此引起的机组停机事故。

1. 调速器小修计划制定

调速器小修计划制定包括标准项目和非标准项目及小修计划工期、进度、检修单位（班组）及负责人、安全措施及计划的审批。

（1）标准项目。调速器规程中规定的标准检修、试验项目。

（2）非标准项目。根据调速器运行缺陷制定消缺方案而消除缺陷。

（3）检修的安全措施。机组停机，锁锭装置投入，关闭锁锭油源阀，并挂标示牌；落蜗壳进口阀排水，并检查进口阀有无严重漏水，落尾水阀并排水（不同的机组对尾水阀的要求不同）；拉开油压装置压油泵电源，并挂标示牌，压力油罐排油、排压；关闭调速系统总油源阀，并挂标示牌。

2. 调速器大修计划制定

调速器大修计划制定包括制定标准项目和非标准项目及大修工期、进度、检修单位（班组）及负责人、安全措施及计划审批。

（1）标准项目。调速器规程中规定的标准检修项目。

（2）非标准项目。包括调速器运行缺陷与设备隐患、更改工程项目。

（3）安全措施。机组停机，锁锭装置投入，关闭锁锭油源阀，并挂标示牌；落蜗壳进口阀排水，并检查进口阀有无严重漏水，落尾水阀并排水（不同的机组对尾水阀的要求不同）；拉开油压装置压油泵电源，并挂标示牌，压力油罐排油、排压；关闭调速系统总油源阀，并挂标示牌；导、轮叶接力器管路排油。

三、调速器系统调整试验标准

1. 工作条件

（1）水轮机所选定的调速器与油压装置合理。

1）接力器最大行程与导叶全开度相适应。对中、小型和特小型调速器，导叶实际最大开度至少对应于接力器最大行程的80%以上。

2）调速器与油压装置的工作容量选择是合适的。

（2）水轮发电机组运行正常。

1）水轮机在制造厂规定的条件下运行。

2）测速信号源、水轮机导水机构、转叶机构、喷针及折向器机构、调速轴及反馈传动机构应无制造和安装缺陷，并应符合各部件的技术要求。

3）水轮发电机组应能在手动各种工况下稳定运行。在手动空载工况下（发电机励磁在自动方式下工作）运行时，水轮发电机组转速摆动相对值对大型调速器不超过±0.2%；对中、小型和特小型调速器均不超过±0.3%。

（3）对比例积分微分（PID）型调速器，水轮机引水系统的水流惯性时间常数 T_w 不大于 4s；对比例积分（PI）型调速器，水流惯性时间常数 T_w 不大于 2.5s。水流惯性时间常数 T_w 与机组惯性时间常数 T_a 的比值不大于 0.4。反击式机组的 T_a 不小于 4s，冲击式机组的 T_a 不小于 2s。

（4）调速系统所用油的质量必须符合 GB 11120—2011《涡轮机油》中 46 号汽轮机油或黏度相近的同类型油的规定，使用油温范围为 10～50℃。为获得液压控制系统工作的高可靠性，必须确保油的清洁度、过滤精度符合产品的要求。

（5）调整试验前，应排除调速系统可能存在的缺陷，如机械传动系统的死区、卡阻及液压管道与元、部件中可能存在的空气等。

（6）调速器应能实现机组的自动、手动启动和停机。当调速器自动部分失灵时，应能手动运行。中、小型调速器的接力器如无机械手动操作机构，则油压装置必须装有备用油泵；对通流式调速器，必须装设接力器手动操作机构。

2. 调整试验标准

（1）调速系统静态特性应符合的规定。

1）静态特性曲线应近似为直线。

2）测至主接力器的转速死区和在水轮机静止及输入转速信号恒定的条件下，接力器的摆动值不超过表 10-1 的规定值。

表 10-1　接力器的转速死区和摆动值

调速器类型 / 项目	大型	中型	小型		特小型
	电气液压调速器	电气液压调速器	电气液压调速器	机械液压调速器	
转速死区 i_x（%）	0.02	0.06	0.10	0.18	0.20
接力器摆动值（%）	0.1	0.25	0.4	0.75	0.8

3）对于转桨式水轮机调速系统，桨叶随动系统的不准确度 i_a 不大于 0.8%。实测协联曲线与理论协联关系曲线的偏差不大于桨叶接力器全行程的 1%。

（2）水轮机调速系统动态特性应符合的规定。

1）调速器应保证机组在各种工况和运行方式下的稳定性。在空载工况自动运行时，施加一阶跃型转速指令信号，观察过渡过程，以便选择调速器的运行参数。待稳定后记录转速摆动相对值，对大型调速器不超过±0.15%，对中、小型调速器不超过±0.25%，特小型调速器不超过±0.3%。如果机组手动空载转速摆动相对值大于规定值，则其自动空载转速摆动相对值不得大于相应手动空载转速摆动相对值。

2）机组启动开始至机组空载转速偏差小于同期带（−0.5%～1%）的时间 T_{SR}，不得大于从机组启动开始至机组转速达到80%额定转速时间 $T_{0.8}$ 的5倍。

3）机组甩负荷后动态品质应达到以下要求：

a）甩100%额定负荷后，在转速变化过程中，超过稳态转速3%额定转速值以上的波峰不超过2次。

b）从机组甩负荷时起，到机组转速相对偏差小于±1%为止的调节时间 T_E 与从甩负荷开始至转速升至最高转速所经历的时间 T_M 的比值，对中、低水头反击式水轮机不大于8，桨叶关闭时间较长的轴流转桨式水轮机不大于12；对高水头反击式水轮机和冲击式水轮机应不大于15；对从电网解列后给水电厂供电的机组，甩负荷后机组的最低相对转速不低于0.9（对投入浪涌控制及桨叶关闭时间较长的贯流式机组除外）。

c）转速或指令信号按规定形式变化，接力器不动时间：对电气液压调速器不大于0.2s，机械液压调速器不大于0.3s。

（3）调速器试验参数。

1）对机械液压调速器，暂态转差系数 b_t 应能在设计范围内整定，其最大值不小于80%，最小值不大于5%；缓冲时间常数 T_d 可在设计范围内整定，小型及以上的调速器最大值不小于20s，特小型调速器最大值不小于12s，最小值不大于2s。

2）PID型调节器的调节参数应能在设计范围内整定：比例增益 K_P 最小值不大于0.5，最大值不小于20；积分增益 K_I 最小值不大于0.05s^{-1}，最大值不小于10s^{-1}；微分增益 K_D 最小值为零，最大值不小于5s。

3）永态转差系数 b_p 应能在零至最大值范围内整定，最大值不小于8%。对小型机械液压调速器，零刻度实测值不应为负值，其值不大于0.1%。

4）零行程的转速调整范围的上限应大于永态转差系数的最大值，其下限一般为−10%。如设有远距离控制装置，则其动作时间应符合设计要求。

5）开度限制机构应能在零至最大开度范围内任意整定。对大、中型电气液压调速器，开度限制机构远距离控制装置的动作时间应符合设计规定。

6）接力器的关闭时间 T_f 与开启时间 T_g 应能在设计范围内任意整定。

模块二 油压装置检修

油压装置在运行过程中，由于各种不良因素的影响，例如油泵长时间运行的磨损，各调整机构变位或老化，油质变坏，水分侵蚀，湿度、温度变化等，其工作效率将会逐渐变差。因此，油压装置在运行一定时间之后，将会有不同程度的缺陷和安全隐患，需要进行及时和定期的检修，使其恢复良好的性能和品质，保证机组安全、可靠运行。

一、油压装置检修质量标准

1. 设备排压、排油

压力油罐油排干净。回油箱油排干净。

2. 油泵检修

检查油泵主、副螺旋、衬套、壳体等应完好无裂纹、锈蚀及严重磨损。测量主、副螺旋与推力轴套及与衬套间隙符合图纸技术要求。组装后，油泵与电动机转动灵活，无别劲现象。

3. 阀组（安全阀、放出阀、止回阀）检修

各阀止口严密；活塞（针塞）无严重磨损；弹簧平直，节流塞及各油路畅通；组装后，各活塞动作灵活，各密封点无渗漏油现象。

4. 手动阀门（包括总油源阀）检修

阀体、阀座止口严密，煤油试验应无渗漏；阀杆密封应完整；各密封点无渗漏油现象；组装后开关手动阀门时，阀杆松紧度适当。

5. 压力油罐检修

压力油罐外观检查应无异常；内部清扫干净；外部各连接管路、阀门、法兰应严密无渗漏；按规定进行耐压试验。

6. 回油箱检修

回油箱外观检查应无异常；内部清扫干净；外部各连接管路、阀门、法兰应严密无渗漏；回油箱滤网检查应完好，清扫干净。

7. 油面计、表计、压力开关检修

检查油面计，浮筒应严密，油面指示应正确。表计指示应正确，校验合格。压力开关动作正确，校验合格。

8. 自动补气装置（或充、排风阀门）检修

手动充、排风阀门应分解检查，止口完整、严密，阀体无缺陷，组装后做密封

试验应无泄漏。自动补气装置各手、自动控制机构动作应正确、严密。

二、油压装置检修计划制定

1. 检修周期与检修内容

油压装置的检修一般分为故障性检修和计划性（定期）检修。故障性检修是根据运行中出现故障的性质和严重程度，决定检修的内容和时间。计划性（定期）检修的类别有小修、大修和扩大性大修，其检修周期可视各水电厂的设备质量状况、自然条件和管理水平等而定。

（1）检修制度。油压装置的计划性（定期）检修一般与水轮发电机组主机设备及调速器的检修同时进行。不同的水电厂，计划性检修的安排也不尽相同。油压装置常用的计划性检修制度见表 10-2。

表 10-2　　油压装置常用的计划性检修制度

检修类别	检修周期	检修工期
小修	每年 1～2 次	2～4 天
大修	每 3～5 年 1 次	10～15 天
扩大性大修	10 年左右 1 次	15～20 天

（2）检修内容。油压装置的检修内容包括五方面，即分解组合、清扫检查、技术测量、缺陷处理和试验调整。对于小修和大修，这五个方面的具体要求是不同的。

1）小修。油压装置的小修主要是指在枯水期对油压装置进行的维护保养项目，或设备发生故障需要立即处理的项目。通过小修，掌握油压装置的使用情况，为大修提供依据。

小修的内容主要是检查、处理油压装置个别单元、机构的缺陷或损坏情况，部件连接的可靠性，油、气、水管道的严密性，以及各时间、行程的测定与调整等。具体包括：

a）压力表校验；

b）油压装置各油面检查或更换新油；

c）阀组试验、定值整定（包括安全阀、卸荷阀、放出阀等）；

d）油泵自动、备用启停试验；

e）事故低油压动作试验；

f）漏油装置检查及滤油器清扫；

g）易损件修复及缺陷处理等。

2）大修。油压装置的大修通常是指对各单元、部件的解体、清扫，以及特性调整试验工作，其大修的内容主要是对油压装置有系统的拆装、检查、处理，使之恢复到原有的性能。具体包括：

a）压力表校验；

b）油泵分解检修；

c）阀组分解检修；

d）压力油罐清扫检查；

e）回油箱清扫检查；

f）油面计、表计附件等检查、检修；

g）其他缺陷处理。

2. 检修的准备工作与程序

（1）准备工作。为了在最短的检修工期内，按质按量完成油压装置的检修任务，检修前应按检修内容做好以下准备工作。

1）工具和仪器设备。包括拆卸、装配用的一般工具和专用工具，调整、试验用的仪器、仪表及有关设备。

2）消耗材料。包括清洗和修理用的汽油、煤油、酒精、黄油、砂布（纸）、白棉布、密封胶、油盆、防锈漆等。

3）备品和备件。应事先准备好足够供更换的易损件和缺陷件。

4）图纸技术资料。准备制造、安装、检修和运行方面的图纸资料与技术资料，用以了解油压装置的结构原理，研究和确定拆装和调试方法。有关资料如下：

a）油压装置的随机图纸；

b）厂家技术鉴定文件和设备使用资料；

c）主要调整参数的整定值；

d）技术改进记录；

e）产品及使用的缺陷记录；

f）检修程序与基本要求。

（2）一般检修程序及基本要求。

1）确定拆装程序与方法。在熟悉、研究图纸等技术资料之后，确定合理的拆、装程序和正确的操作方法，应注意保护元器件和阻容件，严禁乱扭、硬撬，以防止元（器）件的变形、损坏。

2）解体检查与修理。对机械零件，检查其是否划伤、偏磨、断裂，并加以清洗，考虑修复或更换新件。对组合元件，检查其特性与参数是否符合技术要求，并重新调整、试验。

3）清污保养。对机械零件，要用汽油洗净，并用酒精擦干、涂油。

4）组合回装。对机械件的组装，要求涂油装配，方位正确，动作灵活，且无偏斜、别劲、卡阻，保证公差配合的精度。对管路的安装，要求整洁、通顺，内无堵塞，外无漏油；充油之后，要排净整个系统内部的空气。

三、油压装置调整试验标准

1. 试验条件

（1）试验准备工作。

1）确定试验的类别及项目，编写试验大纲。

2）制定安全防范措施，注意防止进水阀失灵、机组过速及引水系统异常、触电及其他设备和人身事故。

3）准备好与试验有关的图纸、资料。

4）准备必要的工具、设备、试验电源、校正仪器及传感器。

5）试验现场应具有良好的照明及通信联络，并规定必要的联络信号。

6）在进行水电厂调整试验时，还应事先确切了解被试设备及相关设备的状态，制定安全防护措施，特别注意防止在导叶间和转轮室内发生人身事故。

（2）水电厂试验条件。

1）装置各部分安装及外部配线、配管正确，具备充油、充气、通电条件。汽轮机油的油质、油温、高压空气、电源及电压波形，应符合有关技术要求及制造厂规定。

2）充水试验前，被控机组及其控制回路、励磁装置和有关辅助设备均安装调整完毕，并完成了规定的模拟试验，具备开机条件。

3）现场清理整洁完毕，调试过程中，不得有其他影响调试工作的施工作业。

4）工作条件应满足 GB/T 9652 的有关规定。

2. 一般检查试验

（1）开箱检查。盘柜上标志应正确、完整、清晰，各部件无缺损，按装箱单检查文件资料、装置及其附件、备品备件等是否齐全。

（2）表计检查校验。按有关规程对平衡表、电压表、频率表、导叶和桨叶开度表、压力表等进行检查检验，其精度应符合相应的技术要求。

（3）电气接线检查。对所有电气接线进行正确性检查，其标志应与图纸相符，屏蔽线的接法应符合抗干扰的要求。

（4）绝缘试验。

1）绝缘试验应包括所有接线和器件，试验时应采取措施，防止电子元器件及表计损坏。

2）分别用 250V 电压等级的绝缘电阻表（回路电压小于 100V 时）和 500V 电

压等级的绝缘电阻表（回路电压为100～250V时）测定各电气回路间及其与机壳、大地间的绝缘电阻，在温度为15～35℃、相对湿度为45%～90%的环境中，其值不小于1MΩ；如为单独盘柜，其值不小于5MΩ。

3）按DL/T 563—2004《水轮机电液调节系统及装置技术规程》的有关规定进行绝缘强度试验，应无击穿或闪络现象。

3. 调整试验

油压装置的调整试验项目见表10-3。

表10-3　油压装置的调整试验项目

序号	调整试验项目	出厂试验	水电厂试验	型式试验
1	一般检查试验	△	△	△
2	压力油罐的耐压试验	△		△
3	油泵试验	△	△	△
4	阀组调整试验	△	△	△
5	油压装置的密封试验	△	△	△
6	压力信号器和油位信号器整定	△	△	△
7	油压装置自动运行的模拟试验			

（1）压力油罐的耐压试验。

1）向压力油罐充油。

a）在压力油罐的排气孔上安装排油管并接至回油箱；

b）开启油泵截止阀和压力表针阀，其余阀门全部关闭；

c）用手转动油泵，检查是否灵活，然后通电检查油泵转动方向是否正确；

d）将油泵注满汽轮机油，以手动方式启动油泵向压力油罐充油。

2）当压力油罐充满油后停泵，封闭排气孔，用试压泵升压。

3）油压升到额定值后，检查有无漏油现象。若无漏油，可继续升压到1.25倍额定油压值，保持30min，再检查焊缝有无漏油，同时观察压力表读数有无明显下降。若无漏油和压力下降，可降压至额定值，用500g手锤在焊缝两侧25mm范围内轻轻敲击，应无渗漏现象。

4）在试压过程中，如发现管道或管道附件漏油，只能在无压条件下进行处理。若发现焊缝漏油，则应停止试验，排油后进行处理。

（2）油泵试验。

1）油泵运转试验。在阀组调整前进行。油泵先空载运转1h，然后分别在25%、50%、75%额定油压下各运行10min，最后在额定油压下运行1h。试验中，

油泵应连续运转，工作应平稳正常。通常用改变压力油罐内的气压并同时调节排油阀或安全阀的方法来控制油泵工作压力。

2）油泵输油量的测定。在压力油罐的油压接近额定值，油温在30～50℃的条件下，启动油泵向压力油罐送油，测量油位上升100mm所需的时间，按式（10-1）计算油泵的输油量，即

$$Q = 7.85D^2/10^5 t \tag{10-1}$$

式中 Q——油泵的输油量，L/s；

D——压力油罐的内径，mm；

t——油位上升100mm所需的时间，s。

测定3次油泵输油量，取其平均值。

（3）阀组调整试验。

1）减荷阀的调整试验。改变节流孔大小，以调整减荷时间。要求当油泵达到额定转速时，减荷阀排油孔刚好被封闭。如从观察孔看到油流截止，则整定正确。

2）安全阀的调整试验。调整安全阀，使得油压高于工作油压上限2%，安全阀开始排油，油压高于工作油压上限的10%以前，安全阀应全部开启，压力油罐中油压不再升高；油压低于工作油压下限以前，安全阀应完全关闭，此时安全阀的漏油量不得大于油泵输油量的1%。在上述过程中，安全阀应无强烈的振动和噪声。

（4）密封试验。压力油罐的油压和油位均保持在正常工作范围内，关闭所有阀门，8h后油压下降不得大于额定油压的4%。若油压下降而油位不变，则说明是漏气所致。当油压、油位均下降时，可启动油泵将油位恢复到原值，若油压能恢复至原值，则说明是漏油所致；若油压仍低于原值，则说明在漏油的同时，还有漏气现象。

（5）压力信号器和油位信号器整定。以向压力油罐充油和自压力油罐排油的方式来改变油压和回油箱油位，进行压力信号器和油位信号器的整定。压力信号器动作值与整定值的允许偏差为名义工作油压的±2%；回油箱油位信号器的动作允许偏差为±10mm。

（6）油压装置自动运行的模拟试验。试验时，用人工排油、排气的方式控制油压和油位的变化，使压力信号器和油位信号器动作，以控制油泵按各种方式运转并进行自动补气。通过模拟试验，检查油压装置电气控制回路及压力信号器、油位信号器动作的正确性。不允许采用人工拨动信号器触点的方式进行模拟试验。

4. 试验报告

（1）编写试验报告的目的是正式记载所观测的数据和计算结果。此外，还应将

各试验结果列出表格或绘制曲线，可包括经证实的原始记录（或复印件），测量仪表读数应符合观测所得记录。

（2）试验报告内容。

1）试验依据、目的。

2）被试验设备制造厂型号、出厂编号、出厂日期。

3）电厂、机组及被试验设备主要技术参数。

4）试验项目（包括条件、方法、仪表及数据）。

5）试验结论（包括曲线、图表、照片）。

6）验收意见及主持、参加单位、人员。

7）附录。

模块三 压缩空气系统检修

由于空气压缩机是在高温、高压条件下连续运转的动力设备，经过长期运行，其零部件都会有不同程度的磨损，使性能降低甚至失效。为了保证空气压缩机应有的性能而持续、正常、不间断地供气，除了本身的材质、制造及装配质量、正确的操作外，在很大程度上同维护保养和检修的好坏有关。因此，要求操作和维修人员必须遵照有关规定，认真做好空气压缩机的维护保养和检查修理工作。

对各型空气压缩机的维修方式、周期及内容，各制造厂家和使用单位的规定虽有不同，但都是建立在日常维护保养工作的基础上，通过合理安排的各种维修活动，使空气压缩机在整个寿命周期内，提高其运行的安全性和可靠性，保持良好的技术状态，延长使用寿命；达到维修费用最低，创造价值最高，提高设备综合利用效率。

一、压缩空气系统检修计划制定

空气压缩机的检修工作，大多数项目已在定期保养时进行，在此，只介绍大修方面的有关内容。

1. 大修的时间

应根据技术文件规定或累计运行小时数，维修、运行等原始记录与资料，结合设备的精度、性能现状等进行综合分析后来确定合理的大修时间。检修间隔与工期见表 10-4。

2. 大修前的准备工作

（1）技术准备工作。主要有修前预检，图纸、资料的准备，制定修理工艺，编制更换件的修复制造工艺以及工、检、研具的选用与设计等方面的工作。

表 10-4　　检修间隔与工期

序号	检修类别	间隔	工期	备注
1	巡回检查	一周	半天	可视情况而定
2	小修	半年	7天	可视情况而定
3	大修	一年	20天	可视情况而定

（2）生产准备工作。主要是组织好修理所需更换件、外购件的配套和特殊材料的准备工作，要有计划、有重点地进行，以免造成准备不足而延误时间或过剩时的经济损失。

3. 大修内容

空气压缩机检修一般进行以下主要内容：

（1）空气压缩机全部解体清洗。

（2）镗磨气缸或更换气缸套，并做水压试验。未经修理过的气缸使用4～6年后，需试压一次。

（3）检查、更换连杆大小头瓦、主轴瓦，按技术要求刮研和调整间隙。

（4）检查曲轴、十字头与滑道的磨损情况，进行修理或更换。

（5）修理或更换活塞或活塞环；检查活塞杆长度及磨损情况，必要时应更换。

（6）检查全部填料，无法修复时予以更换。

（7）曲轴、连杆、连杆螺栓、活塞杆、十字头销（或活塞销），不论新旧都应做无损探伤检查。

（8）校正各配合部件的中心与水平；检查、调整带轮或飞轮径向或轴向的跳动。

（9）检查、修理气缸水套、各冷却器、油水分离器、缓冲器、储气罐、空气过滤器、管道、阀门等，无法修复者予以更换，直至整件更换，并进行水压与气密性试验。

（10）检修油管、油杯、油泵、注油器、止回阀、油过滤器，更换已损坏的零件和过滤网。

（11）校验或更换全部仪表、安全阀。

（12）检修负荷调节器和油压、油温、水流继电器（或停水断路器）等安全保护装置。

（13）检修全部气阀及调节装置，更换损坏的零部件。

（14）检查传动皮带的磨损情况，必要时全部更换。

（15）检查机身、基础件的状态，并修复缺陷。

(16) 大修后的空气压缩机，在装配过程中，应测量下列项目。

1) 各级活塞的内外止点间隙。

2) 十字头与滑道的径向间隙和接触情况。

3) 连杆轴径与大头瓦的径向间隙和接触情况。

4) 十字头销与连杆小头瓦的径向间隙和接触情况。

5) 填料各处间隙。

6) 连杆螺栓的预紧度。

7) 活塞杆全行程的跳动。

对不符合技术要求的，应予以修理、调整。

(17) 试压和试运转后，防腐涂漆。

(18) 吸收新工艺、新技术，以提高设备性能，达到安全、经济运行的目的。

空气压缩机检修具体内容应根据设备实际运行状况及以往检修经验，有针对性地确定检修内容，做到有的放矢，以提高检修质量。

二、压缩空气系统检修质量标准

压缩空气系统是由空气压缩机及其附件、储气罐、供气管路和用气设备等组成的。在不同的水电厂，压缩空气系统结构各不相同，最大区别则在于空气压缩机产品形式多样，因此，不同的空气压缩机对其检修要求也有区别。下面只就压缩空气系统检修共性的部分，归纳了一些检修要求，仅供参考。

1. 活塞空气压缩机检修质量标准

活塞空气压缩机检修质量标准见表10-5。

表10-5　　活塞空气压缩机检修质量标准

序号	检修项目	质量标准
1	各部连接管路及过滤器清扫检查	各管路无腐蚀和积炭，清扫干净，滤过器完整干净，各接头丝扣完好
2	冷却器及风扇检修（风冷）	冷却器吹扫干净，用水压耐压10min（1.25倍）无泄漏，风扇调整好中心，转动灵活，皮带紧度适当
3	冷却器检修（水冷）	各级冷却器清扫干净，螺旋片、蛇形管、冷却管清洁、完好，无渗漏
4	一级阀组检修	弹簧阀片无严重磨损、刻痕，积炭清除，气缸有头螺钉、阀片有头螺钉扭矩符合要求
5	二级阀组检修	无严重磨损，密封面无泄漏，双缝自锁螺母紧固扭矩符合要求。组装后用汽油试验5min无泄漏

续表

序号	检修项目	质量标准
6	三级阀组检修	阀片和环的周边应与其配合座完全吻合，吻合线磨去片或阀厚度的10%应更换，组装后无泄漏，动作灵活，用汽油试验5min，各部有头螺钉、螺母的扭矩符合要求
7	活塞、连杆气缸检修	检查活塞环、环槽磨损情况，检查气缸、轴头销磨损情况，各种配合间隙符合要求
8	曲轴及轴承检修	曲轴转动灵活平稳，润滑油畅通。轴向窜动小于0.1mm，轴颈椭圆度、锥度小于0.02mm，曲轴各部配合间隙符合要求
9	曲轴箱排充油及清扫	将脏油排出，清扫干净注入合格的新油，型号符合要求。油面加至油面计上端，加油前要将滤过器清扫干净，检查有无损坏
10	电动机拆装	联轴器完好，间隙应在0.5～2mm，偏心应小于0.1mm，装后转动灵活
11	排污阀分解检查	阀杆动作灵活，止口完好
12	气水分离器清扫检查	清扫干净，检查无严重腐蚀，装后不漏气
13	安全阀及压力表校验检查	空气压缩机上安全阀的整定值按规定整定，压力油罐上的安全阀参照DL 612—1996《电力工业锅炉压力容器监察规程》。动作值调整到工作压力1.08～1.1倍，调整完安装前用汽油试验不泄漏（5min）
14	止回阀分解检查	动作灵活，不漏风，无腐蚀
15	油泵分解检查	检查螺旋齿轮的磨损及油泵驱动销的磨损情况，组装后不漏油，转动灵活
16	各阀门检修	阀体动作灵活，不漏风
17	冷却器检查	检查空气冷却器有无磨损松动，两次大修要对冷却器进行耐压试验一次，试验压力为每级工作压力的1.25倍，耐压时间为20min
18	高低压储气罐检验	参照DL 612—1996，外部检查每年不少于一次，安全等级为1～3级的压力容器每6年进行一次内、外部检验；安全等级为3～4级的压力容器每3年进行一次内、外部检验。检验后清扫干净。应用10年，需做工作压力的1.25倍水压耐压试验20min，无泄漏

2. 螺杆空气压缩机检修质量标准

螺杆空气压缩机检修质量标准见表10-6。

表10-6　　螺杆空气压缩机检修质量标准

序号	检修项目	质量标准
1	进气过滤系统检修	（1）空气滤清器应清洁、无杂物。 （2）步进式电动机动作正常。 （3）联轴器、限位器、限位臂无裂痕和破损等现象。 （4）各处密封垫、密封盖应完好

续表

序号	检修项目	质量标准
2	压缩机主机检修	(1) 阴、阳转子应啮合良好，表面光洁，无毛刺、裂纹等现象。 (2) 两根轴表面应光洁，无锈蚀现象。 (3) 圆锥滚柱轴承应转动灵活，旋转时无异声。 (4) 阳转子、阴转子与壳体的间隙符合要求
3	油分离系统检修	(1) 分离筒内应清洁、无杂物。 (2) 导流板无断裂等现象。 (3) 更换新的油分离芯。 (4) 油分离筒体内回油过滤网清洁，小孔畅通。 (5) 安全阀校验合格。 (6) 最小压力阀、断油阀分解、清扫干净，回装后，试验动作正常。 (7) 油过滤器内清洁、无杂物。 (8) 更换新的油过滤芯。 (9) 更换新的油分离筒下部软管。 (10) 各部密封垫完好，回装后各处无渗漏
4	风冷却系统检修	(1) 油冷却器表面清洁。 (2) 风扇叶无裂纹、破损等，表面清洁。 (3) 风扇罩网格无破损。 (4) 后冷却器表面清洁。 (5) 水分离器内锈垢清扫干净。 (6) 更换各连接软管。 (7) 各处密封垫应完好，回装后各处无渗漏
5	储气罐检修	(1) 容器铭牌完好。 (2) 容器外表面无裂纹、变形等不正常现象。 (3) 容器的管路、焊缝、受压元件等无渗漏。 (4) 地脚螺栓紧固完好，基础无下沉、倾斜等现象。 (5) 安全阀校验合格。 (6) 压力表校验合格
6	各阀门检修	(1) 更换各阀门密封垫。 (2) 检修后阀门操作灵活，煤油试验无渗漏

三、压缩空气系统调整试验标准

(1) 空气压缩机运行时的规定工况。

1) 吸气压力为0.1MPa（绝对压力）。

2）吸气温度为20℃。

3）吸气相对湿度为0%。

4）水冷空气压缩机冷却水进水温度为15℃。

5）水冷空气压缩机冷却水量按表10-7确定。

表10-7　　水冷空气压缩机冷却水量

额定排气压力（MPa）	0.7（0.8）	1.0	1.25
规定工况下的冷却水量（L/m³）	2.5	3.0	3.5

注　当空气压缩机在非规定工况下运行时，其冷却水量将随进水温度的变化而变化。

6）风冷空气压缩机冷却空气温度为吸气温度20℃时相应所处的环境温度。

7）排气压力符合铭牌或现场实际需要（不高于铭牌压力）。

8）转速按产品技术文件规定选取。

（2）空气压缩机在规定工况下的实际容积流量应不低于公称容积流量的95%。

（3）空气压缩机一级吸气温度不应超过40℃，水冷空气压缩机冷却水进水温度不应超过35℃。

（4）有油润滑的空气压缩机，每级压缩后的排气温度不应超过180℃；使用合成润滑油的空气压缩机或无油润滑的空气压缩机，则不应超过200℃。空气压缩机机身或曲轴箱内的润滑油温度不应超过70℃。

（5）润滑油压力系统中应设全流量过滤器和油压指示仪表。油过滤器精度至少为0.08mm，润滑油压力应不低于0.1MPa并可调，润滑系统能承受的压力应不低于0.4MPa。

（6）空气压缩机每一压缩级后应设安全阀，在其工作时应保证系统中的受压元件所受压力不超过最大工作压力的1.1倍。安全阀应符合JB/T 6441—2008《压缩机用安全阀》及《压力容器安全技术监察规程》的有关规定。

（7）空气压缩机的储气罐应符合JB/T 8867—2000《固定的往复活塞空气压缩机储气罐》的规定，其他钢制压力容器应符合《压力容器安全技术监察规程》的有关规定。

（8）空气压缩机应设自动调节系统，该系统应能根据储气罐中气体压力的改变自动进行调节，减少容积流量时，应保证降低空气压缩机所需功率。

（9）空气压缩机的气路、水路、油路的连接应保证密封，不应互相渗漏和外泄。

（10）空气压缩机的气缸、气缸盖、气缸座、活塞、湿式气缸套、铸造的冷却器壳体等受压零件的气腔应以不低于1.5倍的最高工作压力做水压试验；气缸、气缸盖和气缸座等零件的水腔应以 0.6MPa 的压力做水压试验，保持 30min，不应渗漏。

(11) 空气压缩机的振动烈度不应超过规定。空气压缩机的振动烈度见表10-8。

表 10-8　　空气压缩机的振动烈度

空气压缩机类型	振动烈度
对称平衡型	18.0
角度式（L形、V形、W形、星形、扇形）、对置式、立式	28.0
卧式、无基础	45.0

(12) 空气压缩机主要易损件的更换时间应不小于规定值。

空气压缩机主要易损件的更换时间见表 10-9。

表 10-9　　空气压缩机主要易损件的更换时间

主要易损件名称		阀片	气阀弹簧	活塞环	填料
更换时间（h）	有油机	4000		6000	4000
	无油机	2000			

注　更换时间为可有效使用时间。

(13) 空气压缩机应设有报警、报警停车安全保护装置，并在发生下列情况之一时能报警或报警停车。

1）润滑油油压过低。

2）水冷空气压缩机冷却水温度过高或冷却水中断。

3）排气温度超过规定值。

(14) 空气压缩机的油、水、气管路及压力表的管路应排列整齐，单管的弯曲应圆滑，排管的弯曲圆弧应一致。空气压缩机外表面油漆应光洁。紧固件、操作件应做装饰处理。对喷涂油漆的风冷空气压缩机气缸及气缸盖外表面，不应打腻子，且油漆应具有良好的导热性和耐热性。

以上空气压缩机调整试验标准具体要求见 GB/T 13279—2002《一般用固定的往复活塞空气压缩机》。回转式螺杆空气压缩机可执行 JB/T 6430－1992《一般用喷油螺杆空气压缩机》。

(15) 螺杆空气压缩机的规定工况如下：

1）吸气压力为 0.1MPa（绝对压力）。

2）吸气温度为 20℃。

3）吸气相对湿度为 0%。

4）水冷螺杆空气压缩机冷却水进水温度为15℃。

5）水冷螺杆空气压缩机油冷却器的冷却水量见表10-10。

表10-10　　　　水冷螺杆空气压缩机油冷却器的冷却水量

公称排气压力（MPa）	0.7	1.0	1.25
规定工况下冷却水量（L/m³）	4	4.8	5.6

6）风冷螺杆空气压缩机冷却空气温度为吸气温度20℃时相应所处的环境温度。

7）排气压力按铭牌或现场实际需要（不高于铭牌压力）确定。

8）转速为产品技术文件规定的额定转速。

（16）螺杆空气压缩机在规定工况下的实际容积流量应不低于公称容积流量的95%。

（17）螺杆空气压缩机在规定工况下的比功率、噪声声功率级应符合规定。

（18）螺杆空气压缩机压缩每立方米空气所消耗的润滑油应不大于50mg。

（19）当一级吸气温度为40℃、冷却水进水温度小于或等于30℃及总压力比为公称值时，其排气温的度应不超过110℃，但各级压缩空气的最低温度应不低于其露点温度。在有后冷却器的情况下，水冷螺杆空气压缩机组的供气温度应不超过40℃。

（20）螺杆空气压缩机的吸气口应设置空气滤清器，保证吸入清洁的空气。

（21）螺杆空气压缩机的主要排气口应装设止回阀，其启闭应灵敏、可靠。

（22）螺杆空气压缩机应设置安全阀。安全阀应灵敏、动作可靠，并应符合GB/T 12243—2005《弹簧直接载荷安全阀》和《压力容器安全技术监察规程》中的有关规定。

（23）螺杆空气压缩机应设有流量自动调节装置，当流量减小时，轴功率应能相应降低。

（24）润滑油系统中应设置全流量过滤器。油过滤器至少应能滤掉粒径为40μm的微粒。

（25）螺杆空气压缩机的气路、油路和水路系统应连接可靠、密封性好，不应有任何相互渗漏和外泄现象。

（26）螺杆空气压缩机的排气侧应设置油气分离器。设有后冷却器时，还应设置疏水阀。

（27）机壳、排气端盖、排气腔的工作表面以及油泵体等受压部件，应以1.5倍的最大允许工作压力进行水压试验，历时30min不得渗漏。

(28) 螺杆空气压缩机设有增速箱时，箱体应做渗漏试验，灌注煤油后需经2h观察，不得有渗漏现象。

(29) 螺杆空气压缩机的钢制压力容器应符合《压力容器安全技术监察规程》的规定。

(30) 螺杆空气压缩机转子和联轴器体为锻件时，应按相关标准规定的Ⅳ组锻件制造和验收；当转子直径大于250mm时，应每根做超声波探伤检查，其缺陷等级应不超过4级。转子外圆、型面、齿槽、各主轴颈表面不得有裂纹、冷隔、铁豆、缩松、气孔及夹杂物等影响质量的缺陷，其摩擦表面上不得有凹痕、毛刺和碰伤。转子的齿形误差、导程误差、分度误差，转子、机壳等重要零件的主要尺寸公差、表面粗糙度、形位公差等均应符合图样的规定。

(31) 机组和隔声罩的外表面，应涂上油漆，漆膜应具有一定的耐温和耐腐蚀性能，油漆表面应平整光滑、色泽一致、美观大方，不允许有凸凹损伤和油漆剥落等影响外观质量的缺陷存在。

模块四 接力器及漏油装置检修

一、接力器检修

1. 检修标准

(1) 接力器的各销与轴套配合面无伤痕、锈蚀，其间隙满足设计图纸要求；各组合面间隙用0.05mm塞尺检查，不能通过；组合螺栓及销钉周围不应有间隙。

(2) 接力器活塞、活塞环及缸体内无严重磨损、锈蚀、伤痕，端盖密封条耐油、无损伤。

(3) 检修组装后，接力器严密性耐压试验按试验压力为1.25倍额定工作压力，保持30min，无渗漏现象，摇摆式接力器在试验时，分油器套应来回转动3～5次。

(4) 接力器安装的水平偏差，在活塞处于全关、中间、全开位置时，测套筒或活塞杆水平不应大于0.10mm/m。

2. 检修计划的制定

接力器计划性的检修工作大致可分为定期检修和大修；定期检修是机组运行中安排有计划的定期检查试验，接力器没有单独的小修计划，随机组小修计划进行；接力器大修随机组检修计划进行，主要是进行部件的全部分解检修试验，以检测接力器的性能，消除漏油等缺陷，如存在严重的设备缺陷修复不了，则可以考虑更换。

3. 调整试验标准

(1) 接力器调整试验具备的条件。调速器系统检修完毕、油压装置检修完毕、水轮发电机组机械设备检修完毕、漏油装置检修完毕，分为蜗壳无水和有水情况下的两种试验。

（2）调整试验标准。

1）接力器充油、充压，检查接力器及管路无渗漏，接力器活塞移动平稳灵活，无别劲卡阻，无异常声响。

2）接力器在全行程开关，在全关、中间、全开位置时，测量接力器活塞行程应符合设计要求，测量两个接力器的行程，差值不大于1mm。

3）接力器锁锭装置能正确动作。

4）接力器反馈装置调试后反馈准确，正确反映接力器的行程。

5）接力器压紧行程测量、调整。

接力器的压紧行程应符合制造厂设计要求，制造厂无要求时，按表10-11的要求确定。

表10-11　　接力器压紧行程　　mm

项目		转轮直径 D					说明
		$D<3000$	$3000\leqslant D<6000$	$6000\leqslant D<8000$	$8000\leqslant D<10000$	$D\geqslant10000$	
直缸式接力器	带密封条的导叶	4～7	6～8	7～10	8～13	10～15	撤除接力器油压，测量活塞返回距离的行程
	不带密封条的导叶	3～6	5～7	6～9	7～12	9～14	
摇摆式接力器		导叶在全关位置，当接力器自无压升至工作油压的50%时，其活塞移动值即为压紧行程					如限位装置调整方便，也可按直缸式接力器要求来确定

二、漏油装置检修

（1）电动机与泵体之间联轴器不同心的处理方法。油泵安装后，用手进行手动盘车检查油泵与电动机转动是否灵活，有无别劲和高低不平等现象，否则应进行处理。通常油泵与电动机的轴线调整，都是依靠两联轴器中心是否一致来确定的。由于油泵有销钉固定，而电动机可稍做移动，因此电动机的联轴器可依据油泵找正，先将电动机安放在基础上大致找正，用手触摸两联轴器的外缘应无明显错位，并使两联轴器之间靠紧时，保留2～3mm的间隙，然后上紧电动机基础螺栓。

用钢板尺靠在联轴器上，接着使用塞尺测量钢板尺与较低联轴器的间隙，在圆周上进行4点测量，测量结果若说明电动机低，则应在基础上加垫，垫的厚度等于对应两点记录差的一半。当发现油泵低时，则应松开油泵基础螺栓与销钉，垫高后，再紧上销钉与基础螺栓进行找正。若在平面上发现错位，可按照上述原则移动电动机。使用塞尺检查两个联轴器之间的间隙，在一个圆周上对应测量4点，轴心的歪曲情况即为两个对称方向的间隙差。这说明电动机应加减垫调整，垫的厚度δ与两对应点间隙之差δ_1、联轴器的直径D、电动机的基础宽度h存在着直接关系。基本上可根据式（10-2）进行计算，即

$$\delta = \delta_1 h/D \tag{10-2}$$

（2）漏油泵试验标准。检修时，必须注意齿轮的两个端面与油泵端盖之间间隙不能太大，否则压力油就会从间隙泄掉而无法产生压力，这个间隙可以通过端盖与泵体之间所加的密封垫进行调整，泵壳的宽度与垫的厚度相加，然后减去齿轮宽度，就是调整的间隙。

模块五　状态检修

一、水轮发电机组及其辅助设备状态检修的目的和意义

水轮发电机组在运行中必须安全、可靠、平稳地生产电能，保证电力生产的连续性。为了使参与水电厂电能生产的所有动力设备均具有很高的运行可靠性，保证设备经常处于良好的工作状态，需对设备进行检修和维护。

1. 传统检修方式的缺点

传统检修都是事后检修或是按计划进行检修，这两种检修方式都存在着不同程度的弊病，其中事后检修，是故障发生后才进行的，其危害是不言而喻的。

计划检修存在如下弊端：

（1）无针对性。计划检修针对性不强，盲目性检修过多，降低了设备使用率。在计划检修制度下，发电企业对检修工作的安排无权做主，不能根据设备实际状况决定检修时间、工期和项目。这势必造成设备应该修的得不到及时处理，使大量的一般缺陷扩大成事故。但也有大量运行状况良好的设备到期必须检修，造成不应有的浪费。

（2）技术老化。落后的检修制度容易使设备管理人员思维僵化、不求进取。在这种检修制度下，到期必修，周而复始，没有任何灵活的余地，必然导致生产技术人员对知识更新、应用新技术不热心，没有压力和紧迫感，技术管理工作故步自封。

（3）管理落后。计划检修制度不利于设备的科学管理，往往导致：

1）检修项目主次不突出，重点不明确。

2）计划检修时间是确定的，不管设备状况好坏、缺陷大小都要修，不利于调动技术管理人员参与科学管理的积极性。

3）过多的检修拆装，加速了拆装磨损，过多的破坏性试验（如机械甩负荷、过速、电气设备的耐压等），人为地缩短了设备的使用寿命。

2. 状态检修的概念及意义

为了适应新形势的需要，改变以往旧的检修模式，进一步挖掘水轮发电机组的潜在容量，提高企业的经济效益，必须对水轮发电机组实现状态检修。状态检修从理论上讲，是比预防检修层次更高的检修体制。开展状态检修的目的是为检修管理提供依据，以便有针对性地、根据不同的检修内容（如计划检修、事故抢修、临时性检修、状态检修等）采取不同的检修方式，进行一系列的优化组合，修改检修工作计划，推迟预防性检修，降低运行、检修和维护的成本，改善运行状态，延长设备使用寿命，充分提高发电设备可利用小时数，以增加发电量。状态（预知）检修可改变原检修方式的盲目、保守和浪费，增强检修管理的科学性，改变现有的发电厂检修模式——以预防性试验作为检修判据的计划性周期检修，提高对设备的监测技术水平。特别是针对国内目前大多数水电厂的基地都远离发电现场的事实，可节约大量的人力、物力，增加发电效益，减小停电损失，并将大大地提高水电厂的安全经济运行和现代化管理水平。

水轮发电机组是水电厂最关键的主设备，它的运行状态如何直接关系到水电厂能否安全、经济地提供可靠的电力，也直接关系到水电厂的安全。对机组运行状态的实时监测和对机组状态的正确评估是保证机组安全、经济运行的重要措施之一，也是水电厂实现“无人值班、少人值守”的必要手段之一。

状态检修包括状态监测和故障诊断两种具有不同目的和方法的技术。机组状态监测的目的是，判断机组运行状态是否正常，一旦出现异常可以报警或跳闸停机。对于水电厂的主要设备，需要采用24h连续监测的办法，以确保设备安全。监测系统的诊断功能十分有限，一般只能对机组运行正常与否做出判断，但可以为进一步的故障诊断提供必要的数据和信息。故障诊断的目的是，判断机组在运行中内部隐含的故障，识别主导故障以及主导故障的发展和转移，还需对机组的当前状态做出评估，并对其劣化趋势做出中长期预报。这样，在一般情况下，不需要对机组进行24h的连续诊断。诊断通常是在离线的状态下进行的。

二、水轮发电机组的主要故障及其特点

水轮发电机组最常见、最主要的故障就是振动故障，它直接威胁着机组的安全运行。认识并把握机组振动故障的特点是故障诊断研究工作的首要任务。

1. 水轮发电机组振动故障的主要特点

（1）渐变性。水轮发电机组的转速与其他旋转机械的转速相比明显较低，因此水轮发电机组振动故障的发展一般属于渐变性或耗损性故障，有磨损和疲劳特征，突发的恶性事故较少，如水轮机部件因空化或泥沙磨损等原因导致的振动，这是水轮发电机组振动故障的一个主要特点。正是由于故障的发展有一个从量变到质变的渐变过程，使得利用状态监测和趋势分析技术、捕捉事故征兆、早期预警、防范故障变得相对容易和准确。

（2）复杂多样性。水轮发电机组是一个涉及机械、电磁和水力的复杂系统，机组在运行中，除了机械因素外，还有电磁和水力因素的影响，使得机组某些部件产生振动，而且机械、电磁、水力三者在机组运行中是相互影响的。因此，机组振动可能是机械、电磁、水力三者中的某一个因素引起的单一振动，也可能是几种因素共同作用的耦合振动，振动机理比较复杂，直观判断和简单的测试手段有时还很难找到主导性故障原因。

（3）不规则性。整个水电厂的设计、施工受地理位置、地质状况和经济技术等多方面的影响，因此每个水电厂都是专门设计的。同时水轮发电机组运行条件还会受到电网、水文、气候和现场安装等诸多因素的影响，有些影响是不可预知的。这就使得不同水电厂，甚至同一水电厂的不同机组的振动情况很不一样。这对通用型故障诊断系统的研究将是一个极大的挑战。

2. 水轮发电机组振动故障的主要根源

（1）机械原因。

1）机组转动部件因不平衡、弯曲或部件脱落等原因造成的振动。

2）机组对中不良、法兰连接不紧或固定件松动所引起的振动。

3）机组固定部件与转动部件产生碰磨所引起的振动。

4）导轴承间隙过大或推力轴承调整不良等原因而引起转子的不稳定运动等。

机械原因引起振动机理、振动特征以及对机组的影响均与一般旋转机械的振动没有本质上的差别。值得注意的是，大、中型水轮发电机组一般是立轴的，从理论上讲各部导轴承不承受静荷载，轴颈无静偏心，这与一般卧轴的旋转机械不同，所以有些情况不能照搬。

（2）水力原因。

1）由于设计或制造的原因，导叶或叶片的出口边可能产生卡门涡，引起中频和高频压力脉动，其振动频率与导叶或叶片数有关。

2）叶片进口水流冲角太大，导致叶片头部脱流，形成叶道涡和二次流，引起高频和中频压力脉动，压力脉动的频率为叶片数的倍数。

3）叶片出口流速的圆周分量过大，在尾水管内产生强烈的旋涡流动，引起低频压力脉动。

4）由于转轮止漏装置中的压力脉动，其脉动频率接近转频；在小负荷工况下，

许多机组存在一个小负荷振动区，其振动频率略高于转频。

5）其他一些偶然因素引起的水力共振，如阀门、调速器的液压系统等。

（3）电磁力原因。

1）发电机定子和转子间气隙不均匀。

2）转子及磁极线圈匝间短路。

3）发电机转子主极磁场对定子几何中心不对称等。

这些作用力不但引起发电机转动部分的振动，也将激起发电机定子及支撑等固定部件的振动。

三、水轮发电机组的状态监测和故障诊断

状态监测和故障诊断是实现状态检修的关键。

状态监测的任务是了解和掌握设备的运行状态，包括采用各种检测、测量、监视、分析和判别方法，结合系统的历史和现状，考虑环境因素，对设备运行状态进行评估，判断其处于正常或非正常状态，并对状态进行显示和记录，对异常状态发出报警，以便运行人员及时处理；同时为设备的故障分析、性能评估、合理使用和安全运行提供信息和准备基础数据。

通常设备的状态可分为正常状态、异常状态和故障状态。正常状态是指设备的整体或局部没有缺陷，或虽有缺陷但其性能仍在允许的限度以内。异常状态是指缺陷已有一定程度的扩展，使设备状态信号发生一定程度的变化，设备性能已劣化，但仍能维持工作，此时应特别注意设备性能的发展趋势，即设备在监护下运行。故障状态是指设备性能指标已有大的下降，设备不能维持正常工作。设备的故障状态，可视其严重程度分为：

（1）已有故障萌生，并有进一步发展趋势的早期故障。

（2）程度尚不严重，设备尚可勉强“带病”运行的一般功能性故障。

（3）已发展至设备不能运行且必须停机的严重故障。

（4）已导致灾难性事故的破坏性故障。

（5）由于某种原因而瞬时发生的突发性紧急故障。

故障诊断的任务是根据状态监测所获得的信息，结合已知的结构特性、参数及环境条件，同时结合该设备的运行历史（包括运行记录、曾发生过的故障及维修记录等），对设备可能要发生的或已发生的故障进行预报、分析和判断，确定故障的性质、类别、程度、原因及部位，指出故障发生和发展的趋势及其后果，提出控制故障继续发展和消除故障的调整、维修、治理的对策措施，并加以实施，最终使设备恢复到正常状态。

机械设备的诊断过程包括如下几个环节：

（1）信号监测。采集能反映设备运行状态的各种信息。

（2）信号分析。利用一定的数学方法，对检测到的信号进行分析处理。

（3）特征抽取。对处理后的信息进行分析，提取与设备状态有关的特征。

（4）故障诊断。根据提取的特征信息，对设备的状态进行判定、诊断和预测。

（5）决策。根据对设备状态的判定结果，确定应采取的措施和对策，然后对设备实施相应的操作。

水轮发电机组状态监测与诊断分析可分为发电机、水轮机、轴系、励磁系统、调速系统、变压器与断路器、辅助设备七个部分。它综合了设备各个专项状态监测信息和离线监测信息，并可进行初步的诊断、分析，主要内容如下。

1. 发电机状态监测与诊断单元

（1）定子、转子电气状态（电压、电流、波形、有功、无功、频率等）监测。

（2）定子线棒振动。

（3）绝缘监测。

（4）定子、转子间气隙监测。

（5）温度监测。包括定子绕组温度、定子铁芯温度、定子冷却水温度、冷却空气温度、滑环温度及转子温度（推算）等。

（6）流量监测。包括定子冷却水流量、定子冷却空气流量等。

（7）臭氧、湿度监测和分析。

2. 水轮机状态监测与诊断单元

（1）噪声监测。

（2）效率监测。

（3）流态监测。

（4）导叶动作协调性监测。

（5）转轮叶片表面粗糙度监测。

（6）尾水管、蜗壳和顶盖压力脉动监测。

3. 励磁系统状态监测与诊断单元

（1）与励磁调节器计算机单元（如可编程控制器和工业控制机等）接口获取调速系统状态信息。

（2）励磁调节器各项性能监测。

（3）励磁调节器各项功能监测。

（4）励磁控制稳定性监测。

（5）励磁变压器稳定监测。

（6）功率单元状态监测。

（7）灭磁开关动作次数及相应工况统计。

（8）过电压保护单元状态监测。

4. 调速系统状态监测与诊断单元

（1）与调速器计算机单元（如可编程控制器和工业控制机等）接口获取调速系统状态信息。

（2）电气部分各项功能监测。

（3）电气部分各项性能监测。

（4）系统控制稳定性监测。

（5）机械液压监测。包括控制响应、不灵敏度和机械死区。

（6）压力油系统监测。包括压力油压力和油位、回油油位、油泵及其电动机启停占空比等。

（7）协联关系监测。

5. 轴系状态监测与诊断单元

（1）振动监测。包括推力轴承、机架和楼板振动。

（2）摆动监测。即轴承摆度的监测。

（3）大轴轴向窜动。

（4）稳定监测。包括推力瓦温度、发电机轴承润滑油温度。

（5）流量监测。包括冷却水流量（轴承）、润滑油流量。

6. 变压器与断路器状态监测与诊断单元

（1）变压器油色谱分析。

（2）变压器绝缘监测。

（3）断路器动作次数与动作工况统计。

7. 辅助设备状态监测与诊断单元

（1）技术供水系统监测。

（2）压力空气系统监测。

（3）操作油源监测。

根据上述状态监测系统获得的设备状态信息和专家知识数据库，并运用人工智能技术自动地对异常现象进行甄别，分析异常原因，提出检修决策方案；同时对未最终准确定位的故障，向检修工程师给出测试方案提示。

检修决策的整体思路是当诊断分析准确定位故障原因后，综合考虑设备健康状态（机情、生产能力）、水力资源情况（水情、生产燃料）和电力市场情况（电情、产品市场），以可靠性为中心，以经济效益最佳为目标，制定出最优的检修计划与方案及检修监管方案。

检修决策的具体内容包括：

（1）检修紧迫性等级提示。根据性能降低和故障的严重程度及其对设备安全、生产可靠性的影响，给出必须检修的最长期限。

（2）检修范围的确定。根据诊断定位，找到性能降低和故障的原因，确定最小的检修范围。

（3）检修技术方案的确定。包括检修队伍、时间安排、备品备件、准备工作、检修工具、监管措施及验收方法与标准等。

（4）检修工艺流程。包括设备拆装流程与工艺、设备（或零部件）维修（或更换）流程与工艺等。

（5）维修操作规范、检修工作票、安全措施及恢复措施等。

四、实现状态检修的基本步骤

（1）从在线监测到状态检修的实现，是一个较长时期的过程。在实施之前，需要根据最终目的和本厂的条件，确定实施的范围、步骤，列出需要解决的关键技术问题及所需采取的技术措施，落实并组织人员。

（2）在构筑状态诊断专家系统的框架时，可以采取渐进的方式，先有一个基本框架，然后再逐步填充或补充内容。

（3）配置必要的在线监测系统和数据分析软件。

（4）确定监测对象，并为每一个监测对象确定表示状态的参数及其标准。

（5）确定引起状态参数变化的因素（原因）、表示这些因素的数据及判据，这是至关重要的一步。这项工作需要相当的理论知识、丰富的经验和一个逐步积累的过程。

（6）为每一个对象编写状态诊断程序（逻辑推理过程），并逐步完善。

（7）汇总每一个监测对象的诊断程序所需要的数据和知识，分别放入数据库和知识库。

科目小结

本科目主要面向Ⅲ级现场检修维护人员，叙述了水轮机调速器、油压装置、压缩空气系统、接力器、漏油装置、事故配压阀检修的间隔、工期、安全注意事项及常见调速器的检修工艺、方法以及调整试验相关标准，以及水轮发电机组状态检修的基础知识等内容。本科目可供水电厂相关专业人员参考。

作业练习

1. 简述WBST-150-2.5型调速器检修规范。

2. 简述调速器系统检修标准。
3. 简述油压装置的检修规范。
4. 简述空气压缩机调整试验标准。
5. 简述调速器的检修周期、工期。
6. 简述 KZT-150 型调速器的检修项目。
7. 简述 WT-200 型调速器机械手操机构检修工艺、方法。
8. 简述主配压阀分解检查处理方法。
9. 简述紧停装置分解检查处理方法。
10. 简述电动机与泵体之间联轴器不同心处理方法。
11. 漏油泵启动时，不排油或排油量小，应如何处理？
13. 简述油压装置小修的主要工作内容。
14. 简述油压装置大修的主要工作内容。
15. 简述接力器检修试验标准。
16. 简述接力器的检修标准。
17. 说明传统检修方式的缺点。
18. 说明状态检修的概念及意义。
19. 说明水轮发电机组振动故障的主要特点。
20. 说明导致水轮发电机组振动故障的主要根源。
21. 说明机组状态监测的目的与任务。
22. 说明机组故障诊断的目的与任务。
23. 说明设备故障状态的分类。
24. 机械设备的诊断过程包括哪几个环节？
25. 说明发电机状态监测与诊断单元的主要内容。
26. 说明水轮机状态监测与诊断单元的主要内容。
27. 说明励磁系统状态监测与诊断单元的主要内容。
28. 说明调速系统状态监测与诊断单元的主要内容。
29. 说明轴系状态监测与诊断单元的主要内容。
30. 说明变压器与断路器状态监测与诊断单元的主要内容。
31. 说明辅助设备状态监测与诊断单元的主要内容。

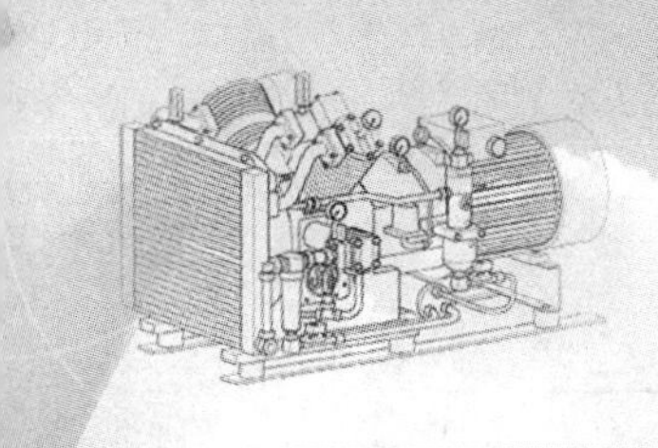

科目十一

调速器的调整试验

<table>
<tr><td>科目名称</td><td colspan="2">调速器的调整试验</td><td>类别</td><td>专业技能</td></tr>
<tr><td>培训方式</td><td>实践性/脱产培训</td><td>培训学时</td><td colspan="2">实践性 90 学时/脱产培训 30 学时</td></tr>
<tr><td>培训目标</td><td colspan="4">掌握调速器调整试验的试验方法、步骤，熟悉调速器调整试验的验收标准</td></tr>
<tr><td>培训内容</td><td colspan="4">模块一　各调节系统的初步整定
一、调速器的充油工作
二、主配压阀行程整定（主接力器关闭时间和开启时间的测定）
三、过速限制器与两段关闭的调整
四、传递杠杆的“死行程”检查
五、水轮机调节机构特性曲线的测定
六、低油压操作试验
七、紧急停机电磁阀动作试验及手、自动切换阀切换试验
八、自动模拟试验
模块二　调速器的静态特性试验
一、静态特性的品质指标
二、调速器静态特性试验
模块三　机组启动与停机试验
一、机组启动试验
二、机组停机试验
模块四　机组空负荷扰动、并网和负荷扰动试验
一、空载扰动试验
二、并网试验
三、负荷扰动试验
模块五　机组甩负荷、低油压紧急停机和水泵工况断电试验
一、甩负荷试验
二、低油压紧急停机试验
三、水泵工况断电试验
模块六　调节保证计算
一、调节保证计算的任务和标准
二、水锤压力上升计算
三、转速升高计算
四、减小水锤压力的措施
五、调节保证计算步骤及实例</td></tr>
<tr><td>场地，主要设施、设备和工器具、材料</td><td colspan="4">水轮机调速器、油压装置、常用工具、测量仪器等</td></tr>
<tr><td>安全事项、防护措施</td><td colspan="4">工作前，交代安全注意事项，加强监护，戴安全帽，穿工作服，执行电力安全工作规程及有关规定</td></tr>
<tr><td>考核方式</td><td colspan="4">笔试：60min
操作：120min
完成工作后，针对评分标准进行考核</td></tr>
</table>

模块一　各调节系统的初步整定

一、调速器的充油工作

调速器的充油工作可分为两部分：①向油压装置充油；②通过油压装置向调速器充油。在检修工作中，也可以把这两部分工作连在一起进行。

充油工作应十分慎重，充油之前必须满足一些基本条件，并且首先以低压力充压，当确认没有问题后再提高油压。

1. 油压装置的充油升压

在油压装置检修完成并达到技术要求以后，从油库将处理过的洁净汽轮机油送入回油箱。手动启动油泵，向压力油罐送油至正常油位，然后向压力油罐送入压缩空气，在压力达到0.50～0.70MPa时停止送气，全面检查油压装置是否有漏油和漏气，如有应及时处理。

在油压装置低压状态检查无误后，可用高压空气压缩机继续升高压力，也可在低压状态向调速器充油，这要视具体的工作进展情况决定。如果调速器的检修工作已经结束，可以先向调速器送低压油，检查调速器的漏油情况。若先提高油压装置的压力，则可进行油压装置的有关调整工作，但需向调速器送油时，应降低油压装置的压力。

如果先进行油压装置升压工作，在油压达到额定压力后，就可进行调整工作。

（1）调整压力油罐上的压力信号器，使油泵投入自动运行。当压力油罐的油压达到工作油压的下限时，应启动工作泵；当油压升高到工作油压上限时，应停止工作泵。当油压低于工作油压下限的6%～8%时，应启动备用泵。当油压继续降低至事故低油压时，作用于紧急停机的压力信号器应立即动作；各压力信号器整定值的动作偏差，不超过整定值的±2%。

（2）调整油泵安全阀，并记录安全阀开始动作的压力和全开的压力。当油压高于工作油压上限2%时，安全阀应开始排油；当油压高于工作油压上限10%以前，安全阀应全部开启，并使压力油罐中的压力不再升高。当油压低于工作油压上限以前，安全阀应完全关闭，要求此时安全阀的泄漏油量不大于油泵输油量的1%。

（3）如果油压装置的油位计装有信号器，还应对油面信号器进行调整。

2. 调速器充油

充油前，调速器应满足下列条件：调速器已经装配完成；充油前的各种调整工作已经结束，并符合要求；将调速器置于手动位置，机械开度限制机构指针压到零位以下；接力器锁锭装置投入；蜗壳未充水。

油压装置的油压为0.50～0.70MPa（根据系统额定工作压力不同，首次充压压力也有所不同，但应小于1/2额定工作压力）时，打开调速器的主供油阀，向调速器送油。如果油压装置已经在全压状态，则应采取排气的办法将压力降下来。在整个低压力期间，都应派专人监视压力油罐的油面，并及时启动油泵向压力油罐补充油，切不可使压力油罐中无油；否则，压缩空气将会进入调速器。在低压力状态下，全面检查调速器及所有管路有无泄漏，如发现有漏油现象，应关闭调速器主供油阀后对漏油处进行处理。

在低压力状态下检查正常后，手动操作调速器，使接力器由全关到全开往返动作数次，排除管路系统中的空气，同时检查调速器及所有管路有无泄漏，观察接力器的动作情况，应无卡滞。

在以上工作完成后，可向压力油罐继续充入压缩空气升高压力，在整个升压过程中都应注意检查是否有漏油处，发现漏油应及时处理。

压力油罐的油压升到额定值后，可继续进行调速器的调整工作。

如果油压装置的升压工作与调速器的升压工作是同时进行的，在压力至额定后应进行油压装置的调整工作。油压装置调整结束后，应将油泵放在自动位置，使其能向压力油罐自动补充油。

二、主配压阀行程整定（主接力器关闭时间和开启时间的测定）

调整主配压阀的行程，目的就是整定接力器全行程的开启和关闭时间，这个时间由调节保证计算来确定。一般对甩全负荷时的导叶最短关闭时间有严格的要求，必须满足调节保证计算值的规定，其偏差应控制在规定值的−5%～10%范围以内。但对开启时间无严格要求，这是因为负水锤（压力下降）在一般水电厂的压力钢管内不起控制作用。

在蜗壳未充水时所测得的导叶关闭时间是导叶的直线关闭时间 T_f。但接力器从全开到全关的过程并不是呈直线状的，由于接力器的不动时间和其他一些因素的影响，接力器活塞的移动在起始阶段有一个迟缓过程；在接近全关时活塞的移动速度也会变慢，特别是由于两段关闭装置的影响，从空载开度附近开始，活塞的移动速度就变得很缓慢。接力器活塞的移动速度在起始段和终了段是变化的，只有在中间大部分行程是等速的。在蜗壳未充水时只能按等速运动的时间进行调整，即将关闭过程的中间直线段延长至全开和全关，因而称为直线关闭时间，使直线关闭时间符合调节保证计算值的要求，作为导叶紧急关闭时间的初步整定值。导叶的紧急关闭时间是否符合调节保证计算的要求，应在甩负荷试验时对其进行验证。接力器等速移动的行程范围因接力器结构、主配压阀活塞对阀体的孔口打开快慢略有不同，但取75%～25%的行程来测取 T_f 值，对大多数调速器是合适的。

先将导叶全开，做好准备工作后，投入紧急停机电磁阀，在导叶关到75%开度时启动秒表，记录从开度为75%到开度为25%的动作时间。然后将测得的时间乘以2，即是导叶的最短直线关闭时间。导叶的最短直线关闭时间若不符合要求，可调整关机时间调整螺母，若测得的导叶最短直线关闭时间大于规定值，则应减小主配压阀关侧的行程；反之，加大主配压阀关侧的行程。整定好以后应将锁紧螺母锁紧，并记录主配压阀关侧的行程，留作参考。

导叶最短开启时间是指主接力器在最大开启速度下，走一次全行程所经历的时间。

导叶的开启时间一般不作严格要求，可以调整到与关闭时间相等。如果对压力钢管的负水锤值无特殊的限制，则开启时间还可调得比关闭时间稍短一些。这样可提高机组增负荷的速度，对电网运行是有利的，不过也有将导叶开启时间整定为2倍关闭时间的。

开启时间的测定方法与关闭时间的测定方法类似。复归紧急停机电磁阀，在导叶开到25%开度时启动秒表，记录从开度为25%到开度为75%的动作时间。然后将测得的时间乘以2，即是导叶的最短直线开启时间。导叶的最短直线开启时间若不符合要求，可调整开机时间调整螺母，若测得的导叶最短直线开启时间大于规定值，则应减小主配压阀开侧的行程；反之，加大主配压阀开侧的行程。整定好以后应将锁紧螺母锁紧，并记录主配压阀开侧的行程，留作参考。

对于转桨式水轮机，轮叶接力器关闭时间应该放长，这是因为在机组甩负荷时，为了避免转速上升太快，轮叶缓慢关闭就使转轮叶片对导叶处于不协联的状态，从而降低速率上升值。

轮叶的关闭时间一般为5～7倍导叶的最短关闭时间；而开启时间一般可取3倍导叶最短关闭时间。开启时间短，可使增负荷的调节过程缩短。

上述关闭时间和开启时间是在蜗壳内未充水的情况下整定的，在蜗壳充水后，整定时间可能有变化。如果接力器的操作力矩远大于摩擦力矩和水力矩，则上述时间的整定值变化就不会太大。如果接力器的调节功较小，由于水压力的作用，以及水击的影响，将使整定时间发生一定的偏差。因此，特别是导叶的最短关闭时间，在开机试验中要做校验。

需要注意的是，因为手按秒表的准确度不太高，上述测量尤其是关机时间的测定应多进行几次，然后取平均值。或者由两个人分别按两块秒表同时记录时间，互作校对。

三、过速限制器与两段关闭的调整

过速限制器的调整包括电气触点的调整和事故配压阀动作时间的调整。

由于过速限制器应在机组转速达到额定转速的115%，又逢调速器的故障，主配压阀拒绝动作时，投入事故配压阀。因此，需要调整微型开关的位置，即主配压阀在中间位置时不能撞动微型开关，而主配压阀向上动作时必须撞动微型开关，使其常闭触点断开。所以微型开关必须装在一个恰当的位置上。调整时，可将对线灯接入微型开关的常闭触点回路，向关机方向操作调速器，当主配压阀刚刚动作时，小电珠应熄灭。

事故配压阀的动作也应满足调节保证计算中对导叶关闭时间的要求。可用事故配压阀的调节螺钉来调整活塞动作后的开口大小使其满足要求；如果是采用节流阀调整的事故配压阀，则应调整节流阀开口的大小。对导叶关闭时间的测量仍应取开度从75%到25%的范围，将测出的时间乘以2即为事故配压阀的紧急关闭时间。

两段关闭装置有多种形式，但其整定原则是一样的。在导叶的紧急关闭时间调整好并满足调节保证计算的要求后，通过合理整定第二段关闭时间和第二段关闭投入点，以使机组在甩负荷时的转速上升和水压上升值为最小，并且由反水锤所引起的抬机量也应小到足以保证机组的安全运行（这一点对于轴流式水轮机更重要）。

机械装置式的两段关闭装置，改变凸轮位置可以调整第二段关闭的投入点。第二段关闭时间则应通过调整节流阀来使之满足要求。电气触点式两段关闭装置的第二段关闭投入点则由电气部分整定。

第二段关闭时间和第二段关闭的起始点应符合调节保证计算的要求。一般情况下，第二段关闭的起始点所对应的开度略大于空载开度。

以上工作是在蜗壳未充水时整定的，还需经甩负荷试验来验证。

四、传递杠杆的“死行程”检查

电气液压型调速器大多已取消反馈杠杆，代之以电气反馈位移传感器。但有部分调速器仍保留部分反馈杠杆，因此，有必要测量传递杠杆的“死行程”。

“死行程”是指当主动杆件动作一定距离后，从动杆件才开始动作。

各杠杆的连接方式为活动铰接式，使用圆柱销为活动关节。由于制造质量及长期运行中的磨损，圆柱销与孔之间的间隙会增大。虽然调速器在设计时都考虑了利用弹簧拉紧和采用单向液压拉紧，但各杆件之间的“死行程”仍然难以避免，这对调速器的灵敏性、速动性、稳定性都会有影响，因此，有必要对各杆件的“死行程”进行测量，并分析其产生的原因。这项工作对于使用多年的调速器具有一定意义。

测量方法：可在主接力器活塞杆处装一只千分表，再在所需测量的杆件处装一只千分表，缓慢操作使接力器动作，当被测杆件的千分表刚要开始动作时即停止操作，这时接力器处千分表的读数即为“死行程”。应反复多次测量，取其平均值。

对“死行程”目前暂未规定允许值，一般经验认为应不大于主动杆件总行程的1%。

五、水轮机调节机构特性曲线的测定

1. 接力器行程与导叶开度关系的测量

接力器行程与导叶开度的关系是一条略带S形的近似直线。在调速器的一些基本调整工作完成后，可进行接力器行程与导叶开度的测量工作。

如导叶处于全关状态，可按一定的间隔值（如10%）逐次开大导叶，要注意的是，只能单方向操作，不要来回操作。每开大一次，测量一次导叶开口的大小，同时记录接力器的行程值和导叶的开口值。导叶的开口是指两片导叶之间的最小距离。导叶开到最大以后，再向相反方向操作，关小导叶，同样记录接力器行程与导叶的开度。全开时，最好每一个导叶的开度都测量，在其他位置也可以只测量对称的4个导叶的实际开度。根据记录做出开启方向与关闭方向的关系曲线，这两条曲线之间的差值应尽量小，若差值过大，说明导水机构的死行程过大。

接力器行程与导叶开度的关系是用来检查实际关系曲线与设计计算关系曲线的差别的，也用来检查导叶机构随动于液压放大元件的动作是否准确和平稳。

2. 导叶与轮叶的实际协联关系测量

对于转桨式水轮机，除了有导叶调整机构之外，还有轮叶调整机构，因此需要测定实际的协联关系。

凸轮的不同位置反映不同水头下的协联关系。改变凸轮的位置，测定每一种水头下轮叶角度（轮叶接力器行程）和导叶开度（导叶接力器行程）的关系，做出各种不同水头下的轮叶转角和导叶开度的关系曲线。这些实测曲线可以用来检查在不同水头下协联关系曲线的实测值和理论计算之间的差别，同时评定协联机构的动作，即轮叶转角随动于导叶开度的动作，是否平滑而又准确，以及凸轮型面的加工精度是否符合要求。

制造厂给定的协联关系曲线是根据模型水轮机的试验资料得出的，但在具体电厂机组上，水轮机的条件可能和模型水轮机的条件有差别，其轮叶角度和导叶开度（或接力器行程）之间的最优协联关系，不一定符合制造厂给出的协联关系曲线。因此，要在不同水头下保证水轮机为最高效率，即水轮机的轮叶角度与导叶开度之间应保持最优协联关系，只有通过机组的效率试验（或相对效率试验）才能得出。也就是，凸轮的型线和型面应通过效率试验来进行检查，根据试验结果，或对凸轮修正，或另外制作凸轮。

电气液压调速器大多采用电气协联，导叶与轮叶的实际协联关系测量与凸轮协联一样，不同的是不需要改变凸轮位置，只需输入不同的水头值即可。

在机组首次大修时就应该进行以上两项工作。只要导水机构和凸轮没有改变，以后的检修不一定每次都进行这两项工作。

六、低油压操作试验

这项试验的主要目的，是为了检查包括导水机构在内的调节机构及传动部分的装配质量，其动作有无卡涩以及过大的摩擦力，需在蜗壳放空的情况下进行。

先将导叶开至某一开度。然后放掉压力油罐中的压缩空气，使压力降低到等于大气压力（表压力为零），将开度限制机构关到零位。做好这些准备工作后，即可向压力油罐充入压缩空气，逐渐升高油压，并仔细观察接力器的动作。记下接力器开始向关闭方向移动瞬间的油压值，一般为0.1～0.3MPa。如果油压值过高，则需检查和处理传动系统。

这种试验最好能在导叶不同开度下各做一次。

七、紧急停机电磁阀动作试验及手、自动切换阀切换试验

分别通过手动和电气回路投入紧急停机电磁阀，紧急停机电磁阀应准确动作实现紧急停机。将导叶开启到某一开度，切换手、自动切换阀，接力器开度应无明显变化。需要注意的是，有些型号的调速器在自动状态切换到手动状态时要求将开度限制机构压到当前开度，否则调速器会自动开启到开度限制机构限制位置。

八、自动模拟试验

这项工作是对调速器及全部系统（包括电气部分）进行全面检查，因此必须在调速器的调整工作全部完成后进行。

油压装置处于正常运行状态，先手动操作打开导叶，然后从全开到全关，经手动操作无异常后，再通过电气控制回路，模拟开机。应在一个脉冲指令下完成调速器自动动作，将主接力器打开至空载位置，并能实现一个脉冲指令使接力器自动关闭。同时还应试验紧急停机回路动作的正确性。

上述模拟开机、停机操作中，注意检查各行程开关、电气触点位置及动作的准确性，指示仪表和信号灯指示是否正确。

模块二　调速器的静态特性试验

调速器各种参数的最佳组合值最后应通过试验来确定。但经过检修后的调速器在试验以前，应给各种参数初步确定一个值，一般情况下，都是尽量按检修前的参数进行整定。有时原来的参数并不理想，或者没有记录下原来的参数。试验前可按以下原则确定几种参数的初始整定值：

（1）电液转换器行程放大比取中间偏小值。

（2）局部反馈系数 a 取中间偏大值。

（3）缓冲时间常数 T_d 取水流惯性时间常数 T_w 的5倍。

（4）暂态转差系数 b_t 取水流惯性时间常数 T_w 的10倍。

（5）永态转差系数 b_p 按电力系统调度要求确定。

水轮发电机组可以有不同的运行方式，并且由于运行方式的不同，对调速器的要求也不相同。但无论采用哪种运行方式，对水轮机调速系统都有最基本的要求。总的原则是，对机组必须保证安全可靠运行；对用户必须保证一定的电能质量（电压、频率和功率）。具体有如下几项要求：

（1）能维持机组的空载稳定运行，一方面能使机组顺利并网，同时在甩负荷后也能保持机组维持在旋转备用状态。

（2）单机运行时，对应于不同的负荷，机组转速能保证不摆动；负荷变化时，转速变化的大小应不超过规定值。

（3）并网运行时，能按有差特性进行负荷分配而不发生负荷摆动或摆动的幅度值在允许范围内。

（4）当因电力系统或机组故障而甩全负荷时，转速的最大上升值和压力引水系统中的水压上升值应不超过调节保证计算值的要求。

水轮发电机调速器是否满足上述基本要求，需通过静态特性试验和动态特性试验来检验。

一、静态特性的品质指标

所谓静态就是当调节系统的外扰和控制信号的作用恒定不变时，调节系统各元件均处在相对平衡状态，其输出也处于相对平衡状态。所谓动态就是调速系统受到外部扰动作用或控制信号作用后，系统由一种稳定状态过渡到另一种稳定状态的过程。

1. 调速器静态特性及静态调差率（永态转差系数）b_p

调速器静态特性是指在平衡状态下，接力器行程与机组转速之间的关系。调速器静态特性近似于一条直线，表明在平衡状态下，接力器行程与转速有一一对应的关系。在有差调节时，随着导叶的开大，转速逐渐降低。接力器由全关移动到全开位置时，所对应的转速偏差相对值就是静态调差率，即永态转差系数 b_p。调速器整定一定的 b_p 值，其作用是使机组按有差特性运行，实现系统内机组间的负荷合理分配。调频机组采用较小的 b_p 值，使得机组负荷对频率的灵敏度提高，即单位转速变化所对应的负荷输出增大。

调速器中的调差机构是一比例环节，用来改变反馈比率值的大小，使 b_p 值得以改变。

2. 调节系统的静态特性及速度调整率（调差率）e_p

所谓调节系统的静态特性是指调节系统在不同的稳态状况下，机组所带负荷与转速的一一对应的关系，以此做出的 $n=f(P)$ 曲线就是调节系统的静态特性曲线。它也近似为一条直线。静态特性曲线斜率的负数即为速度调整率 e_p，可理解为机组空载转速相对值与满负荷时的转速相对值之差，机组负荷增加，转速降低。

当调差机构的整定值一定时，b_p 值不随外部因素变化；而 e_p 值一方面取决于 b_p 值的大小，另一方面还受水轮发电机组运行水头等因素的影响，当 b_p 值一定时，e_p 值随运行水头的升高而相应减小。

3. 调速器转速死区及不灵敏度

由于组成调速器的各部件在运行中存在阻力和摩擦，阀体与油口之间存在正的机械搭叠量，传递杠杆等部件存在间隙和死行程，因此，当接力器向一个方向运动后，只有使输入量（转速）对其稳定值产生一定的偏差才能使接力器向反方向动作。这种现象称为调速器具有转速死区（或不灵敏区）。由于存在转速死区，因此静态特性曲线实际上是一条“带”。转速死区用 i_x 表示。转速死区的一半，则称为不灵敏度，用 ε_x 表示。调速器转速死区是反映调速器质量优劣的综合指标之一。国家标准对各类调速器转速死区值均做了规定，见表 11-1。

表 11-1　　调速器转速死区 i_x 最大允许值

调速器类型		大型		中型		小型		特小型
		电气液压调速器	机械液压调速器	电气液压调速器	机械液压调速器	电气液压调速器	机械液压调速器	
转速死区 i_x（%）	测至主接力器	0.04	0.10	0.08	0.15	0.10	0.18	0.20
	测至中间接力器	0.02		0.03				

4. 调速器不准确度

由于调速器存在一定的转速死区，当输入信号（转速）相同时，接力器可以在一定范围内有不同的位置，如果用相对值表示接力器的这一输出差值，则此差值被定义为调速器的不准确度 i_y。

i_y 值除了受机械搭叠量、间隙、传递杠杆的死行程等影响以外，还与其他的一些次要因素有关，如油温、油压、电气液压调速器电源电压、温度漂移等。i_y 值影响单机运行时的转速稳定；并网时影响机组间的负荷正常分配。因此，i_y 也是衡量调速器静态品质的重要指标之一。

5. 接力器不动时间

由于测量元件灵敏度低，主配压阀存在正的几何搭叠量，油管系统中的油流存在惯性，使得调速器在调节信号或扰动信号作用后并不立即动作，而在时间上有一定的滞后，这一滞后时间称为接力器不动时间。接力器不动时间取决于调速器的结构，也受一些其他因素的影响，它是直接反映调速器制造质量好坏的重要指标。接力器不动时间过大将影响调速器的稳定性；另外，当机组甩负荷时，还会造成机组转速过分升高。

二、调速器静态特性试验

按照静态特性的定义，测量转速与接力器开度的关系，就是调速器的静态特性试验。通过这样的试验，求取调速器的静态特性关系曲线，并通过试验曲线求出调速器的转速死区 i_x、接力器不准确度 i_y，并进一步求出 b_p 值和计算调速器的非线性度。

试验在蜗壳未充水的条件下进行。调整变速机构的指示为“0”刻度，缓冲器切除。试验需要的工具主要有钢板尺、频率表（或数字式频率计）、变频电源等。

试验的步骤和方法如下：

（1）将变频电源接好，并调整 b_p 为指定值。调速器“手、自动”切换把手位于“自动”侧。此时调整变频电源，使频率和电压稳定在额定值。

（2）手动操作手动操作机构的手轮或把手，使接力器移动到空载开度处并保持自动稳定运行 3min，观察无异常情况时，再将开度限制指针放开至全开以上位置。

（3）保持变频电源输出电压不变，降低其频率，使接力器开到全开位置后，再升高频率使接力器向关侧缓慢移动至全关位置。在接力器的往返运动中，应观察接力器、主配压阀等部件是否动作正常、平稳，有无卡阻及异常声响。

（4）单方向降低变频电源频率，当接力器刚刚移动时，即停止操作，稳定后同时读取接力器行程和机组转速。此点作为静态特性线上的第 1 点，然后大约每间隔 0.15Hz（频率为 50Hz 时，用 0.3Hz 间隔），按单方向递减，分别测出第 2、3、…、N 点的读数。值得注意的是最末一点一定要满足当频率改变后，接力器不再向开侧移动这一条件。

（5）单方向改变频率，使频率缓慢升高，当接力器刚刚开始向关侧移动时，即停止操作，稳定后同时读取机组频率和接力器行程，以此点作为静态特性曲线返回的第 1 点，然后大约每间隔 0.15Hz（0.3Hz），按单方向递增，分别测出第 2、3、…、N 点的读数，直到频率继续升高，接力器不再向关侧移动为止。

（6）将往返所测得的数据填入表 11-2 中，按表中数据点绘成静态特性曲线。

整理试验结果：

（1）对绘制出来的静态特性曲线，要求与离心飞摆静态特性试验相同。然后按定义在静态特性曲线上分别求取转速死区 i_x、接力器不准确度 i_y。在静态特性图上的开关两条曲线的最大偏差处作垂线，求得开和关分别对应的频率值，两者的差值与额定频率之比的百分数，即为转速死区 i_x。在最大偏差处作水平线，求得开和关分别对应的接力器行程值，两者之差与全行程之比的百分数，即为接力器的不准确度 i_y。

表 11-2　　调速器静态特性试验记录表

序号（往）	1	2	3	4	5	6	7	…	N
机组频率（Hz）									
接力器行程（mm）									
序号（返）	N′	…	7	6	5	4	3	2	1
机组频率（Hz）									
接力器行程（mm）									

（2）由静态特性图上查得接力器开度为零时的频率和最大开度时的频率，两者之差为 B_b 值，再按式（11-1）计算 b_p 值，并检查与实际给定的值是否相符。

$$b_p = \frac{B_b}{f_r} \times 100\% \tag{11-1}$$

（3）通过计算后所得的调速器静态特性曲线最大非线性度应小于 5%。由于实测曲线与理论曲线存在一定的偏差，可按式（11-2）计算曲线的非线性度，即

$$\varepsilon = \frac{\Delta n_1}{\Delta n_2} \times 100\% \tag{11-2}$$

式中　Δn_1——理论曲线与实际曲线之间的最大偏差；

Δn_2——选取的接力器行程范围。

【例 11-1】　水轮机调速器静特性试验实例分析

某水电厂 T-100 型调速器静特性实测数据列于表 11-3 中。根据该表绘制的静特性见图 11-1。该调速器接力器最大行程为 500mm。试验时 b_p 指示值为 6%。

表 11-3　　调速器静特性实测数据

实测数据		1	2	3	4	5	6	7	8	9	10	11	12
方向	参数												
降转速接力器开启	频率（Hz）	50.16	50.99	50.85	50.69	50.50	50.35	50.19	49.96	49.75	49.35	49.17	48.94
	行程（mm）	70	105	134	162	194	219	284	288	322	393	422	467
升转速接力器关闭	频率（Hz）	49.13	49.39	49.63	49.82	49.93	50.09	50.25	50.59	50.77	50.96	51.15	
	行程（mm）	437	391	349	315	296	268	240	182	149	116	80	

由图 11-1 可以看出，测点基本上在曲线上，曲线平滑，试验是有效的。下面介绍其主要参数。

1. 最大非线性度

作静特性曲线（以降转速曲线为例）的贴切直线后量得在 $Y=50\sim450$mm 范

围内，贴切直线与静特性曲线的最大输出偏差为 12mm，贴切直线最大输出量为 400mm，故最大非线性度为

$$\varepsilon_{max} = 12/400 = 3\%$$

最大非线性度在允许值（5%）范围内。

2. 转速死区

由图 11-1 量得接力器往返同一行程两个点的最大频率差 $\Delta f = 0.018\text{Hz}$，故

$$i_x = \Delta f / f_r = 0.018/50 = 0.036\%$$

实测转速死区小于规定值（0.05%）。

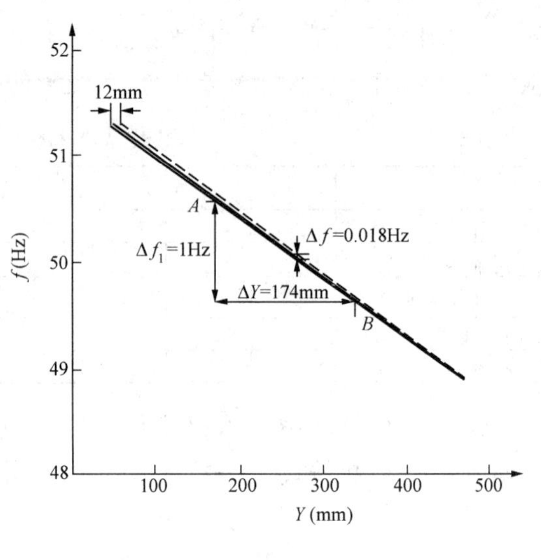

图 11-1　调速器静特性实测曲线

3. 永态转差系数的偏差

由于该静特性的非线性度很小，因此可从曲线上任取一部分 AB 段表示曲线的总趋势，得到 $\Delta f_1 = 1\text{Hz}$，$\Delta Y = 174\text{mm}$，按 b_p 的定义有

$$b_p = -\frac{\mathrm{d}x}{\mathrm{d}y} = \frac{1/50}{174/500} = 5.75\%$$

b_p 的偏差为

$$\Delta b_p = 6\% - 5.75\% = 0.25\%$$

可见 b_p 的偏差小于（或等于）规定值（$\pm 0.25\%$）。

模块三　机组启动与停机试验

一、机组启动试验

机组的启动试验是为了检验调速器及机组的各部件以及整机在运行中的稳定情况；机组升速过程中有无异常现象，接力器是否稳定在空载开度，机组在空载开度能否稳定；调速器手动、自动及其相互切换时的工作状态是否正常，以及调速器在自动运行时机组能否稳定在额定转速，自动启动过程是否稳定等。

1. 机组启动过程的要求

（1）启动时间短，噪声小，启动过程平稳便于并网，对于分段启动的机组，其接力器行程折线的拐点应符合启动特性的要求。可逆式机组作水泵启动时，要求对

系统冲击小。

（2）推力轴承的减载装置动作正确，轴瓦的油膜正常形成。

（3）减少启动过程中的能量消耗。

2. 启动参数选择的原则

（1）混流式水轮机启动时的轴向水推力比轴流式为小，这类机组的启动特性随运行水头而变化，因此应在不同水头下测试从机组启动至额定转速所需的时间和机组加速度值来优选启动参数。

（2）转桨式机组在不同的水头下，还需使转轮叶片处于不同的启动角位置时，测试机组启动时的最佳导叶开度；或固定某一导叶开度而变换桨叶的安放角来进行启动参数的优选试验，以核定机组启动时参数的最佳组合关系。

（3）抽水蓄能机组作水泵方式启动时，其过程可分为两个阶段：第一阶段是在导叶、桨叶全闭状态下由静止状态启动，一般在事先按不同水头段已整定好启动参数的基础上，实行电气启动，即在电磁力矩的作用下，机组转子开始朝水泵方向旋转，加速至同步转速，此阶段称为启动同步过程。第二阶段是在同步转速下以一定的规律开启导叶和桨叶，使导叶开至相应于不同水头段的预定开度，水泵则由此转移至正常抽水工况，其输水量逐渐增加至额定值而完成水泵启动的全过程。

3. 蜗壳充水前的模拟开、停机试验

（1）手动开、停机模拟试验。机组检修完毕，各项准备工作满足要求，调速器和油压装置在工作状态。调速器切为手动位置，手动操作开度限制机构使接力器由全开至全关，再由全关至全开，反复动作几次，在动作过程中，检查调速器有无卡阻现象，各种表计的刻度与实际位置是否相符，如不符合应重新调整。

（2）自动开、停机模拟试验。完成上述手动开、停机模拟试验后，将调速器切换到自动位置，机组自动操作回路投入，然后在远方（如中控室）模拟自动开停机及远方增减负荷，整个动作程序应准确无误。试验中检查各限位开关、行程开关等电气触点的动作是否可靠、准确，远方操作机构能否可靠地控制机组全开至全关，事故停机、紧急事故停机装置是否灵活、可靠。

在整个模拟开、停机试验中，如发现异常应及时找出原因并进行处理，以免影响机组启动或妨碍继续进行试验。

4. 蜗壳充水后的启动试验

（1）手动开机试验。检查机组完全具备启动条件后，调速器切为手动运行方式，用手动操作机构手动启动机组，并记录实际起始开度值。维持机组在额定转速，检查机组运行的稳定性。然后将调速器切为自动运行方式，并略放开开度限制，使机组转速由调速器自动控制，测量机组转速是否为额定值。检查并记录在当时水头下的空载开度值。再手动改变机组转速分别为额定转速的115%、105%、95%、90%，观察机组运行情况，并逐一校验转速继电器相应动作值。在这一过程中，应检查行程开关、限位开关的动作值。过速限制器的动作值在额定转速的150%以上，需要将调速器切在手动方式，用手动操作机构开大导叶，才能进行有关继电器的校验。

在手动或自动方式下空载运行，接力器应无跳动、冲击或有规律的抽动等现象，接力器的摆动值应小于1%，记录时间不少于3min。

(2) 手动、自动切换试验。机组在手动空载运行一段时间，证明无异常现象时，做好自动运行的各种准备工作。将手、自动切换阀切向自动侧后，再将开度限制机构迅速放开一点，此时机组转速不应发生较大的变化。再将开度限制机构压回到当前开度位置，将手、自动切换阀切向手动侧，机组转速也不应发生较大的变化。在手动、自动切换试验中，转速摆动值不允许超过下列标准：

大型调速器：$\Delta n \leqslant \pm 0.15\% n_r$

中型及以下调速器：$\Delta n \leqslant \pm 0.25\% n_r$

5. 机组自动启动试验

检查机组完全具备自动启动条件后，确定空载运行参数。然后由中央控制室发出开机指令，远方操作机组自动开机，同时录取转速、主配压阀、主接力器等信号（轴流转桨式机组还要增加桨叶角度信号）。机组达到额定转速后，检查调速器各机构工作应正常。

6. 试验资料及分析

试验中主要记录下列参数随时间的变化过程：启动脉冲信号，导叶开度及其接力器行程，桨叶开度及其接力器行程，机组转速、摆度、振动，转轮进、出口压力，见表11-4。如图11-2所示，对不同的启动参数组合，除需考虑满足技术指标的规定外，对下列内容还需进行分析比较以求得最佳启动参数。

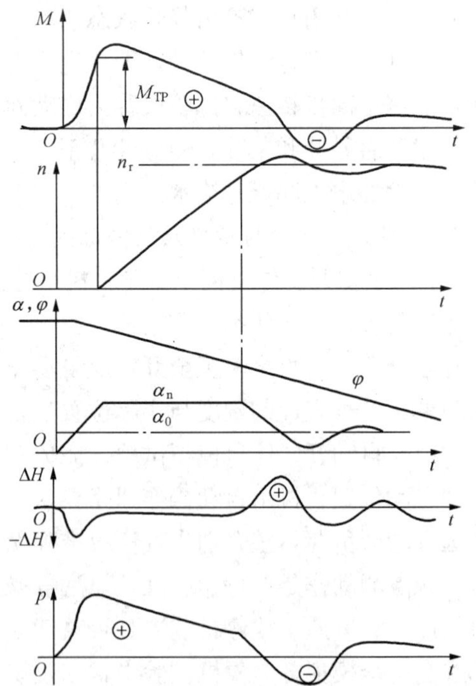

图11-2 转桨式水轮机启动试验中各参数变化示意图

M_{TP}—阻力矩；n—机组转速；n_r—机组额定转速；α—导叶开度；α_n—导叶启动开度；φ—桨叶开度；ΔH—作用水头偏差；p—轴向水推力；t—时间

（1）导、桨叶滞后启动脉冲的时间，从发出启动脉冲到机组开始转动的时间，以及到达额定转速的时间。

（2）机组开始转动瞬间所对应的导、桨叶开度及其相应的接力器行程。

（3）导叶开度或接力器行程的平均开启速度及导叶的空载开度。

（4）桨叶动作终了时的安放角度、动作历时及其平均速度。

表 11-4　　机组启动试验记录

试验序号	1	2	3	4	技术指标
导叶起始开度					
空载开度					
桨叶启动角度					
启动总历时					不大于 40s
超调量					
转速波动次数					不超过 2 次
发电机法兰摆度					0.30mm
导水机构摆度					0.40mm
励磁机整流子摆度					0.30～0.40mm
集电环摆度					0.40mm
推力轴承支架垂直振动					0.12～0.14mm
推力轴承支架水平振动					0.12～0.14mm
励磁机座垂直及水平振动					0.12～0.14mm
定子铁芯外壳水平振动					0.05mm
钢管水压脉动					
蜗壳水压脉动					
顶盖水压脉动					
尾水管水压脉动					

注　表中的技术指标应根据各机组的具体要求填写。

（5）机组启动时蜗壳最大压力降低及其滞后开机脉冲的时间。

（6）水泵启动完成时的扬程、造压历时，导叶刚开启时所对应的桨叶开度，以及启动瞬间的输入功率和启动过程的耗电量。

二、机组停机试验

1. 机组停机过程的要求

（1）检查自动加闸用转速继电器动作整定值的正确性。

（2）机组停机应快速、平稳，制动段历时短，防止轴承油膜破坏。

（3）转桨式水轮机在停机过程中因协联关系破坏，将引起机组不稳定现象；而且还要特别注意防止在关机过程中，由于出现较大的负轴向水推力而发生抬机现象。

（4）防止在导叶关闭过程中，顶盖下面出现过大的真空，应对紧急真空破坏阀的动作压力进行调整试验。

2. 蜗壳未充水时的关机传动试验

（1）按调节保证计算的要求，整定好调速器的关闭时间，利用紧急停机电磁阀使导叶开度分别从100％、75％、50％关机，观测关机过程及其关闭速度是否符合设计要求。

（2）分别手动、自动开关导叶，使导叶开度从全开到全关，再从全关到全开，观测其过程的对称性及过程历时，在开、关过程中接力器有无抽动。

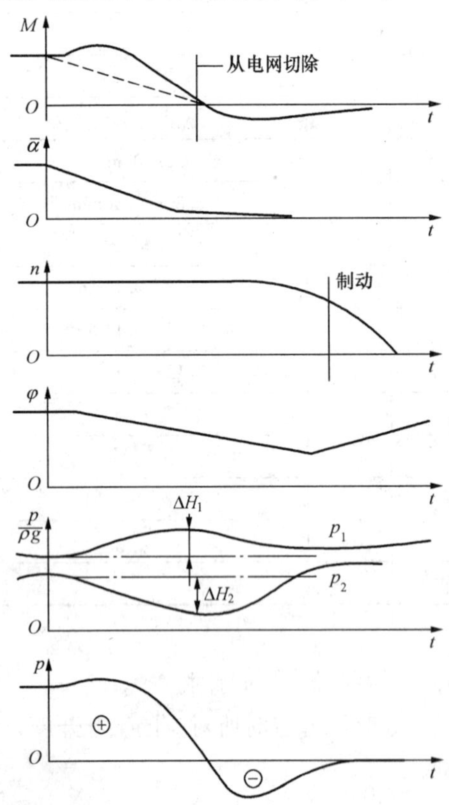

图 11-3　转桨式水轮机正常停机时各参数变化

M—水轮机力矩；*α*—导叶开度；*n*—机组转速；*t*—时间；*φ*—桨叶开度；*p*—轴向水推力；p_1—蜗壳水压力；p_2—导叶后水压力

3. 机组正常停机

（1）水轮机工况。发出停机脉冲，机组与电网解列后，导叶自空载位置开始关闭，桨叶滞后于导叶缓慢关闭，两者在停机过程中不再保持协联关系。导叶全关后自动投入锁锭装置。当机组转速降至80％额定转速以下时，桨叶又重新打开至最大开度，以增加制动力矩；当机组转速低于30％（或按机组具体加闸制动要求而定）额定转速时，自动加闸制动。机组全停后，冷却、润滑水切断，制动解除，机组恢复至备用状态。转桨式水轮机正常停机时各参数变化如图11-3所示。

（2）水泵工况。发出停机脉冲后，桨叶稍超前于导叶缓慢关闭，输入功率随桨叶关闭开始降低直至导叶关闭终了时输入功率降为零。跳闸后，机组转速缓慢下降，桨叶于导叶尚未完全关闭之前，即停止关闭，以增加机组的制动力矩。待机组全停后自动恢复至备用状态。

（3）紧急关闭试验。机组至空载工

况稳定后运行，手按紧急停机装置停机，以检验停机装置的动作是否正常。

4. 试验注意事项

(1) 关机过程中如发现影响机组稳定的异常情况，一般不再调整启动试验优选出的调节参数整定值。

(2) 空载工况停机时，在库水位较高且接力器关闭末端又无缓冲的情况下应注意钢管内的最大压力；其次在尾水位较高的情况下应注意转轮室内的反向水推力，虽然不一定是最危险的情况，但也有可能影响压力钢管和机组的安全。

5. 试验资料及分析

做机组停机试验时主要记录下列参数随时间的变化过程：关机脉冲信号，跳闸信号，加闸制动信号，导叶开度及其接力器行程，桨叶开度及其接力器行程，机组转速、各部位的摆度、振动，蜗壳、尾水管压力等，见表 11-5。

表 11-5　　机组停机试验记录

观测部位	停机前	停机过程极值	停机后
导叶开度			
导叶接力器行程			
关闭历时			
桨叶开度			
桨叶滞后导叶的关闭时间及关闭历时			
桨叶重新增大到启动安放角的时间			
蜗壳水压			
顶盖压力			
尾水管压力			
下机架振动			
导水机构摆度			

根据试验结果分析比较下列内容，检查停机过程是否符合要求。

(1) 跳闸滞后于关机脉冲的时间。

(2) 自动加闸滞后于跳闸信号的时间。

(3) 从制动到机组停止转动的时间，直至取消制动的时间。

(4) 导叶动作滞后于关机信号的时间。

（5）桨叶动作滞后于关机信号的时间。

（6）导叶、桨叶关闭历时及其关闭速度。

模块四　机组空负荷扰动、并网和负荷扰动试验

一、空载扰动试验

在自动调节状态下的单机空载工况，对稳定性是最不利的。而实际运行中机组又必须在空载工况下与系统并列，如果调节系统的动态指标达不到要求，使机组空载稳定性很差，将会难以并网，或者产生较大的冲击。因此，必须通过空载工况下人为地进行一些扰动试验来选择调节参数的最佳组合，使机组在空载自动工况下既能满足调节过程中动态稳定的要求，又能满足调节过程中速动性的要求。

1. 动态特性

当机组空载运行时，外加±8%或±10%额定转速扰动后，调节系统的动态特性应满足下列要求：

（1）转速最大超调量为扰动量的20%～30%。

（2）调节时间为20～25s。

（3）超调次数为1～2次。

（4）达到新的稳定状态后，转速波动Δn的允许值一般为±（0.2%～0.4%）额定转速，或转速最大偏差的±5%，考虑到对电力系统的影响，单机容量小时可取较大值。

2. 主要可调参数的选择试验

调速器的主要调节参数有永态（静态）转差系数b_p、暂态转差系数（或称缓冲强度）b_t、缓冲时间T_d、反馈杠杆比（或称局部反馈系数）a等。可根据调速器的类型和工作条件预先拟定好若干组参数组合进行扰动试验，选取最佳参数组合，以满足需要。

一般反馈杠杆均放在中间孔的位置，永态转差系数b_p则按机组和系统的要求加以整定，试验过程中一般不再改变。如果单机运行将b_p值整定为零，即无差调节时，机组转速可不随外界负荷的变化而改变。多机并列运行时，则根据各台机组在电网中的地位来确定b_p值，以保障机组运行的稳定性，并合理分配负荷，取值范围为0～8%，一般取2%～4%，机组在系统内担任基荷时取较大值，担任峰荷时取较小值，取b_t和T_d为最小值进行空载扰动试验时可以检验无差调节系统的稳定性，如图11-4所示。

进行参数选择时，可先固定其他参数而顺序改变对机组稳定性影响最大的 b_t 和 T_d 值。考虑到机组运行的稳定性是保障机组安全的关键，因此做扰动试验时，b_t 和 T_d 的取值应由大逐渐减小，使机组从稳定到不稳定方向进行试验。

空载扰动试验的扰动量一般规定为±4Hz或±5Hz，或额定转速的±8%或±10%，均以额定频率或额定转速为平衡点。

空载扰动试验的扰动方式一般采用内扰方式。机组处于自动空载运行方式时，机组维持额定转速运行。通过频率给定装置，突增（或突减）4Hz 的扰动量，进行空载扰动试验，观察并记录整个过渡过程。选取不同的参数组合进行上述试验。

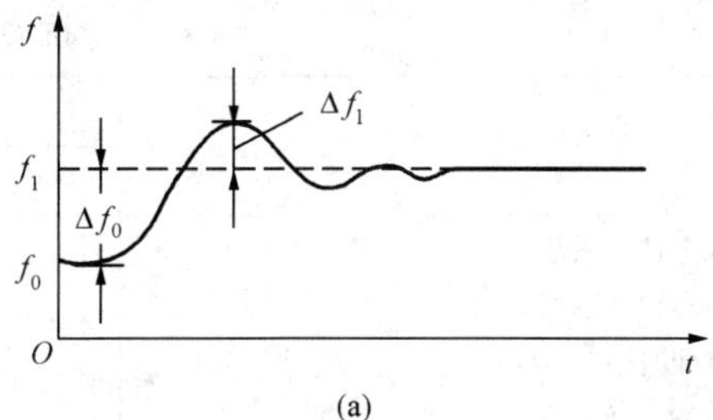

(a)

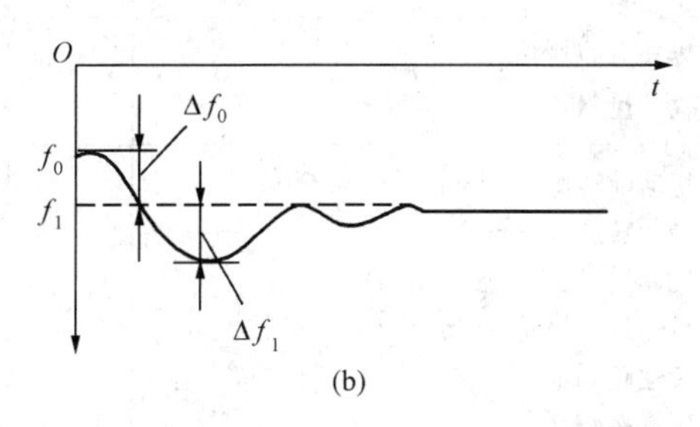

(b)

图 11-4 转速超调量的求取示意图

转速超调量参照图 11-4，并按式（11-3）计算

$$\sigma=\frac{\Delta f_1}{\Delta f_0}\times 100\% \tag{11-3}$$

式中 Δf_0 ——实际转速扰动量；

Δf_1 ——转速变化过程中的第一个幅值。

3. 试验注意事项

（1）每完成一组试验，应及时进行分析对比，随时掌握机组动态过程的变化规律和趋势，以期尽快满足试验要求而减少试验次数。

（2）对已试验的调节参数组合，需具体地分析它们对调节品质的影响，从中选取调节时间最短、超调次数最少、超调量最小和波动过程衰减得最快的参数组合。当这些要求不能同时满足时，可根据具体情况有所侧重地确定空载运行的最佳参数。

（3）对筛选出的最佳空载参数还需再进行一次复核性试验，并以试验来验证在该组参数邻近的区域机组能否都保持稳定。

4. 主要测试参数及其分析

记录下列参数随时间的变化过程：扰动信号、扰动量、转速、接力器行程、主配压阀行程。根据试验结果的记录分析，寻求最佳调节参数及其组合。扰动试验记录见表 11-6。

表 11-6　　扰动试验记录

观测部位	参数组合				
	1	2	3	4	技术指标
永态转差系数 b_p（%）					
暂态转差系数 b_t（%）					
缓冲时间 T_d（s）					2～4
局部反馈系数 a					
扰动方向（升速或降速）					
扰动量（%）					±8%～±10%
扰动前转速（r/min）					
最大转速（r/min）					
扰动后稳定转速（r/min）					
转速最大偏差（r/min）					
转速超调量（扰动量的%）					20%～30%
超调次数（次）					1～2
调节时间（s）					20～25
不动时间（s）					
起始行程（mm）					
最大位移（mm）					
扰动后稳定行程（mm）					
行程最大偏差（mm）					
行程超调量（%）					
摆动次数（次）					
稳定后的抽动值（%）					
摆动时间（s）					
主配压阀跳动幅值（mm）					0.1

二、并网试验

经空载试验确定了空载运行参数后，配置有自动准同期装置的电厂还需进一步与该装置配合进行自动准同期并网试验，以便求取调速器与自动准同期的最优组合。

1. 配合自动准同期装置的并网试验

试验时一般可采用两种参数配合方式：①调速器的空载运行参数不变，改变同期装置的整定参数，求取最优组合。②同期装置的整定参数不变，在几组最优空载参数中，选用不同的 b_t 和 T_d 值进行试验，选取并网时间较短的调速器参数。

自动准同期装置的调整参数包括增速脉冲宽度 B_e、减速脉冲宽度 B_g、合闸脉冲超前量 Δ_t、合闸脉冲宽度 B_z。

(1) 试验时，机组自动稳定运行在空载转速，也可以用频率给定使机组频率偏离系统频率 1Hz 左右，自动准同期装置切换在模拟并网侧。由中央控制室发出指令，自动准同期装置正常投入。当机组频率与系统频率之差满足合闸要求后，装置自动发出合闸信号（指示灯同时亮）。试验中，用电测法记录各被测参数；示波器同时记录调速器主配压阀和主接力器的行程、同期装置增速脉冲和减速脉冲、差频信号、合闸超前脉冲及合闸信号。在此阶段，发电机出口断路器处在模拟试验位置，动作时并未实际并网。

(2) 通过示波图分析，确认各参数满足并网条件后，由中控室发出指令，自动准同期装置投入运行。控制频率给定伺服电动机，使机组转速自动跟踪系统频率，满足准同期条件后，自动发出合闸脉冲，断路器动作，机组并入电网运行。

(3) 试验结果。将模拟并网和实际并网试验所录制的各示波图整理和汇总，见表 11-7。

表 11-7　　自动准同期试验结果汇总

<table>
<tr><th rowspan="2">试验次数</th><th rowspan="2">机组频率（Hz）</th><th rowspan="2">系统频率（Hz）</th><th colspan="2">控制脉冲宽度（ms）</th><th colspan="2">控制脉冲动作次数</th><th colspan="2">合闸脉冲（ms）</th><th rowspan="2">并网时间（s）</th><th rowspan="2">最后一个差频信号周期（s）</th><th rowspan="2">备注</th></tr>
<tr><th>增</th><th>减</th><th>增</th><th>减</th><th>脉宽</th><th>超前量</th></tr>
<tr><td>1</td><td></td><td></td><td></td><td></td><td></td><td></td><td></td><td></td><td></td><td></td><td rowspan="4">并网过程无异常声响</td></tr>
<tr><td>2</td><td></td><td></td><td></td><td></td><td></td><td></td><td></td><td></td><td></td><td></td></tr>
<tr><td>3</td><td></td><td></td><td></td><td></td><td></td><td></td><td></td><td></td><td></td><td></td></tr>
<tr><td>4</td><td></td><td></td><td></td><td></td><td></td><td></td><td></td><td></td><td></td><td></td></tr>
</table>

2. 增减负荷试验

机组并入电网运行以后，检查机组、调速器工作正常，按下述步骤做增减负荷试验：

(1) 手动增减负荷（在机旁操作）。开度限制机构打至全开，机械液压调速器通过调差机构，电气液压调速器通过功率给定电位器，手动方式逐渐增加机组所带负荷直到带满负荷并稳定运行。观察有无异常情况，然后再减负荷至空载。试验过程中，记录系统频率变化情况。在维持系统频率基本不变的情况下，观察机组负荷有无变化，调速器主配压阀、主接力器运行是否正常，有无抽动或抖动现象，否则应做必要的分析，甚至停机检查。

(2) 远方操作增减负荷。完成上述手动增、减负荷试验之后，应在中央控制室远方操作调速器的功率伺服电动机按上述手动增、减负荷的要求进行试验。试验中记录增、减全负荷所需要的时间。对于轴流转桨式机组，还要观察桨叶跟随情况，

协联机构工作是否正常。

3. 无差调频试验

机组投入电网自动运行并参与自动调频：

(1) b_p 为1%或0，记录负荷和机组频率变化过程（拍摄不少于3min）。

(2) 用另一台机组增、减负荷，记录试验机组调频过程曲线（不少于3min）。

三、负荷扰动试验

由于过渡工况不同，对调节参数也有不同的要求，如空载运行时对稳定性的要求较高，带负荷运行则对速动性的要求较高。因此，适应系统负荷变更的需要，需在空载扰动试验的基础上再进行若干组参数的负荷扰动试验，负荷扰动不是也不可能改变机组真实的外界负荷，而是利用调速器的控制机构改变指令信号的整定值，来观测机组在带负荷运行工况时的动态特性，即调速系统的稳定性和负荷调整及频率恢复的速动性，并由此来确定带负荷工况下调速器的最佳调节参数组合，以便同时取得空载工况和负荷工况都比较满意的一组最佳调节参数。

1. 负荷扰动过渡过程的技术要求

由于系统频率基本不变，因此主要是凭借接力器的动态过程来评价过渡过程的优劣：

(1) 接力器的移动速度越大越好，这样负荷能快速调整。

(2) 超调量或接力器的最大偏差越小越好。

(3) 调节时间短，调节系统能快速稳定，过渡过程越短越好。

(4) 波动次数越少越好，或以非周期型和单调无超调量的过渡过程特性为优。

(5) 达到新的稳定后，维持系统频率的精度越高越好。

2. 负荷扰动试验方式

根据机组运行方式和调速器形式的不同，将采用不同的负荷扰动方式，见表11-8。

表11-8　不同的负荷扰动方式

运行方式	扰动方式	优缺点
容量较小的机组带电阻负荷运行时	利用水电阻可实现负荷的突增或突减	方法简单，扰动量容易控制
在独立的小系统内担任地区负荷，多机并列运行时	利用负荷转移方式实现负荷扰动，受试机组带小负荷运行；系统内其他机组不参加有功功率调节，只带固定负荷并切手动运行，而将其中的一台机组切自动运行并突然增负荷，此负荷由受试机组承受	改变了受试机组的外部负荷，实现了真实的负荷扰动；以转速过程线来衡量调节品质，应尽量减小转速最大偏差值

续表

运行方式	扰动方式	优缺点
大电网或单机容量占系统容量比重较小	利用电气液压调速器的频率或功率给定进行负荷扰动	只能以导叶接力器的过程线来评价调节品质；电气液压调速器操作简单，但难以保证每组参数试验时其操作速度和扰动量都相同
	利用机械液压调速器的变速机构或开度限制机构进行负荷扰动	机械液压调速器扰动量便于控制且扰动速度快，但操作较麻烦

3. 试验注意事项

(1) 在保证机组稳定的前提下，应尽量将缓冲时间和暂态转差系数调小一些，以提高负荷变更过程的速动性。

(2) 综合考虑引水系统和机组运行的稳定性，通过负荷扰动试验找出机组增、减负荷时的最佳速度；增负荷的速度以压力管道中不出现真空为上限；减负荷的速度以压力管道中不出现总压力大于管道允许压力为上限。

(3) 为提高负荷变更的速动性，机组并入系统后一般自动将缓冲器切除。试验时，可用不同的调节参数组合进行。

(4) 调压井水位的变化速度是在导叶开启或关闭终了时才达到最大值，其涌浪极值应不超过设计值。

4. 主要测试参数及其分析

(1) 记录下列参数随时间的变化过程：扰动信号、扰动量、机组转速、机组功率、接力器行程、主配压阀行程、钢管及蜗壳水压、机组流量，见表 11-9。

表 11-9　　负荷扰动试验记录

观测值		参数组合				技术指标
		1	2	3	4	
永态转差系数 b_p（%） 暂态转差系数 b_t（%） 缓冲时间 T_d（s） 局部反馈系数 a						
扰动方向（升或降）						
机组功率	扰前功率（kW）					
	扰动量（额定功率的百分数）					±10%～±20%
	最大功率（kW）					
	扰后功率（kW）					
	最大功率偏差（kW）					
	功率变化速度（kW）					
	超调量（额定功率的百分数）					
	超调次数（次）					
	滞后时间（s）					
	调节时间（s）					20～25

观测值		参数组合				技术指标
		1	2	3	4	
接力器	起始位置（mm）					
	最大位移（mm）					
	扰动后稳定行程（mm）					
	行程最大偏差（mm）					
	移动速度（mm/s）					
	扰动量（mm）					
	超调量（mm）					
	波动次数（次）					少于2次
	调节时间（s）					
	滞后时间（s）					
主配压阀	最大位移（mm）					
	达到最大位移时间（s）					
	滞后时间（s）					
蜗壳水压	最大升高（Pa）					
	最大降低（Pa）					
尾水管	最大正压					
	最大真空					
机组转速最大偏差（Hz）						大电网时小于±0.1%～±0.2% 小电网时小于±0.5%

（2）负荷扰动后机组的调节过程可分为下列几类：

第一类，波动过程。其特点是波动次数多至6～7次，超调量大、调节时间长，当运行的缓冲参数整定在较大位置时，将发生类似等幅值的长时间振荡。

第二类，微振过程。其特点是波动0.5～1.0次，过渡过程品质较好。

第三类，无波动过程。其特点是调节时间短，调节速度快。

第四类，无超调缓慢过程。其特点是在整个调节过程中快速经过一次微小波动后，示波图上接力器过程线在扰动方向一侧缓慢开启或关闭，最后趋向稳定值，虽无超调量，但调节时间较长。

其中以第二类和第三类的调节过程为最优。

根据实测示波图可计算出功率和接力器位移的超调量、调节时间、水锤值和接力器移动速度等调节品质指标。

（3）按下列内容优选负荷工况下的调节参数：

1）主接力器在过渡过程中的波动次数、超调量、滞后时间等均在允许范围内。

2）最大频率偏差应在电能质量规定范围以内。

3）总的调节时间不超过空载扰动试验所规定的技术指标。

模块五　机组甩负荷、低油压紧急停机和水泵工况断电试验

一、甩负荷试验

甩负荷工况是较少发生的，但在实际运行中又是难以避免的。以调节过程而言，甩负荷不同于一般的负荷调整。在负荷调整的整个过渡过程中，机组均处于自动调节状态；而甩负荷时调速器的有关元件如主配压阀等均达到最大极限位置，这时的调速器相当于保护装置，其作用是使机组立即关闭，避免发生更大的事故，到转速降至额定转速附近时才进入自动调节状态。由于这种工况使机组和引水系统均处于最恶劣的运行状态，对机组和引水系统的影响最大，直接关系到电厂的安全，因此甩负荷试验是所有过渡过程试验中最重要的试验，新投产的机组或大修后的机组都必须进行这项试验，以检验水轮机调节系统的动态特性，以及调节参数的整定是否满足调节保证计算的要求。

1. 对甩负荷过程的要求

（1）甩全负荷时，水压、转速上升均不得超过调节保证设计值。

（2）机组各部的振动、摆度、声响以及引水管水压、尾水管水压等脉动均不得影响机组的稳定，其值不超过规程的许可范围。对轴流式机组，还要求甩负荷后不产生过大的抬机量。

（3）甩25%额定负荷时的接力器不动时间，机械液压调速器一般不允许超过0.35s，电气液压调速器一般不允许超过0.2s。

（4）机组在甩负荷的调节过程中，转速波动幅值超过额定转速3%以上的波峰不得多于2次。

（5）机组由解列到接力器活塞稳定为止的总调节时间不大于40s，接力器的摆动次数不得多于3个周期，机组转速摆动允许值一般为额定转速的±0.2%～±0.4%。

2. 试验准备及程序

（1）准备工作。试验前应做好仪器、仪表以及人员的准备工作，对于甩负荷试验，更重要的是对过渡过程中可能达到的极值做到心中有数。

甩负荷过渡过程的特性不仅取决于水轮机、压力管道特性，而且还与调节机构（即导叶和桨叶）的运动规律有密切关系。甩负荷试验就是为选择调节系统最合理的调节时间和调节规律，保障机组在实际运行中进入大波动的调节过程时，压力和转速变化不超过允许值。但这种试验对机组本身和电力系统的安全都是有影响的，

为此必须尽量减少这类过渡过程试验的次数。试验前，应粗略进行调节保证计算，以选择调节时间，为在一定条件下和不同导叶关闭规律的真机调节时间的整定提供参考。调节保证计算应分别对设计水头、最大水头下甩全负荷工况进行估算，根据不同的调节时间和调节规律，选择不同的 T_f 值进行试算，计算出甩预计负荷时的最大转速上升值、最大蜗壳水压上升值、最大尾水管真空等。对机组增负荷则算出蜗壳最大压力下降、机组最大转速降低等值，以确定导叶接力器的关闭和开启时间及速度。

调速器的有效关闭时间（即直线关闭时间）T_f，是一个重要的调节参数。这个参数可在设计水头下机组甩额定负荷时，用秒表直接测得，为消除接力器关闭过程中其行程两端非线性的影响，可用接力器全行程的 75%～25%时段内测得的值乘以 2 得到。该值与接力器是否带负荷、导叶的形状及偏心距等有关。通过试验，应找出蜗壳无水和有水时该时间的定量关系，以便在实际甩负荷之前可在无水情况下调整关闭时间。

甩部分负荷时，由于导叶关闭时间并非与导叶起始开度成正比，对于小的起始开度因流量变化小，并且导叶的关闭时间有可能比甩全负荷时的关闭时间还长，因而产生的压力升高也较小；而速率升高因受水轮机飞逸特性的影响，一般也不超过甩全负荷时的数值。突增全部负荷的可能性实际上是很少发生的，因此均可不必考虑。

（2）试验程序。甩负荷试验必须事先征得电网调度的同意，在电网调度安排的时间内进行。机组并入系统处于自动调节状态，带上预定负荷，稳定运行一段时间后，投入录波器 3～5s 后跳开发电机出口断路器，使机组瞬间与电网解列，负荷突然甩掉，记录其动态特性直至达到空载稳定运行后停止录波，然后逐个分析每个参数的动态过程及其相互关系，并对顺序甩较大负荷时过渡过程的测量极值做出预计，做好相应的准备和紧急停机等保护措施。甩负荷试验可结合其他保护的试验同时进行，如跳发电机断路器可用过速保护、温度保护、发电机保护装置等不同的保护模拟动作跳闸。

3. 试验注意事项

（1）甩负荷试验必须在空载扰动、负荷扰动试验后进行，并在机组保护如过速保护、电气保护、水力机械保护等装置已完全整定好，投入工作的情况下才能进行，同时在甩负荷前、后对机组进行全面检查，以确保机组安全。

（2）甩负荷前应先记录稳定工况各参数值。甩负荷值应由小到大，如从 25%、50%、75%、100%逐次进行，每次甩负荷后都应分析有无异常现象，若发现问题，应及时调整关机时间或其他调节参数，处理好后再重复该次试验。然后才能按预先

拟定的顺序进行下一次甩负荷试验。

(3) 录波器的走纸速度要既能使各参数变化的波形清晰，又能提高特征时间的分辨精度，一般以 5mm/s 或 10mm/s 为宜。为了精确测定接力器的不动时间，最好用定子电流作为跳闸信号，并将此段录波器的走纸速度适当加快（如 25mm/s），以提高接力器不动时间的分辨精度。选择好各测试量的位置和比例，防止光点密集或跑出纸外。

(4) 对轴流式水轮机（包括转桨式、轴流定桨式、斜流可逆式、贯流式等机组），甩负荷至导叶关闭终了时，顶盖下方出现真空，转轮室内的真空更高。导叶的关闭速度越快或转速越高、桨叶开度越大时，完全真空的区域就越大。此时正向水流的连续性遭到破坏，尾水将以很快的速度流向真空区域，这股反向水流在流动过程中会产生强烈的“反水锤”而可能抬起机组，所以应预先检查所有防抬机装置是否处于自动灵活状态。

(5) 一般转速最大上升值发生在设计水头下甩满负荷时；水压上升最大值发生在最高水头下甩满负荷时。但对于高水头下甩小负荷而导叶又关闭极快时，则有可能使蜗壳所承受的绝对压力值较高，应予以充分的重视。

4. 主要测试参数及其分析

试验时主要记录下列参数随时间的变化过程：定子电流（作跳闸信号）、机组转速、蜗壳进口水压、导叶开度及接力器行程、桨叶开度及接力器行程、功率、顶盖压力、转轮室压力、尾水管各测压断面平均压力、机组各部位的振动和摆度值，见表 11-10。

表 11-10　　甩负荷试验记录

观测值		甩负荷值			
		25%	50%	75%	100%
导叶	甩前开度（%）				
	甩前接力器行程（mm）				
	滞后跳闸时间（s）				
	直线关闭时间（s）				
	第一段关闭时间（s）				
	第二段关闭时间（s）				
	总关闭时间（s）				
	摆动次数（次）				
	甩后开度（%）				
	甩后接力器行程（mm）				

续表

观测值		甩负荷值			
		25%	50%	75%	100%
桨叶	甩前开度（%）				
	滞后跳闸时间（s）				
	关闭历时（s）				
	关闭最小开度（%）				
蜗壳	甩前稳定值（Pa）				
	最大上升值（Pa）				
	最大水压值（Pa）				
	水压上升滞后跳闸时间（s）				
	最大水压滞后跳闸时间（s）				
	最大水压持续时间（s）				
	甩后稳定值（Pa）				
	最大水压上升率（%）				
	水压脉动最大幅值（Pa）				
	水压脉动最大相对值（%）				
	水压脉动频率（次/s）				
	最大水压脉动持续时间（s）				
转速	甩前稳定值（r/min）				
	转速上升滞后跳闸时间（s）				
	最大上升值（r/min）				
	最大转速值（r/min）				
	最大转速滞后跳闸时间（s）				
	最大转速持续时间（s）				
	最大转速上升率（%）				
	超调次数（次）				
	调节时间（s）				
	甩后稳定转速（r/min）				
尾水管	甩前真空值（Pa）				
	最大水压下降值（Pa）				
	最大水压下降率（%）				
	尾水管进口真空最大值（水柱）				
	真空破坏阀开启时间（s）				
	最大水压脉动幅值（Pa）				
	最大水压脉动频率（次/s）				
摆度	电动机上部轴承处				
	法兰处				
	水导轴承处				
发电机上机架振动					

试验过程中，必须同时满足水压上升和转速上升均不超过允许值的要求，这就需要及时分析每次甩负荷的实测情况，对下一次甩更大负荷时可能出现的值做出估计，如果有超过的可能，应及时调整导叶关闭时间。若延长导叶有效关闭时间，则转速上升率增加，水压上升率减小；否则，继续按原定试验程序进行试验，直到满意为止。

对甩负荷过渡过程的优劣，是否为最佳关闭规律，可用下列因素综合判断。

（1）最大转速上升率β为

$$\beta=\frac{n_{max}-n_0}{n_r}\times 100\% \tag{11-4}$$

式中　n_{max}——甩负荷过渡过程中机组出现的最大瞬时转速，r/min；

n_0——甩负荷前的转速稳定值，r/min；

n_r——机组的额定转速，r/min。

（2）最大压力上升率ξ为

$$\xi=\frac{p_{max}-p_1}{p_1}\times 100\% \tag{11-5}$$

式中　p_{max}——甩负荷过渡过程中蜗壳进口压力的最大瞬时值，Pa；

p_1——甩负荷后蜗壳进口压力的稳定值，Pa。

实际上，引水系统最大正水击发生在蜗壳末端而不是蜗壳进口（蜗壳末端的绝对压力较小，一般不设测压点），其出现时间依机型和关闭规律的不同而有所区别。

（3）水压脉动的幅值及持续时间。

（4）向上的轴向水推力。

二、低油压紧急停机试验

低油压紧急停机试验是为校核低油压事故继电器整定值，以及检测在油压装置出现低油压时，导叶的关闭规律及相应关闭时间是否满足调节保证计算值的要求。

试验时机组带满负荷在自动状态下运行。

试验方法和步骤如下：

（1）按甩负荷试验方法做好各项准备工作，并增设油压、油位、低油压继电器动作信号等测点。做好事故停机的准备工作，解除超速保护及其他必要的安全措施。

（2）机组稳定运行后，切除调速器油泵，将压力油罐的泄油阀打开，提前启动示波器，录取油压、油位降低过程，同时人工监视油压表。

（3）当接近预先整定的低油压值时，立即关闭泄油阀。

（4）油压继续缓慢降低到整定值，继电器动作，机组在事故状态下甩去全部负荷，录制与甩负荷试验相同的各参数的变化过程。

若试验结果不能满足调节保证计算要求，一般不再改变调节参数，而应提高低油压事故继电器的整定值。压力油罐油位高度在满足要求时，还应留有一定的裕量；低油压事故停机后，压力油罐内仍应保证一定的油量，否则也要相应提高继电器的整定值。

三、水泵工况断电试验

对于水泵/水轮机导叶最佳关闭规律的选择，不仅要考虑水轮机甩负荷过程，同时还应考虑水泵工况时的断电过程。

断电试验是水泵/水轮机作水泵运行时的一种“甩负荷”试验，同样是一种为了减少作用在水泵/水轮机与压力管道上的动荷载而对导水机构的关闭规律进行选择的试验。

1. 对水泵工况断电过程的要求

（1）应避免机组强烈振动和水压脉动，在导叶关闭过程中桨叶应跟随导叶迅速关小。

（2）导水机构虽然类似水轮机甩负荷时的情况分两段关闭，但应直接停机而不再重新将导叶开到空载。

（3）断电过程中强水压力脉动发生在第二段关闭和桨叶的缓慢关闭过程，随着导叶第二段关闭完了而逐步减小至基本稳定，因此应适当地缩短导叶的第二段关闭时间。

2. 断电试验程序

机组处于水泵工况如突然切断电源，为避免压力管道内发生过大的压力波动，应尽快地先关蝴蝶阀，使导水机构在逆流工况尚未到来之前就完全关闭并投入锁锭装置，加闸制动。

3. 试验注意事项

（1）断电瞬间若导水机构不动作或不能迅速关闭，应按紧急停机按钮，事故配压阀动作停机。

（2）为减少压力管道和设备部件产生强烈的动力作用，通过断电试验及时调整水泵运行工况时的协联关系。

4. 主要测试参数及其分析

（1）试验时主要记录下列参数随时间的变化过程：断电信号、导叶开度及其接力器行程、桨叶开度及其接力器行程、机组功率、机组转速、蜗壳水压、顶盖水压、转轮室压力、尾水管各测压断面的压力，见表 11-11。

表 11-11　　水泵工况断电试验记录

观测参数		试验值			
		1	2	3	4
导叶	断电前开度（%） 接力器行程（mm） 滞后跳闸时间（s） 第一段关闭时间（s） 第二段关闭时间（s）				
桨叶	断电前开度（%） 断电前接力器行程（mm） 滞后跳闸时间（s） 关闭历时（s） 停机时的开度（%） 停机时接力器行程（mm）				
钢管水压	断电前水压（Pa） 最大水压下降（Pa） 最大水压滞后跳闸时间（s） 水压下降滞后跳闸时间（s） 最大水压下降率（%） 最大水压脉动双幅值（Pa） 最大水压脉动频率（次/s）				
转速	滞后跳闸时间（s） 导叶关闭至零的转速下降（r/min） 转速降为零的历时（s）				
尾水管水压	甩前真空值（Pa） 水压上升滞后跳闸时间（s） 最大水压上升值（Pa） 最大水压上升出现时间（s） 最大水压上升率（%） 最大水压脉动双幅值（Pa） 最大水压脉动频率（次/s）				
转轮室水压	断电前压力（Pa） 压力下降第一个波谷值（Pa） 压力上升第一个波峰值（Pa） 压力波动滞后跳闸时间（s）				

（2）测试参数分析。断电后，水泵/水轮机转速下降，输水量减小，扬程减小，所以在断电的初始阶段压力管道内产生的水锤不是正波而是负波，即压力下降。应控制导叶关闭规律，使上游压力管道内压力缓慢地下降，并使下降值减小。在蜗壳内产生负水锤的同时尾水管内压力升高，但对导叶和转轮等的动力作用均比甩负荷

时为小，因此，该工况的危险性不及水轮机工况时的甩负荷情况严重。

1）导叶、桨叶不能关闭时的水泵断电过渡过程。水泵断电时，若导叶、桨叶均发生故障不能关闭，则水泵将经水泵工况、制动工况、水轮机工况进入飞逸工况，当水泵进入制动区时，尾水管内压力脉动幅值明显增大；若断电前的导叶、桨叶开度较大，则机组摆度、转速及水压脉动等均产生不稳定现象，应采取关闭蝴蝶阀或进口闸门等紧急停机设施。

2）导叶能关闭时的水泵断电过程。水泵断电后蜗壳水压下降，随着导叶的不同关闭规律，在导叶尚未关到小开度时，蜗壳水压已回升至接近原来静水压力，随后蜗壳水压开始回升，随着导叶关小，流量开始下降直至为零时又产生正向水锤，这时应减慢导叶关闭速度，以减小正向水锤值。

模块六　调节保证计算

一、调节保证计算的任务和标准

1. 任务

在水电厂运行中常遇到各种事故，引起机组突然与系统解列，把机组所带的负荷全部甩掉。此时机组转速上升，调速器关小导叶，经一定时间后机组恢复到空载转速。在此调节过程中，除调节系统稳定性问题外，还出现两个重要问题：①机组突然甩掉全负荷后，发电机的阻力矩由最大突然减小到零，但由于水轮机动力矩不能立即减小，将产生过剩力矩使机组加速旋转，转速上升到最大值 n_{max}（见图 11-5），严重影响机组结构强度和机组使用寿命，同时还会引起机组强烈振动。②由于导叶急速关闭，将会引起水轮机过水压力系统流量或流速剧烈变化，产生水锤，造成压力急剧升高，如图 11-5 所示。最大水锤压力 H_{max} 对水轮机过水压力系统（压力管道）的强度有很大影响。工程实践中曾发生过因甩负荷引起压力上升的太高而导致压力钢管爆破，造成灾难性的事故。

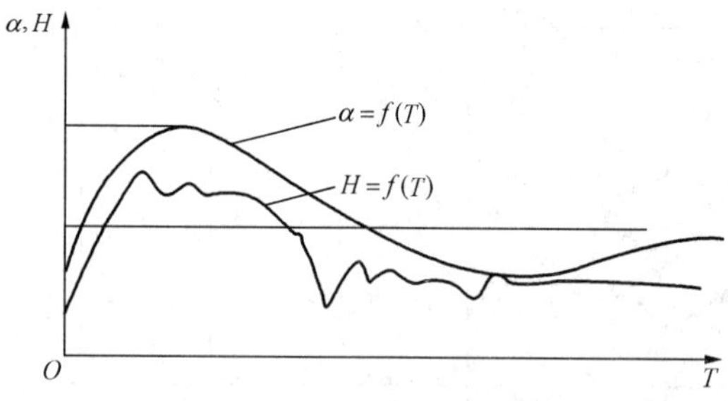

图 11-5　甩负荷时机组转速及压力升高过程线

为此，在设计阶段就应计算出上述过渡过程中最大转速上升值和最大压力上升值。工程上把这种计算方法称为调节保证计算。

甩负荷过程中机组最大转速上升率 β 为

$$\beta=\frac{n_{max}-n_0}{n_0} \tag{11-6}$$

式中　n_0——甩负荷前机组转速，r/min；

n_{max}——甩负荷过程中产生的最大转速，r/min。

甩负荷过程中的最大压力（或水压）上升率为

$$\xi=\frac{H_{max}-H_0}{H_0} \tag{11-7}$$

式中　H_{max}——甩负荷过程中产生的最大压力，Pa；

H_0——甩负荷前水电厂静水头，Pa。

影响机组最大转速上升率β和最大水压上升率ξ的主要因素有以下几个方面：

(1) 机组调节时间T_{sl}。T_{sl}是由导叶最大开度直线关闭到空载开度所需的时间。当其他因素不变时，若T_{sl}越长，则ξ就越小，而β越大；反之，T_{sl}越小，则ξ越大，而β越小。

(2) 机组飞轮力矩GD^2。GD^2表示机组转动部分的惯性大小。当其他因素不变时，GD^2越大，则β就越小；反之，GD^2越小，则β就越大。

(3) 水轮机过水压力系统的尺寸（即管道特性）。在其他因素不变的情况下，若管道越长，管径越小，则ξ越大；反之，管道越短，管径越大，则ξ越小。

综上所述，T_{sl}、GD^2和管道特性是影响β和ξ的重要因素。因此，在设计水电厂调节保证计算时，要协调上述三者之间的关系，合理确定它们的数值，即恰当地布置水电厂的输水管道，合理地选择发电机的GD^2，较为正确地计算出水轮机调节参数（T_{sl}及导叶关闭规律），从而保证机组最大转速上升率和最大水压上升率不超过允许值，使机组安全可靠运行。这是调节保证计算的任务。

2. 标准

上面提到的最大水压上升率和最大转速上升率不应超过允许值，此允许值就是调节保证计算的标准。它是在一定时期、一定技术条件下制定的。随着科学技术的发展和电力系统容量的增大，调节保证计算的标准有放宽的趋势。我国目前采取的调节保证计算的标准如下：

(1) 机组甩全负荷时最大转速上升率β在一般情况下不允许超过0.4，即$\beta\leqslant 0.4$，超过0.4应有论证。

对于甩部分负荷时，允许最大转速上升率β不超过以下数值：

甩全负荷的75%时，$\beta\leqslant 0.65$；

甩全负荷的50%时，$\beta\leqslant 0.45$；

甩全负荷的25%时，$\beta\leqslant 0.25$。

(2) 机组甩全负荷时，允许最大水压上升率 ξ 一般不应超过以下数值：

当水电厂水头小于 40m 时，ξ<0.5～0.7；

当水电厂水头为 40～100m 时，ξ<0.3～0.5；

当水电厂水头大于 100m 时，ξ<0.3；

设有调压阀时，ξ<0.2。

(3) 甩负荷时，尾水管真空度不低于 8～9m 水柱。

(4) 增负荷时，过水压力系统任何一段内不允许发生真空。

在没有特殊要求的情况下，调节保证计算为两个工况进行，即计算设计水头及最大水头甩全负荷时压力上升值和转速上升值，并取大者。一般在前者发生最大转速升高，在后者发生最大水压升高。

另外，大、中型机组大部分投入电力系统工作，单机容量一般不超过系统总容量的 10%。在此情况下，运行过程中不太会出现突增全部负荷，因此突增负荷的调节保证计算可不进行。只有当机组不并入系统而单独运行，并带有比重较大的集中负荷时，突增负荷的调节保证计算才是必要的。

二、水锤压力上升计算

下面重点介绍实际工程设计中水锤压力近似计算方法。

在机组运行中，因负荷突然变化或机组发生事故等原因，而突然关闭（或开启）导叶时，水轮机过水压力系统中的流速骤然发生变化，由于水流的惯性引起过水压力系统的压力急剧升高（或降低），继而大幅度交替升降的波动，这种现象称为水锤或水击。

由于压力管道中的流速突然减小，而使水压急剧升高，称为正水锤；反之，流速突然增加，压力急剧下降称为负水锤。前者发生于导叶突然关闭，后者发生于导叶突然开大。

1. 直接水锤压力计算

当导叶关闭时间 $T_s \leqslant \frac{2L}{C}$ 时，即从水库（或调压室、压力前池）B 端反射回来的减压波还没有到达管的末端 A 处（见图 11-6），导叶已关闭，称为直接水锤，其计算公式为

$$\xi_A = -\frac{c(v_t - v_0)}{gH_0} \tag{11-8}$$

式中 ξ_A——压力水管断面 A 相处相对水压升高值；

v_0——导叶关闭前管中流速；

v_t——导叶关闭后管中流速；

H_0——水电厂静水头；

g——重力加速度；

c——水锤压力波的传播速度。

均质水管中水锤压力波传播速度可按式（11-9）计算，即

$$c=\frac{c_0}{\sqrt{1+\frac{E_0 D}{E\delta}}} \tag{11-9}$$

式中　E_0——水的弹性系数，$E_0=1.96\times10^6$kPa；

E——管壁材料的弹性系数，钢材 $E=1.96\times10^8$kPa，铸铁 $E=9.8\times10^7$kPa；混凝土 $E=1.96\times10^7$kPa；

D——管道直径；

δ——管壁厚度；

c_0——声波在水中的传播速，$c_0=1435$m/s。

一般水电厂钢管的 $\frac{D}{\delta}=50\sim200$，多数情况下约为100左右，所以 c 值通常为800～1200m/s，多数情况下为1000m/s左右。

由式（11-8）可以得出如下结论：

（1）如导叶关闭，则 $v_t<v_0$，$\xi_A>0$；压力管道产生正水锤。

（2）如导叶开启，则 $v_t>v_0$，$\xi_A<0$；压力管道产生负水锤。

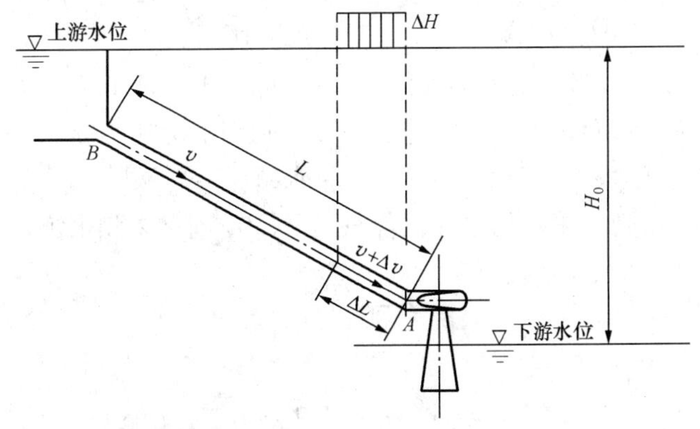

图 11-6　水锤示意图

2. 间接水锤压力计算

由图11-6可知，当导叶关闭时间 $T_s>\frac{2L}{c}$ 时，则由水库 B 处反射回来的减压波在 T_s 内已到 A 端，导叶还没有完全关闭，这时出现的水锤，称为间接水锤。

当导叶关闭由 A 处发出的正水锤波达到水库 B 以后，再以相反符号反射回来到达 A 处所需的时间称为水锤相，用 $T_r=\frac{2L}{c}$（s）来表示。从 B 端反射回来的负波到 A 端又向 B 端反射过去；然后再由 B 端反射回来等。如此循环往复下去。波从 A 端 $T_0=0$ 开始到 $2L/c$ 止，称第一相，再从 $T=2L/c$ 开始到 $4L/c$ 止为第二相，再从 $4L/c\sim 6L/c$ 止为第三相……。

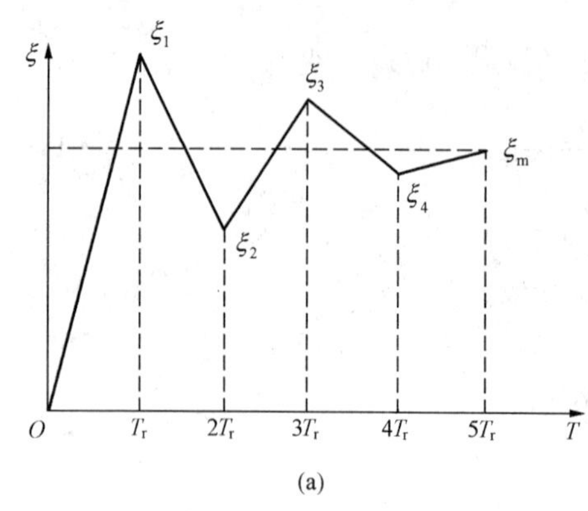

(a)

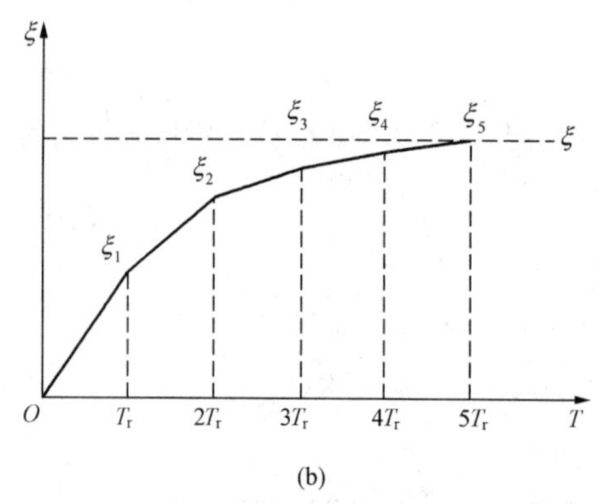

(b)

图 11-7　直线关闭情况下的间接水锤
（a）第一相水锤 $\xi_1<\xi_m$；
（b）末相水锤 $\xi_1>\xi_m$

间接水锤的特点是，从第二相开始导叶还继续关闭，从水库 B 处反射回减压波使水锤压力增高受到抑制，因此间接水锤的数值一般比直接水锤数值小很多。

间接水锤又分为第一相水锤和末相水锤两种类型。当导叶直线关闭时，水锤压力逐相升高而最大水锤压力发生在末相，称为末相水锤，用 ξ_m 表示，如图 11-7（b）所示。当最大水锤压力发生在第一相末，称为第一相水锤 ξ_1，如图 11-7（a）所示。

可用式（11-10）～式（11-12）和图 11-8 判别水锤压力是第一相水锤还是末相水锤。

若 $\rho\tau_0<1.0$，则是第一相水锤；若 $\rho\tau_0>1.5$，则是末相水锤。

$$\rho=\frac{cv_{\max}}{2gH_0} \tag{11-10}$$

$$\sigma=\frac{Lv_{\max}}{gH_0T_s} \tag{11-11}$$

$$\tau_0=\frac{a_0}{a_{\max}} \tag{11-12}$$

式中　ρ、a——管道特性系数；

c——水锤压力波传播速度；

v_{max}——导叶全开时管中的最大流速；

L——管道总长度；

T_s——导叶关闭时间；

τ_0——导叶相对开度；

a_{max}——导叶最大开度；

a_0——甩负荷前的导叶起始开度。

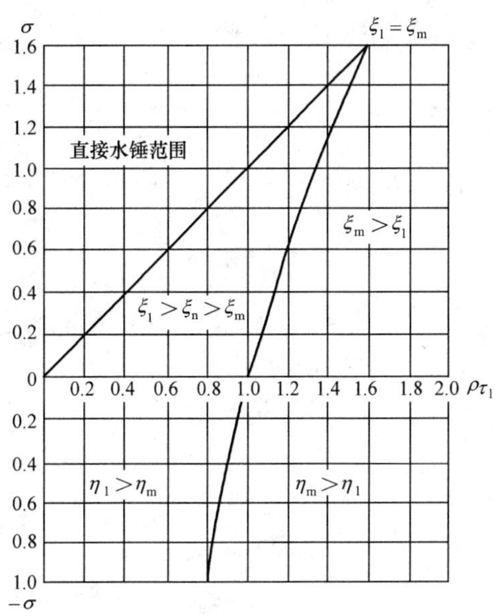

图 11-8　水锤类型判别图

根据式（11-10）～式（11-12）计算出 $\rho\tau_0$ 和 σ 值，即可由图 11-8 判别，若 $\rho\tau_0$ 和 σ 坐标点落在 $\xi_m>\xi_1$ 区域，则为末相水锤；若坐标点落在 $\xi_1>\xi_m$ 区域，则为第一相水锤。

发生第一相水锤可用式（11-13）和式（11-14）计算，即

正水锤
$$\xi_1=\frac{2\sigma}{1+\rho\tau_0-\sigma} \tag{11-13}$$

负水锤
$$\eta_1=\frac{2\sigma}{1+\rho\tau_0+\sigma} \tag{11-14}$$

发生末相水锤可用式（11-15）～式（11-18）计算，即

正水锤
$$\xi_m=\frac{\sigma}{2}\sqrt{\sigma^2+4+\sigma} \tag{11-15}$$

或
$$\xi_m=\frac{2\sigma}{2-\sigma} \tag{11-16}$$

负水锤
$$\eta_m=\frac{\sigma}{2}\sqrt{\sigma^2+4-\sigma} \tag{11-17}$$

或
$$\eta_m=\frac{2\sigma}{2+\sigma} \tag{11-18}$$

3. 水轮机各过水段水锤压力计算

如果水轮机没有蜗壳或尾水管，或者蜗壳和尾水管的长度（沿中心线测得）与压力钢管的长度相比很小，则可不计蜗壳和尾水管对水锤压力的影响。当引水压力钢管较短时，则蜗壳和尾水管对水锤压力的影响是不能忽略的。上述一些公式均没考虑它们的影响，根据水轮机具体情况，还需进行修正。

水轮机过水压力系统（压力钢管、蜗壳、尾水管）不是等截面的，因此在确定水管特性系数时应采用

$$\sigma = \frac{\sum L v_i}{g H_0 T_s} \tag{11-19}$$

$$\rho = \frac{c v_{cp}}{2 g H_0} \tag{11-20}$$

$$v_{cp} = \frac{\sum L_i v_i}{\sum L_i} \tag{11-21}$$

$$\sum L_i v_i = \sum L_{水管i} v_{水管i} + \sum L_{蜗壳i} v_{蜗壳i} + \sum L_{尾水管i} v_{尾水管i} \tag{11-22}$$

$$\sum L_i = \sum L_{水管i} + \sum L_{蜗壳i} + \sum L_{尾水管i} \tag{11-23}$$

压力水管末端的压力升高为

$$\xi_{水管} = \frac{\sum L_{水管i} v_{水管i}}{\sum L_i v_i} \xi \tag{11-24}$$

$$\Delta H_{水管} = \xi_{水管} H_0$$

蜗壳末端的压力升高为

$$\xi_{蜗壳} = \frac{\sum L_{水管i} v_{水管i} + \sum L_{蜗壳i} v_{蜗壳i}}{\sum L_i v_i} \xi \tag{11-25}$$

$$\Delta H_{蜗壳} = \xi_{蜗壳} H_0$$

尾水管内压力降为

$$\eta_B = \frac{\sum L_{尾} v_{尾}}{\sum L_i v_i} \xi \tag{11-26}$$

$$\Delta H_B = \eta_B H_0$$

尾水管真空值为

$$H_B = H_s + \frac{v_2^2}{2g} + \Delta H_B \tag{11-27}$$

式中 H_s——吸出高度；

v_2——尾水管进口流速。

$\frac{v_2^2}{2g}$ 和 ΔH_B 应为同一时间内的最大总和，近似计算中可以取开始关闭时速度值的一半，即 $\frac{v_2^2}{4g}$。

当尾水管进口压力低于水的汽化压力时，水流出现汽化。如压力过低，甚至可能发生水流中断。水流离开转轮向下流，然后又反冲回来，使水轮机受到很大冲击，甚至可能将机组抬起，引起破坏。因此，尾水管进口的真空应限制在 8～9m 水柱内，以防水流冲断。

三、转速升高计算

目前在甩负荷过渡过程中，机组转速上升计算公式很多，下面介绍两种。

1. 摩根、史密斯公式

$$\beta = \beta_Y C f \tag{11-28}$$

$$\beta_Y = \frac{1787 P_r K_1 T_s}{GD^2 n_r^2}$$

$$C = \frac{1}{1 + \frac{\beta}{n' - 1}}$$

$$n' = \frac{n}{n_r}$$

$$f = (1 + \xi_{cp})^{1.5}$$

式中　P_r——机组额定出力，kW；

GD^2——机组飞轮力矩，kN·m²；

n_r——机组额定转速，r/min；

T_s——导叶关闭时间，s；

K_1——系数，对混流式和冲击水轮机取 $K_1 = 0.9$，对轴流式水轮机 $K_1 = 0.7$；

C——飞逸特性影响系数；

n——飞逸转速，r/min；

f——水锤影响系数；

ξ_{cp}——平均水锤压力，Pa。

2. 列宁格勒金属工厂公式

$$\beta = \sqrt{1 + \frac{3578 P_r T_{s1} f}{GD^2 n_r^2}} - 1 \tag{11-29}$$

式中　T_{s1}——导叶按直线关到空载开度所需的时间（调节时间），对混流式和冲击式水轮机 $T_{s1} = 0.9T_s$；对轴流式水轮机 $T_{s1} = 0.7T_s$；

f——水锤影响系数，可在图 11-9 上查取。

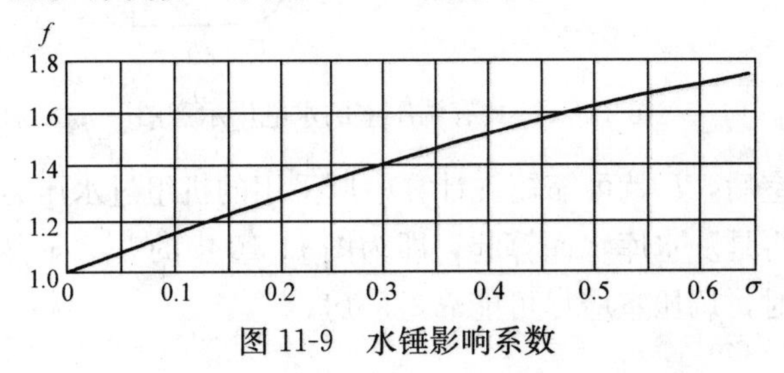

图 11-9　水锤影响系数

四、减小水锤压力的措施

由以上分析可知，水轮机在调节过程中，水电厂的过水压力系统水压力的变化与机组转速的变化是互相联系、相互制约的，就其变化值来说，它们取决于水管特性系数 σ 和 ρ、飞轮力矩 GD^2 及调节时间 T_{sl}，也即与压力引水系统长度 L、流速 v、水锤压力波传播速度 c、水电厂水头 H_0、调节时间 T_{sl} 和飞轮力矩 GD^2 有关。可是，当水能开发方式确定后，水电厂的水头 H_0 也就确定了。水锤压力波传播速度 c 在水电厂具体情况下根据引水方式及地质条件管道材料等也固定不变。飞轮力矩 GD^2 对一定形式、容量的机组来说是个常数。如果想额外增加 GD^2，就会导致结构的不方便和使发电机转子质量增加。至于调节时间 T_{sl} 对一定容量和装置条件的机组，其可能变化的范围也是不大的，因为 T_{sl} 过小会引起很大的水压升高；反之，过大则使机组转速变化过大。因此在设计水电厂时，特别是对于具有长输水管道的电厂，为降低水压变化和转速变化，以保证其值在实际允许范围内，有必要改变过水压力系统长度 L 和流速 v。

1. 调压室的应用

实际上，在一定的布置方式下，L 值是一定的。但为了减小压力引水系统中的水压变化和消除负荷突变时所发生的不利于水轮机的运转条件，有必要减小 L 值。采用调压室就是减小 L 值的有效措施。

所谓调压室一般就是在压力水道与水轮机水管间设置的具有自由水面的人工建筑物，如图 11-10 所示。

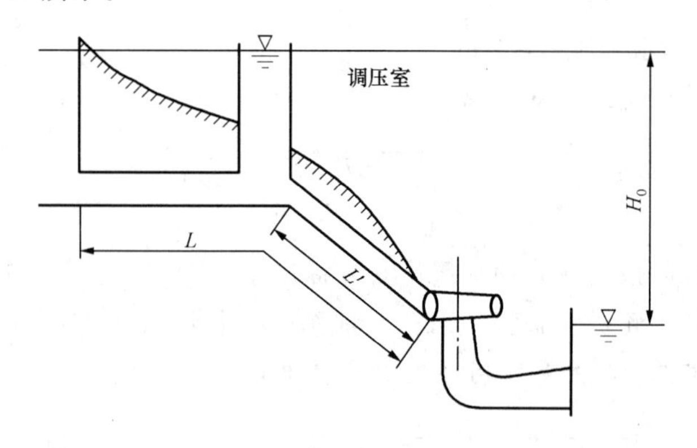

图 11-10　具有调压室的水电厂示意图

当设置调压室后，L 就可缩短。计算中所采用的机组过水压力系统长度应自调压室算起，而不再是从水库水面算起，即为图 11-10 中的 L'。显然，在地形地质条件没有多大限制时，调压室应尽可能靠近厂房。

在现在的水电厂设计中，一般认为当水流惯性时间常数 $T_{w}=\frac{\sum Lv}{gH_{0}}\geqslant 2\sim 2.5$ 时，则应考虑设计调压室。

虽然可以认为，压力引水管道设置了调压室，可以减小水锤压力，降低压力水管造价，改善机组的运转条件；但建调压室投资大，施工期长和增加运转费用，有些水电厂受到自然条件的限制，修建调压室则有相当的困难，往往需要取消调压室而增设空放阀。

2. 调压阀的应用

近几年来，我国在一些高水头具有长压力引水管的水电厂以调压阀代替调压室减小水锤压力做了试验，取得了成功的经验。

调压阀又称空放阀，设置在蜗壳或压力支管引出的排水管上。在甩负荷后导叶关闭的同时，调压阀打开，部分流量从调压阀泄出，使压力管道中的流量变化减缓，压力升高也就减小了。为了节省水量，在导叶关闭以后，调压阀则自动缓慢关闭。采用调压阀实质是减小流速 v 的变化率，使水锤压力大大减小。这时可缩短调节时间 T_{s1}，使机组转速升高减小。在以往的实践中，由于调压阀存在时滞长、不可靠及密封漏水等缺点，因此一直没有得到广泛应用。直至 20 世纪 70 年代初期，对调压阀的控制系统做了改进后，调压阀才逐渐被推广使用。

我国研制成功的 TFW 型调压阀性能良好。图 11-11 所示为 TFW-400 型调压阀控制系统，现将 TFW 型调压阀的动作原理分述如下。

（1）负荷不变时，主配压阀活塞处于中间位置，压力为 p_1 的压力油经节流孔 A 进入调压阀接力器关闭腔。此时，调压阀关闭腔油压 $p_2=p_1$，其开启腔接通排油。因调压阀阀盘所承受的水推力小于其关闭腔在最小操作油压作用下的作用力，所以调压阀处于关闭位置不动。

（2）增负荷时，主配压阀活塞下移，压力油直接进入导叶接力器开启腔（不受 A 孔限制，A 孔前后压力相等），调压阀关闭腔油压不变，开启腔通排油，因此调压阀仍处于关闭状态。

（3）减小负荷（约为机组额定出力的 15%左右）时，由于主配压阀活塞上移量很小（小于中间阀盘搭接量），仅有少量压力油经 A 孔进入导叶接力器关闭腔而缓慢地关闭导叶。由于小流量经 A 孔所形成的压差 Δp 较小，调压阀关闭腔的油压（$p_2=p_1-\Delta p$）仍然维持调压阀处于关闭位置不动，调压阀开启腔通排油，因此系统负荷小波动时，调压阀仍不动作，而导叶接力器缓慢关闭。

（4）突然甩较大负荷时，主配压阀活塞上移量较大（大于中间阀盘搭接量），孔口 A 两侧压差 Δp 增加，p_2 减小（仍大于 p_3），而调压阀接力器开启腔与压力油

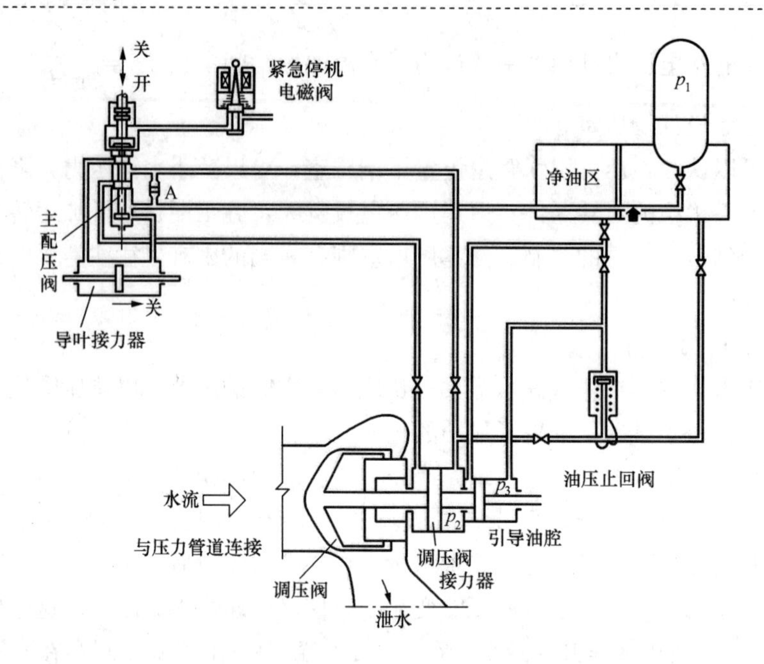

图 11-11　TFW-400 型调压阀控制系统

接通，调压阀快速开启。调压阀关闭腔排出的压力油加上少量经 A 孔的压力油流向导叶接力器关闭腔，快速关闭导叶。由于采用同一主配压阀控制，因此调压阀与导叶动作是同步的。当导叶关闭后，主配压阀回复到中间位置，压力油经节流孔 A 流入调压阀接力器关闭腔，其开启腔排油，推动接力器活塞向关闭方向移动而将调压阀自动关闭。

设置调压阀能减小压力上升值。但是它会影响到调节系统小波动的稳定性，尤其在水流惯性时间常数 T_w 较大的情况下，这个问题更为突出。所以不是在任何情况下都用它来代替调压室，而应根据水电厂实际情况及其在电力系统中的地位来决定。用调压阀时还要研究计算调节系统小波动时的稳定性。目前认为，在系统中不担任主调频任务的水电厂，特别是单机容量占系统比重不大的水电厂，或是对负荷质量没有特别严格要求的农村地区性电网中的水电厂，以调压阀代替调压室是合理的，可以节省投资，缩短水电厂建设的工期。

我国龙源水电厂装机容量为 3×1600＝4800kW，设计水头为 83m，压力引水管总长 1957m（$\sum Lv$＝3170m²/s，T_w＝3.9s），采用 3 台 ϕ400 调压阀，运行情况良好。调压阀的投资仅为调压室的 1/5，澳大利亚的里芒则姆水电厂（引水管道长 8km，设计水头 H_p 为 139.29m，单机容量为 54 000kW）也用调压阀代替调压室，阀径为 1.4m。

3. 导叶关闭规律

改变导叶关闭规律也可达到降低水锤压力和机组转速升高的目的。在同一关闭时间内，如图 11-12 所示，关闭规律Ⅱ在开始阶段关闭速度较快。因此水锤压力迅速上升最大值，以后关闭速度慢了，水锤压力逐渐减小。关闭规律Ⅲ则是先慢后快，水锤压力先小后大，这种关闭规律对水锤压力变化最不利，其最大值为 0.498 7。而用关闭规律Ⅰ时，其最大值为 0.222 2。可见导叶关闭规律对最大水锤压力的数值有显著影响。若导叶采用程序关闭，可使水锤压力值在选定的关闭时间内为最小。实现这种理想的关闭规律在目前是有困难的。目前常用导叶的关闭规律Ⅱ来降低最大水锤压力上升，这种关闭规律在低水头水电厂用得较多，因低水头水电厂机组在导叶直线关闭情况下，最大压力上升值往往在后面出现，而高水头水电厂在导叶直线关闭情况下，最大压力上升值往往出现在前面，所以使用关闭规律Ⅱ可降低甩负荷过程中最大压力的上升值。

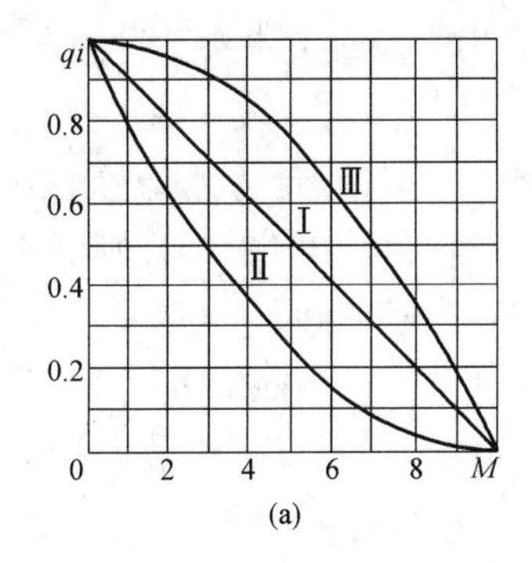

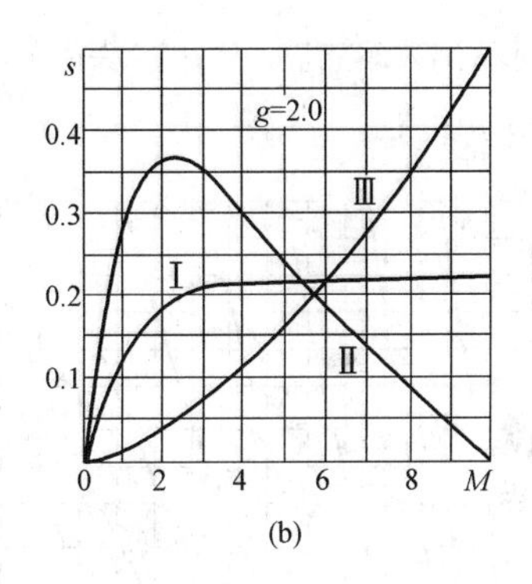

图 11-12　导叶关闭规律对水锤压力的影响

(a) 导叶关闭规律；(b) 水锤压力变化曲线

图 11-13 所示为某水电厂采用关闭规律Ⅱ时拍摄的示波图，由图可知，在甩负荷开始阶段，导叶关闭速度快，这样有利于使转速上升值降低，当压力上升值到达规定的数值时，就开始缓慢关闭，使后面发生的压力上升不会比折点 A 的压力上升高。所以甩负荷过程中最大压力上升值发生在折点处。适当地选择折点的位置及导叶第一、二段的关闭速度，就可以达到降低压力升高和转速升高的目的。

五、调节保证计算步骤及实例

1. 计算步骤

(1) 确定基本数据。基本数据包括水电厂形式、水利枢纽布置、压力管道的长度及直径、水头、机组台数、单机容量、水轮机流量、水轮机型号及尺寸、水轮机综合特性曲线、机组额定转速、飞逸转速、飞轮力矩和调压阀特性等。

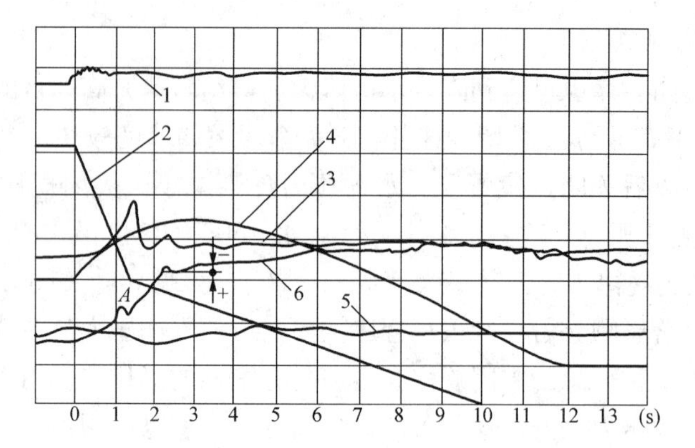

图 11-13 某水电厂采用关闭规律Ⅱ时拍摄的示波图

1—跳闸信号；2—接力器行程；3—蜗壳水压力；4—转速；

5—尾水管压力；6—轴向水推力

（2）分别求出水轮机在设计水头发额定出力及最大水头下发额定出力时，压力引水系统的$\sum L_i v_i$ 值。

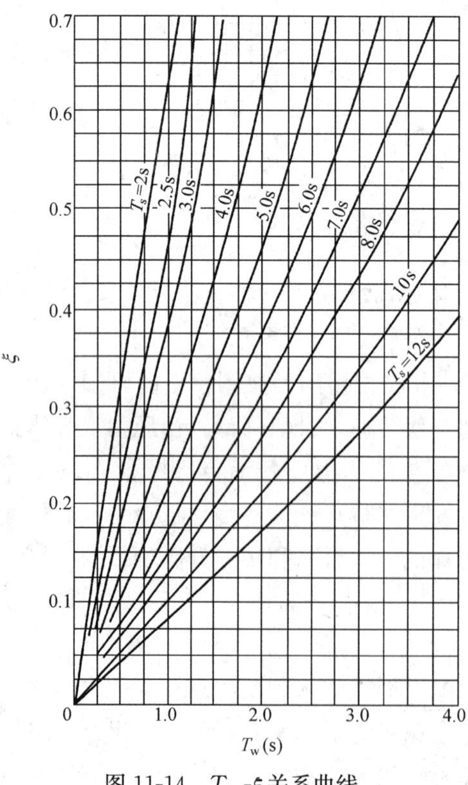

图 11-14 T_w-ξ关系曲线

（3）计算水流惯性时间常数 T_w，若 T_w＞2～2.5s，则需考虑设置调压室或调压阀。

（4）在如图 11-14 所示的 T_w-ξ 曲线上，由 T_w 和最大压力上升值 ξ 查出 T_s。

（5）计算压力引水系统的水压升高值和降低值，并检查是否在允许范围内。

（6）计算机组转速的变化值，并校核机组飞轮力矩 GD^2。

（7）对计算结果应进行全面复核，并做进一步的修正和协调，使计算的数据在经济上合理，在技术上可靠。

2. 实例

【例 11-2】 已知某水电厂的基本资料，求在突甩全负荷时 T_s、β 和 ξ。

【解】（1）由基本资料可知：水电厂采用压力引水管式；压力引水管

长 $L=100$m，管径 $D=3.8$m，单元引水；设计水头 $H_p=35.6$m，设计流量 $Q=51$m^3/s（单机）；4 台机组，水轮机形式为 HL240-LJ-250，单机容量 $P_r=15\ 000$kW；总装机容量为 60 000kW；机组额定转速 $n_r=187.5$r/min；飞逸转速 $n=370$r/min；机组飞轮力矩 $GD^2=13\ 720$kN・m^2；水锤压力波传播速度 $c=800$m/s；吸出高度 $H_s=1.65$m。

（2）求水轮机在设计水头下发额定出力时的 $\sum L_i v_i$ 值，结果见表 11-12。

表 11-12　设计水头额定出力时的 $\sum L_i v_i$

编号	管段名称	长度 L_i (m)	直径 D_i (m)	面积 A_i (m^2)	流量 Q_i (m^3/s)	流速 (m/s)	$L_i v_i$ (m^2/s)
1	压力水管	100	3.8	11.3	51	4.5	450
2	蜗　壳	19.6		10.2	51	5	98
3	尾水管	0.585		$\frac{49+5.75}{2}$	51	9.65	5.6
		1.76		$\frac{5.75+8.1}{2}$	51	7.6	13.4
		8.35		$\frac{8.1+12.1}{2}$	51	5.25	43.8
		5.5		$\frac{12.1+22.2}{2}$	51	3.25	18

$$\sum L=\sum L_{水管}+\sum L_{蜗壳}+\sum L_{尾}=100+19.6+16.2=136(\mathrm{m})$$

$$\sum Lv=\sum L_{水管}v_{水管}+\sum L_{蜗壳}v_{蜗壳}+\sum L_{尾}v_{尾}=450+98+80.8=628.8(\mathrm{m^2/s})$$

$$v_{cp}=\frac{\sum Lv}{\sum L}=\frac{328.8}{136}=4.62(\mathrm{m/s})$$

（3）求 T_w。

$$T_w=\frac{\sum Lv}{gH_0}=\frac{628.8}{9.81\times35.6}=1.8<2，可以不设置调压室。$$

（4）求 T_s。允许压力不超过压力水管的试验压力（为额定压力的 150%），查图 11-14，得 $T_s=5$s。

（5）水压变化计算。先求以下各值

$$\rho=\frac{cv_{cp}}{2gH_p}=\frac{800\times4.62}{2\times9.81\times35.6}=5.29$$

$$\sigma=\frac{\sum Lv}{gH_pT_s}=\frac{628.8}{9.81\times35.6\times5}=0.36$$

$$T=\frac{2\sum L}{c}=\frac{2\times136}{800}=0.34<T_s=5(\mathrm{s})$$

因此发生间接水锤。然后计算甩全负荷时最大压力上升值。$\tau_0=1$ 时，则 $\rho\tau=5.29>1.5$，所以发生末相水锤，按式（11-15）计算 ξ_m，即

$$\xi_m = \frac{\sigma}{2}(\sqrt{\sigma^2 + 4} + \sigma) = \frac{0.36}{2}(\sqrt{0.36^2 + 4} + 0.36) = 0.43 < 0.5$$

压力水管末端压力升高值按式（11-24）计算，即

$$\xi_{水管} = \frac{\sum L_{水管i} v_{水管i}}{\sum L_i v_i}\xi = \frac{450}{628.8} \times 0.43 = 0.308$$

$$\Delta H_{水管} = \xi_{水管} H_0 = 0.308 \times 35.6 = 10.96(m)$$

蜗壳末端的压力升高值，按式（11-25）计算，即

$$\xi_{蜗壳} = \frac{\sum L_{水管i} v_{水管i} + \sum L_{蜗壳i} v_{蜗壳i}}{\sum L_i v_i}\xi = \frac{450 + 98}{628.8} \times 0.43 = 0.375$$

$$\Delta H_{蜗壳} = \xi_{蜗壳} H_0 = 0.375 \times 35.6 = 13.35(m)$$

尾水管内压力降值，按式（11-26）计算，即

$$\eta_B = \frac{\sum L_{尾} v_{尾}}{\sum L_i v_i}\xi = \frac{81}{628.8} \times 0.43 = 0.055$$

$$\Delta H_B = \eta_B H_0 = 0.055 \times 35.6 = 1.97(m)$$

检查尾水管进口尾水管真空值，按式（11-27）计算，即

$$H_B = H_s + \frac{v_2^2}{2g} \times \frac{1}{2} + \Delta H_B = 1.65 + 2.37 + 1.97 = 5.99 < 8(m)$$

（6）转速变化计算。可按式（11-28）计算，水锤影响系数查图 11-9，$f=1.44$；$T_{s1}=K_1 T_s=0.9\times5=4.5s$，即

$$\beta = \sqrt{1 + \frac{3578 P_r T_{s1} f}{GD^2 n_r^2}} - 1 = \sqrt{1 + \frac{3578 \times 15\ 000 \times 4.5 \times 1.43}{13\ 720 \times 1875}} - 1 = 0.31$$

由于 $\beta=0.31<0.4$，因此转速升高不超过规定值，满足要求。

（7）结论。根据以上计算可知，在已知条件下，选用 $T_s=5s$ 可保证机组在调节过程中水压及转速变化均符合要求，但为选择技术经济上的最优方案，尚应多选几个 T_s 值，以进行分析比较。在计算过程中，只以甩全负荷为例进行说明，显然，在实际工作中，有必要对其他运行情况进行验算（如当水电厂水头最大或最小时，部分减负荷或增负荷等）。

科 目 小 结

本科目主要面向Ⅲ级技能人员，讲述调速器的主要试验项目，主要内容包括各调节系统的初步整定、调速器的静态特性试验、机组启动与停机试验、空载扰动和负荷扰动试验、甩负荷试验以及调节保证计算等。

作 业 练 习

1. 机组静特性试验的主要技术指标是什么？

2. 静特性试验要达到的目的是什么?
3. 如何计算实际的永态转差率?
4. 停机试验需检测的项目有哪些?
5. 空载扰动试验的方法步骤、测试的项目和技术标准是什么?
6. 负荷扰动试验的方法步骤、测试的项目和技术标准是什么?
7. 为什么要进行甩负荷试验?
8. 甩负荷试验前应做好哪些准备工作?试验必须满足哪些条件?
9. 甩负荷试验的测试项目及主要技术指标是什么?
10. 低油压事故停机的测试内容和对试验的要求是什么?
11. 水泵工况断电试验的目的和作用是什么?
12. 水压上升和转速上升这一对矛盾主要从哪些方面去解决?
13. 调节保证计算的任务是什么?
14. 什么叫直接水锤、间接水锤?
15. 水轮机各过水段水锤压力如何计算?
16. 转速升高如何计算?
17. 水轮机减小水锤压力的措施有哪些?

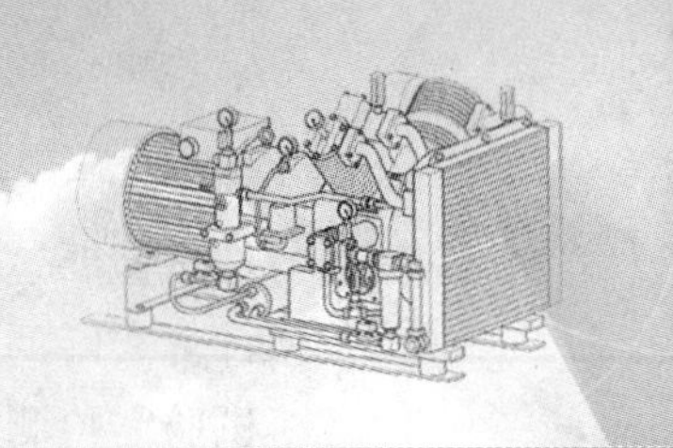

科目十二

设备故障处理

<table>
<tr><td>科目名称</td><td colspan="2">设备故障处理</td><td>类别</td><td>专业技能</td></tr>
<tr><td>培训方式</td><td>实践性/脱产培训</td><td>培训学时</td><td colspan="2">实践性 90 学时/脱产培训 30 学时</td></tr>
<tr><td>培训目标</td><td colspan="4">掌握设备故障、事故处理的防护措施及要求</td></tr>
<tr><td>培训内容</td><td colspan="4">模块一　水轮机调速器机械液压系统及接力器故障处理
一、Ⅲ级人员在处理调速器故障时的作用
二、调速器疑难故障处理
三、诊断和故障处理
四、WBST-150-2.5 型水轮机调速器机构液压系统及摇摆式接力器故障处理
五、KZT-150 型调速器机械液压系统故障处理
模块二　油压装置及漏油装置故障处理
一、油压装置故障现象、原因分析及处理方法
二、漏油装置故障现象、原因分析及处理方法
模块三　空气压缩机故障处理
一、空气压缩机润滑系统故障
二、空气压缩机冷却系统故障
三、空气压缩机压力异常与排气温度过高
四、空气压缩机异常声响和过热
五、空气压缩机主要零部件的损坏及断裂
六、空气压缩机燃烧与爆炸</td></tr>
<tr><td>场地，主要设施、设备和工器具、材料</td><td colspan="4">水轮机调速器、油压装置、空气压缩机、接力器、漏油装置、弯管器、带丝、轧管器、管钳、割规、垫冲、套筒扳手、常用扳手、常用起子、内六角扳手、手锤、铜棒、钢板尺、画规、水平仪、游标卡尺、千分尺、毛刷、密封垫、清洗材料、螺栓等</td></tr>
<tr><td>安全事项、防护措施</td><td colspan="4">工作前，交代安全注意事项，加强监护，戴安全帽，穿工作服，执行国家电网公司电力安全工作规程及有关规定</td></tr>
<tr><td>考核方式</td><td colspan="4">笔试：60min
操作：
完成工作后，针对评分标准进行考核</td></tr>
</table>

模块一　水轮机调速器机械液压系统及接力器故障处理

一、Ⅲ级人员在处理调速器故障时的作用

(1) 作为领导者，在调速器发生故障时，必须做到迅速准确地判断出故障原因。

(2) 合理组织、分配抢修人员工作。

(3) 监督、监护现场工作人员的安全。

(4) 设备施工前，必须向工作负责人进行设备检修施工方案技术交底工作，使工作负责人对本项工作全面了解后，方可开工。

(5) 有效地组织抢修力量在最短的时间内完成检修任务。

二、调速器疑难故障处理

调速器发生疑难故障时，主要包括以下几个方面：

(1) 参数和水头。运行参数、水头有关的问题见表 12-1。

表 12-1　　运行参数、水头有关的问题

原　因	现　象	处　理　方　法
自动开机达不到空载开度	开机过程中，机组频率达不到额定频率 50Hz	运行参数中的最小、最大空载开度设置不合理，当前水库水位过低，人工设定的水头值与实际水头值不对应，需人为设定正确的参数和水头值
自动电气开度限制值设置不合理	导叶接力器达不到合理的最大开度	运行参数中的最小、最大负荷电气开度限制设置不合理，当前水库水位过低，人工设定的水头值与实际水头值不对应，需人为设定正确的参数和水头值
双重调节调速器协联关系不正常	机组效率低，运行中振动偏大	人工设定的水头值不等于实际水头值，使插值得到的协联关系不正确，应人工设定正确的水头值

(2) 关键输入信号。采集信号故障见表 12-2。

表 12-2　　采集信号故障

原　因	现　象	处理方法
测频环节故障或频率信号断线	显示“测频错误”	检查测频环节隔离变压器及频率信号的接线，检查端子机组残压是否正常
接力器开度传感器断线	显示“位置反馈故障”	检查并修复导叶（轮叶）接力器开度传感器

续表

原　因	现　象	处理方法
功率变送器故障	显示“功率反馈故障”	检查机组功率变送器，必要时更换
交流（直流）电源消失	调速器交流（直流）电源指示灯灭	检查并恢复交流（直流）电源供电，必要时更换空气开关或开关电源模块

（3）监视关键参数。关键参数见表12-3。

表12-3　　关　键　参　数

参量名称	主要现象	监视的目的及对策
机组频率	有不正常的大幅度波动	测频环节是否正常，如出现“测频故障”，则采取相应措施，并检查测频环节。如果网频长时间为50Hz，则会出现“测频故障”后自动复归
控制输出与导叶接力器实际位置指示值	调速器稳定时，两者之间出现偏差	如果偏差过大，说明机械零位偏移，在适当的时候（并网运行时或无水工况下）调整该零点
电位转换平衡指示	调速器稳定时，不在中间平衡位置（零位），其偏移开启/关闭方向与导叶接力器开启/关闭运行方向不一致	如果调速器稳定时，指针偏离中间平衡位置过大，说明（电位移转换装置零位）主配压阀位置传感器中位偏移，在适当的时候（并网运行时或无水工况下）调整该零点；如果平衡指示偏向开启（关闭）方向，而导叶接力器不向开启（关闭）方向运动，这说明电转装置卡阻，应进行相应处理
PID调节参数b_t、T_d、T_n及b_p、E等运行参数值	出现偏差	如不是原来整定的值，应加以修正
机组水头值	与机组实际值不相符	如有较大差别，自动水头工况则检查水头变送器，手动水头工况则手动修正水头的设定值

三、诊断和故障处理

1. 容错

（1）频率容错。实时自动诊断机组频率及系统频率，提示故障类别；在空载时，当检测到机组频率故障时，自动将当前导叶开度关回到最小空载开度（最高水头下的空载开度）；当系统频率故障时，自动跟踪频率给定；在负载时，机、网频互为容错，当机组频率故障时，自动取网频，否则取机频作为被调节量。当机网频均故障时，可现地或远方手动控制机组的转速或有功功率（导叶开度）。

（2）导叶反馈。通过主接力器上的位移传感器反馈量，实时自动诊断导叶行程输入，自动提示故障类别。导叶行程信号消失后，保证水轮发电机组稳定在当前状态下运行；双机冗余系统采用两个导叶反馈位置传感器，根据机组当前的开度、功

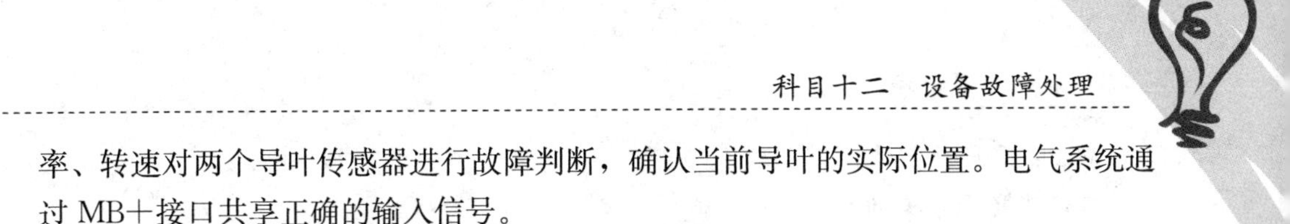

率、转速对两个导叶传感器进行故障判断，确认当前导叶的实际位置。电气系统通过 MB+接口共享正确的输入信号。

（3）水头容错。实时自动诊断水头输入，自动提示故障类别。

水头手/自动方式：

1）接收水头变送器 4～20mA 信号作为自动方式。

2）通过触摸屏人为手动设定水头。

当水头变送器故障时，自动切换为水头手动输入方式，水头信号只参与空载开度的限制和负载出力的限制。当自动水头失效时，不会影响机组开/停机，不会产生负荷冲击。

（4）机械零点漂移自动补偿。当机械零点在运行过程中出现了漂移，而漂移的大小在不影响正常运行的情况下，调速器电气部分输出一对应的值到电液转换环节进行机械零点补偿，以保证整个调速系统的稳定；当机械零点漂移过大时，报警并在触摸屏上指导维护人员进行机械零位调整。

机械零点的漂移值在触摸屏上实时数字量指示。

（5）操作出错。自动检测和智能处理操作出错，当操作出错时，报警提示，不接收错误的操作命令。

2. 自诊断和故障处理

系统自诊断功能：系统发生故障时能及时做出判断，并发出报警信号，给出故障产生原因的推断。实现空载自处理、负荷自保持。

（1）程序出错和 CPU 故障。

（2）输出/输入通道故障。

（3）数字/模拟转换器和输入通道故障。

（4）模拟/数字转换器和输入通道故障。

（5）通信模块故障。

（6）测速故障。

（7）导叶反馈系统故障。

（8）功率传感器及其反馈通道故障。

（9）水头故障。

（10）电源系统故障。

（11）事故紧急停机回路故障。

（12）机械液压系统故障。

1）电液转换单元发卡故障。

2）比例阀伺服、数字阀电液转换单元切换并报警。

3）主配压阀发卡故障。

4）转换阀发卡故障。

四、WBST-150-2.5型水轮机调速器机械液压系统及摇摆式接力器故障处理

1. 轴流转浆式水轮发电机组振动

调速器本身原因：

（1）由于轮叶位移转换装置可能发卡或轮叶步进式电动机联轴器轴销可能脱落引起的协联破坏。

（2）机组运行水头与实际水头不对应，造成协联不正确。

（3）由于调整负荷过程中轮叶主配压阀发卡引起的协联破坏。

（4）机组调整负荷过程中，调速器的轮叶控制在手动位置出现的脱协联。

（5）操作油管上的回复轴承发卡或轮叶开度连杆松脱，造成调负荷时轮叶机构失灵与导叶脱协联。

（6）可能是协联函数发生器有问题，造成协联破坏。

处理方法：根据原因分析和现象逐条进行检查处理。

（1）在停机的情况下，将电源切除，手动转动轮叶步进式电动机，检查是否有发卡或轴销脱落情况。如果出现问题，分解轮叶位移转换装置，检查滚柱丝杆、轴承及固定螺钉，并正确组装。

（2）将运行水头切到自动位置，使其与实际水头对应，或检查水头传感器运行正常。

（3）在停机的情况下，将电源切除，手动转动轮叶步进式电动机，检查主配压阀是否跟随动作。如果发卡，对主配压阀分解检查，主配压阀无严重磨损、伤痕、棱角，无损伤，间隙不超标或辅助接力器上连接板螺栓无松动；油孔堵塞，清扫过滤器或对使用油进行更换过滤。

（4）机组运行中调速器的轮叶应控制在自动位置。

（5）机组运行过程中，手动检查操作油管上的回复轴承有无发卡或轮叶开度连杆有无松脱。

（6）调整负荷进行记录的联协数据，与试运行时的数据比较进行确认，有差别时就要停机处理，重新调整试验。

2. 调速器在运行中导叶不摆动而轮叶摆动

原因：

（1）上游水位变化快冲击转轮引起的波动。

（2）导叶与轮叶协联关系正确引起轮叶在全开或全关位置，一直有开或关方向的电流作用。

（3）机组运行水头与实际水头不对应。

（4）由于轮叶给定死区小，灵敏度高引起的步进式电动机动作。

（5）轮叶接力器活塞间隙大，开关两腔串油。

（6）主配压阀搭叠量过小，单侧渗油。

处理方法：根据原因分析和现象逐条进行检查处理。

（1）观察上游水位变化，确认是否由此引起的波动。

（2）观察轮叶开关腔的油压，如果一腔油压为额定压力，另一腔为零，则说明轮叶在全开或全关位置，一直有开或关方向的电流作用，协联关系不正确，需要重新试验调整。

（3）将运行水头切到自动位置，使其与实际水头对应，或检查水头传感器运行是否正常。

（4）检查轮叶机构有无发卡，导叶机构有无摆动，调整轮叶给定死区的大小，使其不摆动，但不能调整过大，使其动作缓慢。

（5）观察运行状况，如果由于（5）和（6）的原因造成摆动，则摆动很慢，并且无规律，确认原因后，进行主配压阀检查测量。

3. 调速器轮叶机构回油量大

原因：

（1）一直有电流作用轮叶步进式电动机，轮叶偏全开或全关极限位置，回油量增加。

（2）机组运行不稳定，负荷摆动。

（3）轮叶接力器配合间隙过大，渗漏油量大。

（4）受油器的操作油管与浮动瓦的配合间隙大，渗漏油量大。

处理方法：根据现象进行逐项检查逐项排除。

（1）观察轮叶开关腔的油压，如果一腔油压为额定压力，另一腔为零，则说明轮叶在全开或全关位置，一直有开或关方向的电流作用，协联关系不正确，需要重新试验调整。

（2）检查机组负荷变动是由于导叶开度在变化，则查找导叶变化的原因。

（3）如果不是上述原因，停机检修，检查调速器轮叶主配压阀配合间隙过大或遮程过小引起；检查轮叶接力器活塞与缸体的配合间隙过大引起；检查受油器的操作油管与浮动瓦的配合间隙过大引起，逐项处理。

4. 摇摆式接力器在动作时有异常声响

原因：

（1）接力器底座支撑有伤痕、后座轴销卡阻、管路别劲、分油器轴销锈蚀。

（2）轴销润滑不好。

（3）导水机构别劲或控制环发卡。

（4）接力器的开关腔供油阀开度不一样或一腔未开。

处理方法：

（1）接力器动作时，各部位派人进行监视、观察，确认异常声响发出部位。

（2）接力器动作时检查分油器轴销与套之间有相对转动，确认工作正常；检查管路、法兰有无变形。

（3）轴销卡、分油器轴销加入润滑油后，接力器动作时检查有无异常声响。

（4）接力器开关腔供油阀应在全开位置。

（5）控制环底部润滑应良好，转动平稳，导叶连杆背母无松动，拐臂分半键无凸出。

五、KZT-150型调速器机械液压系统故障处理

1. 转动套不转

原因：可能是油中有杂质，调速器虽然有油过滤器，但是由于滤网损坏等原因，杂质还是有可能通过，造成转动套发卡。处理方法：如调速器在运行中，必须和运行人员联系好，做好必要的安全措施，把机械开度限制压到当前开度，可用手向上（只能向上，向下会造成关机）提电液转换器上部的复中弹簧，此时，转动套和活塞的前置级的相对位置发生改变，如果杂质卡得不死，会被油流冲走，转动套恢复转动；如果杂质卡得很死，只能分解电液转换器，分解前把调速器切手动。用固定扳手分解开连接座与阀座的连接螺栓，螺栓分解完，向上提电液转换器的电气部分，使电液转换器的活塞前置级和转动套分开，检查转动套应完好，转动灵活。用电液转换器外罩罩住活塞前置级，手、自动切换把手放自动位置，检查前置级向四个方向喷油应均匀，用干净的绢布擦拭前置级，确保干净无杂物后调速器切手动，拿开电液转换器外罩。回装电液转换器的电气部分，安装好后，调速器切自动，检查转动套恢复正常后，向运行人员交代，工作结束。由运行人员负责把机械开度限制放到正常运行位置。事后应记住择机检查油过滤器的滤网。

油温度降低也可能造成转动套不转，东北冬季气温低，尤其是厂房内靠近厂房门的机组，透平油因温度降低而黏度增大，造成转动套不转。处理方法：对油压装置进行油循环，降低油黏度。必要时在机组旁边增加电热。

油压装置中可能进水，调速器用油的水分过大，会造成转动套的表面产生锈垢，致使转动套不转。处理方法：化验透平油，如果水分超标，更换合格的透平油。

无振动电流，致使转动套不转。处理方法：检查无振动电流后，联系电气班组

处理。

2. 调速器压力降低

原因：可能是调速器油过滤器滤网表面附着杂物过多。处理方法：清扫油过滤器，用汽油清扫油过滤器。KZT-150 型调速器为双重油过滤器，通过切换把手选择两组滤芯。清扫滤网前要格外注意区分哪组是工作滤芯。机组在运行中清扫滤网，调速器应放在手动位置。

3. 反馈钢丝绳断股

原因：反馈钢丝绳在导向滑轮处跳槽，造成钢丝绳被卡断或断股。处理方法：更换等长、等径的钢丝绳。此项工作应在停机状态下进行。更换后试验应满足调速器的开、关位置和导叶的全开、全关位置能对应上。

4. 调速器偏开、偏关过大

原因：调整螺母变位。处理方法：检查和处理调速器偏开、偏关过大必须在停机、关主阀、蜗壳排水且电气柜断电的情况下进行。由运行人员做好上述措施后，退出停机联锁连接板。调速器手动打开一定开度，切到自动状态，机械开度限制打开大于当前开度。如果调速器偏开、偏关过大，目测即可以看出调速器偏开、偏关。调速器关到全关位置，切到手动状态。向相反的方向调整开、关机调整螺栓。然后调速器再打开一定开度，在导叶接力器推拉杆上设百分表，观察调速器的偏开、偏关情况。不合格继续调整，直至调整到调速器偏关小于 1mm/5min 为止。开、关机调整螺栓背母锁死，向运行人员交代后，此项工作结束。

模块二　油压装置及漏油装置故障处理

油压装置是给调速器提供压力油源的设备，即使在最不利的情况下，压力油源也必须保证机组及时关机，否则会发生机组失控的危险，所以对油泵、表计、油压装置附件及油质要求很高。油压装置在运行中会出现这样或那样的故障，因此应该知道其产生的原因和处理方法，以进行预防和及时处理，保证设备的安全运行。

一、油压装置故障现象、原因分析及处理方法

1. 油压降低处理

（1）检查自动泵、备用泵是否启动，若未启动，应立即手动启动油泵。如果手动启动不成功，则应检查二次回路及动力电源。

（2）若自动泵在运转，检查集油箱油位是否过低、安全减荷阀组是否误动作、油系统有无泄漏。

(3) 若油压短时不能恢复，则把调速器切至手动，停止调整负荷并做好停机准备。必要时，可以关闭进水口工作门（阀）停机。

2. 压力油罐油位异常处理

(1) 压力油罐油位过高或过低，应检查自动补气装置工作情况，必要时，手动补气、排气，调整油位至正常。

(2) 集油箱油面过低，应查明原因，尽快处理。

3. 漏油装置异常处理

(1) 漏油箱油位过高，而油泵未启动时，应手动启动油泵，查明原因尽快处理。

(2) 油泵启动频繁且油位过高时，应检查电磁配压阀是否大量排油及接力器漏油是否偏多。

4. 油泵“抱泵”——油泵卡死故障

导致油泵“抱泵”的原因较多，除了制造的质量问题外，还有以下几个原因：

(1) 分解、清洗后组装质量不佳。常见的现象是：泵杆与衬套、支架、底盖等有关零件的不同轴度超差过大，手动转动不灵活。此时，应放松各有关螺母，用木槌敲击有关部位，调整上述各零件之间的相对位置和间隙，边转动泵杆，边拧紧螺母，直至能够轻快地旋转泵杆为止。否则，一开车就会出现“抱泵”事故。

(2) 主、从动泵杆的棱角处有毛刺和飞边，局部型面接触不良，间隙过小。此时，应用细锉或油石，将上述缺陷予以修整，再用细研磨砂加透平油进行配研，时间不要过长。然后再分解、清洗、检查型面。若还有飞边、毛刺或局部型面接触不良的部位，再行修锉和配研，直至合格为止。

(3) 主、从动螺杆再装配时装错位置，影响螺杆面的接触。处理方法：分解主、从动螺杆时，对主、从动螺杆装配位置做记号并记录。安装时，检查分解记录，最好由同一个人完成分解、检查、测量及组装工作。

(4) 油泵由于逆转而“抱泵”。由于油泵前面的单向阀密封性不佳，油泵停止工作后，罐中的压力油立即倒流，油泵立即逆转，而且加速度很大，很容易将泵“抱死”。这时，应立即检修或更换单向阀。

(5) 铁屑、焊渣、铸砂等异物进入泵内导致“抱泵”。这时，应查清异物来源，进行分解、清洗、检查异物，更换透平油。

(6) 油泵启动前，没有在衬套内注入透平油，造成启动时干摩擦发热膨胀而“抱泵”。处理方法：油泵检修后第一次启动前应向衬套内注入透平油，使之润滑。

5. 油泵输油量过低或不上油

原因分析：

（1）吸油管与油泵壳体连接处漏气或吸油口被堵塞。

（2）油温过高或过低。

（3）油的牌号不对。

（4）回油箱内油中混气过多。

（5）回油箱透气性太差。

（6）泵杆与泵杆、泵杆与衬套之间的间隙过大，磨损严重。

（7）油泵旋转方向有误（反向）。

（8）齿轮泵的齿顶和齿端间隙过大。

处理方法：产生油泵输油量过低或不打油现象时，要进行检查、试验，确定是什么原因后，做相应的处理。

6. 油泵振动

原因分析：

（1）吸油管漏气。

（2）联轴器松动或不同心。

（3）油管路固定不牢（松动）。

（4）截止阀的阀杆和阀盘松动。

（5）电动机与油泵、油泵与外壳连接松动。

处理方法：检查吸油管是否松动漏气，回油箱油位是否过低；调整电动机与油泵的同心度；紧固各连接部位等。消除上述缺陷后，振动就会减小或全部消失。

7. 推力套磨损过快

（1）泵杆底部推力头的沟槽上有毛刺。应用细锉或油石将毛刺去掉。

（2）铜套里有杂物。应分解油泵，清除杂物。同时更换透平油，清洗回油箱，用面粉将回油箱各角落彻底清扫一遍。

（3）铜套的材质不合格（不耐磨）。应更换合格的铜套。

8. 油泵工作时向外甩油

有一部分立式螺杆泵有往外甩油和溅油的缺点。对此，可在支架内加一圆形挡板，该缺陷即可消除。

9. 回油箱内油中泡沫过多

原因分析：

（1）回油箱内油面过低。

（2）放油管、安全阀和旁通阀的排油管太短，露在油面之上，排泄油通过空气，将空气混射入油中。

(3) 用油牌号不对。

(4) 油泵吸油管漏气。

处理方法：逐项检查，消除上述缺陷，即可解决。

10. 安全阀振动

(1) 结构设计上有缺点。振动严重的安全阀在动作时常伴有刺耳的啸叫声。试验证明，这与安全阀活塞的形状及其下面的节流孔径有关。将安全阀活塞平面密封改为锥面密封，能减轻高频振动时的撞击声。节流孔太小时，活塞迅速上升使缓冲腔压力急剧下降，导致活塞向下冲撞而引起振动。可适当扩大节流孔径，分别进行试验，直至将活塞振动减至最低限度。

(2) 安全阀有漏气处，停机时间稍长，安全阀内就有空气，油泵启动瞬间，就会出现振动。

(3) 油泵输油量过低，安全阀动作时会出现振动现象。换上合格的油泵后，振动立即消失。

11. 安全阀整定值易变

安全阀整定值易变是由于安全阀弹簧质量不好，应更换经过热处理的合格的弹簧。

12. 止回阀撞击和油泵反转

止回阀活塞背腔也是缓冲腔，其上的节流孔用以控制活塞的动作速度。如果节流孔过大，活塞动作过快，会产生剧烈的撞击；如果节流孔过小，会造成活塞动作过慢，使得油泵停止时逆向压力油回油过多而使油泵反转。可适当改变节流孔径，进行试验处理。

13. 油泵启动频繁

原因分析：导、轮叶协联关系不正常；一直有电流作用步进式电动机，轮叶偏全开或全关极限位置，回油量增加；导、轮叶接力器配合间隙过大，渗漏油量大；受油器的操作油管与浮动瓦的配合间隙大，渗漏油量大；机组运行不稳定，负荷摆动。

处理方法：根据现象进行逐项检查并做相应的处理。

14. 油泵与电动机联轴节缺口加大，损坏严重

原因分析：运行时间长，启动频繁；油泵与电动机联轴节的接触面太小，造成缺口加大。

处理方法：更换一新的联轴节或采用弹性连接方式；加大油泵与电动机联轴节的接触面，把电动机上的半个联轴节下移，使其凸出部分全部嵌入油泵联轴节的凹形内，然后用小螺钉紧固，使联轴节不产生移动。

15. 油泵不断打油，但压力油罐内油压上不去，始终在某值波动

原因分析：安全阀没有整定或整定过低，油泵打上的油全部从安全阀排掉，没有进入压力油罐，使得油压上不去。

处理方法：重新调整安全阀整定值，使之工作正常。

16. 压力油罐上各接头处如油位计、表计、放气阀、放油阀等处漏油严重

原因分析：处理方法不对，橡胶密封圈不耐油或密封圈大小不合适。

处理方法：各接头处加合适的耐油橡胶密封圈或密封垫。

17. YT 型补气阀与中间油罐的故障

（1）补气过多。运行中，压力油罐的正常油面越来越低，一般的，约 2h 就应放一次气，其后果是：①放走了纯净的压缩空气，留下了有害的水分；②浪费厂用电；③值班人员若不能及时放气，油面持续下降，再遇上大波动的调节过程，压缩空气有可能进入调节系统，引起剧烈振动，甚至产生失控事故。

出现上述故障的原因及排除方法是：

1）1、2 号管子的接头或补气阀上漏气。应更换合格的接头。

2）1 号管子下端位置偏高。应降低 1 号管子下端位置至设计高程。

（2）补气量太少或正常油位逐渐升高。出现补气量太少或正常油位逐渐升高的故障时，其后果也是很危险的：当压缩空气不断减少，油位逐渐升高，又遇到调节系统出现大波动的调节过程时，操作油压下降极快，以致使调节系统失去控制机组能力。

产生上述故障的原因及排除方法是：

1）1 号管子下端位置过低，可用调整 1 号管子的下端高程至设计位置进行处理。

2）放气阀漏气严重，可更换或修理放气阀。

3）油泵工作油压上、下限差值太小。油泵启动、间歇时间太短，中间油罐中的油和空气来不及置换完毕，油泵就启动了，所以补不进去空气。应重新调整压力继电器的动作值，适当加大油泵工作油压的上、下限差值。

（3）油泵打油正常，但空气进不去，油压建立不起来。

原因分析：补气阀总成质量有问题，补气阀活塞被卡，油泵停止时，该活塞无法上升，造成空气无法进入中间油罐；补气阀活塞底部弹簧力不够或弹簧忘记装配；进气管没露出油面以上。

处理方法：找出补气阀活塞卡堵的原因，调整活塞盖的中心位置；更换补气阀总成；更换新弹簧；调整进气管位置。

（4）油泵在每次打油过程中，补气阀下面的排油管始终处于排油状态。

原因分析：安全阀运行多年，使得阀内钢球与壳体内孔接触处破损、毛糙，无法密封；弹簧偏斜，引起卡阻，不能利用钢球把壳体内孔口封死。

处理方法：若壳体内孔口损坏，需整体更换补气阀；检查阀内弹簧偏斜原因，重新装配；重新调整安全阀弹簧预紧力，拧紧锁紧螺母。

二、漏油装置故障现象、原因分析及处理方法

（1）漏油箱出现严重漏油现象。当漏油箱发生漏油时，主要是由于油箱的焊缝出现严重裂纹或止回阀、手动开关阀动作失灵、管路堵塞等。应立即排掉漏向油箱的油并进行处理。

（2）漏油泵出现噪声或振动过大。

1）吸入管或过滤网堵塞。消除过滤网上的污物。

2）吸入管伸入液面较浅。吸入管应伸入液面油箱较深处。

3）管道内进入空气。应检查各连接处使其密封。

4）排出管阻力太大。应检查排出管及阀门是否堵塞。

5）齿轮轴承或侧板严重磨损。应拆下清洗，并修整缺陷或更换。

6）加转部分发生干涉。应拆下加转部分检查并排出故障。

7）吸入液体黏度太大。应进行黏度测定并预热液体，如不可能，则降低排出压力或减少排出流量。

8）吸入高度超过规定值。应提高吸入液面。

（3）不排油或排油量少。

1）吸入高度超过规定值。应提高吸入液面。

2）管道内进入空气。应检查各连接处使其密封。

3）旋转方向不对。应按泵的方向纠正。

4）吸入管道堵塞或阀门关闭。应检查吸入管道是否堵塞及阀门是否全开。

5）安全阀卡死或研伤。应拆下安全阀清洗并用细研磨砂研磨阀孔，使其吻合。

6）吸入液体黏度太大。应进行黏度测定并预热液体，如不可能，则降低排出压力或减少排出流量。

（4）密封漏油。

1）轴封处未调整好。应重新调整轴封。

2）密封圈磨损而间隙增大。应适量拧紧调节螺母或更换密封圈。

3）机械密封动静球的摩擦面损坏或有毛刺、划痕等缺陷。应更换动静球或重新研磨。

4）弹簧松弛。应更换弹簧。

模块三　空气压缩机故障处理

空气压缩机的故障主要来自长期运转后机件的自然磨损，零部件制造时材料选用不当或加工精度差，大件安装或部件组装不符合技术要求，操作不当、维修欠妥等原因。

故障发生后，如不及时处理，将对空气压缩机的生产效率、安全、经济运行以及使用寿命带来不同程度的影响。能否准确、迅速地判断故障部位和原因至关重要。如判断失误，不但延误采取相应措施的时间而酿成更大的事故，也将延长检修时间，造成人力、物力的浪费。因此，有关人员必须熟悉设备的结构、性能，掌握正确的操作和维修方法，在平时勤检查、勤调整、加强维护保养，不断积累经验，一旦出现异常，才能及时、准确地判断故障部位和原因，并迅速排除，确保设备的正常运行。

空气压缩机的常见故障，大致表现在油路、气路、水路、温度、声音等方面。

一、空气压缩机润滑系统故障

对运行中的润滑系统，应经常检查油箱的油位。如果各处无泄漏而油位逐渐下降，表明刮油环密封不严或损坏，油被带入气缸；若油位反而升高，则可能是水冷却器出现泄漏，使油中掺入水分。润滑油中带有水分是十分危险的，必须及时处理。

润滑系统的故障一般表现为油压下降、油温过高、耗油量大、供油不良等。

1. 循环润滑机构

(1) 油压突然降低。正常工作表压力为0.1～0.3MPa，若低于0.1MPa，经调节无效时应停机检查。原因一般是：油箱油量不足、油压表失灵、吸油管路或油过滤网严重堵塞、刮油环损坏、齿轮油泵本身或管路故障，如轴套磨损过大、止回阀失灵、管路或连接管堵塞、破裂等。经检查确定后，可采取清洗、修理或更换损坏件的相应方法来排除。

(2) 油压逐渐降低。

1) 油管漏气：如果是油管连接处不严密，则将螺母拧紧或对破损的油管进行修补、更换或加衬垫。

2) 油过滤器太脏或过滤网逐渐堵塞。

3) 连杆大小头瓦因磨损而间隙过大、齿轮油泵磨损使轴向间隙过大、油泵密封垫漏气或油压调节阀故障等，都会导致泄油过多或油不经过油管而直接流回机身内，造成油压逐渐降低。应予以检修或更换磨损过大的零件。

4）油的牌号不对（太稀）、油温过高、油冷却器及机件温度过高都能引起油压降低。

（3）油压过高。其危险性比油压低时更大。应先检查油压是否调得太高。运转中油压突然升高，说明某处出油管路堵塞，这时应立即停机检查，否则会造成断油烧瓦事故。同时，油的黏度过大也会使油压升高（油的黏度与温度成反比关系），因此，应按规定牌号用油。

（4）润滑油的温度过高。

1）先检查油箱内的油量和牌号是否符合要求，油是否太脏。如果油太脏或牌号不对，应将机身清洗后换上干净的过滤后的新油。

2）检查油冷却器是否太脏及阀门是否打开，冷却水量是否太少或进水温度太高。

3）如果运动部件在装配时间隙超过规定值（过大或过小）、摩擦面拉毛、轴瓦配合过紧等，都会使油温很快升高。这时应仔细检查、修理和保证规定的间隙。

4）油泵供油量不足、油压过低，也会使油温升高。因此保持一定的油压是实现正常润滑的前提。

（5）齿轮油泵的故障。如主动轴、从动轴与齿轮、泵体、轴套磨损而间隙过大，油压调节阀与阀座磨损，调节弹簧太紧，吸油管或滤网堵塞等，都会导致油泵的供油不良，造成油压下降。应及时修理或更换磨损过大的零部件直至整个油泵，确保循环润滑系统工作正常。

2. 气缸润滑机构

在气缸内壁、排气腔内、活塞与活塞环及气阀上结焦、积炭严重。

（1）吸入空气过脏。空气中的灰尘、杂质等与润滑油混合为硬化物，在一定温度和压力下与油中的有机物焦化成黑色油渣，时间一长便形成厚实的积炭。应拆下有关部件认真清洗，除去积炭；对空气过滤器（尤其是滤网）应勤加清洗除污。

（2）压缩温度过高。易使缸内润滑油结焦、积炭，当压力不正常时尤甚。应加强冷却（必要时，采取强制通风、散热等办法来改善冷却效果）和进行有针对性的检修。

（3）气缸供油过多促使焦渣形成。应适当调节供油量。

（4）油质太差易炭化。应换成优质润滑油。

（5）刮油环密封不严或已损坏，刮油效果差使油窜入气缸而增加缸内油量。应修理或更换损坏的刮油环。

3. 润滑油的消耗量过大

（1）各油路连接处有漏油现象。应紧固连接螺母或更换密封垫。

（2）油箱油位过高或活塞环磨损严重。应随时保证合适的油位及活塞环的完好程度。

（3）刮油效果太差。由于刮油环磨损过大而收缩不均致使活塞杆的配合间隙过大，或因活塞杆磨损不均、圆柱度超差而串油。这时应按活塞杆的技术要求检修或更换刮油环。当泄油通路堵塞时，应清洗疏通油路。

4. 润滑油过浓、过稀、过脏，油面过高以及供油过多或过少

这些导致润滑不良的因素都会导致：严重积炭、摩擦面过热、轴承过热、压缩机过热、油压下降、耗油量过多等故障现象，从而加剧活塞环与气缸以及各运转部位摩擦面的磨损，使设备的性能下降，零部件的使用寿命缩短，严重时会引起活塞在缸内卡死，造成重大事故。而随着压缩空气被排到冷却器、储气罐和输气管网中的油量增加，更是造成严重的燃烧、爆炸事故的重要原因之一。因此应避免这些因素的发生，必要时更换新的润滑油，不能局限于规定的换油时间，尤其在粉尘较多的环境中。

二、空气压缩机冷却系统故障

对冷却系统应着重检查其效率，可通过各级气缸的出入口的气体温度来判定。当气缸部件的工作正常，而进、排气口的气体温度升高时，说明气缸水套或冷却器的冷却效果差；因此应经常检查进出水的温度，及时调整水流量。若出水量少和温度升高，开大排水阀和进水阀，增加出水量后气体温度仍然很高时，表明冷却系统内积垢太厚，严重阻碍了正常的热交换而使冷却效率大大降低。

此外，还应检查冷却水有无断续出水或气泡现象。如果气缸出水带气，可能是气缸垫破裂或未压紧，使水、气道串通而使缸内气体泄漏随水带出。

冷却系统的故障一般为冷却不良、漏水等。

（1）出水温度低于 40℃，但排气温度过高。主要是由于冷却水供应不正常。原因是水路积垢或冷却器的散热管接头处脱开，或是冷却器芯子端头与外壳的密封不严或挡垫吹开而影响了冷却效率。排除方法是调整水量、清洗水路、检修冷却器。

（2）出水温度超过 40℃。一般为水量不足、进水温度过高或水管破裂所致。应调整水量、控制进水温度、检修管路。

（3）管路漏水。管路漏水将造成水流量减小、水压降低。应修补或更换已坏的管路。

（4）气缸内有水。通常是因为气缸密封垫损坏而漏水。此时应立即停机检修。

（5）水路无泄漏处，开足进、出水阀，水流量仍然很小，无法调节出水温度。主要原因是系统内严重结垢，缩小了冷却水的通流截面。这时必须进行彻底的清洗

和除垢。

三、空气压缩机压力异常与排气温度过高

正常运行时，两级以上的空气压缩机各级压力应是比较平稳的。但当气阀或压缩容积部分（如活塞环等）、附属管道或装置有故障时，就会使各级压力发生较大波动。例如，某级排气压力的突然下降，其上一级的排气压力必然升高；这种情况是由于进、排气阀的突然泄漏所致，即任何一级压力升高，主要是由于后一级（压力更高的一级）气阀故障的原因。这时除及时检查处理外，还应将各级压力尽量调节在规定范围内。

气阀与活塞是空气压缩机上最容易发生故障的部位，并将直接导致压力异常、气体温度升高和排气量降低。压力异常一般表现为排气压力过高或过低，大多由于气阀损坏、漏气、启闭不及时、通道面积减小所致。

气阀工作是否正常，可观察压力表的数值变化、结合阀盖温度和漏气时产生的噪声来确定；温度高、噪声大表明阀有问题。

1. 一级排气压力过高

一般是由于二级进、排气阀漏气所引起（对某级进气阀盖发热的应先检查）。

（1）由于二级进气阀或排气阀的安装不良，阀片或阀簧磨损、断裂，阀片与阀座密封不严，致使气体倒流（此时将降低二级吸气量）。

（2）二级活塞环磨损过大或断裂，造成气体的严重内泄漏（也将降低二级吸气量）。

（3）气流通道严重堵塞。

2. 一级排气压力过低

一般是由于一级进、排气阀漏气。

（1）由于一级进气阀或排气阀的安装不良，阀片或阀簧磨损、断裂，阀片与阀座密封不严，致使气体倒流（降低了吸气量）。

（2）一级活塞环磨损过大或断裂，造成气体的严重外泄漏（将降低空气吸入量）。

（3）气道有漏气处。

（4）减荷阀未全部打开或空气过滤器严重堵塞。

3. 二级排气压力过高

如果压力超过规定范围而安全阀未能开启，应对安全阀进行检查和重新校验。

4. 进、排气阀很严密，但压力均达不到应有数值

（1）安全阀污染或调整不当以及弹簧断裂引起泄漏。

（2）气阀座泄漏（未装紧或密封垫损坏），或活塞环磨损过大。

（3）空气过滤器严重堵塞。

5. 进气阀或排气阀漏气

（1）阀片断裂。阀片是易损件，用过一定时间会因磨损、疲劳而断裂。

1）气缸内有水发生冲击，进气不清洁。

2）阀片材质不好或制造不良。

3）气阀组装不当，引起气阀漏气而使阀片工作温度过高烧坏或断裂。

4）润滑油过多，影响阀片的正常启闭，当温度过高时，容易结焦、积炭，使阀片脏污，将会使阀片过早断裂。

5）由于气阀弹簧的弹力太大，造成阀片冲击力大，久之即易断裂；弹簧断裂引起阀片断裂；弹簧不垂直或同组阀片上的各弹簧的弹力相差太大，易使阀片受力不均而断裂；弹簧磨损后自由长度缩短，失去弹性，使阀片承受较大的冲击而断裂。如有上述情况之一，必须更换同组阀片的全部弹簧。

（2）阀片与阀座密封不严。

1）阀片翘曲变形或与阀座的密封面不平。

2）因结焦、积炭或进气不清洁使密封面脏污。

3）阀片或阀座磨损严重。

4）气阀座的密封垫或阀室座止口损坏。

6. 气阀弹簧的弹力差异

（1）太硬。易使气阀迟开早关而减少吸气量、降低排气量。

（2）太软。会延迟气阀的关闭时间，使吸入空气（或经过压缩的空气）又漏回，并能增加阀片的冲击力，造成阀片的过早损坏。

（3）整个阀上的弹力不一致。会使阀片产生歪斜卡住而不能工作以及加快磨损甚至断裂。

7. 气阀积炭严重

将使气流通道面积和阀片开度减小，增加气流阻力而减少排气量。

同时，阀片的升程太小不但会使排气量减少，还会增加功率消耗（升程太大，又会增加阀片冲击力而容易损坏）。而阀簧座孔底部的通气孔被积炭堵塞后，当阀片开启时，座孔内的空气压缩，会造成阀片开启不到位而减少排气量。

此外，当填料漏气严重时，也会引起压力异常，导致排气量减少。

8. 排气温度过高

（1）一级吸气温度过高。

（2）气缸水套内积炭严重而影响冷却效率。

（3）级间冷却器的冷却效率低，使后一级的吸气温度过高。

(4) 气阀故障所引起的漏气现象，使排出的高温空气又漏回气缸，重新压缩后，排气温度就会更高。

(5) 当后一级气阀漏气时，会使本级的排气温度升高。

(6) 活塞环质量不好、装配失当或磨损严重，使活塞两侧互相串气（即内泄漏），从而造成排气温度升高，还将增加功率消耗，因此应力图避免。排除压力异常与排气温度过高的方法，主要是检查确定故障部位及原因后，进行拆卸、清洗、调整、修理或更换损坏的零部件，保证良好的润滑和冷却。

更换气阀弹簧时，必须使整个阀上的所有弹簧的弹力及高度一致。如果运行中出现阀片、阀簧、活塞环断裂，应紧急停机，以免落入缸内或曲轴箱内造成冲击而损坏其他部件。

四、空气压缩机异常声响和过热

正常运行的空气压缩机，各运动部件所发出的是有节奏、均匀、平稳、与转速有关的响声。由于维修、装配失当，间隙量过大，或是经过长期运转后，机件的连接松动以及磨损都可能产生撞击现象，发出异常声响。所谓过热，是指某一部位，由于故障原因，使其温度超过规定的最高值较多。对过热和异常声响的部位若不及时处理，将导致有关零部件的损坏甚至断裂，造成严重的机械事故。

1. 运动部件的不正常声响

当某一运动部件在运动中出现故障时，一般会在相应的部位发出刺耳的尖锐声响，或在气缸内发出沉闷或清晰的敲击声。这时，可观察仪表的数值变化，并用手触摸响声部位的振动及温度情况，判断响声位置，与此同时迅速停机，进行有针对性的检查和排除。

造成运动部件不正常声响的原因如下：

(1) 气缸内落有异物；气阀安装松动或阀片、弹簧等断裂落入缸内。这时，来自某单方向行程中的撞击声清晰而强烈。

(2) 气缸内进水后的单向或双向水击声。

(3) 气缸余隙太小会引起激烈的敲击声，严重时会造成活塞与气缸撞击。

(4) 活塞或气缸磨损，使两者之间间隙过大、活塞往复运动时摆动，将产生单侧逐渐加大的敲击声，同时填料也发热。

(5) 活塞与活塞杆的配合松动，当活塞运动时，气缸内发出敲击声。

(6) 活塞杆与十字头连接松动或间隙过大。

(7) 十字头销与销孔（或连杆小头瓦）、连杆大头瓦与曲轴颈之间径向间隙过大，或连杆螺母未拧紧及松动等所引起的敲击声。

(8) 主轴瓦磨损或紧固件松动时，曲轴箱内将产生激烈的撞击声。

（9）曲轴连杆机构或活塞组件的零部件损坏、断裂或曲轴平衡铁松动，都会发生强烈的敲击、碰撞声，其声尖锐而清晰。

（10）齿轮油泵传动盖在曲轴上装配时中心不正，或泵主动轴上的耐油密封胶圈损坏而使泵轴的径向间隙过大等，均会造成曲轴驱动旋转时向泵轴间断或连续的冲击，发出尖锐的金属撞击声。

2. 气阀、活塞环或安全阀出现故障

气阀、活塞环或安全阀出现故障时，可听到明显的漏气或摩擦声，观察压力变化情况或用手触摸温度情况来判定是否调整好（指安全阀）或是已损坏。

3. 空气压缩机过热

（1）冷却不良，气阀故障或缸内积炭严重。

（2）运动部件之间的间隙太小，造成摩擦阻力大，严重时可看见电流表读数明显变大。

（3）润滑油不符合规定（太稀、太浓或太脏）或供油不足。

4. 工作摩擦面过热

（1）零部件的制造精度差或调整、装配不符合规定，如间隙过大或过小等。

（2）摩擦面有拉毛等缺陷，未消除就装配。

（3）供油不足，油太脏或太稀，或油中含水。

5. 轴承过热

轴承过热主要是润滑系统如供油不足、管路阻塞、油质太差所引起；或轴承安装、装配、调整不当、间隙失当等原因引起。

6. 安全阀的主要故障

（1）当排气压力过高时，安全阀不能及时开启或未达到工作压力即提前开启。

（2）安全阀开启后气压继续升高或释压很慢，即阀门开启高度不够。

（3）安全阀密封不严而漏气。

安全阀出现故障时，应对安全阀重新调整和校正启闭压力。

当出现异常声响和过热时，关键是准确、迅速地判断故障部位、原因和程度，从而采取相应的措施直至紧急停机，并及时进行调整、修理等工作。

五、空气压缩机主要零部件的损坏及断裂

1. 活塞环的过快磨损及断裂

当活塞环磨损过大时，不但会引起内泄漏，使吸气量减少、温度升高、压力下降、排气量降低，有时还会将气缸拉毛，大量增加的油耗会造成储气罐内有过量的润滑油存在；而断裂的碎块掉落缸内受到撞击后极可能损坏其他零部件。

活塞环是否损坏，只要看排气压力的变化情况和听气缸内是否有不正常的摩擦

声即可确定。

造成活塞环磨损过快或断裂的主要原因如下：

（1）吸入空气不清洁，含粉尘、灰砂等杂质的空气进入气缸后加快了活塞环的磨损。这时应对空气过滤器勤加清洗并保证其过滤能力。

（2）润滑油供给过多或不足、油质太差，形成焦渣、积炭。因此应保障良好的润滑。

（3）活塞环制造、加工、材质及气缸镜面磨损、活塞环槽磨损过度等原因引起的损坏。此时应加强对活塞环及气缸的质量检查并按规定正确安装。

2. 连杆、连杆螺栓损坏、断裂原因

（1）拧得过紧而承受过大的预紧力。

（2）松动而导致大、小头瓦的严重松动、损坏。

（3）精度差或装配不当而承受不均匀的荷载。

（4）大头瓦温度过高，引起螺栓膨胀伸长。

（5）活塞在缸内卡死或超负荷运转，使螺栓承受过大应力。

（6）经长时间运转后，疲劳强度下降。

（7）轴瓦间隙过大、磨损过大或损坏时。

连杆易折断或弯曲断裂部位一般在大小头与杆身的连接处。为了预防连杆和连杆螺栓断裂事故的发生，在进行检修时，要仔细检查连杆与零件及有关部位的精度和有无损伤，定期对连杆和螺栓做无损探伤检查。装配时，按规定调整各处间隙和紧固螺栓，并做好防松处理。运转时，保证良好的润滑，随时注意有关部位的温度和响声。

3. 曲轴的断裂

曲轴的曲拐与曲臂的连接处，是承受应力最大，也是最脆弱和容易折断的部位。它先是在轴上出现裂纹后才折断的。

曲轴断裂的主要原因有曲轴弯曲变形；装配质量导致的曲轴受力不均或应力集中；曲轴受意外负荷如紧急停机、超载运行、剧烈冲击；曲轴上的砂眼和微小裂纹未能及时发现和处理；曲轴长期使用后的疲劳断裂等。

4. 活塞咬死和损坏

活塞在气缸内咬死（或称卡住）时的危害性极大，它不仅严重损坏自身，还将波及有关的零部件。

造成活塞咬死及损坏的原因如下：

（1）气缸内断油或油质太差，吸入的空气含有大量的灰尘、杂质，积炭太多，使活塞在缸内处于干摩擦运行状态，因高温而咬死、断裂。

（2）因冷却水不足，气缸过热，润滑油氧化分解而咬死。

（3）气缸和活塞间隙过小，使活塞与气缸之间的配合间隙难以存油，产生干摩擦而局部发热，直至无间隙而咬死。

（4）活塞环的开口间隙或端面间隙太小，也会引起拉缸或活塞在气缸内卡住。

（5）缸内落有异物（如断裂的活塞环、阀片、阀簧等），使活塞撞击气缸盖而损坏。

为了防止活塞在气缸内咬死或损坏，主要应保证良好的润滑和冷却，及时清除积炭和按照技术要求进行安装。

5. 气缸拉缸、活塞与活塞环也被拉伤

气缸壁上出现与活塞轴线平行的连续条状拉痕叫拉缸，气缸镜面被拉毛也叫拉缸。

（1）由于空气过滤器失效，使吸入的空气不清洁、含颗粒杂质多而将气缸拉伤。

（2）油质太差（含水分或其他杂质）、缸内积炭严重或因断油造成干摩擦，使活塞高温膨胀而引起拉缸。

（3）活塞环不符合技术要求，如开口处间隙小、有毛刺、硬度过高等也会拉伤气缸。

（4）气缸与活塞之间间隙太小，或因曲轴、连杆等运动部件装配不符合技术要求，造成活塞与气缸不正常的摩擦而划伤镜面。

（5）活塞环与活塞被碰伤、划伤或因原有的毛刺、伤痕等未消除就予以装配而将气缸拉伤。

六、空气压缩机燃烧与爆炸

空气压缩机在试车或长期运行中，有时会在储气罐、管道、气缸、曲轴箱等部位发生燃烧和爆炸。爆炸事故多为自燃所引起，爆炸源通常在空气压缩机至储气罐之间的排气管路上，火源多发生在排气管气流速度较低的区段。引起燃烧和爆炸的最主要原因是积炭和润滑油。

1. 积炭

积炭的生成主要是由于气缸中进入润滑油太多，组成易挥发和黏度很大的难挥发的油混合物；挥发物在高温下很快蒸发被空气带走，难挥发的油留在高温饱和的气缸中被氧化，并与空气中的杂质混合成氧化物，逐渐增多后就形成易燃的积炭。试验证明，润滑油的闪点和着火点跟积炭燃烧没有关系。只有当温度达到350℃以上时，积炭才会燃烧。

积炭燃烧是由于润滑油大量不足、黏度较大而过度氧化，使油产生过热现象；

由于高温和受机械冲击而产生的静电火花或从外部引起的火灾，从而引起积炭燃烧。温度急剧上升，使含油达30%积炭中的油迅速气化，当油蒸气达到爆炸浓度时，便由燃烧转为爆炸。

2. 润滑油

在高温、高压下，润滑油被气化、热分解和蒸发，生成可燃性蒸气。当温度达到自燃点或油蒸气触及高温的积炭而被引燃至爆炸。润滑油自燃的原因还在于油被氧化后，再与金属粉末混合而降低了着火点。

另外，积聚在老化油中的过氧化物，也是容易引起燃烧、爆炸的物质。有时压缩空气温度不超过140℃也会发生燃烧与爆炸。

3. 其他

爆炸并非全部由自燃所引起。如果设计不当，如排气管道选用材料强度不够、长期工作造成疲劳或因严重的氧化腐蚀、应力腐蚀后强度减弱到不能承受气体压力，也会发生爆炸。

由于操作、维修、装配时的失误，有时也会引起爆炸。例如：启动时未打开排气阀，安全阀失灵，使压力大大超过许用值；运行中冷却水突然中断，使空气压缩机和压缩空气温度急剧上升；用汽油等挥发性强的油类清洗机件，造成空气中挥发性气体太多等。

防止空气压缩机燃烧与爆炸事故的措施主要是：按规定牌号用油，供油量不能过多或过少；保证运行中良好的冷却；避免高温和长时间的空载运行，以减缓积炭形成的速度；严格按照操作规程及技术要求使用和维护设备，使空气压缩机各部位始终保持清洁、无污垢、少积炭、无泄漏的完好状态。

科 目 小 结

本培训科目主要面向Ⅲ级技能人员进行培训，并进行调速系统疑难故障处理，主要内容包括水轮机调速器机械液压系统及接力器故障处理、油压装置及漏油装置故障处理、空气压缩机故障处理等。

作 业 练 习

1. 简述WBST-150-2.5型水轮机调速器在开机过程中频率达不到额定频率的检查与处理方法。

2. 简述WBST-150-2.5型水轮机调速器在运行中振动偏大的检查与处理方法。

3. 简述WBST-150-2.5型水轮机调速器在正常运行中不能调整负荷的检查与处理方法。

4. 简述漏油泵不打油的原因。

5. 简述过速限制器不能投入的原因。

6. 分析轴流转桨式水轮发电机组振动的原因与处理方法。

7. 分析 WBST-150-2.5 型水轮机调速器在运行中导叶不摆动而轮叶摆动的原因与处理方法。

8. 分析调速器轮叶机构回油量大的原因。

9. 分析摇摆式接力器在动作时有异常声响的原因与处理方法。

10. 油泵振动的主要原因有哪些?

11. 回油箱内油中泡沫过多的原因有哪些?

12. 润滑系统故障一般有哪些表现?

13. 润滑油消耗量过大的原因有哪些?

14. 冷却系统故障如何判定（水冷)?

15. 试述一级排气压力过高的原因。

16. 试述排气温度过高的原因。

17. 造成活塞环磨损过快或断裂的主要原因是什么?

18. 试述曲轴断裂的原因。

19. 试分析积炭形成的原因。

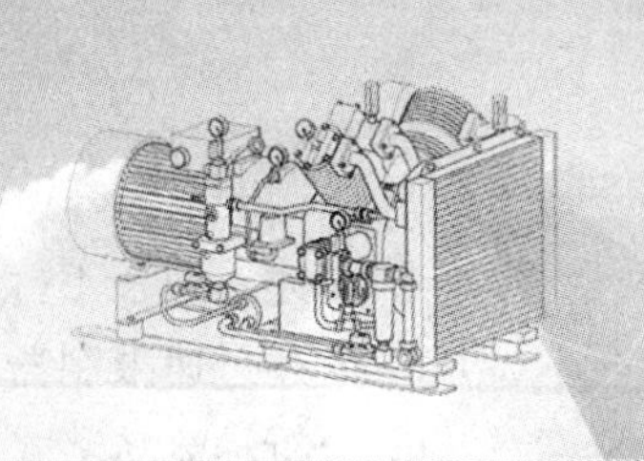

科目十三

相 关 知 识

<table>
<tr><td>科目名称</td><td colspan="2">设备改造</td><td>类别</td><td>专业技能</td></tr>
<tr><td>培训方式</td><td>实践性/脱产培训</td><td>培训学时</td><td colspan="2">实践性 60 学时/脱产培训 20 学时</td></tr>
<tr><td>培训目标</td><td colspan="4">掌握油系统、微机调节器、水轮机导水机构的基本知识</td></tr>
<tr><td>培训内容</td><td colspan="4">模块一　油系统
一、油的用途与分类
二、油的质量指标
三、油系统的任务和组成
四、油的净化
五、油系统的运行与维护
模块二　调速器的运行及流程控制
一、调速器运行流程
二、调速器自动运行工况
三、调速器电手动运行工况
四、调速器机械手动运行工况
模块三　水轮机导水机构
一、水轮机导水机构的作用与形式
二、水轮机径向式导水机构的结构</td></tr>
<tr><td>场地，主要设施、设备和工器具、材料</td><td colspan="4">水轮机调速器、油压装置、空气压缩机、接力器、漏油装置、弯管器、带丝、轧管器、管钳、割规、垫冲、套筒扳手、常用扳手、常用起子、内六角扳手、手锤、铜棒、钢板尺、画规、水平仪、游标卡尺、千分尺、毛刷、密封垫、清洗材料、螺栓等</td></tr>
<tr><td>安全事项、防护措施</td><td colspan="4">工作前交代安全注意事项，加强监护，戴安全帽，穿工作服，执行电力安全工作规程及有关规定</td></tr>
<tr><td>考核方式</td><td colspan="4">笔试：60min
操作：
完成工作后，针对评分标准进行考核</td></tr>
</table>

模块一　油　系　统

一、油的用途与分类

水电厂中机电设备使用的油品，有润滑油和绝缘油两大类。

1. 润滑油

水电厂机械设备的润滑和液压操作所用的油都属于润滑油。润滑油的主要作用是在轴承间形成楔形油膜，以润滑油内部液体摩擦代替固体金属干摩擦，降低摩擦系数，从而减少设备磨损和能量损失，延长机器使用寿命。

润滑油根据其性质和用途不同，可分为以下几种。

(1) 透平油。透平油又称汽轮机油，常用于机组滑动推力轴承和导轴承的润滑。在润滑油起润滑作用的同时，由于油的循环流动，可以带走摩擦产生的热量，起到散热、冷却作用。

调速器和其他液压操作设备的用油也是润滑油，它起着传递能量的作用。

(2) 机械油。俗称机油，黏度较大，供电动机、水泵和容量较小的机组轴承以及起重机等润滑使用。

(3) 空气压缩机油。供空气压缩机专用的润滑油，一般在180℃以下工作。

(4) 润滑脂。俗称黄油，供滚动轴承润滑使用。

2. 绝缘油

(1) 变压器油。用于变压器，具有绝缘、散热作用。

(2) 油开关油。用于油开关，具有绝缘、灭弧作用。

以上各类油中，以透平油和变压器油用量最大，为水电厂中主要用油。

二、油的质量指标

为了保证设备良好运行，对油的性能和质量及成分有严格要求。国家规定的常用透平油和绝缘油新油质量标准内容如下。

1. 黏度

液体质点受外力作用而相对运动时，在液体内部产生阻力的特性称为黏度。黏度常用绝对黏度和相对黏度两类标准。绝对黏度又分为动力黏度和运动黏度。动力黏度是指以液体中面积为1cm^2、相距1cm的两层液体相对移动速度为1cm/s时所受阻力来衡量的。运动黏度是指在相同温度下液体的动力黏度与密度的比值，单位为m^2/s。

相对黏度以液体的动力黏度与同温度的水的动力黏度比值来表示。

油的黏度随温度而变化，温度越低黏度越大。对于透平油，黏度大时，易形成

润滑楔形油膜；但黏度过大会增加摩擦阻力，流动性差，不利于散热。一般在轴承面传递压力大和低速的设备中使用黏度较大的油；反之，使用黏度较小的油。

2. 酸值

中和质量为1g油中含有的有机酸所需要氢氧化钾的数量，称为油的酸值，以mg（KOH）/g来表示。酸能腐蚀金属，同时酸和有色金属接触能产生皂化物，妨碍油在管道中的正常流动，降低油的润滑性能。油在使用过程中，因油会被氧化而使酸值增加。酸值是衡量油劣化程度的一个重要指标。

3. 闪点

在一定条件下给油加热，使油的温度逐渐升高，油的蒸气和空气混合后，遇火呈蓝色火焰并瞬间消失时的最低温度，称为闪点。当油温高于闪点以后，火焰越来越大，闪烁的时间越来越长。闪点反映油在高温下的稳定性，闪点低的油特别是绝缘油易引起燃烧和爆炸。

4. 凝固点

油在低温下失去流动性的最高温度称为凝固点。油中含有石蜡、水分会使其凝固点增高。当油温低于凝固点以后，油不能在输送管道中流动，润滑供油不足，油膜遭到破坏。对于绝缘油，也会大大降低散热和灭弧作用。因此，在寒冷季节或寒冷地区使用的油要求有较低的凝固点。

5. 抗氧化安定性

油在较高温度下抵抗发生氧化反应的性能称为抗氧化安定性。

6. 杂质和灰尘

杂质和灰尘是指油中所含有的杂质和矿物性物质等固体物质。过多的灰尘和机械杂质会影响油的润滑和绝缘性能。它是判别油污染程度的重要指标。

7. 抗乳化度

将油和水掺合在一起搅拌后，油水完全分离所用的时间，称为抗乳化度。时间越短，说明抗乳化性能越好。润滑油乳化后，黏度增加，产生泡沫，水分破坏油膜，影响润滑效果。

8. 油的介质损失角正切值

绝缘油在交流电磁场中单位时间内消耗电能转变成热能，其消耗的电能称为介质损失。绝缘油的分子在交流电磁场中不断运动，产生热量，造成电能损失。表征绝缘油这种性质的参数为介质损失正切值，其变化值可以很敏感地显示出绝缘油的污染和受潮程度，因此它是衡量绝缘油质量的重要指标之一。

9. 水分

对于新的透平油和绝缘油不允许含有水分。绝缘油中含有水分能使油的绝缘强

度降低；透平油中含有水分，形成乳化液，加速油的劣化，造成油的酸值增大。

三、油系统的任务和组成

1. 任务

为保证设备安全经济运行，油系统的任务有以下几项。

(1) 接受新油。用油槽车或油桶将新油运来后，视水电厂储油罐的位置高程，可采用自流或油泵压送的方式将新油储存在净油罐中。

每次新到的油，一律要按透平油或绝缘油的标准进行全部试验。

(2) 储备净油。在油库或油处理室随时储存有合格、足够的备用油，以供发生事故需要全部换用净油或正常运行补充损耗之用。

(3) 给设备充油。新装机组、设备大修或设备中排出劣化油后，需要充油。

(4) 向运行设备添油。用油设备在运行中，由于蒸发、飞溅、漏油及取油样等原因，油量将不断减少，需要及时添油。

(5) 检修时从设备中排出污油。检修时，应将设备中的污油通过排油管，用油泵或自流方式送至油库的运行油罐中。

(6) 污油的净化处理。储存在运行油罐中的污油通过压力滤油机或真空滤油机等进行净化处理，除去油中的水分和机械杂质。

(7) 油的监督与维护。主要内容有：鉴定新油是否符合标准；定期对运行油进行取样化验，观察其变化情况，判断运行设备是否安全；对油系统进行技术管理，提高运行水平。

2. 组成

根据油系统的任务以及水电厂用油量的大小，将储油设备、用油设备、管网及油处理设备连接成一个系统。通常由以下几部分组成：

(1) 油库。设置各种油罐及油池。

(2) 油处理室。设置油泵、滤油机、烘箱等。

(3) 油化验室。设置化验仪器及药物等。

(4) 油再生设备。水电厂通常只设吸附器。

(5) 管网及测量控制元件。如温度计、液位信号器、油混水信号器、示流信号器等。

油库及设备之间应满足消防要求。压力油管和供油管涂红色，排油管和漏油管涂黄色。

四、油的净化

油在使用过程中，因与空气中的氧气发生反应，油质会变差，称为油的劣化。油被氧化后，形成有机酸，酸值增加，闪点降低，颜色变深，黏度增大并形成沉淀物。影响润滑油劣化的因素有：水分、空气、高温、光线照射、轴电流和油的混合使用，以及输油管道不清洁等。

水分混入透平油后，造成油乳化，促使油氧化速度加快，同时也增加油的酸值和腐蚀性。油中水分的主要来源：干燥的油可吸收空气中的水分和油冷却器的漏水等。所以机组在运行中应尽量使润滑油与外界空气隔绝，运行人员应该注意轴承冷却器的水压和轴承油位及油色的变化。

当油温过高时，会造成油的蒸发、分解和碳化，同时使油的氧化速度加快，闪点降低。一般油在30℃时很少氧化，在50～60℃时氧化加快。所以透平油工作温度一般不超过50℃。

空气能使油引起氧化，增加水分和灰尘等。空气和油的接触面越大，氧化速度越快。油在运行中常会因充油时速度太快、油被搅动等原因产生气泡，增加与空气接触的面积，加速油的氧化。

任意将油混合使用会使油劣化，因此必须严格防止不同牌号的油混合。

天然光线含有紫外线，光线对油的氧化起媒介作用，新油长期经日光照射会使油浑浊，降低质量。

当发电机上、下轴承绝缘损坏时会形成轴电流，电弧高温使油色变深，甚至发黑，并产生沉淀物。发现此种现象应及时处理。

油系统检修不良，设备检修时若不将油系统的油沉淀物、灰尘和杂质等清洗干净，注入新油后将很快被污染。

根据油劣化和污染的程度不同，可分为污油和废油。轻度劣化或机械杂质污染的油称为污油，经过简单的净化后仍可使用；深度劣化或变质的油为废油，需要经过化学方法处理恢复其性能，称为油的再生。

机组润滑油的净化方法如下。

1. 澄清

将油在油桶内长时间处于静止状态，依靠密度的不同，水和机械杂质便沉到底部，用油桶底部的排污阀即可将其排出。澄清处理效果较差，但方法简单，因此在小型机组的水电厂应用广泛。

2. 压力过滤

压力过滤采用的是压力滤油机。压力过滤的工作部分为油泵和滤油器，滤油器由许多铸铁滤板和滤框组成，滤板和滤框交错放置。滤油时，在滤板和滤框间放一层（2～3张叠成）滤纸，用螺旋夹将三者夹紧。污油经过油泵加压进入滤油器，油液穿过滤纸由净油口流出，而机械杂质与灰尘阻隔在滤纸上，水分被滤纸吸收。

滤纸在使用前，应在烘箱内以 80℃的温度烘干 24h 后，方可使用。

最初过滤的油因水分过多会产生很多泡沫，在更换滤纸后，应将最初 3～4min 滤出的油重新过滤。

3. 真空分离

真空分离是利用油和水的汽化温度不同，使水分和气体在真空滤油机真空罐内形成减压蒸发，从而将油中的水分及气体分离出来，达到脱水的目的。

真空分离的优点是速度快，除水脱气能力强；缺点是不能清除机械杂质。因此，主要用于机械杂质较少而绝缘强度要求高的绝缘油净化处理。

五、油系统的运行与维护

1. 油系统的监测

油系统监测的目的是为了减缓油的劣化，以保证设备的可靠运行。针对促使油产生劣化的因素，在工程实际中应采取相应的措施，如储油及用油设备的密封和干燥、轴承冷却器经耐压试验无渗漏、轴承与基础之间设置绝缘垫防止轴电流、加油与排油时为淹没出流及降低油流速度等。同时，在运行中加强对油质、油温和油位的监测，随时注意油质的变化。

（1）油质的监测。运行中的油应按照规定时间取样化验。对新油及运行油在运行的第一个月内，要求每隔 10 天取样化验一次；运行一个月后，每隔 15 天取样化验一次。当设备发生事故时，应将油进行简单试验，研究事故的原因以及判别油是否可继续使用。

当水电厂无化验设备时，运行人员可通过油的颜色和一些简单方法鉴别油质的变化。例如，油管或调速器中的滤油器很快被堵塞，说明油中机械杂质过多；分别取新油和运行油油样于试管或滴在白色滤纸上，比较两者的颜色、湿迹范围和机械颗粒，也可判别油质劣化与污染程度；还可将运行油取样燃烧，如有“啪啪”响声，说明油中含有水分等。

（2）油温的监测。运行人员在运行中应按照规程规定，按时监视和记录各种用油设备油的温度。为了保证设备正常工作，减缓油的劣化，油温不可过高；但油温过低又会使油的黏度增大。一般透平油油温不得高于 45℃，绝缘油油温不得高于 65℃。

油温高低还反映了设备的工作是否正常，例如，当冷却水中断、轴承工作不正常时，轴承油温就会迅速升高；而当冷却水量过大或冷却器漏水时，油温可能会降低。因此，运行中如果发生油温有异常变化，均应进行全面检查和处理。

（3）油位的监测。各种用油设备中油位的高度均按要求在运行前一次加够。在运行时某些设备（如轴承）由于转动形成的离心力和热膨胀等原因，油位会比停机

时高一些。另外，由于渗漏、甩油和取样等原因，运行时油位缓慢下降，属于正常情况。

运行设备的油位若发生异常变化，如冷却器水管破裂或渗漏，会使油位上升较快；而大量漏油或甩油又会使油位下降较快。在这种情况下应立即停机检查和及时处理。

2. 油系统的清洗维护

为了保证用油设备的安全运行，应定期对油系统的各种设备及管道进行清洗。用油设备及管道的清洗维护往往结合机组的定期检修或事故检修进行，而储油和净油设备及其管道往往结合油的净化及储油桶的更换进行。

清洗工作的主要内容是清洗掉油的沉淀物、水分和机械杂质等。清洗时，各设备及管道应拆开，分段、分件清洗。

目前，清洗溶液除了煤油、轻柴油或汽油外，多采用各种金属清洗剂。清洗剂具有良好的亲水、亲油性能，有极佳的乳化、扩散作用，且价格低廉，安全可靠。

清洗合格后，透平油各设备内壁应涂耐油漆，变压器等绝缘油设备内壁应涂耐油耐酸漆。然后，油系统各设备与管道均应密封，以待充油。

模块二　调速器的运行及流程控制

调速系统有三种控制模式，即远方自动、现地自动和现地手动（现地手动可分为现地电手动和现地机械手动），这三种控制模式的优先级依次为：现地手动（机械手动、电手动）、现地自动和远方自动。

自动运行、电手动和机械纯手动三种控制模式，任意切换方便可靠，这三种控制模式可完全无扰动地切换。当电气部分发生故障时，可自动切换至机械手动状态。

各种工况之间相互跟踪，因此无论是自动还是手动改变调速器的控制模式均无扰动，当采用负荷跟踪切换运行方式时无波动。频率调节、功率调节、开度调节、水位调节运行模式可手动或自动转换，无任何扰动。

调速器设有可调的电气型导叶开度限制功能，导叶电气开度限制能按水头自动改变空载开度给定值及限制负荷机组出力。导叶限制可在远地、远方进行调整及数值显示。

一、调速器运行流程

提供合适的系统软件和应用软件去完成规定的工作。软件按模块化设计并允许从规定的程序接口设备去改变程序运行方式或控制参数。软件使用方便，维护容易，并使用户能通过PC机对软件程序进行检查调整，重新配置和开发程序。软件采用模块化设计，采用通用的梯形图逻辑编程方法。

调速系统软件采用模块化设计，由多个运行工况子程序和通用程序组成常驻运行程序和过程程序，常驻运行程序由外部条件经过一个过程程序到另一个常驻运行程序，实现运行工况的转换。配备一个断电保持的数据寄存器区存放调速器的各种参数和机组的参数，对每个输入开关量进行数字滤波，对测频和A/D转换采用逐次逼近方式。用户能通过计算机对软件程序进行阅读和检查，不需修改程序，只需根据实际情况改变数据寄存器区的内容，就可以进行日常的维护、检修和调试。

二、调速器自动运行工况

1. 停机备用

调速器自动运行时，在停机备用工况设置有停机联锁保护功能。

停机联锁的动作条件：无开机令、无油开关令、转速小于70%。

当停机联锁动作时，调速器电气输出一个10%～20%的最大关机信号到机械液压系统，使接力器关闭腔始终保持压力油，确保机组关闭。

当接力器的开度大于5%（主令开关触点）时，紧急停机电磁阀动作。

2. 自动开机过程

机组处于停机等待工况，由中控室发开机令，调速器将接力器开启到1.5倍空载位置，等待机组转速上升，如果这时机组频率断线，自动将开度关至最低空载开度位置。当机组转速上升到90%以上，调速器自动将开度回到空载位置（该空载位置随水头改变而改变），投入PID运算，进入空载循环，自动跟踪电网频率。当电网频率故障或者孤立小电网运行，自动处于不跟踪状态，这时跟踪机组频率给定。

调速器可实现现地开机或由水电厂计算机监控系统远方控制机组开机。

（1）现地自动开机。

（2）计算机监控系统远方自动开机。

（3）现地电手动开机。

（4）现地纯手动开机。

3. 空载运行工况

用线性差值法根据水头输入信号自动修改空载开度给定值和负荷出力限制，水头信号可自动输入或人为手动设置。

调速器能控制机组在设定的转速和空载下稳定运行。在自动控制方式下，调速器能控制机组自动跟踪电网频率。当接受同期命令后，调速器应能快速进入同期控制方式。在空载运行方式下，导叶开度限制应稍大于空载开度。

机组在空载运行时使机组频率按预先设定的频差自动跟踪系统频率或自动跟踪频率给定值（频率给定调整范围为45～55Hz）。

可自动或人为选择频率跟踪或不跟踪的状态，更利于机组与电网同步，调速器根据电网频率和孤立电网来自动选择设置频率跟踪或不跟踪状态（也可以人为手动设置）。它能控制机组发电机频率与电网频率（或频率给定）相接近。

空载工况下的参数如下：

（1）PID调节参数。包括b_t、T_d、T_n，$b_p=6$（可人为修改），$E=0$。

（2）运行参数。包括最大及最小空载开度，最高及最低水头，导叶开、关放大系数（一般为5～30倍），主配压阀位置放大系数（一般为2～15倍）。

4. 负荷运行工况

（1）负荷调频、调功、定开度运行工况。在负荷运行工况下，调速器控制机组出力的大小，电气导叶开度限制位限制导叶的最大位置并接受电厂计算机监控系统的控制信号，有负荷开度、功率、频率三种调节模式。

现地（机旁手动）或远方（手动或自动）有功调节能满足闭环控制和开环控制来调整负荷。现地/远方具有互锁功能，在远方方式下能够接受电厂计算机监控系统发出的负荷增减调节命令，具有脉宽调节（调速器开环控制）、数字量、模拟量定值调节有功功率和机组开度的功能。

当功率调节模式下功率反馈故障时，自动切换到开度调节模式下运行。在开度调节或功率调节模式下自动判断大小电网，当判断为小电网或电网故障（线路开关跳闸而出口开关未跳）时，自动切换到频率调节模式运行。

根据频率的变化以及负荷或开度的调整对频率引起的变化作为判断大小电网的依据，自动改变运行模式。在开度调节或功率调节模式下，当判断为小电网或电网故障时，自动切换到频率调节模式运行。

当机组出口开关闭合而电网频率连续上升变化超过整定值（整定值与用户协商，缺省值为50.3Hz）和机组功率突然大幅度下降（突降10%以上）时，可确定机组进入甩负荷或孤立电网工况，调速器自动切换到频率调节模式，迅速将导叶压到空载开度，机组转速稳定在额定转速运行。

（2）负荷工况下的参数。

1）运行模式：开度调节模式、功率调节模式、频率调节模式。

2）PID调节参数：开度模式b_t、T_d、T_n，功率模式b_t、T_d、T_n，频率模式b_t、T_d、T_n、b_p、E。

3）运行参数：最大电气开限，最小电气开限，导叶开、关放大系数，主配压阀位置放大系数。

（3）调相运行。当机组并网后，中控室发调相令，调速器按两段关闭，将接力器关回，先快速将接力器关到15%，然后慢速关到零，处于调相循环状态。如调相令解除，则自动将电开限按水头值打开到某开度，开度给定回到空载位置。

5. 运行工况切换

运行工况切换如下：

（1）现地、远方之间的任意切换。

（2）自动、电手动、机械手动之间的任意切换。

（3）频率、功率、开度调节模式之间的切换。

（4）频率跟踪功能的投入、切除。

（5）人工频率死区的投入、切除。

（6）自动水头、人工水头之间的任意切换。

（7）残压TV、齿盘任意切除。

（8）交流、直流电源的投入、切除。

6. 自动停机

主接力器在机组停机时有10～15mm的压紧行程，机组在正常停机状态下由调速器输出相应信号，使主接力器的关腔保持压力油，以保证机组的导叶全关。

调速系统在接收停机令后（停机令必须保持到机组转速小于70%以下）在下列情况下使机组停机：

（1）正常停机。

1）一般停机。在电手动或自动运行工况下能实现现地或远方操作停机，断路器在零出力跳闸后，接受停机令停。

2）停机连跳。并网运行时可接收停机令。当关至空载开度（并网瞬间值）或机组零出力时，由监控系统控制断路器跳闸后完全关闭导叶。当断路器未跳闸时，保持空载和零出力状态。

（2）紧急停机。机组紧急停机时，外部系统下发紧急停机令或操作员手动操作紧急停机按钮时，紧急停机电磁阀动作，调速器以允许的最大速率（调节保证计算的关机时间）关闭导叶。

机组在事故情况下可由外部回路快速、可靠地动作紧急停机电磁阀，当紧急停机电磁阀动作后有位置触点输出至指示灯和上送计算机监控系统，同时由计算机监控系统启动紧急停机流程。

（3）事故配压阀停机。当调速器失灵时，事故配压阀动作，确保机组可靠停机。

（4）机械过速保护装置。设计有机械过速保护装置的调速系统，由机组转速上升值控制机组可靠停机。

（5）闭锁。在找到事故原因并加以消除以前，事故停机和紧急停机回路一直保持闭锁状态，只有通过手动操作复归程序才能复归。

三、调速器电手动运行工况

电手动控制模式的增减导叶开度的精度（0.1%接力器全行程）高于机械手动控制模式。

电手动运行工况一般适用于检查、判断和调整机械液压系统零位，校对导叶开度的零点和满度。当机组转速信号全部故障时，可人为手动操作启、停机组，增减负荷；当系统甩负荷时，自动关到最小空载开度并接受紧急停机信号。

四、调速器机械手动运行工况

机械手动控制模式的增减导叶开度的精度（0.3%接力器全行程）一般用于检验机械液压系统的动作情况，适用于大修后第一次启动机组。

当全厂供电电源消失后，可人为手动操作启、停机组，增减负荷，并接受紧急停机信号。

模块三　水轮机导水机构

一、水轮机导水机构的作用与形式

1. 作用

导水机构的作用是，根据机组的负荷变化情况随时调节水轮机的引用流量，改变机组出力，并进行开机和停机操作；机组甩负荷时防止产生飞逸。

2. 形式

根据水流流经导叶时的特点，导水机构可分为径向式、轴向式和斜向式三种形式。

（1）径向式导水机构。水流沿着垂直于转轮轴线的平面流动，水流方向是径向，如图13-1所示，它的结构简单，操作方便，应用广泛。

（2）轴向式导水机构。水流沿着与水轮机同轴的圆柱面流动，水流方向与水轮机轴平行，它用于贯流式水轮机，如图13-2所示。

（3）斜向式导水机构。水流沿着与水轮机同轴的圆锥面流动，水流方向与水轮机轴线成一角度，它一般用于灯泡贯流式与斜流式水轮机，如图13-3所示。

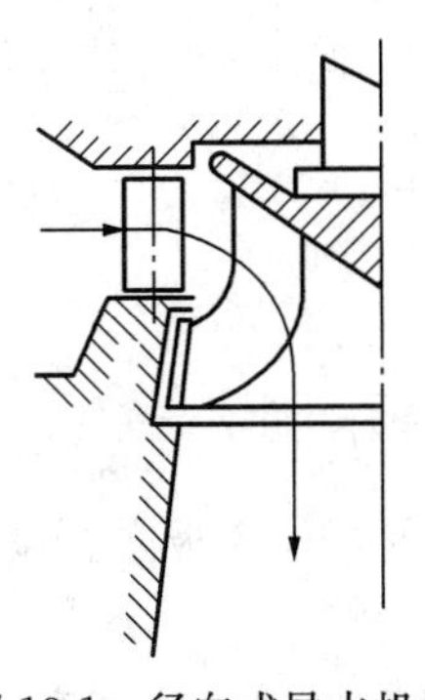

图 13-1　径向式导水机构

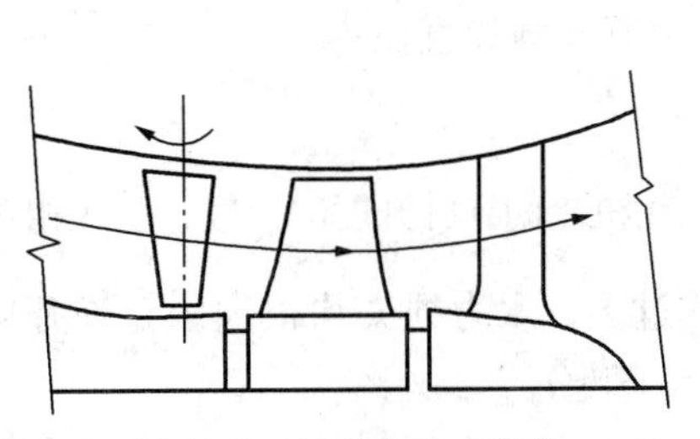

图 13-2　轴向式导水机构

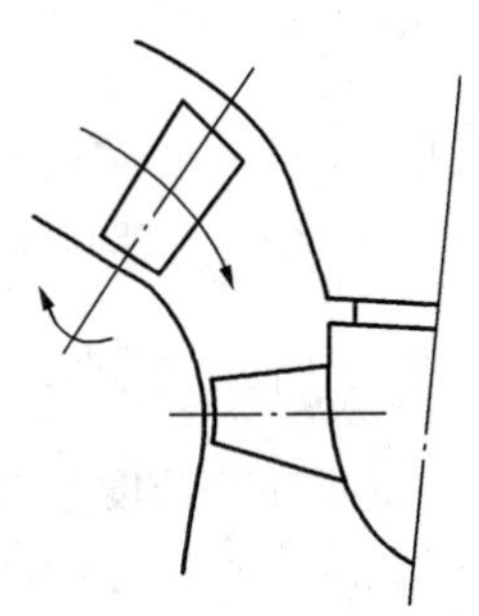

图 13-3　斜向式导水机构

二、水轮机径向式导水机构的结构

根据控制环是在导叶分布圆里面还是外面，径向式导水机构有内调节与外调节两种布置形式。前者用于明槽引水室水轮机，大部分水轮机采用后者。

径向式导水机构一般采用液压操作，小型水轮机采用手动或电动操作。液压操作有单接力器和双接力器两种。单接力器操作是由调速器中接力器输出的机械调节信号来带动调速轴转动，使推拉杆动作，带动控制环转动，从而使全部导叶打开或关闭，达到调节流量的目的。当导水机构操作力矩较大时，采用双接力器直接带动控制环调节流量。

（1）导叶。它绕导叶轴转动改变导叶开度 a_0，达到调节流量的目的。

（2）导叶开度 a_0。它表征水轮机在流量调节过程中导叶安放位置的参数，其数值等于导叶出口边与相邻导叶之间的最短距离，如图 13-4 所示。

导叶最大开度以 a_{0max} 表示，它等于导叶位于径向位置时的开度，如图 13-5 所示，其值为

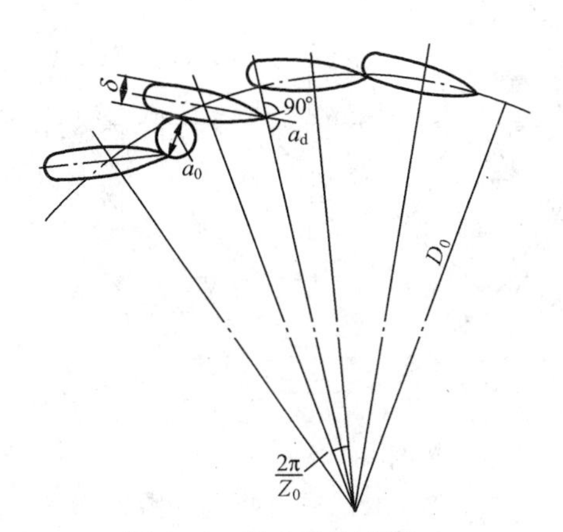

图 13-4　导水机构开度 a_0

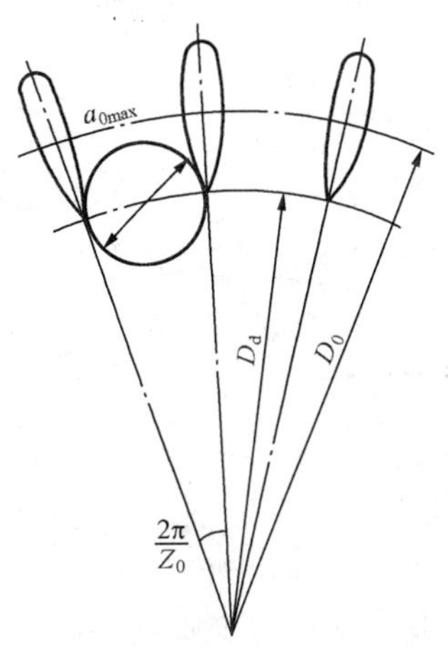

图 13-5　导水机构的最大开度

$$a_{0mzx}=\frac{\pi D_d}{Z_0}=\frac{\pi D_1}{Z_0}$$

式中　D_d——导叶出口边所在圆的直径；

Z_0——导叶数目。

为了便于不同大小水轮机之间导叶开度的比较，引入相对开度$\bar{a}_0$，即$\bar{a}_0=\frac{a_0}{a_{0max}}$。

1）导叶开度过大或过小，水力损失均很大。允许开度范围：最大极限开度范围$\bar{a}_{0max}\leqslant70\%$；最小极限开度$\bar{a}_{0min}\geqslant30\%$。

2）导叶高度 b_0。为保证不同水轮机进口环量要求，采用不同的导叶高度 b_0。对同轮系水轮机，$\frac{b_0}{D_1}$为常数；对低水头大流量的水轮机，比转速较大，$\frac{b_0}{D_1}$较大；对高水头小流量的水轮机，比转速较低，$\frac{b_0}{D_1}$较小。

3）导叶叶型。不同类型水轮机采用不同叶型的导叶使其水力损失最小。图 13-6 所示为三种不同的导叶叶型。

图 13-6（a）所示为正曲度叶型，适用水头为 40～60m 的轴流式水轮机和水头为 40～100m 的混流式水轮机。此类水轮机转轮要求水流旋转运动量较小，径向运动量较

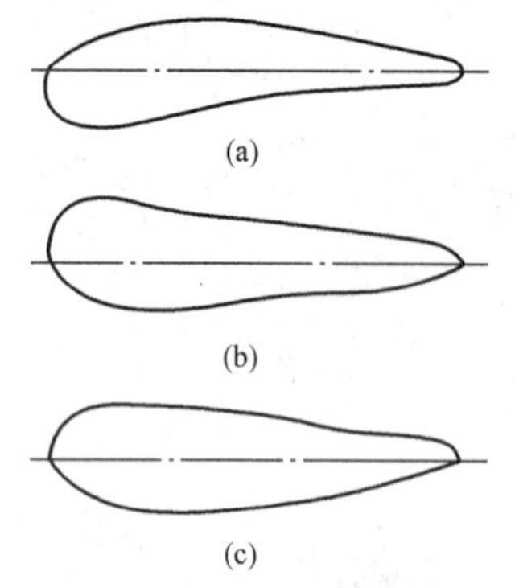

图 13-6　导叶叶型

（a）正曲度叶型；（b）负曲度叶型；（c）对称型叶型

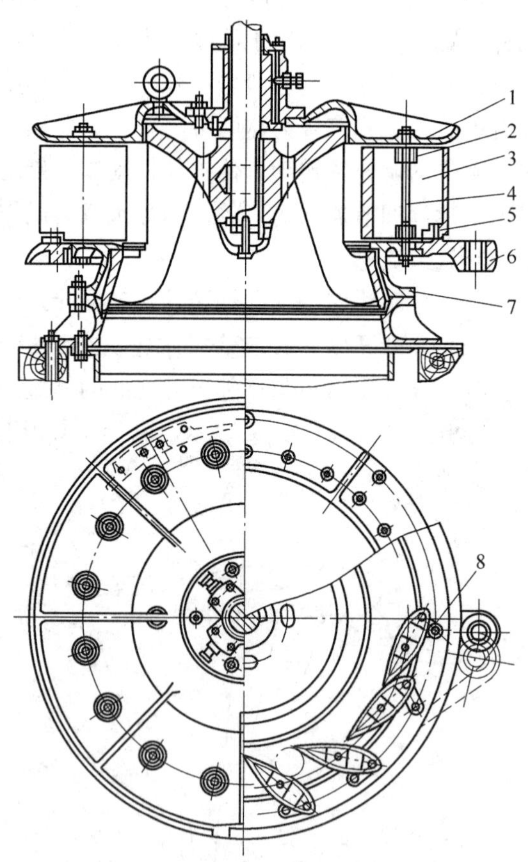

图 13-7　定轴式导叶

1—上盖；2—轴承；3—导叶；4—轴；5—销子；6—控制环；7—底环；8—连臂

大，正曲度叶型能迎合水流，减小过流损失。图 13-6（b）所示为负曲度叶型，适于水头大于 100m 的混流式水轮机。此类水轮机转轮要求水流的旋转运动量较大，径向运动量较小，负曲度叶型能迎合水流，减小过流损失。对于水头低于 35～40m 的轴流式水轮机采用对称叶型，如图 13-6（c）所示。

4）导叶轴承。导叶有定轴式和动轴式两种形式。定轴式导叶（见图 13-7）套在固定的导叶轴上转动，上下各装有一个轴套，使导叶厚度增加。定轴式导叶一般在明槽水轮机上应用。动轴式导叶（见图 13-8）与轴为一体，在操作力的作用下，导叶轴在上下轴套中转动，上轴套装在水轮机顶盖上，下轴套装在底环上。大、中型水轮机的导叶受力较大，采用三个轴承：水轮机顶盖上装两个上轴套，底环装下轴套。中、小型水轮机导叶轴承为油润滑的铜套与水润滑的尼龙轴套。

5）导叶的止漏装置。导叶与导叶之间设置立面密封，在导叶与顶盖、底环之间设端面密封，防止停机时蜗壳内的水漏入下游；对于调相运行机组，密封可防止漏气，减少压缩空气消耗量。

导叶轴承密封，广泛采用 L 形密封圈的结构形式。图 13-9（b）中密封圈用套

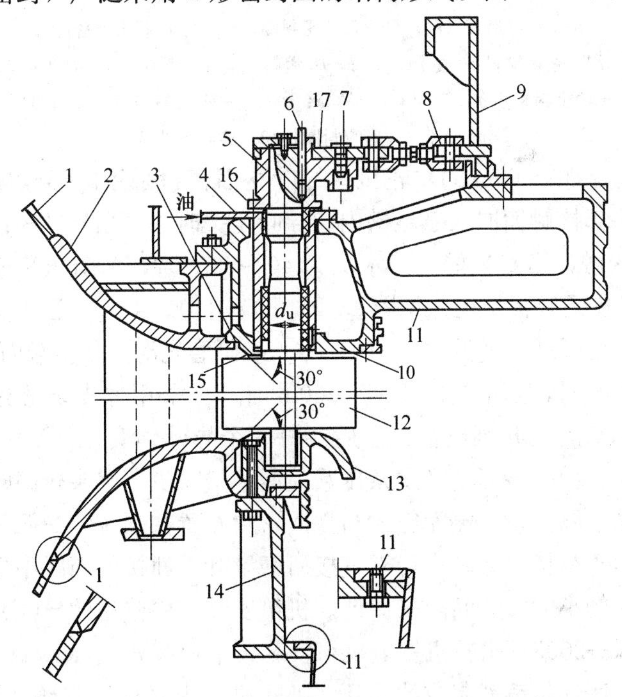

图 13-8 动轴式三点机构导叶

1—蜗壳；2—座环；3—止水橡皮；4—导叶轴套；5—副转臂；6—键；7—剪断销；8—连臂；9—控制环；10—止水；11—上盖；12—叶；13—底环；14—基础环；15—紧固环；16—支撑环；17—主转臂

筒压紧在顶盖上，L形密封圈与导叶轴颈之间靠水压贴紧封水，密封圈与顶盖配合端面靠压紧封水。导叶下轴颈采用O形密封圈进行密封，如图 13-9（c）所示。

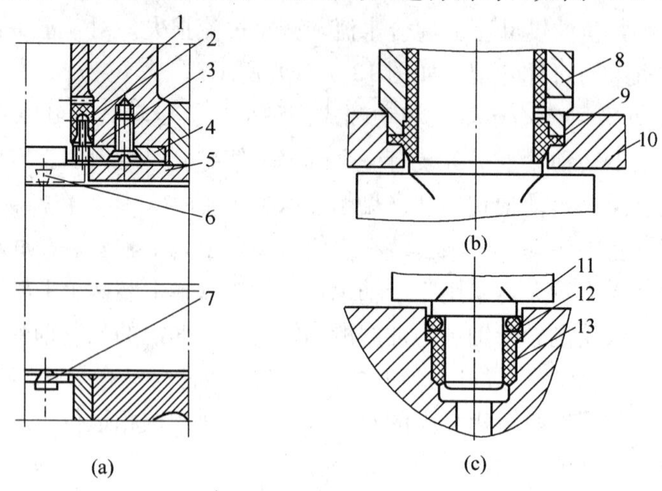

图 13-9　导叶上下轴颈密封装置

（a）U形密封圈；（b）L形密封圈；（c）导叶下轴颈密封

1—U形密封圈；2—金属环；3—压紧螺钉；4—压环；5—抗磨板；6、7—端面密封橡皮条；8—导叶上轴套；9—L形密封圈；10—顶盖；11—导叶；12—O形密封圈；13—导叶下轴承

对于水头低于 40～60m 的水轮机，导叶立面密封采用圆形橡皮条，拉长橡皮条后，沿导叶头部接触面嵌入燕尾槽内。导叶全关时，高出导叶表面的橡皮条与相邻导叶的尾部接触，密封较好。当水头为 40～60m 时，为防止流速过大橡皮条被冲走，应采用橡皮条压板结构［见图 13-10（a）、（b）、（c）］。当水头大于 60～70m 时，用软金属条压板结构［见图 13-10（d）］或研磨光滑的硬接触面密封。

导叶的端面密封，当水头低于 40～60m 时，也采用橡皮条密封。在底环和顶盖的导叶布置圆圆周上开燕尾槽，然后在每两个导叶轴套之间嵌入一段圆形橡皮条，导叶全关时，导叶端面与橡皮条压紧使漏水量减少。水头较高时，靠较小的端面安装间隙来减小漏水量。端面密封与立面密封布置如图 13-11 所示。

小型机组由于结构尺寸较小，靠直接研磨导叶立面接触面减小立面漏水量，导叶的端面密封靠较小的安装间隙来保证。机组安装、检修后的导叶允许局部立面间隙，按 GB 8564—2003《水轮机发电机组安装技术规范》执行。

（3）底环。底环是铸铁制成的圆环，卧式机组中底环称前环，其形状如图 13-12 所示。底环圆周上均匀布置着与导叶数相同的圆孔，内镶轴套成下轴承。轴套材料采用油润滑的铜轴套，也可采用水润滑的尼龙轴套。对含泥沙量多的电厂，在底环过流面敷一层钢板作抗磨板保护底环。

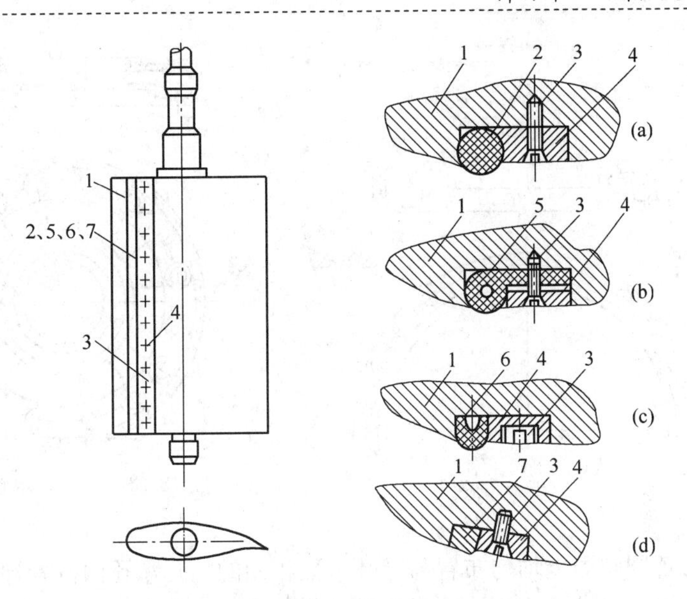

图 13-10　导叶密封

1—导叶；2—圆形橡皮条；3—埋头螺钉；4—压板；

5—P 形橡皮条；6—U 形橡皮条；7—铅条

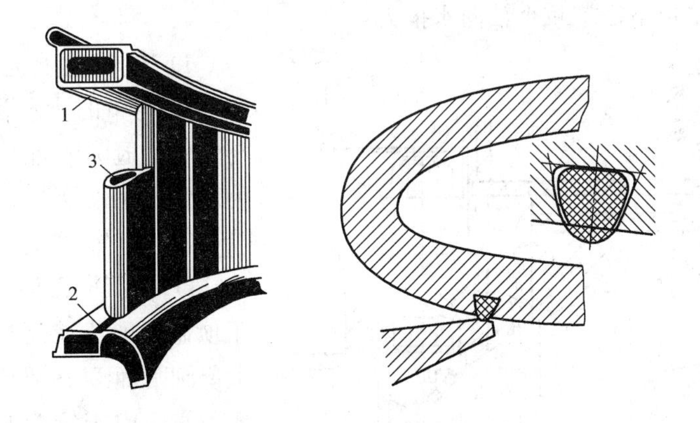

图 13-11　端面密封与立面密封布置

1—顶止漏条；2—底止漏条；3—竖止漏条

（4）顶盖。顶盖在安装导叶上部轴套的位置，起防止水流外溢的作用。轴流式水轮机的顶盖能引导水流平稳转弯；其上还布置有其他设备（如水轮机导轴承、真空破坏阀、主轴密封和导叶操作机构等）。卧式机组中顶盖称后环。

中低水头的混流式水轮机顶盖厚度较薄，采用实心结构；对机组容量较大和水头较高的混流式水轮机，顶盖厚度较大，常制成空心结构，如图 13-13 所示。在顶

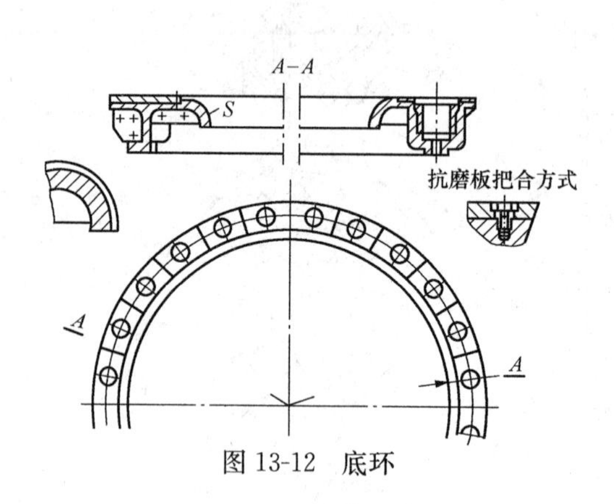

图 13-12　底环

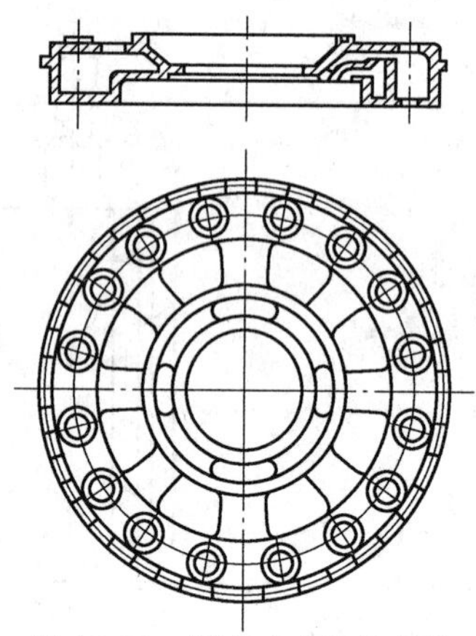

图 13-13　混流式水轮机顶盖

盖的导叶布置圆圆周上均匀布置与导叶个数相同的圆孔，孔内镶着导叶上轴套，即导叶上部轴承。对于三支点结构的导叶轴承设有两个轴套。当水轮机的水流漏入顶盖与转轮上部圆平面之间空间时，对机组转动系统作用一个附加轴向水推力，增加了机组推力轴承的负荷，严重时使轴承温度升高超过允许值，甚至无法运行。因此，必须采取以下措施减小轴向水推力：

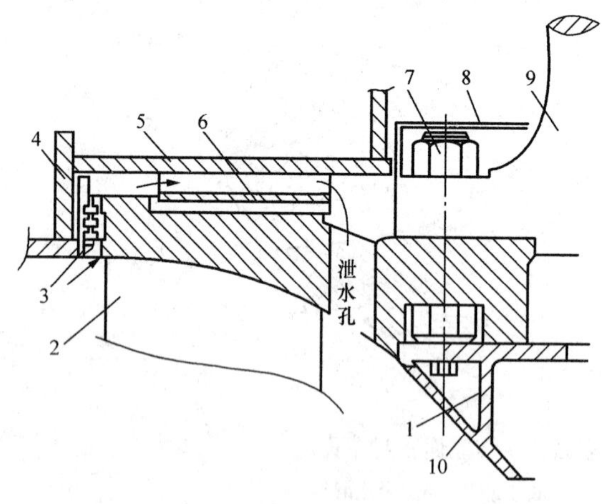

图 13-14　减压环结构

1—泄水锥；2—叶片；3—转轮转动密封环；4—转轮固定密封环；5—顶盖；6—减压板；7—连接螺栓；8—保护罩；9—主轴；10—封板

1）在转轮上冠圆平面上开5～6个均布的泄水孔，排走顶盖与转轮上冠圆平面之间的压力水，使之流入尾水管。

2）设置减压装置（见图13-14）。用筋板将一环形板固定于顶盖上形成减压板，它与转轮上部圆平面20～25mm间隙中的压力水，由于转轮的带动也做旋转运动，相当于一个无轮叶的离心泵将压力水打向直径较大的外圆周处，使转轮的漏水量减少，同时压力水通过减压板与顶盖之间流道经转轮上部泄水孔排走。压力水产生的附加轴向水推力大部分作用在减压板上并传给顶盖，经导叶轴承与座环传给下部基础，从而减轻了机组推力轴承的工作负荷。

3）高水头混流式水轮机转轮下部圆平面较大，从蜗壳引水通过均压管向转轮下部平面充压力水，造成一个反方向附加轴向水推力，减小机组总的轴向推力。

轴流式水轮机的顶盖由顶环和支撑盖组成。顶环固定在座环上，支撑盖固定在顶环上，如图 13-15 所示。

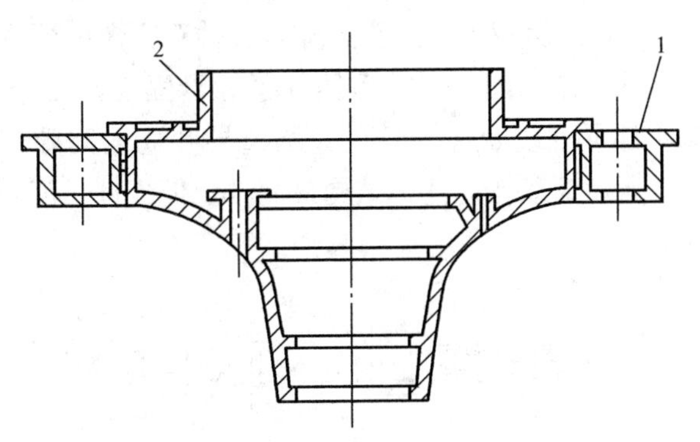

图 13-15　轴流式水轮机顶盖

1—顶环；2—支撑盖

（5）导叶转动机构。导叶转动机构用来转动导叶，调节导叶的开度达到调节流量的目的，主要由拐臂、连杆、剪断销、控制环、推拉杆和接力器组成。推拉杆与控制环通过耳环用销轴连接，控制环通过连杆和销轴与拐臂相连，而拐臂用两个半圆键与导叶轴固定。控制环由支撑环支撑在顶盖上并可在支撑环内转动。图 13-16 所示为转环式导叶转动机构。推拉杆带动控制环转动，再由连杆、拐臂带动导叶转动。端盖用调整螺钉压在拐臂上，转动调整螺钉可调整导叶与顶盖、底环之间的端面间隙。常见的拐臂有单拐臂、双拐臂和开口拐臂。拐臂与导叶采用分半键连接，使检修时装拆方便。双拐臂中的副拐臂在主拐臂上，主、副拐臂用剪断销连接。当导叶在关闭过程中被异物卡住，操作力增大到正常操作力的 1.5 倍时，剪断销被剪断，事故导叶退出导叶转动机构，保护转动机构其他零部件正常工作。单拐臂结构简单，剪断销

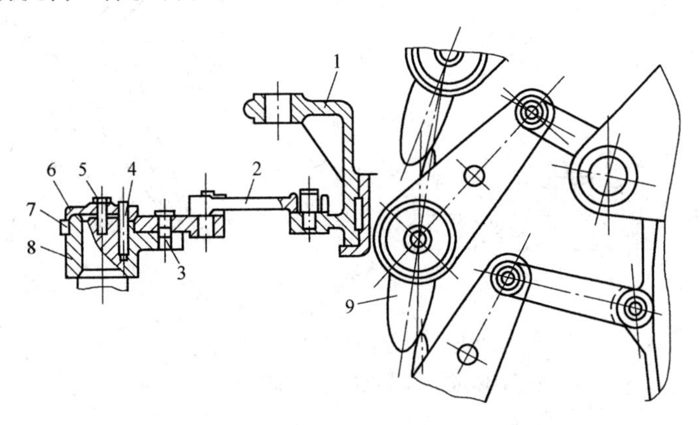

图 13-16　转环式导叶转动机构

1—控制环；2—连杆；3—剪断销；4—分半键；5—调整螺钉；6—端盖；7—副拐臂；8—主拐臂；9—导叶

断裂，拐臂失控自由摆动，易撞击相邻拐臂扩大事故范围。开口拐臂套上导叶轴后，用夹紧螺栓夹紧，可使拐臂加工精度降低，装拆方便。连杆有三种形式：图13-17（a）所示为双叉头连杆，转动双头螺母可改变连杆转动机构的长度，调整导叶立面间隙，间隙调整后用并紧螺母固定；图13-17（b）所示为耳柄连杆，调整双头螺母可改变连杆长度，调整导叶立面间隙，结构较简单，受力差；图13-17（c）所示为双孔连杆，结构最简单，但连杆长度不能调整，导叶立面间隙靠安装时保证。

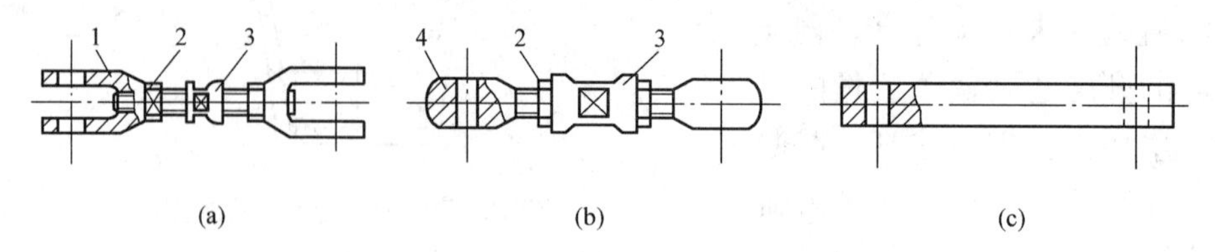

图13-17　连杆

（a）叉头连杆；（b）耳柄连杆；（c）双孔连杆；

1—叉头；2—并紧螺母；3—双头螺母；4—耳柄

图13-18所示为定轴式导叶转动机构。双孔连杆与定轴式导叶的头部用销连接，直接带动导叶转动，省掉拐臂。剪断销布置在连杆与控制环连接处，仅用于小型水轮机中。

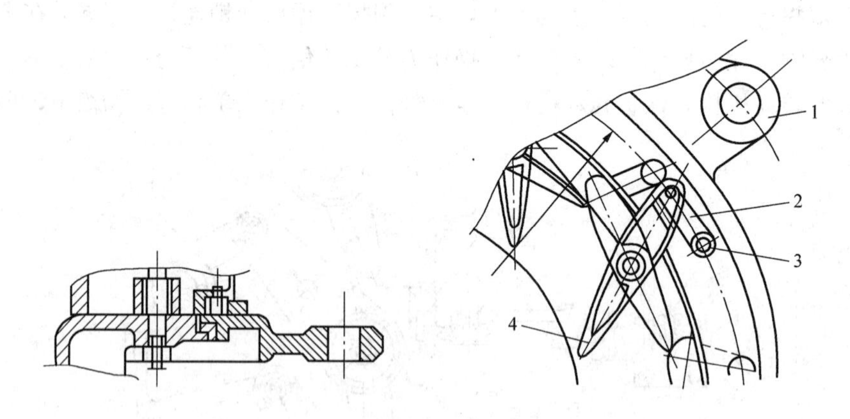

图13-18　定轴式导叶转动机构

1—控制环；2—双孔连杆；3—剪断销；4—导叶

图13-19所示为挂环式导叶转动机构，控制环悬挂在拐臂上，控制环与导叶是偏心布置。在导叶启闭操作时，控制环不转动，只和推拉杆一起做水平与竖直移动而带动拐臂。拐臂与控制环用剪断销连接，此结构只用于小型卧式机组。

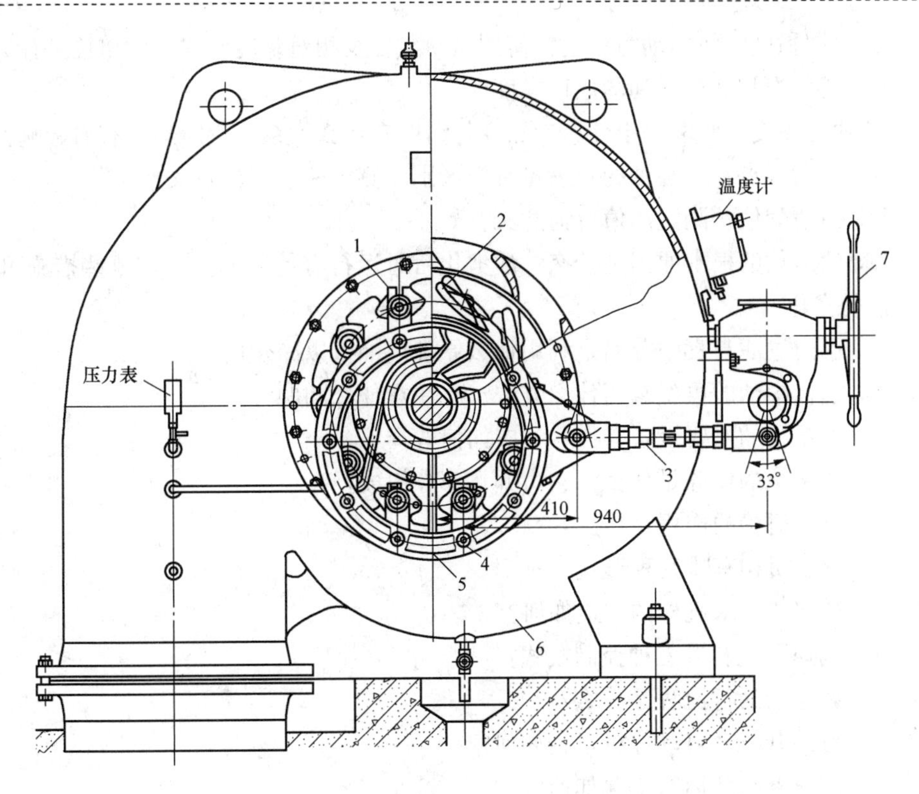

图 13-19 挂环式导叶转动机构（单位：mm）

1—开口拐臂；2—活动导叶；3—推拉杆；4—剪断销；5—控制环；6—金属蜗壳引水室；7—调速手轮

科 目 小 结

本科目主要面向Ⅲ级技能人员进行培训，讲解水电厂透平油系统、调速器的运行及流程控制和水轮机导水机构基本知识。

作 业 练 习

1. 水电厂常用的透平油及变压器油有哪些品种？牌号后面的数字表示什么意思？

2. 水电厂常用的润滑脂有哪些品种？它们在使用性能方面各有何特点？

3. 透平油的作用是什么？

4. 绝缘油的作用是什么？

5. 润滑脂的作用是什么？在什么情况下需要用润滑脂而不用润滑油？

6. 润滑油及绝缘油的质量标准主要由哪些项目来衡量？

7. 何谓黏度？何谓动力黏度？何谓运动黏度及相对黏度？它们的单位是什么？

8. 计算 HU-30 透平油的恩氏黏度值。

9. 油的黏度主要取决于什么？黏度与温度有什么关系？它对运行有何影响？

10. 何谓闪点？它与油的自燃点有何区别？测定闪点有何意义？

11. 何谓酸值？测定酸值有何意义？

12. 油劣化的根本原因是什么？油劣化后对运行有何影响？采取哪些措施可以减缓油的劣化？

13. 压力过滤与真空分离是利用什么原理使油得以净化的？

14. 运行中油的再生常用什么方法？应注意什么问题？

15. 油系统的主要设备有哪些？应如何选择？

16. 油系统的任务是什么？它由哪几部分组成？

17. 导水机构的作用是什么？

18. 导水机构有哪几种形式？

19. 径向式导水机构的构造如何？

20. 调速系统有哪三种控制模式？

21. 调速器运行流程是什么？

22. 自动开机、自动停机过程如何？

23. 调速器空载运行工况如何？

24. 负荷调频、调功、定开度运行工况如何？

25. 调速器运行工况如何切换？

26. 电手动与机械手动操作流程是什么？

参考文献

[1] 魏守平．水轮机控制工程．武汉：华中科技大学出版社，2005.

[2] 郭中枹．中小型水轮机调速器的使用与维护．北京：水利电力出版社，1984.

[3] 金少士，王良佑．水轮机调节．北京：水利电力出版社，1994.

[4] 汤正义．水轮机调速器机械检修．北京：中国水利水电出版社，2003.

[5] 沈祖诒．水轮机调节．北京：水利电力出版社，1981.

[6] 徐少明，金光焘．空气压缩机实用技术．北京：机械工业出版社，1994.

[7] 郁永章．容积式压缩机技术手册．北京：机械工业出版社，2000.

[8] 杨万涛．中国水力发电工程．机电卷．北京：中国电力出版社，2000.

[9] 刘文清．最新水利水电机电组安装工程施工工艺与技术标准实用手册．合肥：安徽文化音像出版社，2004.

[10] 单文培，刘梦桦，洪余和．水轮发电机组及辅助设备运行与检修．北京：中国水利水电出版社，2006.

[11] 裴德才．水轮机调节．北京：水利电力出版社，1987.

[12] 王海．水轮发电机组状态检修技术．北京：中国电力出版社，2004.